Wolfgang Schneider (Hrsg.)

Praxiswissen Digitale Gebäudeautomation

Aus dem Programm Steuerungs- und Regelungstechnik

Steuerungstechnik

Steuerungstechnik mit SPS
von G. Wellenreuther und D. Zastrow

Speicherprogrammierbare Steuerungen SPS
von G. Wellenreuther und D. Zastrow

Lösungsbuch Speicherprogrammierbare Steuerungen SPS
von G. Wellenreuther und D. Zastrow

Elektropneumatische und Elektrohydraulische Steuerungen
von E. Herion und E. Kauffmann

Hydraulische Steuerungen
von E. Kauffmann

Regelungstechnik

Regelungstechnik Aufgaben
von R. Unbehauen

Regelungstechnik für Maschinenbauer
von W. Schneider

Praxiswissen Digitale Gebäudeautomation
von W. Schneider

Regelungstechnik für Ingenieure
von M. Reuter

Einführung in die Regelungstechnik
von W. Leonhard

Aufgabensammlung zurRegelungstechnik
von W. Leonhard und E. Schnieder

Wolfgang Schneider (Hrsg.)

Praxiswissen Digitale Gebäudeautomation

Planen, Konfigurieren, Betreiben

Mit 184 Abbildungen und 15 Tabellen

Der Herausgeber
Prof. Dr. Wolfgang Schneider

Die Autoren
Hans-Werner Faßbender, Kapitel 11
Werner Jensch, Kapitel 13 und 15
Hans R. Kranz, Kapitel 12
Richard Lorenz, Kapitel 8
Wolfgang Schneider, Kapitel 1-4
Kersten Stöbe, Kapitel 5 und 14
Jürgen Voskuhl, Kapitel 6 und 7
Stefan Weinen, Kapitel 9
Klaus Wöppel, Kapitel 10

Der Verlag Vieweg ist ein Unternehmen der Bertelsmann Fachinformation GmbH.

http://www.vieweg.de

Technische Redaktion: Hartmut Kühn von Burgsdorff
Druck und buchbinderische Verarbeitung: Hubert & Co., Göttingen
Gedruckt auf säurefreiem Papier
Printed in Germany

ISBN 3-528-06615-6

Vorwort

Die digitale Gebäudeautomation (DGA) ist ein sich derart rasant entwickelnder Bereich, daß während der Erstellung dieses Buches die Nomenklatur und die sich daraus ergebenden Richtlinien (VDI 3814, DIN V 32734) fortlaufend geändert haben. Parallel wurde dazu das Standard-Leistungsbuch GAEB 071ff erstellt, das wiederum erhebliche Rückwirkungen auf die Darstellungsform, insbesondere die der Informationsliste hat. Trotz dieses instabilen Zustandes haben sich die Autoren entschlossen, mit diesem Buch eine Lücke schon jetzt und nicht erst im Jahre 200x zu füllen. Dieses Buch ist gedacht als Instrument der persönlichen Weiterbildung für den Praktiker im Planungsbüro, in der ausführenden Firma oder für den Betreiber komplexer Liegenschaften.

Auch in der Landschaft der Anbieter von DGA-Systemen tut sich zur Zeit etwas. Viele altbekannte Markennamen sind verschwunden und werden noch verschwinden, sei es durch Geschäftsfeldaufgabe oder durch Zusammenlegung. Neue Produkte werden durch die Forderung der Globalisierung der Märkte entstehen. Einige kleinere Produkte werden überleben, da sie Marktsegmente hervorragend abdecken.

Bewußt wurde das explodierende Thema „facility management" nicht in den Mittelpunkt dieses Buches gerückt. Die digitale Gebäudeautomation ist eines der wichtigsten Werkzeuge hierfür, die Philosophie des FM geht jedoch weit über den geplanten Inhalt hinaus.

Ich hoffe, daß mit diesem Buch die Bedürfnisse des Lesers nach verwertbaren Kenntnissen über die Gebäudeautomation erfüllt werden.

Nürnberg, im Juli 1997

Wolfgang Schneider
Herausgeber

Inhaltsverzeichnis

1 Einleitung

von Wolfgang Schneider

1.1 Entwicklung der Gebäudeautomation

Die Meß-, Steuerungs- und Regelungstechnik zeigte innerhalb der technischen Gebäudeausrüstung die größten technischen Innovationen und Veränderungen. Innerhalb von ca. 15 Jahren wurden analoge Einzelregler durch digitale Automationsstationen ersetzt, die über Datenbuskabel alle Prozeßinformationen austauschen und an eine Gebäudeleittechnik zur übergeordneten Betriebsführung übergeben können. Neuere Entwicklungen und die Preisreduzierung in der Mikroprozessortechnik führen dazu, daß die Stationen ständig kompakter, leistungsfähiger und kostengünstiger werden.

Bis in die 60er Jahre war die eigentliche Automatisierung (MSR) ein eigenständisches System. Diese hatten jedoch den entscheidenden Nachteil, daß die Betriebsführung sehr zeit-, personal- und damit kostenintensiv war. Speziell bei analogen Regelungseinheiten war die Reglereinstellung oft nicht an die tatsächlichen Bedarfsverhältnisse angepaßt. Weil dies aber aufgrund der fehlenden Kontrollmöglichkeiten nicht auffiel, führte dies zu erhöhtem Energieverbrauch.

Der erste Schritt zu einer Vernetzung von MSR-Anlagen wurde durch eine 1:1-Verkabelung zu einer zentralen Leittechnik (ZLT) verwirklicht. Durch den extrem hohen Verkabelungsaufwand, die starke Zentralisierung von der Funktionen und die damit verbundenen Kosten und Risiken wurden diese Systeme nur wenig akzeptiert.

Die Fortschritte in der Datenverarbeitungstechnik führten Anfang der achtziger Jahre dazu, daß digitale Regelungseinheiten (DDC – direct digital control) zur Verfügung standen, bei denen die MSR-Funktionen nicht hardwaremäßig festgelegt, sondern frei programmiert wurden. Wesentliche Leitfunktionen wanderten dann in die dezentrale digitale Unterstation (UST). Die Bezeichnung Unterstation wurde unpassend und wird heute Automationsstation (AS) genannt.

Diese Evolution der Regelungstechnik von der analogen MSR-Technik über Gebäudeautomationssysteme bis hin zum Gebäude- oder Facility Management ist in Bild 1-1 dargestellt. Über adernsparende Bussysteme werden die Automationsstationen heute untereinander vernetzt und an eine Gebäudeleittechnik (GLT) angeschlossen. Dadurch reduzieren sich die Kosten für GLT/DDC-Systeme erheblich, wodurch sich die Einsatzmöglichkeiten deutlich steigern. Des weiteren kann eine hohe Flexibilität in den gewünschten Funktionen (u.a. auch Optimierungsfunktionen) und eine vollständige Transparenz über die Prozeß- und Betriebszustände der erfaßten Anlagentechnik erreicht werden.

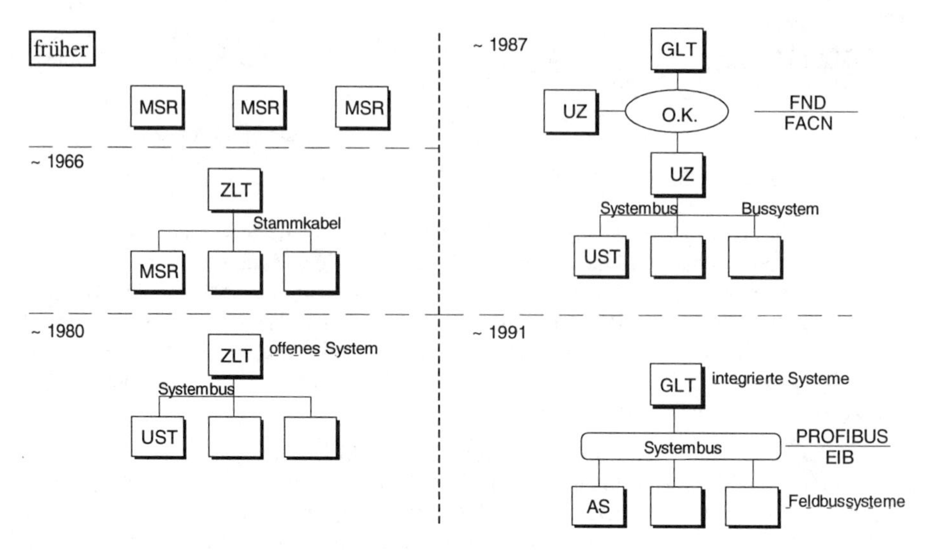

Bild 1-1 Von der analogen MSR-Technik zum Gebäude-Management [nach Jensch]

Mit den so gewonnenen Funktionen lassen sich u.a. die folgenden Managementaufgaben verwirklichen:

- Reduzierung von Energiekosten durch gezielten, dem Bedarf angepaßten Anlageneinsatz
- Reduzierung von Anlagenkosten durch rechtzeitige Anlagenwartung und damit Vermeidung von Ausfällen
- Erhöhung der Betriebssicherheit durch frühzeitige Fehlererkennung
- Optimierung des Personaleinsatzes aufgrund zentraler Anlagensteuerung, Überwachung und Koordinierung des Arbeitsablaufes
- Erhöhung des Nutzerkomforts durch einfache, flexible Anpassung der Regel- und Steuerparameter bei Nutzungsänderungen

Der Vorteil der uneingeschränkten Flexibilität von funktionalen Verknüpfungen bei frei programmierbaren DDC-Stationen verursachte zunächst einen hohen Dienstleistungsaufwand, insbesondere bei einfachen, immer wiederkehrenden Anlagen, z.B. Heizkreise. Von den Herstellern wurden deshalb Standardprogramme entwickelt. Hier wird weitestgehend nicht mehr programmiert, sondern die anlagenspezifischen Werte werden parametriert. Der Vorteil liegt darin, daß Fehlerwahrscheinlichkeit und Dienstleistungsaufwand sinken. Für den Betreiber liegt eine entscheidende Verbesserung darin, daß die Einzelparameter (Sollwerte, Zeiten, etc.) über Funktionsdaten und Displays leicht eingegeben, verändert und optimiert werden können – sich also die Bedienerfreundlichkeit deutlich verbessert.

Über die Entwicklung offener Systeme seit Ende der 80er Jahre (FACN, FND, PROFIBUS, EIB) erwächst die Möglichkeit einer umfassenden Vernetzung aller wesentlichen Betriebsbereiche und Funktionen eines Gebäudes. Über die Strukturierung der Aufgaben in Ebenen werden zukünftig Gebäude-Management-Systeme bzw. Gebäude-Informations-Systeme eine ganzheitliche Betriebsführung (Facility-Management) ermöglichen (Bild 1-2).

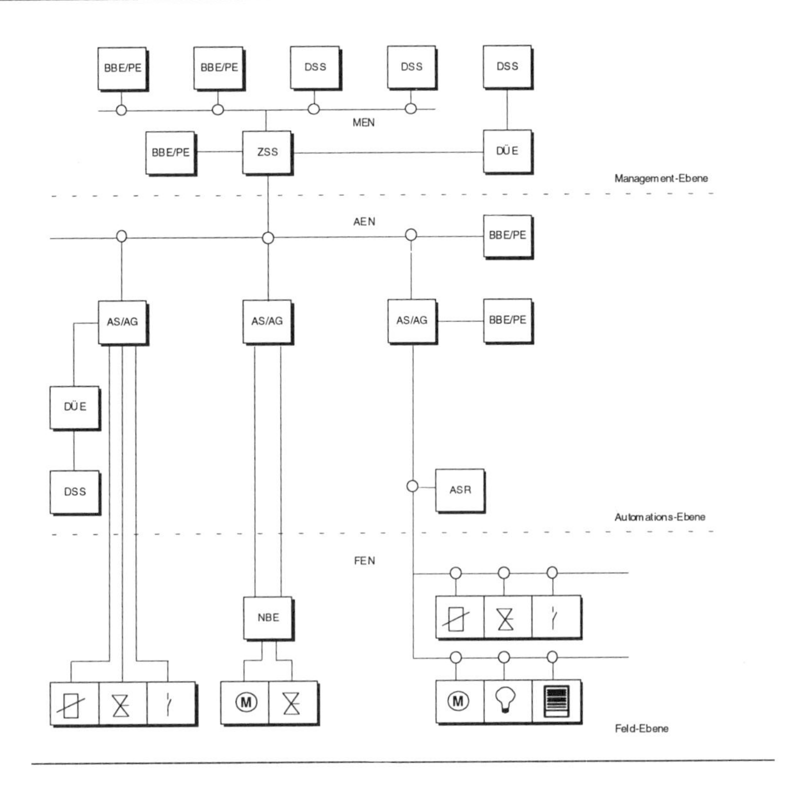

[1] AEN = Automations-Ebene-Netzwerk
AG = Automationsgerät
AS = Automationsstation
ASR = Anwenderspezifische Steuer-/Regeleinheit (z.B. Einzelraumregelung)
BBE = Bedien- u. Beobachtungseinheit
DSS = Dediziertes Spezialsyst. (z.B. Gefahrenmeld.)
DÜE = Datenübertragungseinheit (z.B. Modem, Gateway)
FEN = Feld-Ebene-Netzwerk
MEN = Mamagement-Ebene-Netzwerk
NBE = Notbedieneinheit
PE = Programmiereinheit
ZSS = Zentral-/Server-Station

Bild 1-2 Struktur zukünftiger Gebäudeautomations-Systeme [nach CEN/TC 247]

1.2 Aufgabenbereiche

Betriebstechnische Anlagen (BTA) haben im Komfortbereich (Wohnungsbau, Bürogebäude) und bei industriellen Anwendungen gleichartige Funktionen zu erfüllen. Ein Überblick ist in Tabelle 1-1 gegeben. Betriebstechnische Anlagen werden mit steigenden Ansprüchen an Komfort, Sicherheit und Energieeinsparung immer komplexer, aufwendiger, kostenintesiver und unübersichtlicher. Die zunehmende Dezentralisierung dieser Funktionen erfordert eine Automatisierung des Betriebs und eine Verbesserung der Kommunikationskonzepte. Die Gebäudeleittechnik übernimmt Überwachungs-, Steuer-, Regel- und Optimierungsaufgaben. Ziel dieser Technik ist es, alle Funktionen nach vom Betreiber vorgegebenen Parametern automatisch und in Echtzeit ablaufen zu lassen.

• Heizungssystem Brennstoffbevorratung, Brennstoffzufuhr Wärmeerzeugung Wärmeverteilung (Nahwärme, Fernwärme) Wärmenutzung in Heizkreisen (Radiatoren, Konvektoren, Fußbodenheizung, Luftheizung) • Kältesysteme Kühlmittelbereitstellung, Kühlturm Kältemittelkreislauf Kühlräume, Kühlzonen, Kühlschränke Kühldecken, Luftkühler • Stromversorgung Stromeinleitung (Zähler, Transformator, Meßeinrichtung) Eigenstromerzeugung, Kraft-Wärme-Kälte-Kopplung Stromkreise, Stromverbraucherschaltung • Lüftung Luftreinigung, Luftfilterung, Frischluftzufuhr Luftverteilung (freie und maschinelle Lüftung) • Klimatisierung Luftaufbereitung (Heizen, Kühlen, Befeuchten, Entfeuchten) Luftverteilung (Einkanal-/ Zweikanalsystem, Luft-Wasser-System) • Wasserversorgung Brunnen-/ Oberflächenwasser Wasseraufbereitung Frischwasserverteilsystem • Sanitärtechnik Wassermengenerfassung Brauchwarm- und -kaltwasserverteilung und -speicherung Regenwassersammlung und -nutzung Abwassersammlung und -transport, Hebeanlagen	• Abwasserreinigung Kläranlagen, biologische Abwasserbehandlung Biogasverwendung • Gasversorgung Gasübergabestation Gasspeicherung • Druckluftversorgung Druckluftkompressor und Druckluftspeicher Druckluftverteilsystem • Beleuchtung natürliche Beleuchtung durch passive Tageslichtnutzung künstliche Beleuchtung Blendschutz, Jalousien • Transportsysteme Zugangskontrolle für Personen Eingangskontrolle für Güter Aufzüge, Rolltreppen Förderbänder • Informationsverteilung Sprache (akustische Signale) Texte, Daten Bilder • Brandschutz Branderkennung und Alarmierung Brandbekämpfung • Sondersysteme

Tabelle 1-1 Überblick über Arten von Betriebstechnischen Anlagen (BTA)

Bild 1-3 zeigt den Funktionsumfang von Gebäudeautomations- und Informationssystemen. Folgende Bereiche sind hierbei angesprochen:

- Energieversorgung und -verteilung
  klassische GLT/DDC-Bereiche – MSR-Technik in den Energiezentralen von Heizung, RLT, Kälte, Sanitär, Elektro, etc.

- Raumfunktionen
  Einzelraumregelung, Beleuchtungssteuerung, etc.
- Gebäudehülle
  Jalousien, Sonnenschutz, Fluchtüren, etc.
- Gebäudekommunikation/-information
  Telekommunikation, Such-/Rufanlagen, Parkleitsystem, Zeiterfassung, etc.
- Sicherheitstechnik
  Brandmeldeanlage, Wächterschutz, Einbruchsmeldeanlage, Überfallschutz, Zugangskontrolle, etc.
- Datenverarbeitung
  Netze, Betriebssystem, etc.

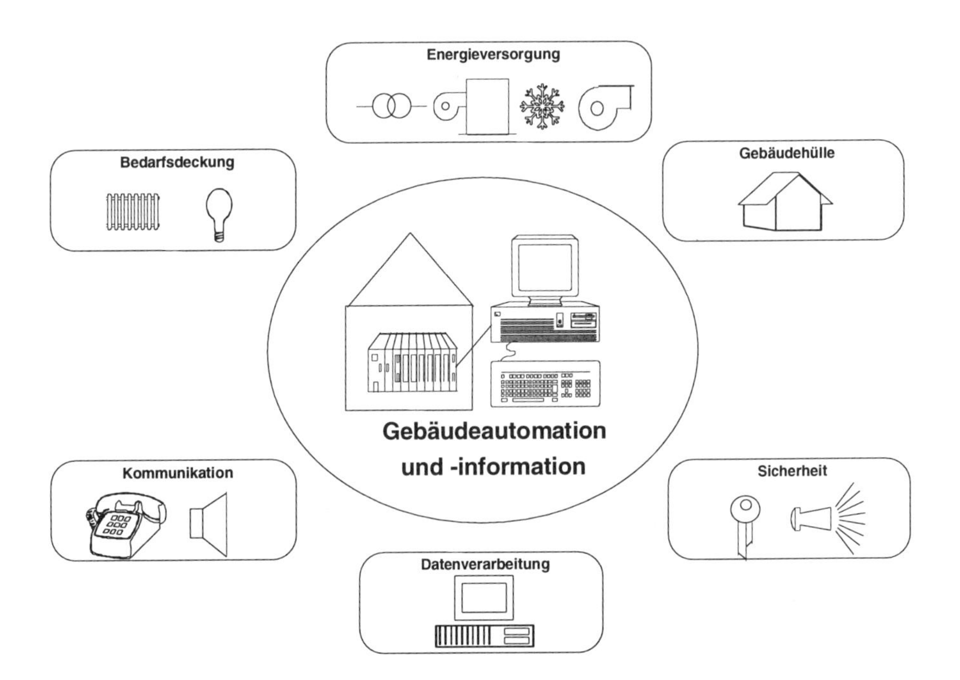

Bild 1-3 Funktionsumfang Gebäudeautomation/-information [nach Jensch]

Die Digitale Gebäudeautomation zeigt auch weiter einen Trend zur Dezentralisierung der Funktionen in digitalen Geräten oder Einheiten bei gleichzeitiger Zentralisierung des Bedienens und Beobachtens von Prozessen und Betriebsabläufen. Eine ***zentrale Betriebsführung*** mit ansprechender Bedienung und Beobachtung koordiniert die verschiedenen Aufgaben in unterschiedlichen Anlagen. Die ***Dezentralisierung*** der Funktionen hat das Ziel, den Energiefluß vom Informationsfluß zu trennen. Alle betriebstechnischen Funktionen und Abläufe werden über eine gemeinsame Leitung, die Busleitung, erfaßt oder ausgegeben. Die Energiezuleitung kann ohne Umwege direkt zum Verbraucher geführt werden.

Eine komplexe Liegenschaft (Bild 1-4) wird als ein in sich geschlossenes System betrachtet. Die Gebäudeleittechnik der Vergangenheit geht über in die Gebäudesystemtechnik der Zukunft. Aufgabe der Digitalen Gebäudeautomation ist nicht nur der automatische Betrieb aller Betriebstechnischen Anlagen, sondern auch die Koordination mit dem Ziel der Kosten- und Energieeinsparung.

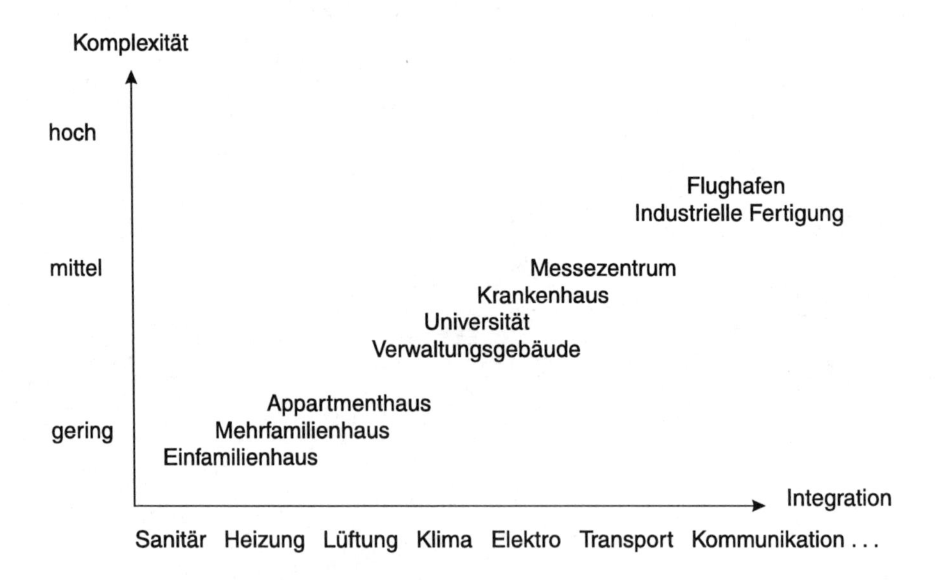

Bild 1-4 Technologieniveau der Gebäudeautomation

Unter Komplexität versteht man:

- Kostenanteil der technischen Gebäudeausrüstung
- Planungsaufwand
- Projektrisiko
- offene Ausschreibung
- Projektlaufzeit

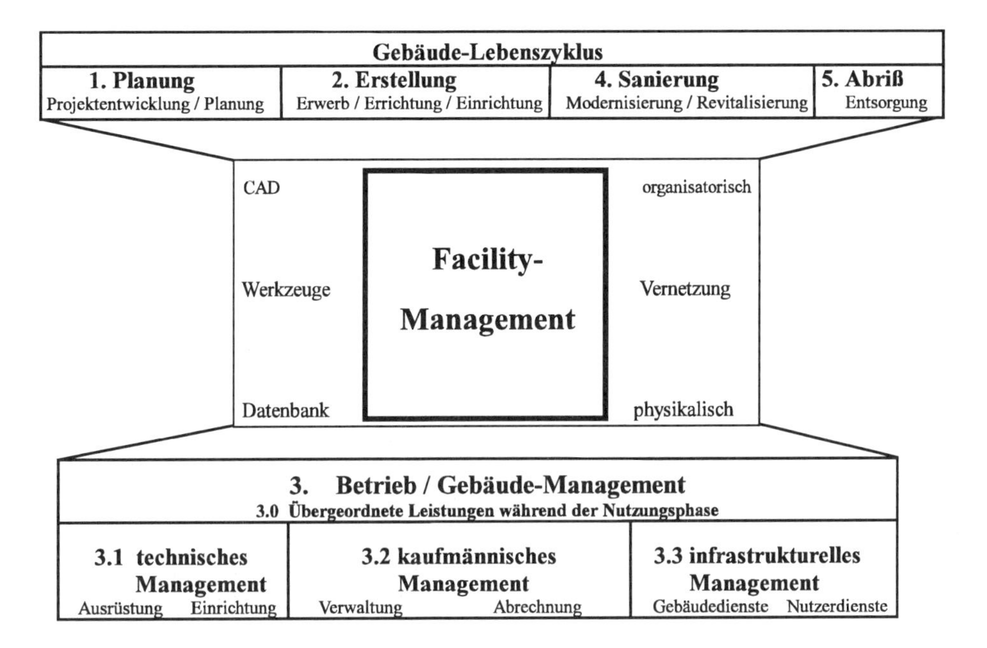

Bild 1-5 Aufgaben des Facility Managements nach der GEFMA-Richtlinie 100 (GEFMA e.V. Deutscher Verband für Facility Management, Bonn)

Große Gebäude oder komplexe Liegenschaften werden heute wie Betriebe geführt, der Kostendruck steht dabei an erster Stelle. Als Konsequenz müssen Dienstleistungsressourcen möglichst effizient genutzt werden. Die Entwicklung der Gebäudeautomation in Richtung ***Facility Management*** ist dafür ein großes Potential. Unter Facility Management versteht man das Erstellen, Verwalten und Betreiben von Objekten, Anlagen oder Immobilien (Gebäudehülle, Gebäudeausrüstung, Gebäudeeinrichtung, Gebäudenutzer) über den gesamten Lebenszyklus von der Baueinleitung bis zum Abriß (Bild 1-5). Dazu werden oft integrierte Rechnersysteme eingesetzt, die auf alle Daten der Gebäudeautomation zugreifen können. Es wird auch eine Verbindung zwischen Technischem Betrieb und Kaufmannischer Leitung des Gebäudes geschaffen.

Während heute weitgehend autarke Management-Systeme für

- Betriebsdatenmanagement
- Instandhaltungsmanagement
- Energiemanagement
- Umweltmanagement (ISO 14000, Öko-Audit)
- Sicherheitsmanagement
- Qualitätsmanagement (ISO 9000 ff)
- Finanzmanagement

installiert sind, wird es in Zukunft immer mehr ***integrierte Betriebsmanagement-Systeme*** geben, die auf eine einheitliche Datenbasis zugreifen. Als Datenbasis kommt heute eine relationale Datenbank (Tabellenform) zum Einsatz. Die unterschiedlichsten Nutzer arbeiten mit standardisierten Zugriffen, z.B.

- DDL Data Definition Language, Definition von Datensätzen
- SQL Structured Query Language, Suchen und Sortieren von Datensätzen
- DMP Data Manipulation Language, Ändern von Datensätzen

Lean-Production soll die erfolgreiche Erledigung der eigentlichen Aufgaben des Betreibers einer Liegenschaft garantieren. Dies führt zu Modellen von ***Outsourcing bzw. Outtasking,*** d.h. der Betreiber eines Hotels beschränkt sich auf seine Kernaufgaben, die Bewirtung, und überträgt die Gebäudeverwaltung und Instandhaltung z.B. an Firmen der Gebäudeautomation. Es wird auch ***Contracting*** angeboten, d.h. die Investitionen für langlebige Energieanlagen zur Erzeugung von Wärme, Kälte, Frischluft usw. werden von Dritten getätigt und in Form von Energiedienstleistungen vertraglich angeboten. Man stellt z.B. innerhalb des Gebäudes einen Raum für die betriebstechnische Zentrale zur Verfügung und zahlt nur die kWh der verbrauchten Energieform.

Gebäude und Liegenschaften wirtschaftlich zu betreiben ist nur möglich durch permanente Überwachung aller Kosten. Während die Planung und Ausführung von Ver- und Entsorgungsanlagen inklusive Automatisierung in der Regel einen hohen technischen Stand haben, besteht im Betrieb der Anlagen noch erhebliches Rationalisierungspotential. Bei einer Kostenbetrachtung über die gesamte Lebensdauer eines Gebäudes stellt man fest, daß die Errichtungskosten im Vergleich zu den Baufolgekosten eines Objektes nur eine untergeordnete Rolle spielen. Heizstoffe, elektrische Energie und Wasser, sowie Wartung, Inspektion und Instandsetzung, zusätzlich Umbauten und Umzüge – all das ergibt hohe Betriebs- und Verbrauchskosten. Bereits nach wenigen Jahren sind die kummulierten Betriebskosten höher als die Investitionsfolgekosten für den Neubau. Personalkosten machen nicht selten bis zu 1/3 der gesamten Betriebskosten aus, gefolgt von den Energiekosten, der Gebäudereinigung, Entsorgung und Bewachung.

2 Aufbau eines Gebäudeautomations-Systems

von Wolfgang Schneider

Die ***Gebäudeautomation*** umfaßt alle Systeme, bestehend aus Geräten und Funktionen, die notwendig sind, den bestimmungsgemäßen Betrieb einer Liegenschaft aufrechtzuerhalten. Dies beginnt mit der zeitnahen Disposition von Sekundärenergieträgern, z.B. Strom, Heizöl, Erdgas, ... und Versorgungsmitteln, z.B. Wasser, Filtermaterial, ..., geht über den Online-Betrieb, d.h. Überwachen, Steuern, Regeln, bis zum Service/Wartung und zur Energie- und Stoffbilanzierung (Bild 2-1).

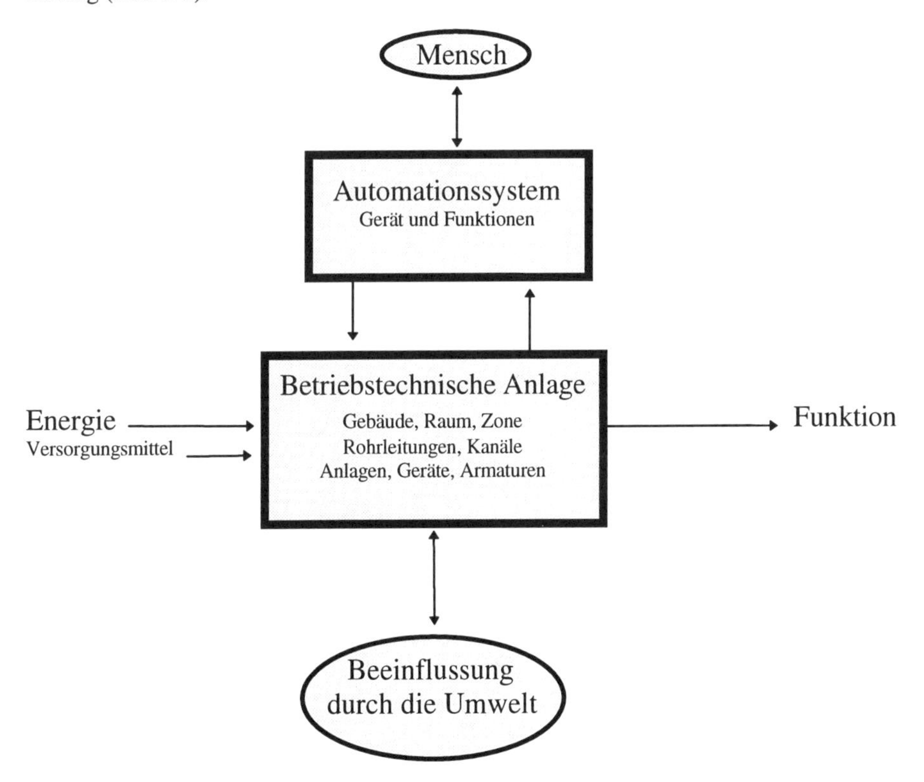

Bild 2-1 Struktur einer automatisierten technischen Gebäudeausrüstung

Dies geschieht heute mit digitalen Automationssystemen. Der Begriff ***Digital*** bedeutet, daß alle Informationen des Systems mit Hilfe von vernetzten Rechnern in der Sprache des Rechners, d.h. im Binär-Code, verarbeitet werden. Die beim Bau des Gebäudes erzeugten graphischen und nichtgraphischen Daten werden digital an die Gebäudeautomation weitergegeben und dort verarbeitet. Informationen, die während des Betriebs der Gebäudeautomation aufgenommen werden, werden als Störstatistik im ***Instandhaltungs-Management*** (Wartung, Inspektion, Instandsetzung) verarbeitet. Das ***Energie-Management*** basiert auf Meßwerten als Online-Daten aus der Gebäudeautomation, die als Betriebsdaten langfristig gespeichert werden.

Im Idealfall ergibt sich für den Betreiber ein digitales Gebäudemodell mit Konfiguration, Stammdaten, Parametern und Zustandswerten für die Betriebsunterstützung durch die Digitale Gebäudeautomation und durch Speicherung der Betriebsdaten in einer Datenbank eine hervorragende Basis für unternehmerische Entscheidungen. Auch für das ***Umwelt-Management*** nach ISO 14000 bzw. das EU-Umwelt Audit nach der EG-Verordnung EG-VO Nr. 1836/93 wird immer mehr Transparenz der Daten für Energie- und Materialfluß verlangt, bei dem das digitale Gebäudemodell einen erheblichen Beitrag leisten kann.

2.1 Automationsebenen

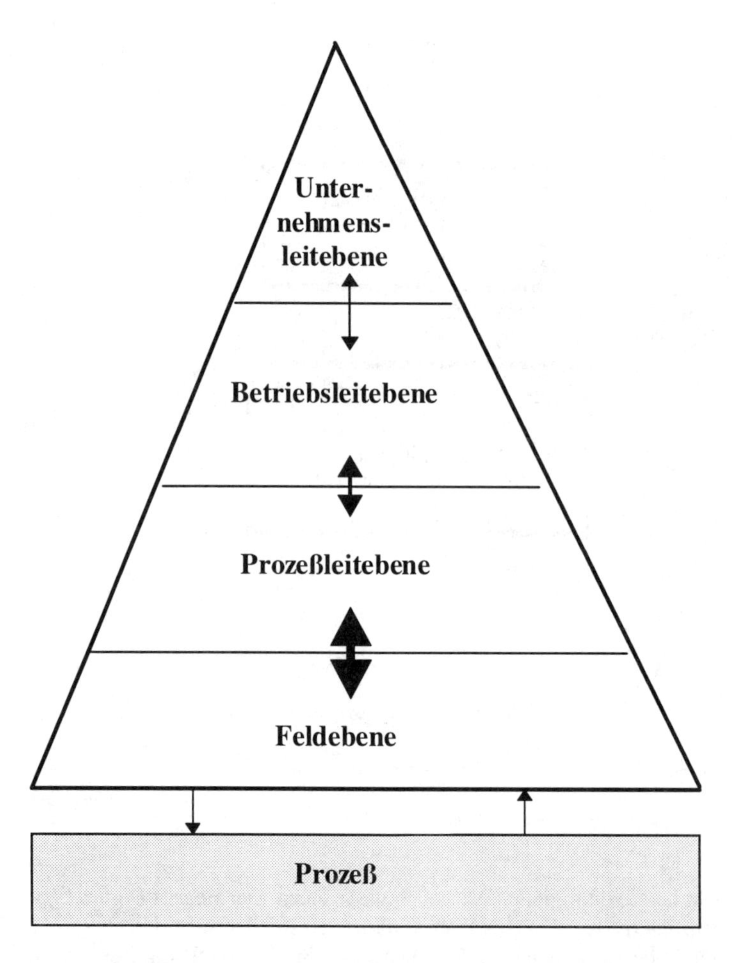

Bild 2-2 Ebenenmodell der Informationsverarbeitung

Als Darstellung des Aufbaus von Gebäudeautomations-Systemen haben sich Ebenenmodelle in Pyramidenform durchgesetzt (Bild 2-2). Die Pyramidenform kennzeichnet eine Verdichtung der Informationen in den höheren Ebenen. Auf der untersten Ebene, der Feldebene, wird Information aus dem Prozeß durch Messung gewonnen sowie verarbeitete Information dem Prozeß in Form von Stellbefehlen zugeführt.

Die Prozeßleitebene als nächsthöhere Ebene umfaßt sowohl klassische Funktionen wie die des Regelns, des Steuerns und des Überwachens als auch höhere Verarbeitungsfunktionen, die in Echtzeit online ablaufen. Hierzu gehören auch Ablaufsteuerungen. Funktionen, die nicht mehr in Echtzeit ablaufen, werden in der Betriebsleitebene bei vorwiegend technischen Aufgaben und in der Unternehmensleitebene bei vorwiegend käufmännischen Aufgaben zusammengefaßt. Die Funktionen der letztgenannten Ebenen sind daran zu erkennen, daß sie vor dem Prozeßablauf, z.B. als Disposition bzw. Prognose, oder nach dem Prozeßablauf als Auswertung ablaufen. Der Informationsaustausch (Informationsfluß pro Zeiteinheit) zwischen den Ebenen nimmt von unten nach oben hin ab. Innerhalb der Ebenen findet ein reger Informationsaustausch „peer-to-peer" statt.

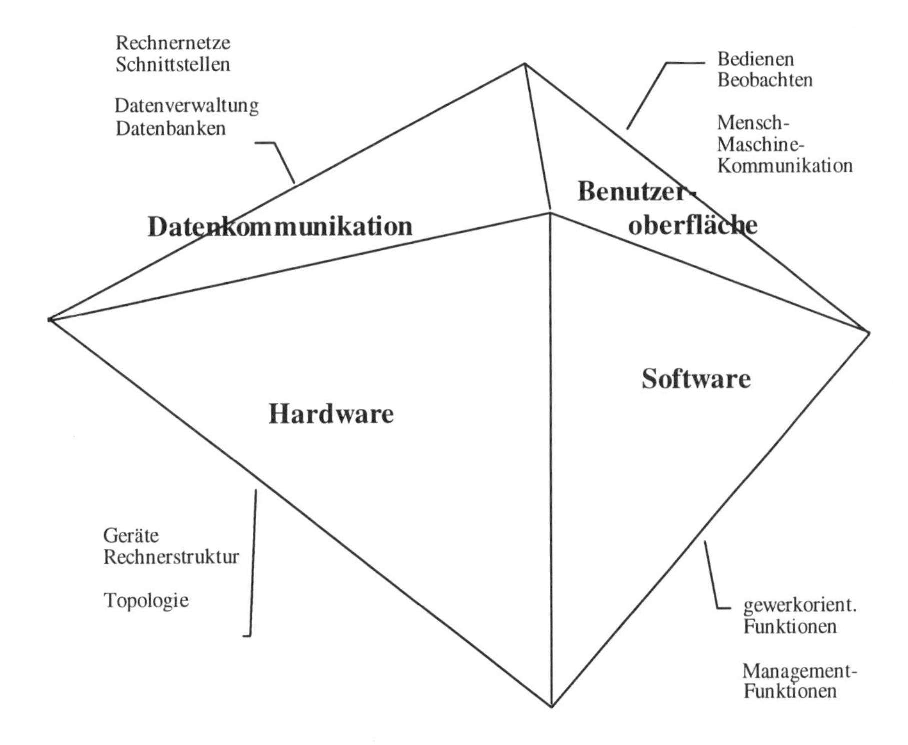

Bild 2-3 Aufgabengruppen eines Automationssystems

Bild 2-3 zeigt den Blick auf eine Pyramide von oben. Jede Seite entspricht der Aufgabengruppe eines Automationssystems. Man unterscheidet folgende Gruppen:

- Gerätegruppe / Hardware

  Auswahl geeigneter Rechner mit Peripherie und Prozeßkopplung, Auswahl eines geeigneten Betriebssystems für Echtzeit und Multi-Tasking-Aufgaben, Darstellung der Rechnerstrukturen

- Funktionen / Software
  objektorientierte Programmmodule, die durch Übersetzen auf Rechnern lauffähig gemacht werden und die gewünschten Automationsaufgaben erfüllen, Software-Werkzeuge zum Erzeugen von gewünschten Abläufen
- Datenkommunikation
  Informationsverbindung und Protokolle, die dem Austausch zwischen Rechnern dienen, z.B. physikalische Kabel, Verbindungsaufbau und Datenformate, Geräte-Schnittstellen, Datenverwaltung als Prozeßabbild oder Betriebsdatenverwaltung in einer Datenbank
- Benutzeroberfläche
  Geräte und Funktionen, die die Verbindung des Automationssystems mit dem Menschen ermöglichen, Gewinnung von Informationen über den Prozeßzustand und den Prozeßablauf, Eingreifen in den Prozeß, Bedienen und Beobachten

Die Zusammenfassung aller Aufgabengruppen zu einem Gesamtsystem ergibt das **Automationssystem.**

Definition:

> „Ein ***System*** ist eine Menge von miteinander in gesetzmäßiger Beziehung stehender Gebilde. Ein System ist durch eine konkrete oder abstrakte Umgrenzung von seiner Umgebung getrennt.“ Über die Systemgrenzen werden Signale übertragen.

Definition:

> „***Signale*** sind die Träger von Informationen.“ Eine Information ist nach VDI 3814 / Bl.1 die kleinste Einheit, die eine Aussage über eine Prozeßgröße bzw. über einen Prozeßzustand beinhaltet. Hierzu gehören alle physikalischen und virtuellen Informationen, die einer Adresse zugeordnet sind.

2.1.1 Geräteebenen

Auf einer Pyramidenseite werden die in der Gebäudeautomation zum Einsatz kommenden Rechnerarten und sonstige digitale Geräte (Hardware) den oben genannten Ebenen zugeordnet. In der untersten Ebene nach Bild 2-4 befindet sich die Anlage mit

- Apparaten und Maschinen
- Leitungen und Gerüsten
- Armaturen und MSR-Geräten

Es ist zwischen Strukturebene (logische Darstellung) und Geräteort (räumliche Darstellung) zu unterscheiden. Eine räumliche Anordnung ist in Bild 2-5 vorgestellt. Alle zwischen der Anlage und dem Automationssystem notwendigen Kabel werden in einem Schaltschrank zusammengefaßt. Zur Erleichterung der Fehlersuche, z.B. bei Inbetriebnahme oder als Gewährleistungsgrenze werden die Kabel auf Trennklemmleisten gelegt. Im Schaltschrank befindet sich auch das dezentrale Automationsgerät, sofern es nicht als Kompaktgeräte über geräteeigene Klemmleisten verfügt. Der Schaltschrank bzw. die Klemmleisten sind die logische Trennung zwischen der analogen Welt der Anlage und der digitalen Welt der Automation.

Im Schaltschrank oder im Kompaktgerät befinden sich auch Analog-Digital-Umsetzer (ADU) und Digital-Analog-Umsetzer (DAU). Diese Bausteine wandeln elektrische Spannung in parallele binäre Signale um und umgekehrt. Oft wird eine Notbedienebene gefordert. Am Schaltschrank befindet sich dazu eine Anzahl Taster, Schalter und Potentiometer, mit denen in der Betriebsart HAND die Anlage mit Hilfe eines ausgebildeten Bedieners quasistationär gefahren werden kann.

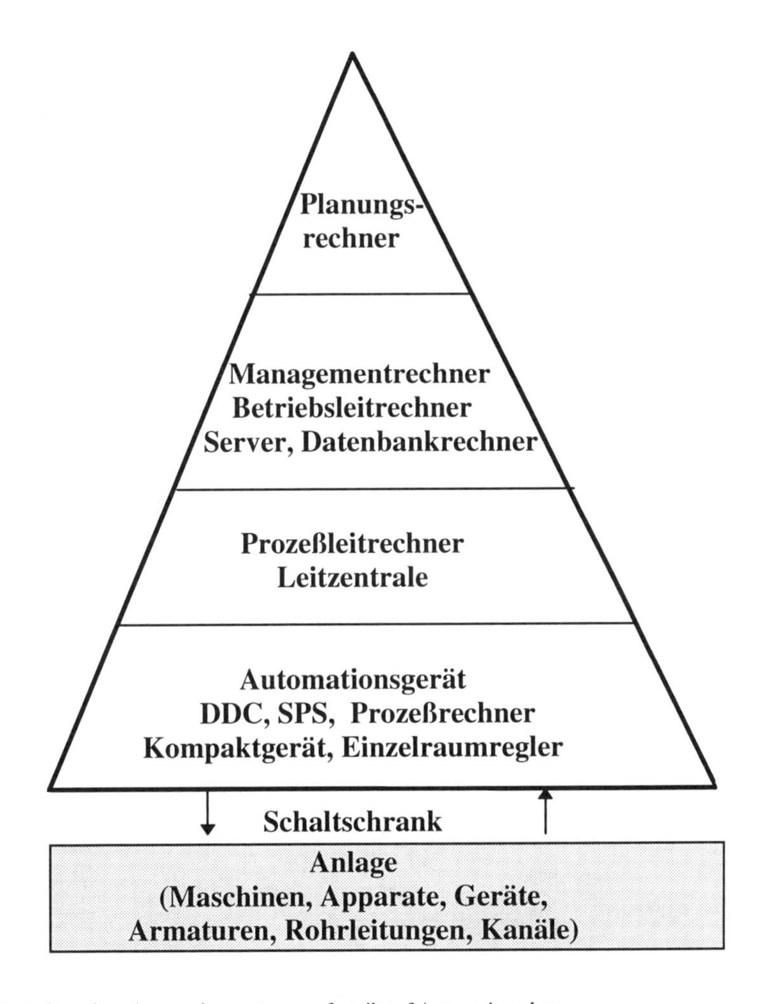

Bild 2-4 Gerätestruktur eines Automationssystems, aufgeteilt auf Automationsebenen

In der Automationsebene kommen folgende Automationsgeräte zum Einsatz:

- aufgabenorientiert
  - Einzelraumregler
  - Klimageräterechner
  - Heizkesselsteuerungen
- aufbauorientiert
  - Kompaktgerät
  - modular aufgebautes Gerät
- funktionsorientiert
  - Kompaktregler
  - Klein-SPS
  - DDC-Gerät

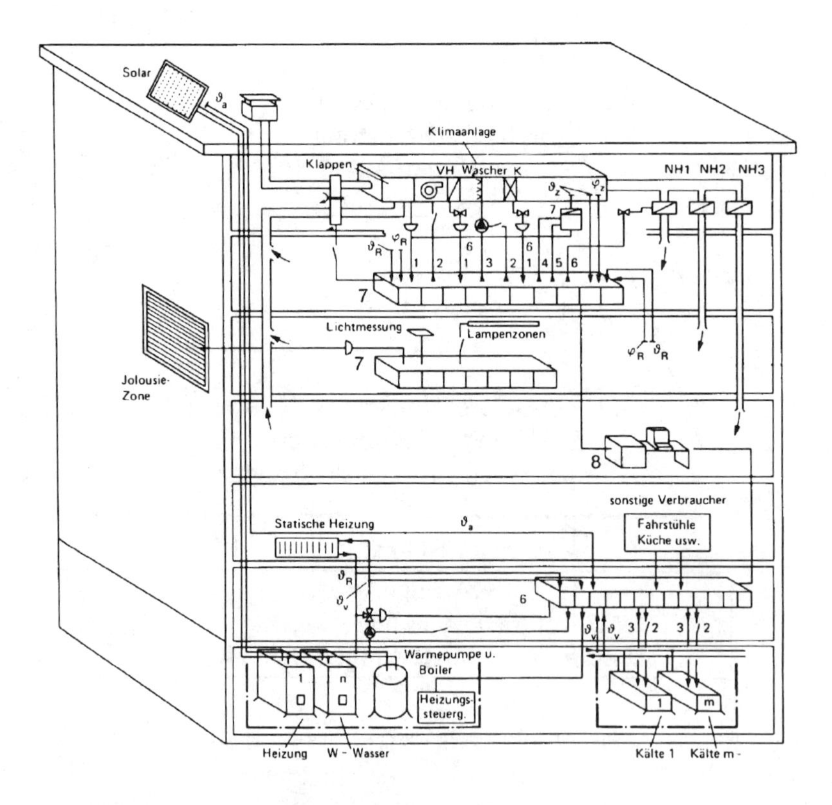

Bild 2-5 Örtlicher Aufbau einer Technischen Gebäudeausrüstung (Topografie) [Werkbild Johnson Controls]

Kompaktgeräte haben eine definierte Anzahl von analogen bzw. digitalen Ein- und Ausgängen, wie sie für Standardanwendungen häufig benötigt werden. Durch die große Stückzahl gleichartiger Geräte werden diese preiswert hergestellt, haben aber u.U. einen Überschuß an nicht benötigten Anschlüssen und Funktionen. Modular aufgebaute Geräte werden exakt an den Anwendungsfall angepaßt, verursachen aber Kosten für das individuelle Zusammenstellen des Rechners.

Kompaktregler werden in festen Gehäusen geliefert und sind von der Funktionalität eingeschränkt. Für einfache Aufgaben für bis zu 4 Regelkreise ohne aufwendige Steuerfunktionen sind sie eine gute Lösung.

Eine Klein-SPS hat vor allem die Aufgabe, Steuerfunktionen zu realisieren. Sie wird deshalb bevorzugt mit binären Ein- und Ausgängen bestückt sein. Werden auch analoge Ein- und Ausgänge angeboten, dann können auch eingeschränkt Regelaufgaben erfüllt werden.

Die Abkürzung DDC (direct digital control) steht für Rechner, die sowohl Regel- als auch Steueraufgaben in einem Gerät erfüllen und die Koordination scheinbar gleichzeitig durchführen. „Control" bedeutet Regeln und Steuern, das englische Wort „direct" läßt sich sinngemäß durch „dezentral" übersetzen.

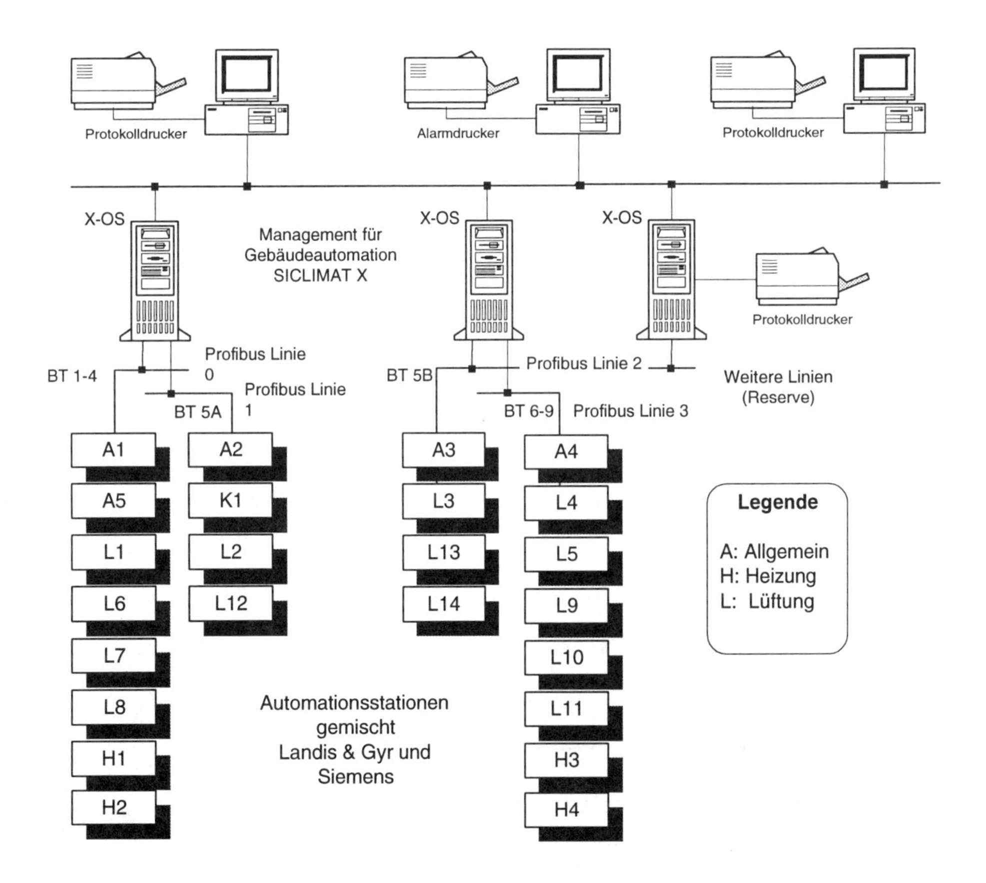

Bild 2-6 Beispiel für eine Automationsstruktur: Klinikum Süd Nürnberg (Werkbild Ebert-Ingenieure Nürnberg/München)

In der Betriebsleitebene kommen meist Prozeßrechner oder Standard-Rechner, wie PC`s zum Einsatz. Die Rechner besitzen eine große Datenspeicherkapazität zur Langzeitspeicherung der Informationen aus der Anlage und werden mit teuerer Peripherie ausgerüstet, z.B. hochauflösende Farbbildschirme oder Schönschriftdrucker. Größere Anlagen erhalten eine Leitzentrale mit mehreren Rechnern.

An die Rechner in der Unternehmensleitebene werden von der technischen Gebäudeausrüstung keine großen Anforderungen gestellt, da diese Aufgaben ohne jeden Zeitdruck zu erfüllen sind. Meist wird ein im Büro oder in der Leitzentrale vorhandener Rechner mitgenutzt. Gleiches gilt auch für den Planungrechner, der für die Erstellung von Anlagenzeichnungen jeder Art oder für die Konfiguration des Automationssystems notwendig ist. Für letztere Aufgabe wird oft ein tragbarer Rechner (z.B. Notebook) verwendet.

2.1.2 Automationsfunktionen

Auf der zweiten Pyramidenseite werden die Automationsfunktionen den einzelnen Ebenen zugeordnet (Bild 2-7). Ab der Automationsebene sind dies Software-Module.

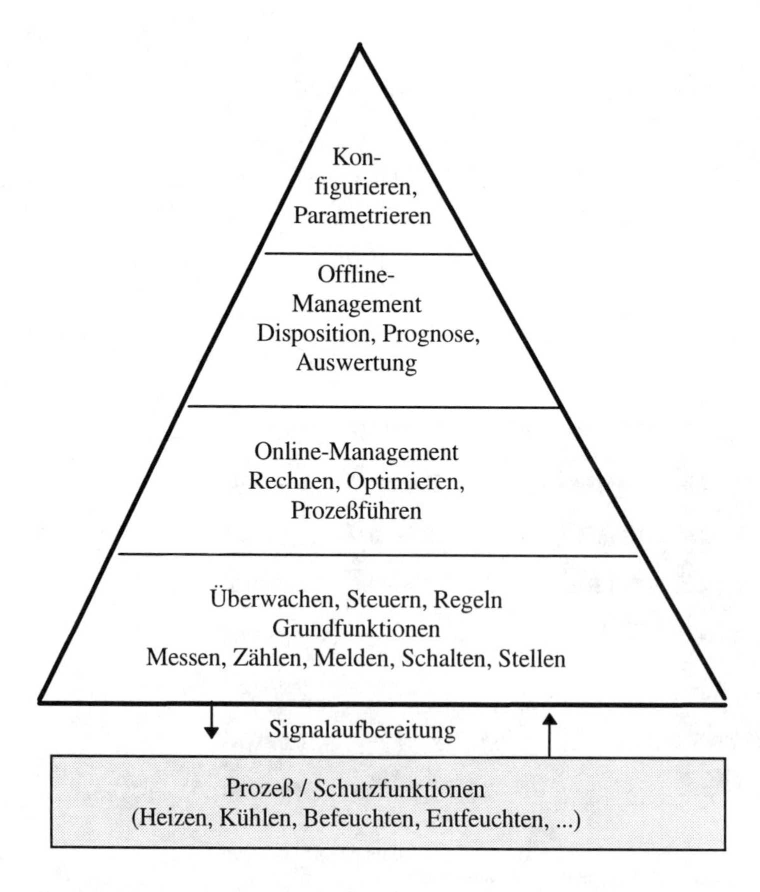

Bild 2-7 Automationsfunktionen der Gebäudeautomation mit Aufteilung auf die Automationsebenen

2.1.2.1 Prozeßebene

In der Anlage läuft der Prozeß ab. Ein Prozeß ist eine Gesamtheit von aufeinanderwirkenden Vorgängen in einer Anlage, durch die Materie, Energie oder auch Information umgeformt, transportiert oder auch gespeichert wird. Die Anlage entspricht der Hardware, der Prozeß entspricht der Software.

In der Prozeßebene müssen auch alle Funktionen ablaufen, die für die Sicherheit von Anlage und Personen notwendig sind, die sog. Schutzfunktionen. Im Zusammenspiel mit geeigneten Anlagenelementen wird so auf den Prozeß eingewirkt, daß kein Mensch gefährdet, die Anlage, das Produkt oder die Umwelt nicht geschädigt oder der Prozeß vor schädigenden Auswirkungen der Störungen bewahrt wird, auch wenn die Automation zur Zeit nicht aktiv ist.

Beispiele:

- So muß z.B. ein Sicherheitstemperaturbegrenzer die Anlage sofort verriegelnd abschalten.
- Das Betätigen des Revisionsschalters muß den direkten Stromweg zum Ventilator unterbrechen.

Sind dazu Schütze oder Relais notwendig, so befinden sich diese im Schaltschrank oder direkt in der Anlage.

2.1.2.2 Automationsebene

In der Automationsebene werden zunächst alle gewerknahen Funktionen erfüllt (Bild 2-8). Heute verwendet man dazu Rechner. Damit die analoge Prozeßwelt von der digitalen Rechnerwelt verstanden wird, müssen die Prozeßgrößen oder Prozeßsignale aufbereitet, d.h. digitalisiert werden. Sie werden z.B. von analogen Spannungen in Bits umgewandelt oder von Bits in analoge Spannungen rückgewandelt. Der Kalibriervorgang, d.h. die Anpassung des zu verarbeitenden Signals an den tatsächlichen Wert der Ein- oder Ausgangsgröße kann sowohl auf der analogen als auch auf der digitalen Seite durchgeführt werden. Das gilt genauso für eine eventuell notwendige Signalfilterung oder Signalspeicherung.

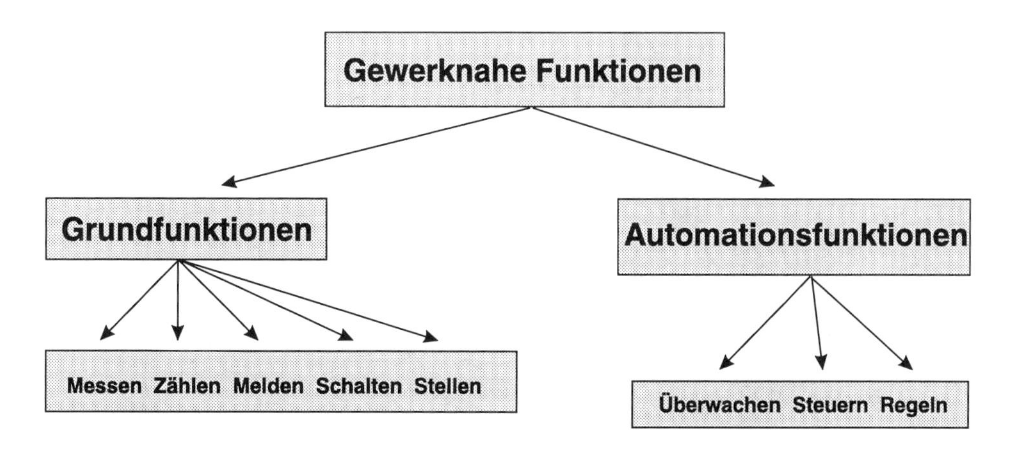

Bild 2-8 Überblick über gewerknahe Funktionen

Zur Erfüllung der Funktionen mit Hilfe eines Rechners gehören viele unterschiedliche Software-Module. Leistungsmerkmale sind:

- Betriebssystem mit den Eigenschaften
  - Echtzeit, d.h. Reaktion auf von einer mitlaufenden internen Uhr vorgegebene Impulse; die Reaktion der Automation ist schneller als der Prozeßablauf
  - Multitasking, d.h. scheinbar gleichzeitiges Verarbeiten parallellaufender Aufgaben
  - Multiuserbetrieb oder Netzwerkfähigkeit, d.h. gleichzeitiges Bedienen und Beobachten des Prozesses von mehreren Stellen aus
- Verarbeitungsgeschwindigkeit
  - Zykluszeiten der Software-Regler sind ausreichend klein und beeinflussen den Prozeß (Echtzeit) nicht durch zusätzliche Totzeiten
  - Reaktionszeiten der Ein- und Ausgänge sind ausreichend klein
- Qualität der Funktionsbausteine
  - alle wichtigen Funktionen stehen als Prozeduren oder Programmbausteine zur Verfügung
  - Sonderfunktionen lassen sich von qualifizierten Nutzern programmieren leichtes Konfigurieren, z.B. durch objektorientiertes Konfigurationswerkzeug
  - Änderung der Objekt-Parameter während des Betriebes (Online)
- Quantität
  - ausreichende Anzahl von Software-Reglerblöcken
  - beliebig viele Verknüpfungen von Bausteinen
  - ausreichende Anzahl von Datenpunkten für das Prozeßabbild

Physikalische Grundfunktionen beziehen ihre Informationen oder geben ihre Informationen ab mittels einer Drahtverbindung zwischen Schaltschrank und Prozeß. Der Zustand bzw. der Wert, der dem Gerät zugeordnet ist, bezeichnet man als Information.

Die Grundfunktion enthält zusätzlich weitere Parameter, z.B. Textbausteine, Störstatus, Grenzwerte oder technische Adresse. Jeder physikalischen Information ist eindeutig ein Gerät zugeordnet, z.B.

Pumpe AUS/EIN	1 Information
Rückmeldung JA/NEIN	1 Information
Motorstörung NEIN/JA	1 Information

Virtuelle Informationen werden

- von physikalischen Informationen abgeleitet, z.B. Betriebsart
- oder aus mehreren physikalischen Informationen gebildet, z.B. Enthalpie berechnet aus Temperatur und relativer Feuchte
- oder intern vorgegeben, z.B. Barometerstand durch Eingabe über die Tastatur

Kommunikative Funktionen werden von / zu anderen Rechnern übertragen.

Die Grundfunktion ***Messen*** umfaßt nach DIN 1319 T1 den experimentellen Vorgang, durch den ein spezieller Wert einer physikalischen Größe als Vielfaches einer Einheit oder eines Bezugswertes ermittelt wird. Vom Analogwert abgeleitete Grenzwerte gehören zur Grundfunktion Messen. Grenzwertüberwachung mit externen Kontaktgebern (Wächtern) gehört nicht zur Funktion Messen, sondern zur Funktion Melden.

Die Grundfunktion ***Zählen*** umfaßt die Eingabe von Mengenimpulsen durch Zählwertgeber. Dazu ist ein externen Zählwertspeicher notwendig.

Die Grundfunktion ***Melden*** umfaßt nur solche Meldungen, die zur Überwachung von Stör- und Betriebszuständen in der Automationsebene benötigt werden, also keine systeminternen Meldungen, z.B. Selbstüberwachung der Rechner. Störmeldungen einschließlich Gefahr- und Wartungsmeldungen, z.B. Frostgefahr, Filterüberwachung, werden durch Öffnerkontakte eingegeben (Bild 2-9).

Signalzustand	Kontakt betätigt	Verbindung geschlossen
Schließer 0	nein	nein
Schließer 1	ja	ja
Öffner 1	nein	ja
Öffner 0	ja	nein

Bild 2-9 Meldungsarten

Betriebsmeldungen, Betriebsarten-Wahlschalter oder Rückmeldungen werden durch Schließkontakte eingegeben. Bei mehrstufigen Aggregaten ist für jede Stufe ein Schließkontakt erforderlich. Die für die Meldungen verwendeten Relais, Schütze, Schalter und Grenzwertgeber sind gem. VDE 0435 und DVE 0660 auszuführen.

Die Grundfunktion ***Schalten*** umfaßt Schaltbefehle, die von der Gebäudeautomation ausgegeben werden. Der Schaltbefehl ist ein Signal mit definiertem binären Zustand. Zu jedem Schaltbefehl sollte eine Rückmeldung gehören. Schaltbefehle zu motorisch betriebenen Geräten werden über Leistungsschütze ausgegeben.

Die Grundfunktion ***Stellen*** umfaßt Stellbefehle, die von der Gebäudeautomation an physikalische oder virtuelle Adressen ausgegeben werden. Stellen ist das Verändern von

Masse-, Energie- oder auch Informationsflüssen

mit Hilfe von Stellgliedern. Der Stellbefehl bewirkt

- ein nichtstetiges Signal, das in seiner Dauer variiert werden kann, z.B. Dreipunktausgang
- oder ein stetiges Signal, das innerhalb des Stellbereichs, z.B. 0 bis 10 V, beliebige Werte annehmen kann.

Gewerknahe Verarbeitungsfunktionen sind grundsätzlich virtuell und laufen mit Hilfe des prozeßnahen Automationsgerätes in Echtzeit ab. Dazu ist ein entsprechender Algorithmus notwendig.

Das ***Regeln, die Regelung***, ist ein Vorgang, bei dem fortlaufend eine Größe, die Regelgröße, mit einer anderen Größe, der Führungsgröße, verglichen und im Sinne einer Angleichung an die Führungsgröße beeinflußt wird. Kennzeichen für das Regeln ist der geschlossene Wirkungsablauf (Bild 2-10), bei dem die Regelgröße im Wirkungsweg des Regelkreises fortlaufend sich selbst beeinflußt /DIN 19226/.

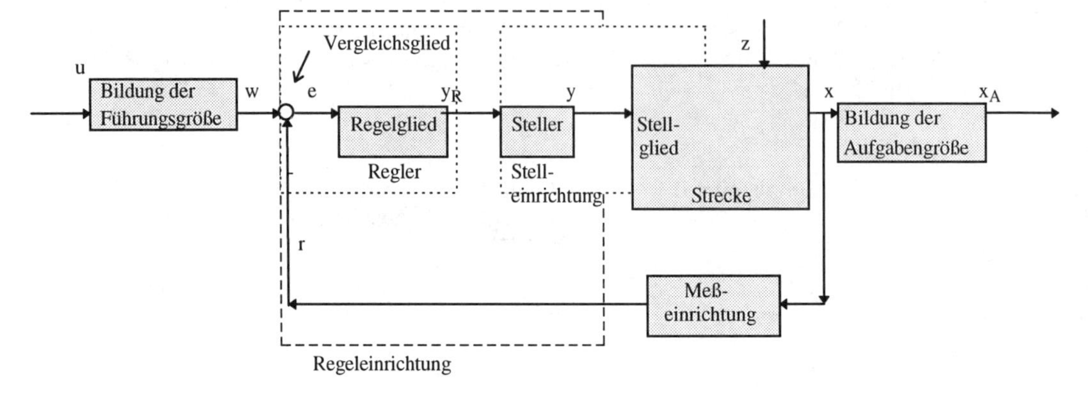

Bild 2-10 Blockbild des Regelkreises

u ...	Führungsgröße	w ...	Sollwert	e ...	Regeldifferenz
y_R ...	Reglerausgangsgröße	y ...	Stellgröße	z ...	Störgröße
x ...	Regelgröße	r ...	Rückführgröße		

Das ***Steuern, die Steuerung,*** ist der Vorgang in einem System, bei dem eine oder mehrere Größen als Eingangsgrößen andere Größen als Ausgangsgrößen aufgrund der dem System eigenen Gesetzmäßigkeiten beeinflussen. Kennzeichen für die Steuerung ist der offene Wirkungsweg, bei dem durch die Eingangsgröße beeinflußte Ausgangsgrößen nicht fortlaufen und nicht über dieselben Eingangsgrößen auf sich selbst wirken (Bild 2-11).

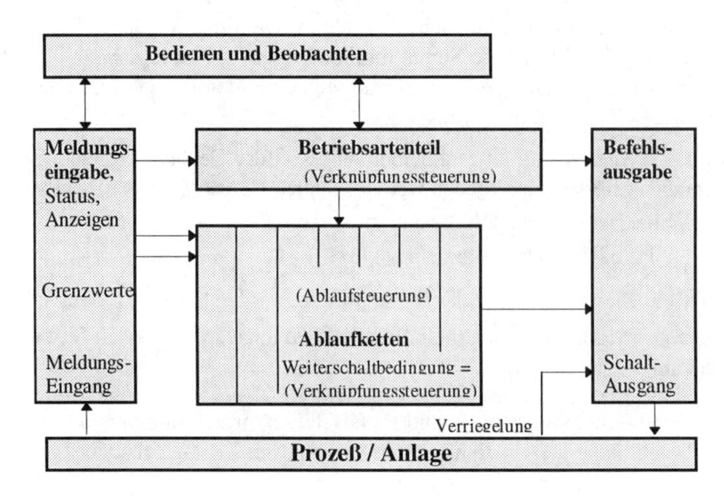

Bild 2-11 Aufbau einer Steuerung und Steuerungsarten

Nach DIN 19226 T1, 02/94 wird die Benennung der Steuerung auch für die Gesamtanlage verwendet. Die Regelung ist dann eine untergeordnete Funktion.

Verknüpfungssteuerungen werden durch Schaltnetze realisiert, d.h. durch eine Funktionseinheit ohne Speicherglieder, die nur auf Operationen der Boolschen Algebra (UND, ODER; NICHT) beruht. Für Ablaufsteuerungen benötigt man ein Schaltwerk, d.h. eine Funktionseinheit, die zusätzlich zu den aktuellen bzw. zeitverzögerten Eingangssignalen auch den momentanen Schaltwerkzustand verarbeitet. Dies ist insbesondere für Verriegelungen notwendig.

Unter ***Überwachen*** versteht man nach DIN 19222 das Überprüfen ausgewählter Größen auf Einhaltung vorgegebener Werte, Wertebereiche oder Schaltzustände. Die zu überwachenden Größen können direkt gemessen werden oder das Ergebnis einer Auswertung sein. Beim Auswerten werden aus erfaßten Größen durch Berechnen oder auch Sortieren Kenngrößen des Prozesses ermittelt.

Unter ***Optimieren*** eines Prozesses versteht man Maßnahmen zur Erzeugung eines solchen Prozeßablaufes, daß ein definiertes Ziel, z.B. minimaler Energieverbrauch, unter den gegebenen Beschränkungen wie Anlagenauslegung, Gebäudedynamik oder Umweltbedingungen erreicht wird. Weitere Optimierungsziele können sein:

- hohe Wirtschaftlichkeit
- großer Wirkungsgrad
- geringe Schadstoffbelastung

Je Stell- oder Schaltbefehl kann immer nur eine Optimierungsfunktion erfüllt werden. In der Automationsebene laufen nur solche Optimierungen ab, für die alle Informationen im betreffenden Automationsgerät zur Verfügung stehen. Koordinierende Optimierungen werden in der Leitebene durchgeführt.

2.1.2.3 Leitebene

Das ***Leiten*** ist nach DIN 19222 die Gesamtheit aller Maßnahmen, die einen im Sinne festgelegter Ziele erwünschten Ablauf eines Prozeßes bewirken. Das Besondere ist, daß die Maßnahmen vorwiegend unter Mitwirkung des Menschen aufgrund der aus dem Prozeß oder auch aus der Umgebung erhaltenen Daten mit Hilfe des Leitsystems getroffen werden. Das Leitsystem umfaßt alle für die Aufgabe des Leitens verwendeten Geräte und Programme sowie im weiteren Sinne auch Anweisungen und Vorschriften. Ein Überblick über Managementfunktionen ist in Bild 2-12 gegeben.

Bei modernen digitalen Systemen wird der Mensch immer mehr durch sogenannte ***Managementfunktionen*** von Routinearbeiten entlastet. Im Leitsystem laufen vor allem Managementfunktionen in Echtzeit ab, d.h. online und parallel zum Prozeß. Für den Eingriff des Menschen wurden komfortable Bedien- und Beobachtungssysteme geschaffen (siehe auch Kapitel 2.1.4.2). Typische Funktionen der Leitebene sind Prozeßführung, Energiemanagement oder Instandhaltungsmanagement mit einer Vielzahl von Optimierungen. Dabei ist die Zielfunktion fast immer das Kostenminimum der Gesamtkosten, meist realisiert über ein Energieverbrauchsminimum.

Instandhaltungsmanagement umfaßt Planung, Verwaltung und Disposition aller Arbeiten für Wartung, Inspektion und Instandsetzung betriebstechnischer Anlagen, Ersatzteilverwaltung, Einsatzplanung und Arbeitsanweisungen mit Termin- und Durchführungskontrolle. Die Datenverarbeitung für das Instandhaltungsmanagement läuft oft auf einem eigenen Rechner ab, dem die Daten zyklisch vom Automationsgerät übertragen werden. Aufbauend auf dieser Verarbeitungsfunktion während des Betriebes der Anlage werden auch erweiterte Verarbeitungsfunktionen für die Nachbearbeitung angeboten, z.B. Störungsstatistik. Darunter versteht man das Erfassen der Häufigkeit von Ereignissen, z.B. Störmeldungen, Systemmeldungen oder Grenzwertverletzungen.

Ziel des ***Energiemanagements*** ist die Reduzierung der Betriebskosten durch Eingriffe in den Prozeßablauf, z.B. durch

- koordiniertes Schalten von Aggregaten
- Verstellen von Sollwerten und Parametern
- Verändern von Massenströmen

Dabei soll insbesondere die Arbeit, d.h. das Intergral der Leistung über der Zeit oder, digital ausgedrückt, die Summation der mittleren Leistung je Zeitabschnitt, reduziert werden. Dies ist u.a. möglich durch bessere Nutzungsgrade oder geringere Nutzungszeiten.

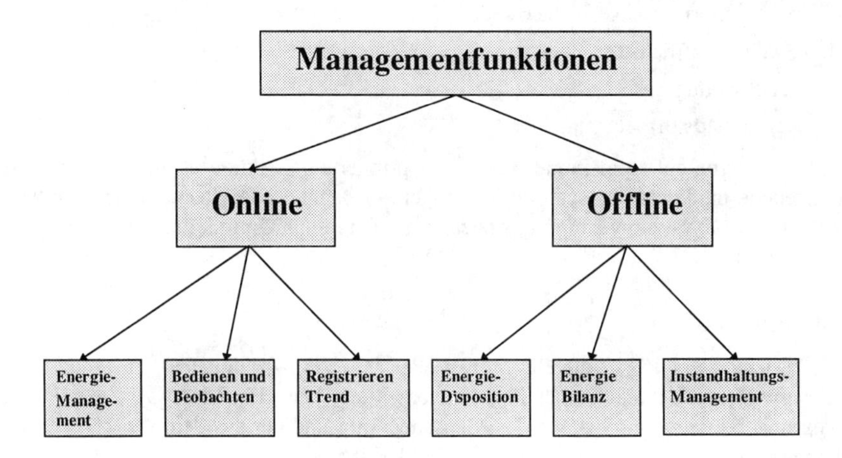

Bild 2-12 Überblick über Managementfunktionen

Ein wichtiges Instrument des Energiemanagements ist die Erfassung des Energieverbrauchs je Nutzungsbereichs (online) und eine möglichst vollständige Bilanzierung (offline). Damit werden Entscheidungen über die Disposition von Energieträgern getroffen.

2.1.3 Datenkommunikation

Das Datenübertragungssystem (Gerät-Geräte-Kommunikation) stellt die Verbindungen her zwischen

- Prozeß und Automatisierungsgerät
- Automationsgerät zu Automationsgerät
- Automationsgerät zu Leitrechner
- evtl. Leitrechner zu Unterzentrale

Auf einer Pyramidenseite sind Möglichkeiten der Datenkommunikation dargestellt (Bild 2-13). Die Datenübertragung zwischen Prozeß und Schaltschrank wird grundsätzlich analog durchgeführt über mehradrige Kabel. Größere Automationsgeräte sind im Schaltschrank eingebaut und werden dort intern verdrahtet. Kleinere Automationsgeräte, z.B. Einzelraumregler, werden dezentral montiert. Ab der Automationsebene werden die Informationen nur noch digital mit Hilfe eines Bus-Systems übertragen.

Folgende Netzarten werden ausgeführt:

- Installationsbus, preiswertes Bussystem für die flexible moderne Elektroinstallation,
  Einsatz bei vorwiegend binären Funktionen innerhalb eines Gebäudes
- Local Area Network LAN, lokales Netzwerk innerhalb einer Liegenschaft,
  Feldbus, schnelles System für vorwiegend Regel- und Steuerfunktionen
- Wide Area Network WAN, Fernverbindungen,
  Datenübertragung durch eine Wählverbindung über das Netz der Deutschen Bundespost TELECOM, Standleitung über einen Telekommunikationsdienst

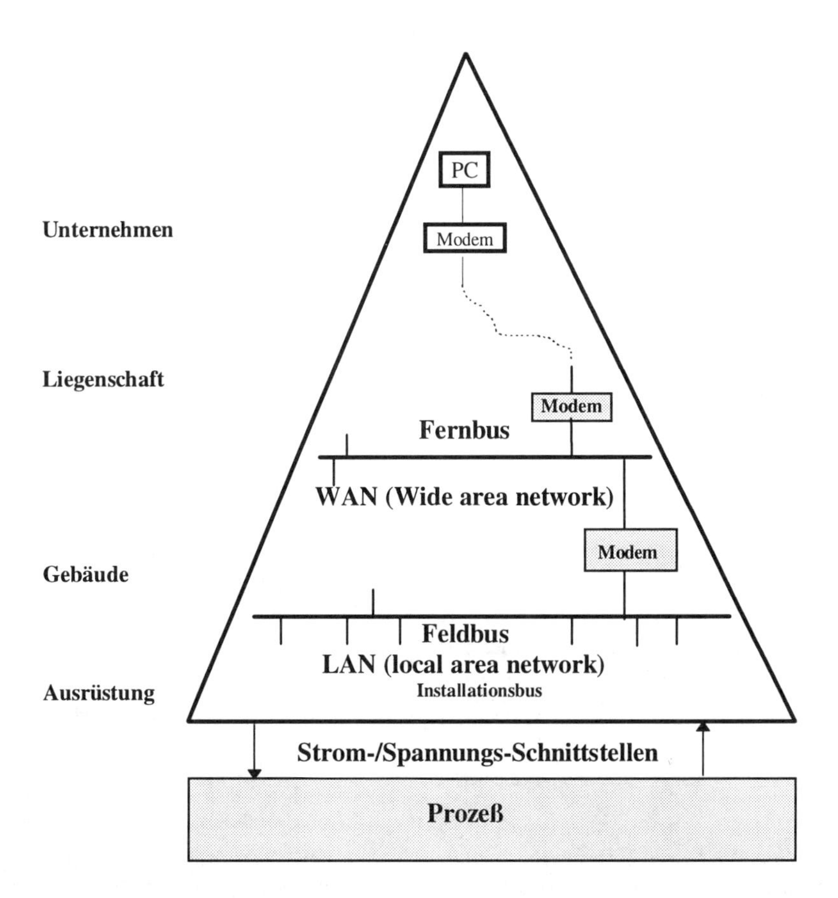

Bild 2-13 Datenkommunikationsarten der Gebäudeautomation

Verstärkt durch sinkende Preise der Hardware ergibt sich bei der digitalen Gebäudeautomation ein Trend zur Dezentralisierung, d.h. Verteilung der Funktionen auf viele einzelne Rechner. Dies bedeutet, daß die Sicherheit und Verfügbarkeit der Teilanlagen zunimmt, andererseits der Kommunikationsaufwand erheblich größer wird. Bei der Verkabelung kann sich dies positiv auswirken. Werden bei einem herkömmlich automatisierten Krankenhaus noch ca. 700 km Kabel benötigt, so reduziert sich der Aufwand auf 500 km bei Bus-Verkabelung trotz Zunahme der Funktionalität. Bei weiterer Dezentralisierung läßt sich der Kabelaufwand nocheinmal halbieren.

In der Feldebene, d.h. von der Anlage bis zum Schaltschrank werden je physikalischer Adresse ein Steuerkabel als analoge Strom-/ Spannungsschnittstelle und ein Leistungskabel benötigt. Innerhalb des Automationsgerätes übernimmt ein Rechnerbus (Datenbus, Adreßbus, Steuerbus) die Aufgabe des Datentransportes, z.B. vom Speicher in das Rechnerregister und zurück.

Die Verbindung von Automationsgerät zu Automationsgerät läuft über ein für alle angeschlossenen Einheiten gemeinsames Kabel, das LAN, über das seriell nach einem vorgegebenen Protokoll Daten übertragen werden können. Sobald eine Liegenschaft verlassen wird, kommt das WAN zum Einsatz. Hiermit läßt sich der Datentransport über beliebige Entfernungen realisieren; es wird z.B. das Telefonnetz per MODEM, ein mietbares Funknetz oder eine Satellitenübertragung verwendet. So können deutsche Liegenschaften eines amerikanischen Konzerns aus den USA direkt überwacht werden.

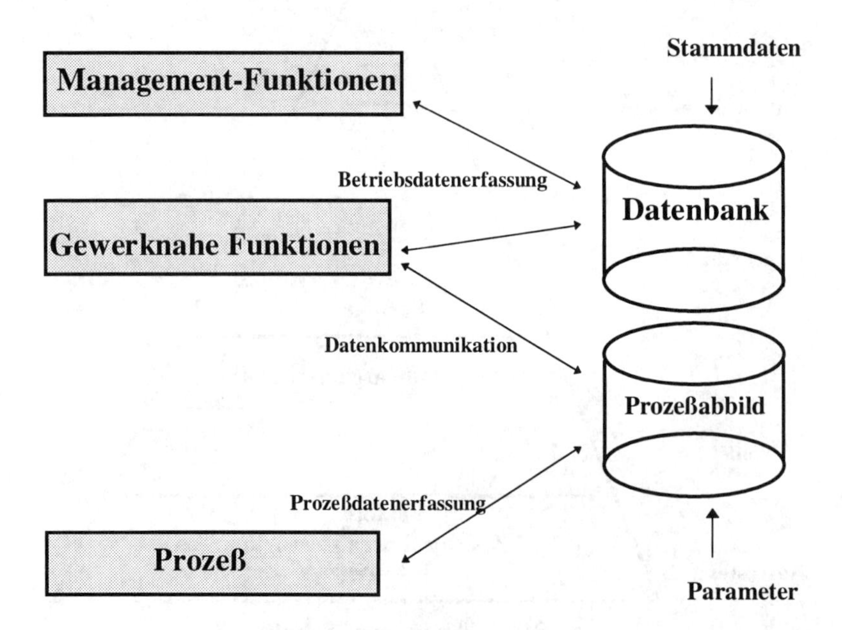

Bild 2-14 Datenverwaltungssystem und Datenspeicherung

Die aktuellen Werte von Informationspunkten werden meist dezentral im Automationssystem als Prozeßabbild gespeichert (Bild 2-14). Benötigen andere Anlagen diese Informationen, so werden sie „peer to peer“ auf dem kürzesten Weg über das Feldbussystem übertragen.

Übertragungsformat z.B.: Technische Adresse
Benennung als Klartext
Zahlenwert als Fließkommazahl
Einheit als Klartext
Informationspunkt-Status

Das Prozeßabbild wird im Zyklus der Abtastzeit aktualisiert. Möchte man den Trend eines Informationspunktes darstellen, dann muß der zugehörige Wert zusammen mit dem Zeitpunkt abgespeichert werden. Dies geschieht im Normalfall in der Datenbank eines Leitrechners. Damit wird jedoch die Datenkommunikation stark belastet. Ist der Leitrechner nicht online mit dem Automatisierungsgerät verbunden, dann müssen die Werte mit Zeitpunkt zwischengespeichert und zyklisch, z.B. täglich, per Wählverbindung abgerufen werden.

2.1.4 Bedienen und Beobachten

Kommunikation ist der Austausch von Informationen zwischen Partner gleicher Sprache. Die Datenkommunikation von Gerät zu Gerät wird automatisch ablaufen. Soll der Mensch bei der Benutzung der Systeme mitwirken, erhält er über eine ***Benutzeroberfläche*** ein Fenster zum Prozeß. Er kann damit Zustände und Verläufe des Prozesses beobachten und gezielt eingreifen. Diese Art der Kommunikation nennt man auch Mensch-Geräte-Kommunikation. Die Bedienphilosophie des Betreibers gibt vor, wo er welche Daten in welcher Darstellung benötigt. Nur eine Benutzeroberfläche, die sich an den Bedürfnissen des Bedieners orientiert, wird auf Dauer akzeptiert. Dies gilt insbesondere bei der Inbetriebnahme, bei Störungen und bei der Anlagenwartung.

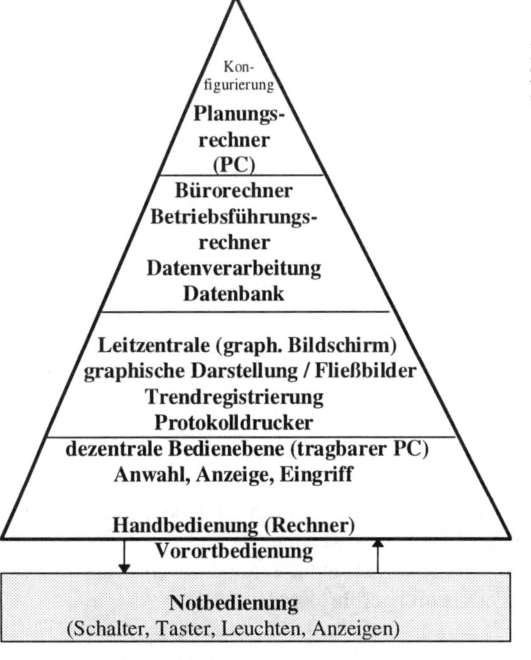

Bild 2-15
Zuordnung von Bedien- und Beobachtungsfunktionen zu Automationsebenen

2.1.4.1 Bediengeräte

In der Feldebene, d.h. am Schaltschrank wird manchmal eine von den übergeordneten Ebenen unabhängige Notbedienebene gewünscht, welche unmittelbar auf Maschinen und Aktoren (Ventile, Klappen, Pumpen, Ventilatoren,...) wirkt (Bild 2-16).

- Bedienelemente sind z.B. Schalter, Taster oder Potentiometer,
- Beobachtungselemente sind z.B. Leuchten oder Zeigerinstrumente.

Notausschalter, Revisionsschalter oder sonstige Schutzschalter werden so angeordnet, daß der Stromweg zur Anlage direkt oder über ein Koppelrelais kabelbruchsicher unterbrochen wird.

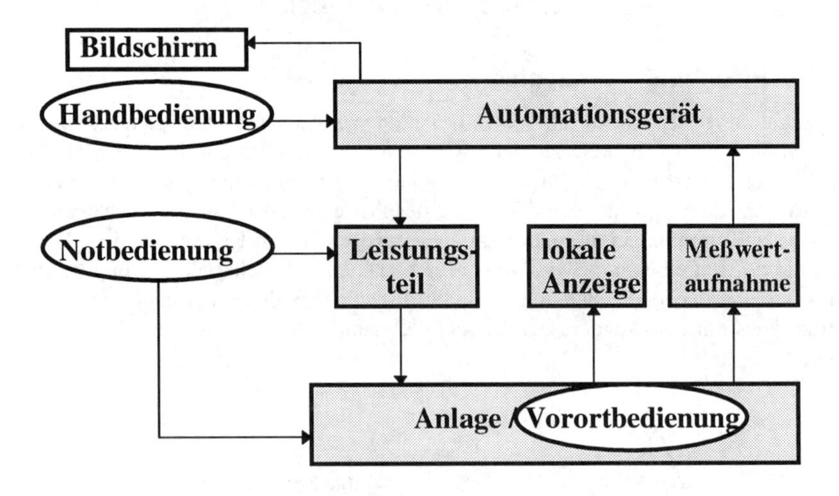

Bild 2-16 Vorort-, Not- und Handbedienebene

Die Handbedienung wirkt über das Automationsgerät auf die Aktoren. Die Automationsfunktionen sind in der Betriebsart HAND nicht aktiv. Nur gut ausgebildetes Personal ist in der Lage, eine Anlage von der Handbedienungsebene aus zu fahren. Es nutzt die Fähigkeiten des Automatisierungsgerätes als Rechner aus. Bedienelement ist die Tastatur, Beobachtungselement ein LCD-Display oder der Bildschirm. Oft werden tragbare PC`s verwendet, die Eingriffsmöglichkeiten in den Prozeß auch bei Störung der Leitzentralen erlauben. Bei Eingriffen in den Prozeß ist eine Koordinierung mit dem Automatikbetrieb (Hand-Automatik-Wahlschalter) bzw. mit Fernbedienung (Ort-Fern-Wahlschalter) erforderlich. Die Bedienung wird durch Softwareelemente unterstützt.

Handbedienung ist auch von der Leitzentrale aus möglich. In allen digitalen Ebenen ist es wünschenswert, daß die Bedienphilosophie immer gleich ist. In der Leitebene werden überwiegend bildschirmorientierte Bedienplätze mit Drucker verwendet. Mehrere Bedienplätze sind dann erforderlich, wenn in unterschiedlichen Bereichen gearbeitet wird oder wenn verschiedene Aufgaben von verschiedenen Personen zeitgleich durchgeführt werden müssen.

2.1.4.2 Bedienoberflächen

Bedienoberflächen sind Software-Funktionen. In den digitalen Ebenen unterscheidet man zwei Typen von Oberflächen:

- befehlsorientiert
  alphanumerische Eingabe über die Tastatur
  spezifische Funktionstasten
- graphische Bedienung
  Bildzusammenstellung aus statischen und dynamischen Elementen
  aktive, durch den Bediener veränderbare, oder passive Einblendungen

Hilfsmittel sind:
Bildrollen, Blättern, Zoomen, Menütechnik, Dialogtechnik (Frage/Antwort) und Fenstertechnik.

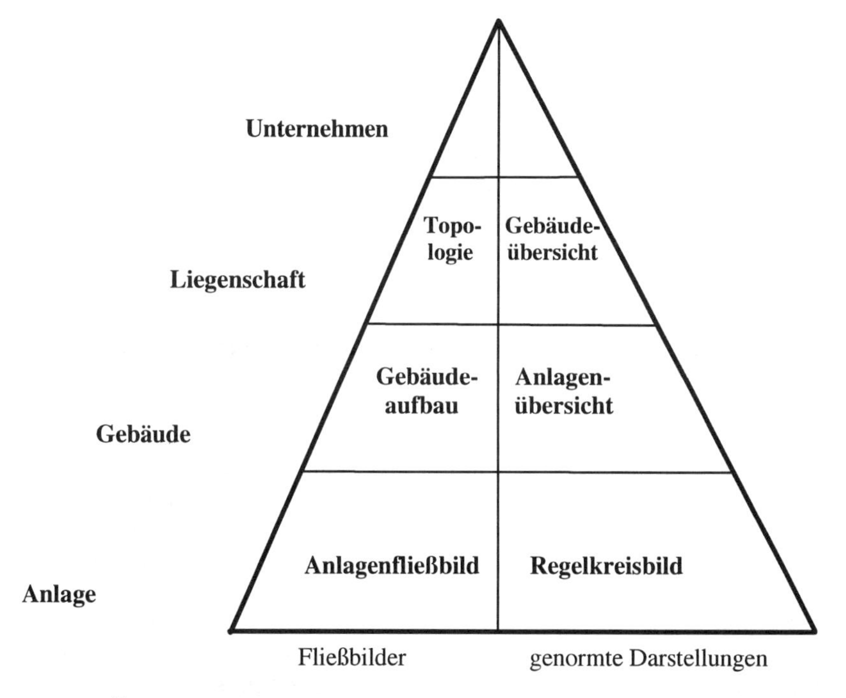

Bild 2-17 Übersicht über graphische Darstellungen

Bedienbilder sind meist hierarchisch strukturiert:

- Übersichtsbild
- Gruppenbild
- Anlagenbild
- Bild eines einzelnen Regelkreises

und lassen sich sowohl normiert, d.h. aufgebaut aus Standardblöcken, als auch in freier Form, z.B. als normgerechte Gerätefließbilder, darstellen.

2.1.4.3 Bedien- und Beobachtungsfunktionen

Bedienoberflächen dienen der Eingabe und Ausgabe von Informationen von und zum Menschen in einer für den Menschen verständlichen Form.

Anwahl

Jeder menschliche Zugriff auf einen Prozeß beginnt mit der Anwahl. Die manuelle Anwahl erfolgt durch Eingabe der Adresse oder mit Hilfe der Bedienerführung für einzelne Informationen. Damit wird die Verbindung zum Prozeßabbild (Bild 2-14) der zu verarbeitenden physikalischen oder virtuellen Information hergestellt. Eine solche Anwahl kann auch automatisch, z.B. ereignis- oder zeitpunktorientiert, erfolgen.

Grundfunktionen werden über eine Adresse angewählt. Man unterscheidet:

- technische Adresse

  damit wird z.B. die Klemme im Schaltschrank festgelegt, von der die Information zyklisch abgerufen und unter deren Namen abgespeichert wird

- Benutzeradresse

  für den Benutzer leicht verständlicher, verkürzter alphanumerischer Text zur Zuordnung der Information zu einem konkreten Anlagenteil; die Bedeutung der einzelnen Stellen der Adresse wird nach einem projektspezifischen Adressierungssystem festgelegt

Anzeige

Nach der Anwahl wird der augenblickliche Wert bzw. der Signalzustand des Prozeßabbildes von dem zugeordnetem Informationspunkt angezeigt. Die Anzeige erfolgt meist alphanumerisch und kann durch Klartext ergänzt werden.

Tendenzregistrierung

Trenddiagramme dienen der Beobachtung von ausgewählten Informationen über längere Zeitspannen. Neben der Adresse und dem variablen Hauptwert der Information ist zusätzlich der Abtastzeitpunkt zu speichern. Die Werte werden zunächst zyklisch auf einen Massenspeicher geschrieben und können selektiv auf einen Drucker oder Bildschirm ausgegeben werden.

Graphische Darstellung

Graphische Darstellungen unterstützen das Bedienen und Beobachten von Anlagen mit Hilfe von farbigen Anlagenschemata oder anderen Bildern. Sie werden auf Bildschirmen mit eingeblendeten Prozeßzuständen oder auf Graphikdruckern ausgegeben. Die unterschiedlichen Prozeßzustände werden z.B. durch Farben, Symbole, Blinklicht oder Buchstaben und Ziffern dargestellt.

Datenverarbeitung

Das Datenverarbeiten ist ein Vorgang, bei dem durch Grundfunktion gewonnene oder erzeugte Daten mit Hilfe eines Programms in andere Daten umgeformt, übertragen oder auch gespeichert werden. Im weiteren Sinne können dazu auch die Funktionen „Überwachen, Steuern,

Regeln“ gehören. Das Programm wird in einen durch einen Übersetzer beschreibbaren und löschbaren Programmspeicher abgelegt.

Aufzeichnen

Das Aufzeichnen ist das Festhalten von Größen zum Weiterverarbeiten oder zum Dokumentieren. Wird der Werteverlauf einer Größe fortlaufend in einer für den Benutzer verständlichen Form aufgezeichnet, so nennt man dies Registrieren.

Protokollieren

Protokollieren ist das spontane ereignisabhängige, zyklisch zeitabhängige oder vom Menschen abgerufene Wiedergeben einer Aufzeichung in für den Menschen lesbarer Form.

2.2 Projektieren

Funktionsebenen und Geräteebenen sind unabhängig voneinander zuzuordnen und werden auch getrennt ausgeführt. So kann ein Automationsgerät Managementfunktionen übernehmen, ein Leitrechner auch (selten) regeln.

Die Erzeugung von ablauffähiger Software zur Erfüllung definierter Funktionen ist der teuerste Teil der Projektierung, da diese Dienstleistung von hochqualifizierten Spezialisten erbracht wird. Gerade in diesem Punkt bieten die Hersteller der Gebäudeautomation durch vorkonfektionierte Software in Form von parametrierbaren Programm-Modulen wesentliche Vorteile. Besonders wichtig ist die Möglichkeit, konfigurierte ***Makros*** mehrfach zu nutzen. So besitzen z.B. alle Heizzentralen hinsichtlich der Funktionalität eine große Ähnlichkeit und müssen nur noch hinsichtlich Adresse und Parameter angepaßt werden.Firmenstandards erlauben darüberhinaus, daß alle Anlagen eines bestimmten Fabrikats für deren Servicetechniker leichter zu warten sind. Für die Inbetriebnahme ist es von Vorteil, wenn Parameteränderungen und manchmal auch die Änderung der Konfiguration online, d.h. ohne Abschaltung des Prozesses während des Betriebs, durchgeführt werden können.

Der Ablauf der Projektierung für eine Automatisierung ist in Bild 2-18 vereinfacht dargestellt. Es beginnt mit der Erarbeitung der Aufgabenstellung durch ein Planungsbüro, die in einem Leistungsverzeichnis mündet, geht über die Vergabe zur Ausführung. Die Ausführung beinhaltet Strukturieren, Konfigurieren und Parametrieren. Nach der Inbetriebnahme steht eine Anlage zur Verfügung, die ohne Zutun des Menschen über Jahre störungsfrei in Betrieb ist. Auf die Notwendigkeit der Instandhaltung des Automationssystems sei hier besonders hingewiesen.

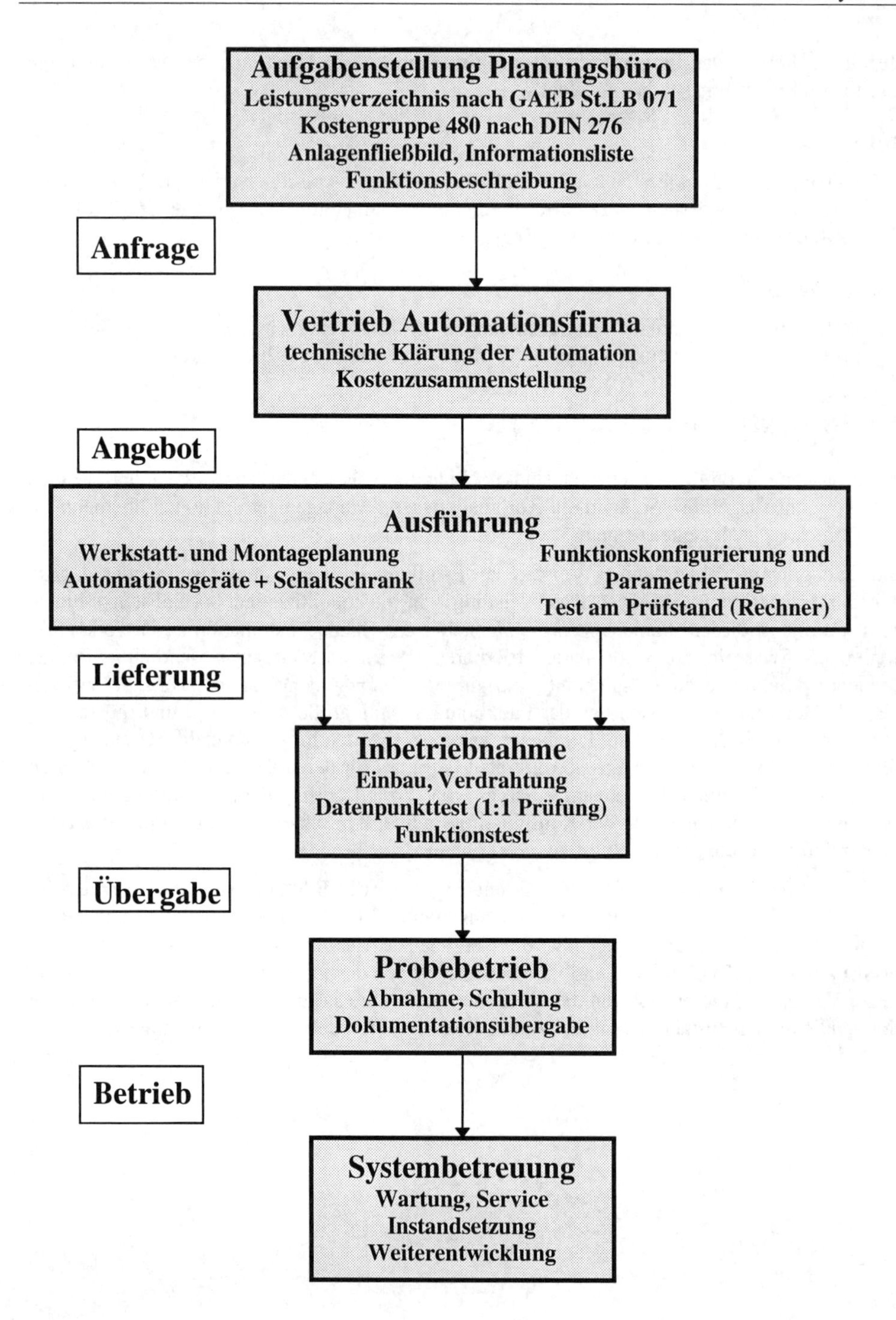

Bild 2-18 Ablauf der Errichtung eines Automationssystems

Es folgen einige Definitionen von Tätigkeiten des Automationsingenieurs, wie sie in DIN V 32734, DIN 19226 und in CEN-TC 247 beschrieben sind.

Programmieren

Das Programmieren umfaßt die Tätigkeit des Entwerfens, Codierens und Testens eines Programms. Das Erstellen von Anwenderprogrammen geschieht mit Hilfe von Programmiersprachen. Das Programmieren kann in einer maschinennahen Sprache, z.B. Assembler, oder in einer problemorientierten Sprache, z.B. C, erfolgen.

Konfigurieren

Konfigurieren ist das Erstellen von Regelungs- und Steuerungsfunktionen aus vorgefertigten Programmbausteinen bzw. das Zusammensetzen aus vorgegebenen Funktions- oder auch Baueinheiten.

Vorgefertigte Bausteine können sein:

Elementarfunktionen, z.B. Grundrechenarten, Logikfunktionen
Grundbausteine, z.B. Integrierer
Komplexbausteine, z.B. PID-Regler
hochkomplexe Funktionen, z.B. Anfahren von Pumpen mit Störüberwachung
Ablaufsteuerung, z.B. Rezeptursteuerung

Das Ergebnis ist die Konfiguration.

Parametrieren

Parametrieren heißt, den Funktionseinheiten oder Programmbausteinen eines Regelungs- oder Steuerungssystems Werte ihrer Kenngrößen zuzuweisen, die ein gewünschtes Verhalten bewirken.

Vorgabe der anlagenspezifischen Einstellwerte (Parameter) können sein:

Sollwerte, Grenzwerte, Kennlinien, Zeiten, Regelparameter.

Die Parameter können während des Betriebs eingegeben, angezeigt und verändert werden.

Strukturieren

Strukturieren ist das Festlegen der Beziehungen eines Systems nach vorgegebenen Kriterien. Bei der Analyse eines Systems wird ein gegebenes System so zerlegt, daß seine Beziehungen erkennbar werden. Bei der Synthese werden die Beziehungen zwischen Gebilden derart festgelegt, daß es vorgegebenen Anforderungen genügt. In der MSR-Technik stellen Gebilde vorwiegend Baueinheiten oder gerätetechnische Strukturen dar.

Dokumentation

Unter dem Gesichtspunkt der hohen Kosten bei manueller Erstellung bieten digitale Systeme an, die Dokumentation automatisch zu erstellen. Damit läßt sich jederzeit eine aktuelle Version am Bedienplatz abrufen.

2.3 Informationslisten

Mit Hilfe der Informationsliste nach VDI 3814 Blatt 2 ist die Beschreibung von Funktionen einfacher und reproduzierbar geworden. Die Richtlinie bietet eine Verbesserung in der Definition und Festschreibung der geforderten Aufgaben und später in der Abrechnung von MSR Software (und Hardware). Durch entsprechendes Ausfüllen der Informationsliste kann von vornherein entschieden werden, ob z.B. bei einer Pumpe ein Blockierschutz, d.h. periodisches kurzzeitiges Einschalten, mit zur Aufgabenstellung gehört. Spätere Diskussionen oder Unstimmigkeiten entfallen dadurch.

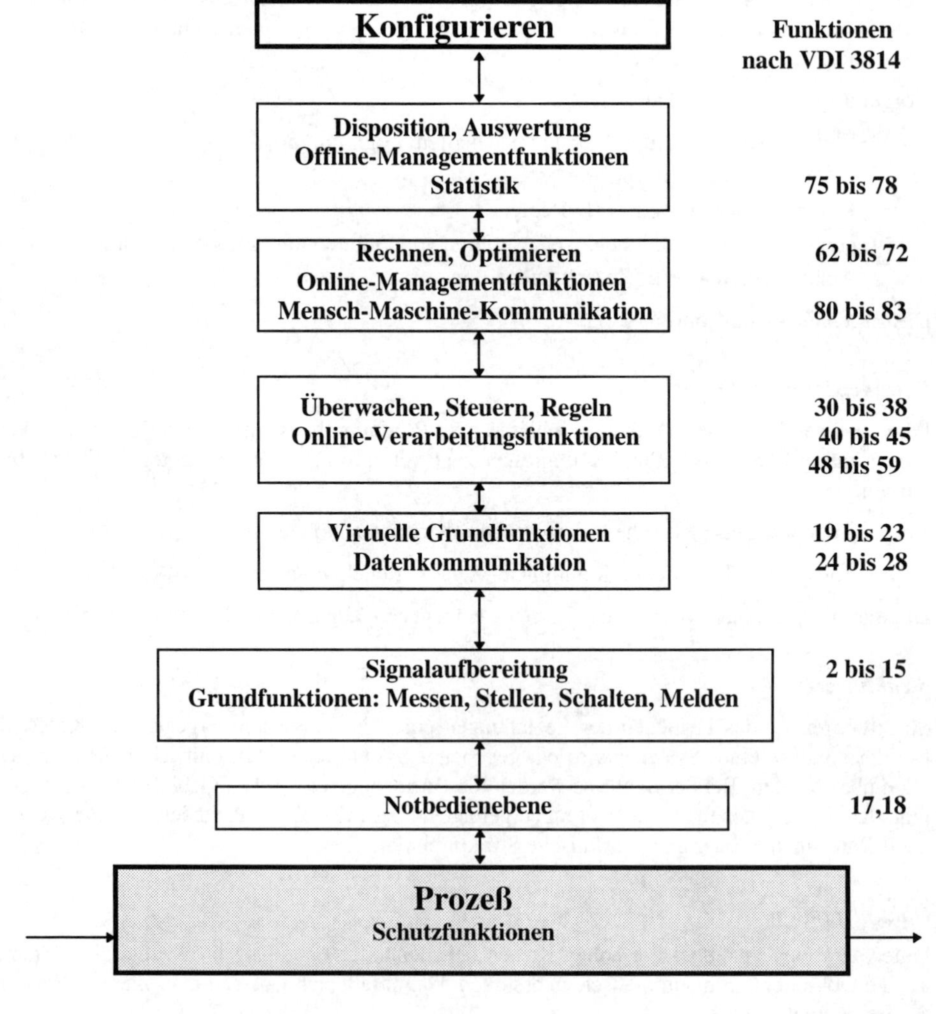

Bild 2-19 Informationsliste nach VDI 3814
Zuordnung der Automationsfunktionen zu den Automationsebenen

In der Informationsliste Bild 2-19 sind alle Funktionen aufgeführt, die für eine Standardanlage benötigt werden. Dazu gehören insbesondere die oben beschriebenen Grundfunktionen Spalte 2 bis 29 und Verarbeitungsfunktionen Spalte 30 bis 61. Eine Auswahl von Managementfunktionen findet man in den Spalten 62 bis 74 und das Bedienen und Beobachten kann durch die Spalten 75 bis 85 näher spezifiziert werden.

Das manuelle Ausfüllen der Informationslisten ist mit Fehlerrisiko verbunden, denn für jeden Informationspunkt muß entschieden werden, welche der zusätzlichen 38 Verarbeitungsfunktionen auszufüllen sind. Hinzu kommt, daß bei der Bearbeitung durch verschiedene Mitarbeiter durchaus unterschiedliche Auffassungen über die Zuordnung der eventuell erforderlichen Eintragungen bestehen können.

Das Ausfüllen der Informationsliste kann automatisiert werden. So liefert z.B. ein mit **AUTO-CAD** erstelltes Fließbild (Bild 2-20) mit Hilfe eines Umsetzungsprogramms per Tastendruck oder Mausklick eine fertig ausgefüllte Liste, die jedoch noch auf Vollständigkeit überprüft werden muß. Es kann hier nur eine häufig verwendete Funktionszusammenstellung erzeugt werden. Sonderwünsche müssen per Hand hinzugefügt werden.

Verschiedene Hersteller bieten heute schon an, aufbauend auf diesem Software-Tool, Planungsunterlagen für den Planer zu erstellen. Dies gilt zur Zeit nur für die Gewerke Heizung, Lüftung und Klima. Diese können dann in einem Projekt entweder direkt übernommen oder entsprechend den Erfordernissen mit nur geringem Aufwand verändert werden. In dem Katalog sind nicht nur die Anlagenbilder von Geräten mit ihrer jeweiligen Regelstrategie abgelegt, sondern vielmehr kann eine fertige Standardanlage aufgerufen werden.

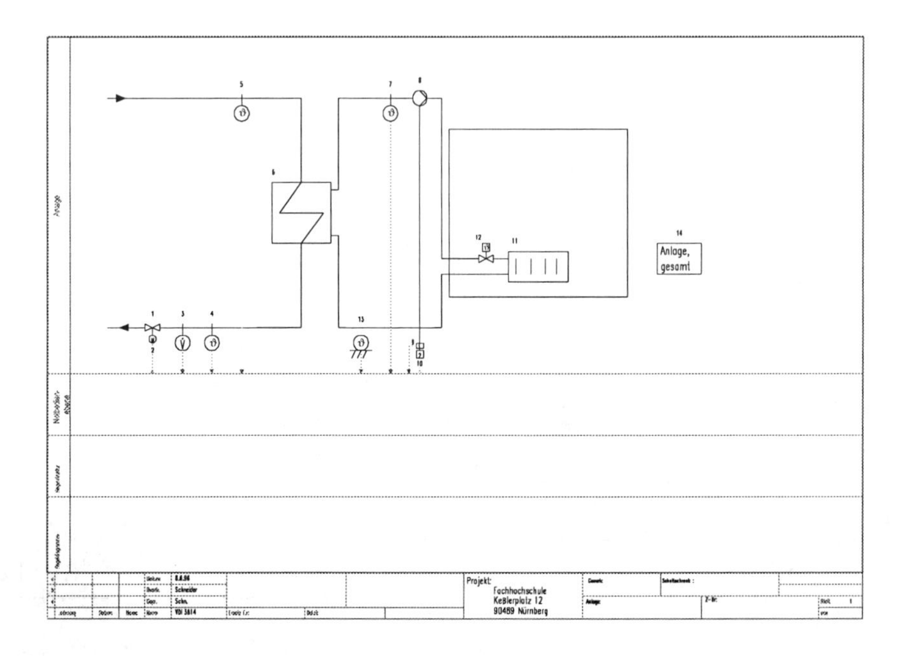

Bild 2-20 CAD-erstelltes Anlagenfließbild zur Informationsliste Bild 2-21

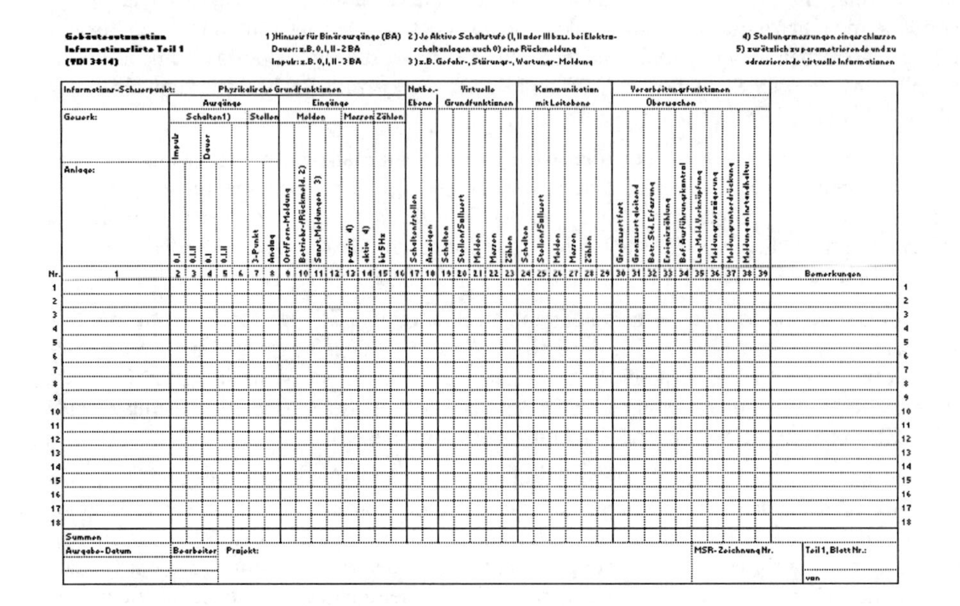

Gebäudeautomation Informationsliste Teil 1 (VDI 3814)

1) Hinweis für Binärausgänge (BA) Dauer: z.B. 0, I, II - 2 BA Impuls: z.B. 0, I, II - 3 BA
2) Je Aktive Schaltstufe (I, II oder III bzw. bei Elektroschaltanlagen auch 0) eine Rückmeldung
3) z.B. Gefahr-, Störungs-, Wartungs-Meldung
4) Stellungsmessungen eingeschlossen
5) zusätzlich zu parametrierende und zu adressierende virtuelle Informationen

Informations-Schwerpunkt: / Gewerk: / Anlage:	Gruppe	Spalte
1		
2	Physikalische Grundfunktionen – Ausgänge – Schalten 1) – Impuls	0.I
3	Physikalische Grundfunktionen – Ausgänge – Schalten 1) – Impuls	0.I.II
4	Physikalische Grundfunktionen – Ausgänge – Schalten 1) – Dauer	0.I
5	Physikalische Grundfunktionen – Ausgänge – Schalten 1) – Dauer	0.I.II
6	Physikalische Grundfunktionen – Ausgänge – Schalten 1)	
7	Physikalische Grundfunktionen – Ausgänge – Stellen	3-Punkt
8	Physikalische Grundfunktionen – Ausgänge – Stellen	Analog
9	Physikalische Grundfunktionen – Eingänge – Melden	Ort/Fern-Meldung
10	Physikalische Grundfunktionen – Eingänge – Melden	Betriebs-/Rückmeld. 2)
11	Physikalische Grundfunktionen – Eingänge – Melden	Sonst. Meldungen 3)
12	Physikalische Grundfunktionen – Eingänge – Melden	
13	Physikalische Grundfunktionen – Eingänge – Messen	passiv 4)
14	Physikalische Grundfunktionen – Eingänge – Messen	aktiv 4)
15	Physikalische Grundfunktionen – Eingänge – Zählen	bis 5 Hz
16	Physikalische Grundfunktionen – Eingänge – Zählen	
17	Notbe.-Ebene	Schalten/Stellen
18	Notbe.-Ebene	Anzeigen
19	Virtuelle Grundfunktionen	Schalten
20	Virtuelle Grundfunktionen	Stellen/Sollwert
21	Virtuelle Grundfunktionen	Melden
22	Virtuelle Grundfunktionen	Messen
23	Virtuelle Grundfunktionen	Zählen
24	Kommunikation mit Leitebene	Schalten
25	Kommunikation mit Leitebene	Stellen/Sollwert
26	Kommunikation mit Leitebene	Melden
27	Kommunikation mit Leitebene	Messen
28	Kommunikation mit Leitebene	Zählen
29	Kommunikation mit Leitebene	
30	Verarbeitungsfunktionen – Überwachen	Grenzwert fest
31	Verarbeitungsfunktionen – Überwachen	Grenzwert gleitend
32	Verarbeitungsfunktionen – Überwachen	Betr. Std. Erfassung
33	Verarbeitungsfunktionen – Überwachen	Ereigniszählung
34	Verarbeitungsfunktionen – Überwachen	Bef. Ausführungskontrol
35	Verarbeitungsfunktionen – Überwachen	Log. Meld. Verknüpfung
36	Verarbeitungsfunktionen – Überwachen	Meldungsverzögerung
37	Verarbeitungsfunktionen – Überwachen	Meldungsunterdrückung
38	Verarbeitungsfunktionen – Überwachen	Meldung an Instandhaltung
39	Verarbeitungsfunktionen – Überwachen	
Bemerkungen		

Nr. 1–18; Summen; Ausgabe-Datum; Bearbeiter; Projekt:; MSR-Zeichnung Nr.; Teil 1, Blatt Nr.: von

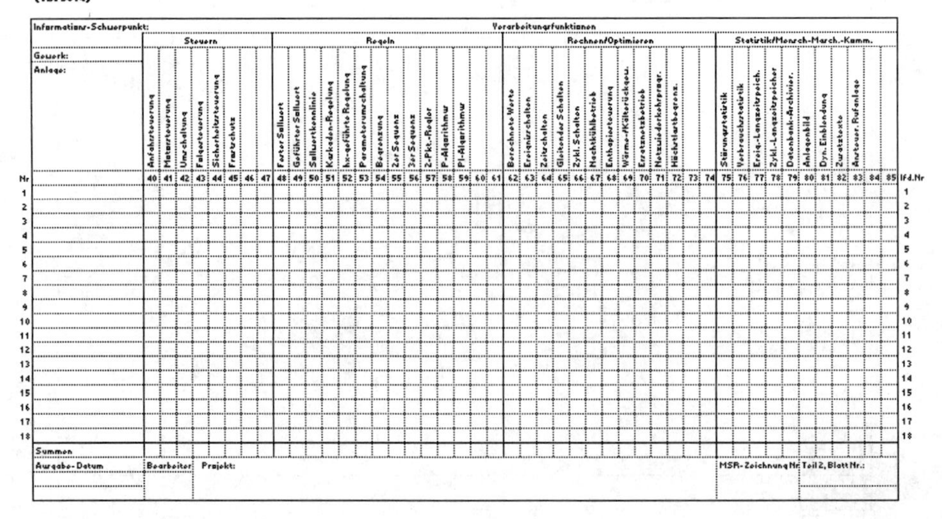

Gebäudeautomation Informationsliste Teil 2 (VDI 3814)

Informations-Schwerpunkt: / Gewerk: / Anlage:	Gruppe	Spalte
40	Verarbeitungsfunktionen – Steuern	Anfahrsteuerung
41	Verarbeitungsfunktionen – Steuern	Motorsteuerung
42	Verarbeitungsfunktionen – Steuern	Umschaltung
43	Verarbeitungsfunktionen – Steuern	Folgesteuerung
44	Verarbeitungsfunktionen – Steuern	Sicherheitssteuerung
45	Verarbeitungsfunktionen – Steuern	Frostschutz
46	Verarbeitungsfunktionen – Steuern	
47	Verarbeitungsfunktionen – Steuern	
48	Verarbeitungsfunktionen – Regeln	Fester Sollwert
49	Verarbeitungsfunktionen – Regeln	Geführter Sollwert
50	Verarbeitungsfunktionen – Regeln	Sollwertkennlinie
51	Verarbeitungsfunktionen – Regeln	Kaskaden-Regelung
52	Verarbeitungsfunktionen – Regeln	hx-geführte Regelung
53	Verarbeitungsfunktionen – Regeln	Parameterumschaltung
54	Verarbeitungsfunktionen – Regeln	Begrenzung
55	Verarbeitungsfunktionen – Regeln	2er Sequenz
56	Verarbeitungsfunktionen – Regeln	3er Sequenz
57	Verarbeitungsfunktionen – Regeln	2-Pkt.-Regler
58	Verarbeitungsfunktionen – Regeln	P-Algorithmus
59	Verarbeitungsfunktionen – Regeln	PI-Algorithmus
60	Verarbeitungsfunktionen – Regeln	
61	Verarbeitungsfunktionen – Regeln	
62	Verarbeitungsfunktionen – Rechnen/Optimieren	Berechnete Werte
63	Verarbeitungsfunktionen – Rechnen/Optimieren	Ereignisschalten
64	Verarbeitungsfunktionen – Rechnen/Optimieren	Zeitschalten
65	Verarbeitungsfunktionen – Rechnen/Optimieren	Gleitendes Schalten
66	Verarbeitungsfunktionen – Rechnen/Optimieren	Zykl. Schalten
67	Verarbeitungsfunktionen – Rechnen/Optimieren	Nachtkühlbetrieb
68	Verarbeitungsfunktionen – Rechnen/Optimieren	Enthalpiesteuerung
69	Verarbeitungsfunktionen – Rechnen/Optimieren	Wärme-/Kälterückgew.
70	Verarbeitungsfunktionen – Rechnen/Optimieren	Ersatznetzbetrieb
71	Verarbeitungsfunktionen – Rechnen/Optimieren	Netzwiederkehrprogr.
72	Verarbeitungsfunktionen – Rechnen/Optimieren	Höchstlastbegrenz.
73	Verarbeitungsfunktionen – Rechnen/Optimieren	
74	Verarbeitungsfunktionen – Rechnen/Optimieren	
75	Verarbeitungsfunktionen – Statistik/Mensch-Masch.-Komm.	Störungsstatistik
76	Verarbeitungsfunktionen – Statistik/Mensch-Masch.-Komm.	Verbrauchsstatistik
77	Verarbeitungsfunktionen – Statistik/Mensch-Masch.-Komm.	Ereig.-Langzeitspeich.
78	Verarbeitungsfunktionen – Statistik/Mensch-Masch.-Komm.	Zykl.-Langzeitspeicher
79	Verarbeitungsfunktionen – Statistik/Mensch-Masch.-Komm.	Datenbank-Archivier.
80	Verarbeitungsfunktionen – Statistik/Mensch-Masch.-Komm.	Anlagenbild
81	Verarbeitungsfunktionen – Statistik/Mensch-Masch.-Komm.	Dyn. Einblendung
82	Verarbeitungsfunktionen – Statistik/Mensch-Masch.-Komm.	Zusatztexte
83	Verarbeitungsfunktionen – Statistik/Mensch-Masch.-Komm.	Autom. Rufanlage
84	Verarbeitungsfunktionen – Statistik/Mensch-Masch.-Komm.	
85	Verarbeitungsfunktionen – Statistik/Mensch-Masch.-Komm.	
lfd. Nr		

Nr 1–18; Summen; Ausgabe-Datum; Bearbeiter; Projekt:; MSR-Zeichnung Nr.; Teil 2, Blatt Nr.:

Bild 2-21 Informationsliste nach VDI 3814

3 Automationsgeräte

von Wolfgang Schneider

Moderne Automationsgeräte besitzen als Kernstück mindestens einen Mikrocomputer. Dazu kommen noch Speicherbausteine und einige Schutzelemente. Hinter einem solchen Mikrocomputer verbirgt sich ein digitaler Rechner, der aus einer Vielzahl von höchstintegrierten Bausteinen besteht.

Sind alle Bausteine auf einem einzelnen Chip integriert, so spricht man von einem ***Ein-Chip-Computer***. Dort sind auch Funktionen zur Steuerung und Beobachtung der Peripherie, z.B. Ports, AD/DA-Umsetzer, enthalten. Solche Ein-Chip-Computer finden vor allem in der Einzelraumregelung und bei Speziallösungen Anwendung.

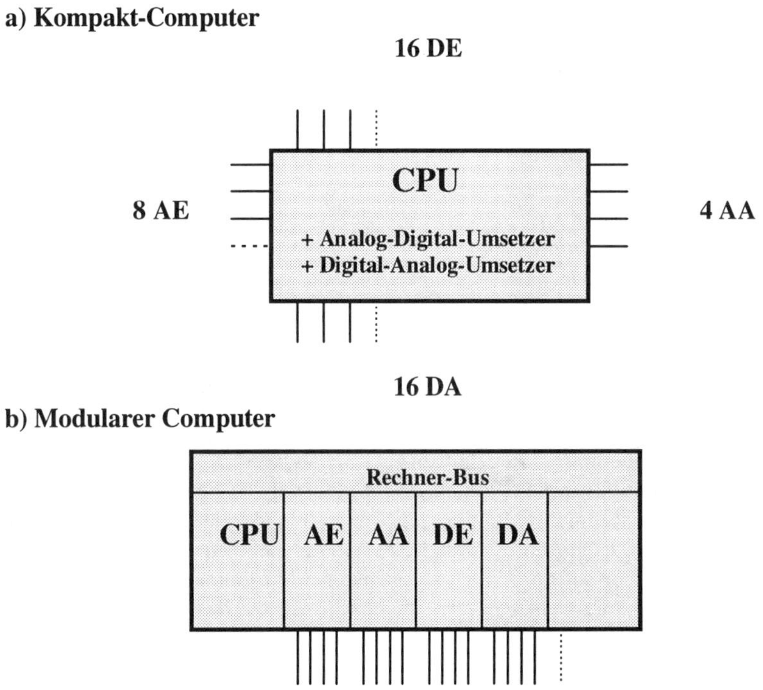

a) Kompakt-Computer

16 DE
8 AE
CPU
+ Analog-Digital-Umsetzer
+ Digital-Analog-Umsetzer
4 AA
16 DA

b) Modularer Computer

Rechner-Bus
CPU AE AA DE DA

Bild 3-1 Aufbauvarianten von DDC-Geräten

DDC	→	direct digital control	AA	→	analoge Ausgänge
CPU	→	central processor unit	DE	→	digitale (binäre) Eingänge
AE	→	analoge Eingänge	DA	→	digitale (binäre) Ausgänge

Meist werden die Bausteine als Chips auf einer Platine plaziert. Eine funktionstüchtige Einheit mit Mikroprozessor bezeichnet man als ***CPU, central processor unit.*** Auch auf einer solchen Platine können Kommunikationseinheiten mit dem Prozeß enthalten sein (Bild 3-1). In einem Gehäuse geliefert bezeichnet man diese Bauart als ***Kompakt-Computer.*** Diese Bauart kommt bei dezentralen Regel- und Steueraufgaben zum Einsatz, z.B. für Heizzentralen. Sie sind ausgelegt auf typische Automationsaufgaben, wie sie in der Gebäudeausrüstung häufig vorkommen. Sie sind gekennzeichnet durch eine definierte Anzahl von Ein- und Ausgängen zum Prozeß oder durch vorgefertigte parametrierbare Steckmodule. Reicht die Anzahl der Prozeßverbindungen nicht aus, fügt man jeweils einen weiteren Kompaktregler hinzu. Die Rechner sind untereinander durch eine schnelle Busverbindung verbunden. Damit lassen sich schnelle Abtastzeiten garantieren. Der Nachteil ist, daß u.U. ungenutzte Prozeßschnittstellen mitgekauft werden.

Wird die Prozeßkommunikation über getrennt steckbare Bausteine durchgeführt, so bezeichnet man diese Form als modularen Aufbau. Die Bausteine werden ***Module*** genannt. Damit ist eine optimale Anpassung an die Automationsaufgaben möglich. Es wird kein Überhang an Prozeßschnittstellen installiert. Der Nachteil ist, daß mit wachsender Zahl der Module die Zykluszeit und Abtastzeit immer größer wird. Ab ca. 50 physikalischen Grundfunktionen wird der Einsatz eines zusätzlichen modularen Computers empfohlen.

3.1 Aufbau eines Automationsgerätes

Ein modernes digitales Automationsgerät besteht aus

- Zentralteil
- Prozeßschnittstellen
- und Kommunikationsschnittstellen
  zu anderen Geräten
  zur Peripherie
  zum Menschen.

Kommunikationsschnittstellen (Bild 3-2) werden oft über eigene Slave-Mikroprozessoren betrieben.

Die herkömmlichen Steuerungen, Regelungen und Schaltuhren werden durch Programme ersetzt, die die Verbindung zwischen Eingängen und Ausgängen herstellen, d.h. die analogen und digitalen Eingänge arithmetisch und logisch so verknüpfen, daß die analogen oder digitalen Ausgänge einen gewünschten Verlauf bzw. Zustand einnehmen. Das Programm läuft ab in einem Mikroprozessor, der aufgrund des vorgegebenen Algorithmus, zyklisch gesteuert durch das Betriebssystem, die Aufgaben bearbeitet. Zyklisch bedeutet, das ein Programmschritt nach dem anderen bearbeitet wird.

Im Datenspeicher werden abgespeichert:

- die jeweiligen Eingangssignale aus dem Prozeß und die Ausgangssignale zum Prozeß als Prozeßabbild
- zugeordnete Parameter, z.B. Sollwerte, Grenzwerte, Texte
- Rechen- und Zwischenwerte, z.B. virtuelle Informationen
- Zeitschaltprogramme, Zählerstände

Im Programmspeicher werden abgespeichert:

- das vom Hersteller vorgegebene Betriebssystem
- Anwenderprogramme für die Gebäudeautomation

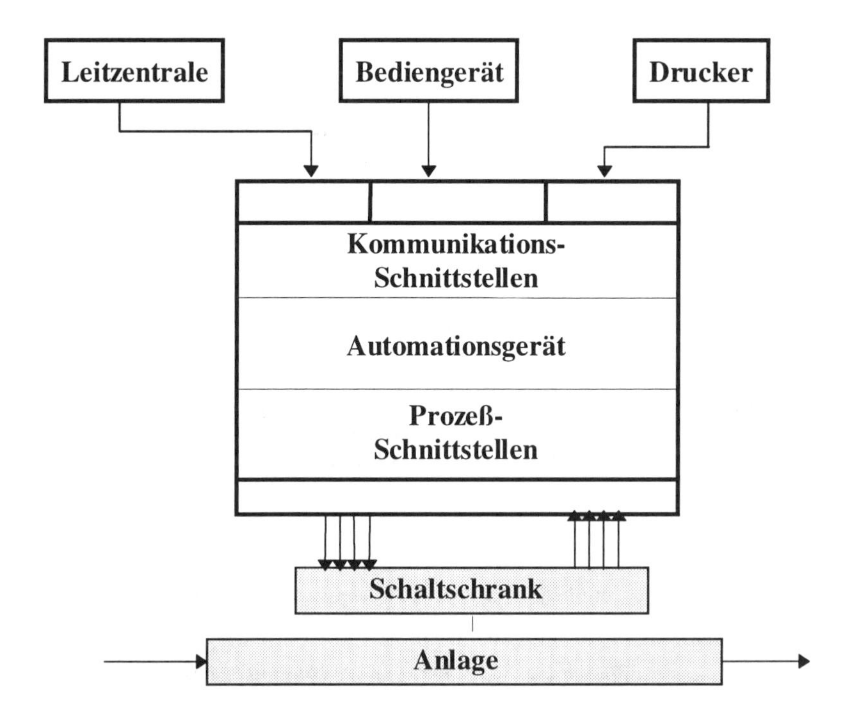

Bild 3-2 Schnittstellen des Automationsgerätes

Das Anwenderprogramm steht im Speicher in Form eines Maschinen-Codes. Die Programmiersprache, die mit einem Editor in den Syntax umgesetzt wird, sollte leicht erlernbar sein, möglichst eine objektorientierte Form. Der so erzeugte Quelltext wird dann mit einem Compiler in den Maschinencode übertragen.

3.1.1 Mikroprozessor

Alle Funktionen werden in Form eines Algorithmus im Mikroprozessor abgearbeitet. Der Prozessor versteht nur seinen Befehlsvorrat an maschinennaher Sprache in binärer Form. Diese binären Zeilen werden nach dem Start des Programms Schritt für Schritt abgearbeitet.

Der Prozessor (Bild 3-3) besteht aus Rechenwerk, Steuerwerk, Adreßwerk und Rechnerbus. Die Aufgabe des Rechenwerks ist die Abarbeitung der einzelnen Programmschritte. Dazu werden die in den einzelnen Registern enthaltenen Informationen gemäß dem aktuellen Maschinenbefehl arithmetisch oder logisch verknüpft. Das Steuerwerk gibt die Programmzeile vor und sorgt für das Laden und Entladen der Register mit den richtigen Werten. Woher die Daten kommen und wohin die Daten gehen, dies wird im Adreßwerk festgelegt. Dort werden nicht nur die Speicheradressen des Rechners verwaltet, sondern auch alle Kommunikationsadressen außerhalb des Rechners. Jedem Prozessorteil ist ein Busteil zugeordnet. Unter ***Bus*** muß man sich eine Platine mit parallelen Leiterbahnen oder Kabelbündel vorstellen, welche in genormten Steckern enden. In einen Stecker wird z.B. die Prozessorkarte gesteckt.

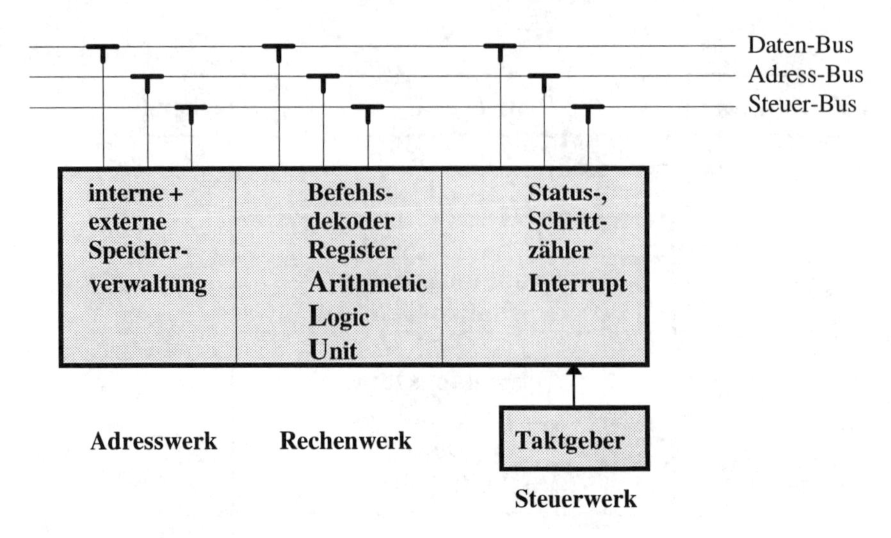

Bild 3-3 Schematischer Aufbau eines Mikroprozessors

Zusammenspiel der Prozessorteile am Beispiel einer Meßwertaufnahme:

- # das Steuerwerk gibt z.B. Programmzeile 12 vor
- # mit Hilfe des Adresswerkes wird aus dem Programmspeicher der Befehl 12 „Lese Außentemperatur ein“ in die Register des Rechnenwerkes geschrieben
- # der Außentemperatur ist die technische Adresse 4096 zugeordnet; der Adreßbus bekommt die binäre Infomation 0000 1000 0000 0000; das Modul, an dem der Außentemperaturfühler angeschlossen ist, erkennt dies als seine Adresse und schließt einen Schalter
- # der momentane Wert der Außentemperatur wird in binärer Form auf den Datenbus gelegt und in ein Register eingelesen; der Schalter öffnet wieder, sobald sich die Adresse ändert
- # das Steuerwerk veranlaßt, daß dieser Wert als Prozeßabbild mit vorgegebener technischer Adresse über den Datenbus in den Datenspeicher geschrieben wird
- # sobald der Steuerbus das Signal „Befehl ausgeführt“ meldet, wird die nächste Programmzeile geladen.

3.1.2 Mikrocomputer

Ein Mikrocomputer besteht aus Gehäuse mit Stromversorgung, Busplatine mit Steckern und Steckkarten unterschiedlicher Funktion. Das Kernstück ist eine Steckkarte mit der Bezeichnung ***CPU (central processor unit),*** auf der ein Mikroprozessor gesteckt ist (Bild 3-4).

An die CPU kann zum Beobachten ein Bildschirm oder eine Flüssigkristallanzeige, zum Bedienen eine alphanumerische Tastatur mit Funktionstasten angeschlossenen werden. Meist ist auf dieser Steckkarte ein nichtlöschbarer Programmspeicher in Form eines PROM`s (programable read only memory) und ein löschbarer Datenspeicher als RAM (random access memory) vorhanden. Zur Arbeitsspeichererweiterung kann eine zusätzliche RAM-Karte verwendet werden. Dies ist insbesondere bei Automationsaufgaben notwendig, bei denen das Betriebssystem und die festen Verknüpfungen sehr umfangreich sind. Für grafische Datenverarbeitung (CAD) wird eine Bildschirmtreiberkarte mit großem Bildvorratsspeicher eingesetzt. Die Peripherie, z.B. Maus, Drucker, ... wird über eine Schnittstellenkarte angesprochen, ebenso externe Speicher (Floppy-, Harddisk-, optical disk-Laufwerk).

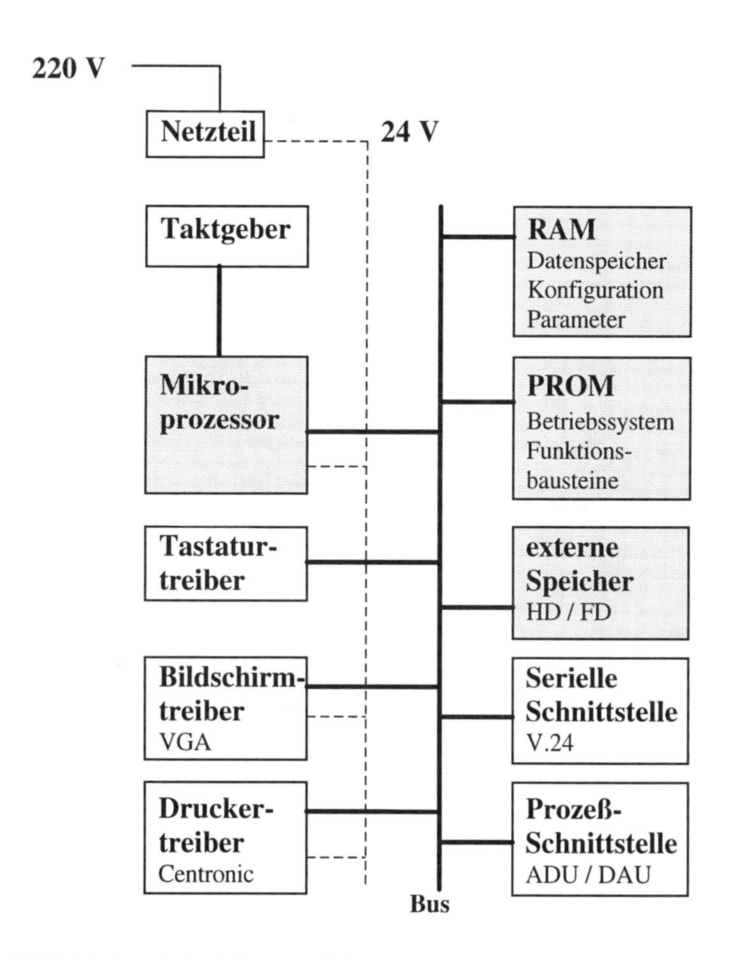

Bild 3-4 Schematischer Aufbau eines Mikrocomputers

3.2 Prozeßanbindung

Weitere Karten (oder Module) werden benötigt z.B. für die Datenkommunikation mit anderen Rechner und für die Prozeßanbindung. Unter Prozeßperipherie versteht man die Komponenten des Rechners, durch welche Meßglieder, Stellglieder, Meldesignale und Schaltausgänge direkt mit dem Rechner verbunden werden.

3.2.1 Digitale Eingänge

Digitale Eingänge

- Betriebs- und Rückmeldungen
- Störmeldungen (Warnung, Grenzwertverletzung, Störung, Alarm)

werden meist ohne Wandlung direkt über eine Schnittstelle eingelesen. Auf Anforderung des Betriebssystems wird der Signalzustand überprüft und als Zustandswert auf den Datenbus gelegt. Für den Zustandswert reicht eine einstellige Binärvariable aus. Maßgebend ist der Zustand zum Zeitpunkt des Abfragebefehls. Asynchron an den einzelnen Eingängen ankommende Ereignisse, z.B. Flanken oder Pulse, werden gespeichert. Die betroffenen Speicher-Flipflops müssen diese Information solange behalten, bis sie vom Rechner übernommen wurden. Technisch werden Digitaleingänge entweder mit Relais oder mit Optokopplern realisiert (Bild 3-5).

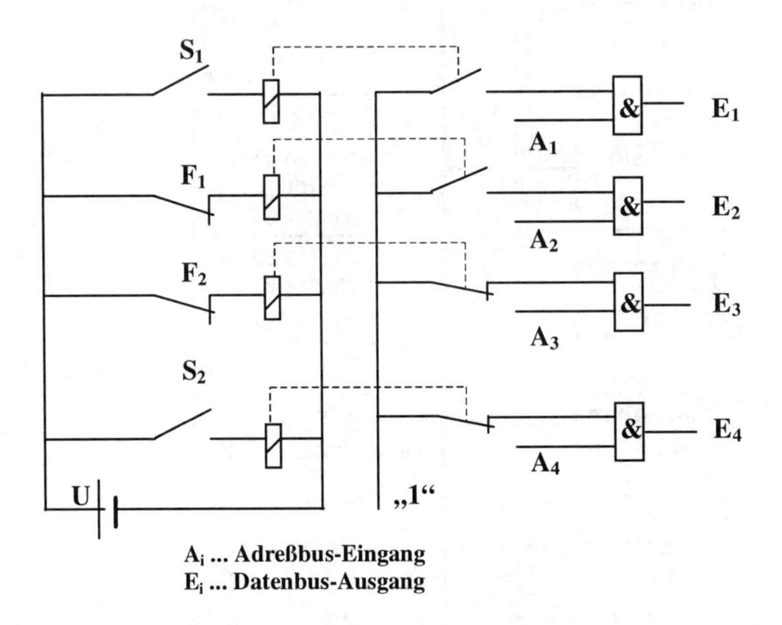

Bild 3-5 Digitaleingänge, Kombinationen von Relais-Eingangsschaltungen

Wird beispielsweise der Schließerkontakt betätigt, dann steht die Spannung U am Relais an. Das Relais betätigt einen internen Schließer. Wenn gleichzeitig die Adresse am Adreßbus identisch ist mit der an der Karte eingestellten Adresse, dann wird ein Signal „1“ auf den Datenbus gelegt.

Wird z.B. ein Öffnerkontakt bei einer kabelbruchsicheren Alarmmeldung betätigt, dann fälllt das Relais ab und der interne Schließer ist offen; am Datenbus steht das Signal „0“ an. Besser ist in diesem Fall die 3.Variante von Bild 3-5; bei Betätigung des Öffnerkontaktes steht das Alarmsignal „1“ auf dem Datenbus.

Unter einem Optokoppler versteht man ein Bauelement, in welchem eine Leuchtdiode mit einem Fototransistor optisch verkoppelt ist. Dadurch wird die Funktion des Relais nachgebildet. Mit Aktivierung der Leuchtdiode, d.h. Schließer betätigt, wird der Transistor leitend. Durch Optokoppler wird eine vollständige galvanische Entkopplung erreicht.

3.2.2 Digitale Ausgänge

Über digitale Ausgänge werden vom Prozeßrechner Leuchten oder Motoren ein- und ausgeschaltet. Motoren treiben Pumpen oder Stellklappen an. Da meist große Leistungen zu schalten sind, wird das Ausgangs-Schaltrelais zunächst auf ein Leistungsschütz gegeben, welches dann diesen Motor zu- oder abschaltet (Bild 3-6).

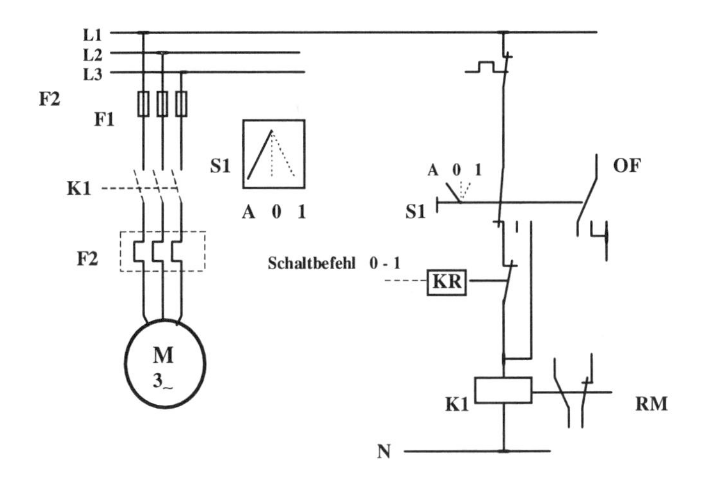

F1	**Überstromsicherung**
K1	**Motorschütz mit EIN-/ AUS-Rückmeldung (RM)**
F2	**Übertemperatursicherung des Motors**
S1	**Hand-/ Automatik-Schalter mit Ort-/ Fern-Meldung (OF)**
	A Automatik
	0 AUS
	1 EIN
KR	**Koppelrelais für DDC-Dauerschaltbefehl**
L1,2,3	**Wechselstromphasen**
N	**Nulleiter**

Bild 3-6 Digitaler Schaltausgang zu einem Pumpenantrieb

Die vom Rechner vorgegebene Adresse gibt das Zielelement vor und schaltet den Ausgang speichernd durch. Der Ausgabespeicher ist in der Regel vom Prozeßelement potentialgetrennt.

3.2.3 Analoge Eingänge

Die wichtigsten physikalischen Größen der Versorgungstechnik sind Temperatur, relative Feuchte, Druck und elektrische Spannung. Für die Weiterverarbeitung müssen Temperatur, Feuchte und Druck zunächst in eine elektrische Spannung umgewandelt werden.

In der Praxis werden für die Temperaturmessung meist Widerstandsfühler eingesetzt, für die Lufttemperaturmessung in der Regel Ni-1000-Fühler. Sie sind so aufgebaut, daß bei einer Temperatur von 0 °C ein Widerstand von 1000 Ω vorhanden ist. Mit steigender Temperatur nimmt der Widerstand zu nach folgender Gleichung:

$$R\,[\Omega] = R_0 + C * \vartheta\,[°C] = 1000\,\Omega + 6{,}17\,\Omega/K * \vartheta\,[°C]$$

(linearisierter Verlauf)

Bei einer Temperatur von 20 °C beträgt der Widerstand R_{20}= 1113 Ω.

Dieser Widerstand wird in eine Meßbrücke mit Operationsverstärker eingebaut. Dieser Meßumformer muß so kalibriert sein, daß bei -50 °C eine Spannung von 0 V, bei +50 °C eine Spannung von +10 V ausgegeben wird.

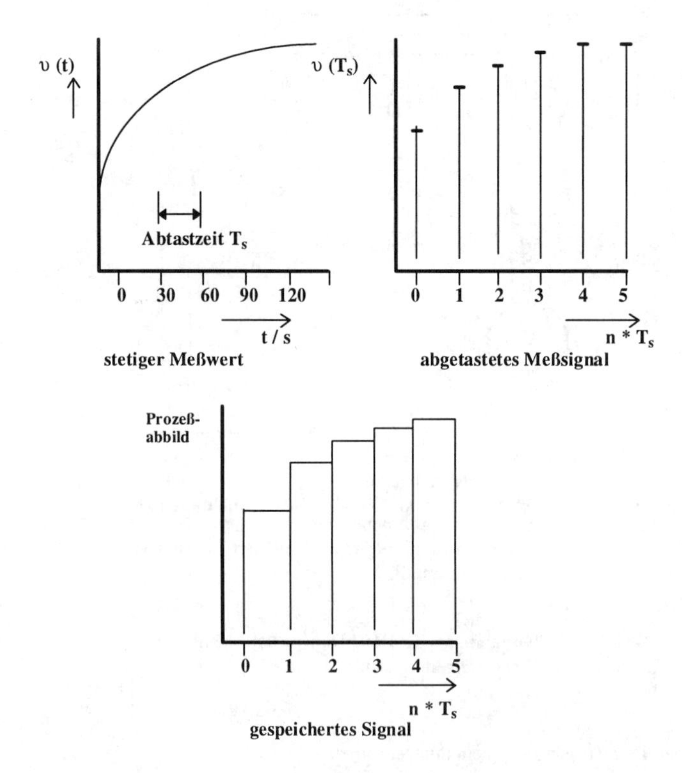

Bild 3-7 Abtastvorgang einer stetigen analogen Meßgröße

Bei einer Temperatur von 20 °C wird dann, fehlerfreie Kalibrierung vorausgesetzt, eine Spannung von U = 7 V ausgegeben. Dieses Spannungssignal wird vom Rechner zyklisch abgetastet. Die Zykluszeit ist das Ergebnis der gesamten erforderlichen Zeit, die ein Rechner benötigt, um alle Operationen auszuführen. Die Zykluszeit ist ein Maß für die Leistungsfähigkeit des Automationsgerätes. Der Trend zur Dezentralisierung in der Gebäudeautomation verkleinert diese Zykluszeit erheblich, da viele kleinere Rechnereinheiten schneller abtasten als ein großer Rechner.

Die Zeit zwischen zwei aufeinanderfolgenden Abtastungen des gleichen Meßwertes (Bild 3-7) wird **Abtastzeit T_S** genannt (Index S ... sample = Probe).

Die zulässige Abtastzeit ist nach oben begrenzt:

T_S < 0,2 * dominierende Zeitkonstante T

T_S < 0,3 * Ausgleichszeit T_g

T_S < 0,4 * Schwingungsperiode τ

Durch die Abspeicherung der abgetasteten Größe im Prozeßabbild entsteht aus der stetigen Funktion eine Treppenfunktion mit T_S als Treppenbreite.

Nicht jedem abgetasteten Temperaturwert kann ein exakter Binärwert zugewiesen werden. Der jeweilige Binärwert ändert sich in Stufen. Die Änderung einer physikalische Größe, die notwendig ist, einen Bit-Sprung zu erzeugen, wird ***Auflösung*** genannt. Die Genauigkeit der digitalen Signalverarbeitung hängt von einer Aufteilung in möglichst breite Binärwörter ab.

Ein 12-Bit-Binärwort wird aus 12 binären Zuständen gebildet, es hat demnach

$2^{12} = 4096$ Stufen.

Bezogen auf den Meßbereich 0 bis 100 % beträgt der Auflösefehler 0,024 %.

Binärwort	Stufen	Genauigkeit
4 Bit	16	6,7 %
8 Bit	256	0,39 %
12 Bit	4096	0,024 %
16 Bit	65536	0,0015 %

Bild 3-8 Auflösungsfehler von Binärworten

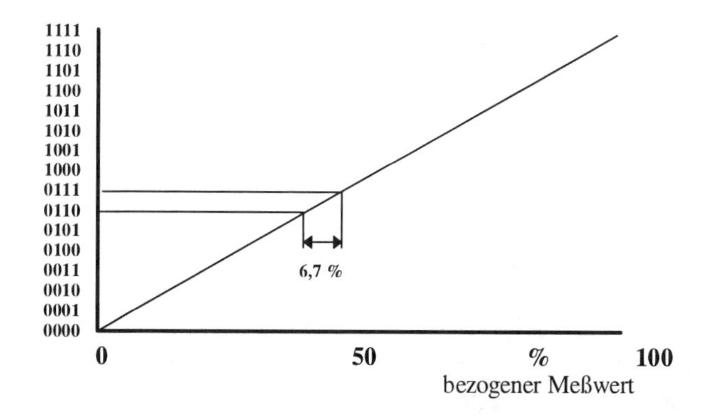

Bild 3-9 Kennlinie eines Analog-Digital-Umsetzers (4 Bit)

Solche Bausteine, die die analoge Prozeßsprache in die binäre Sprache des Rechners hin- und herübersetzen, werden Analog-Digital-Umsetzer (ADU) und Digital-Analog-Umsetzer (DAU) genannt. Ein einfaches Beispiel eines Digital-Analog-Umsetzers soll die gerätetechnische Realisierung in Bild 3-10 erläutern.

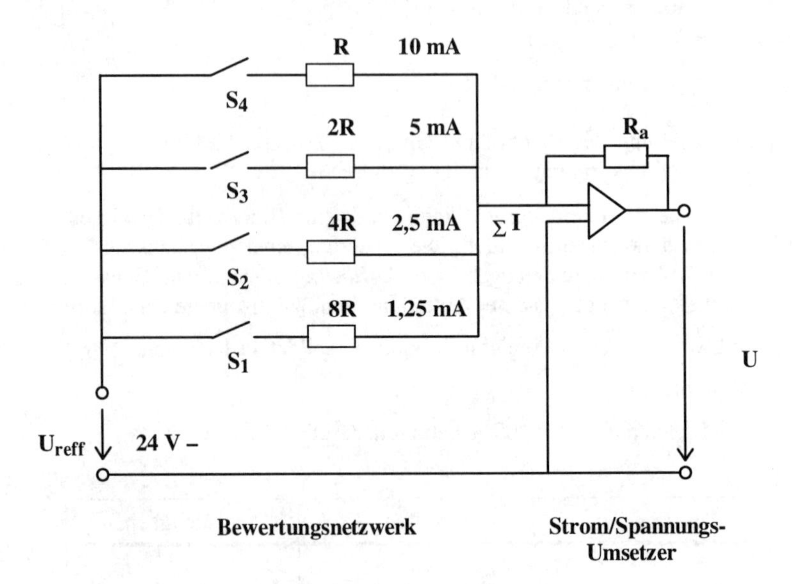

Bild 3-10 Bewertungsnetzwerk eines Digital-Analog-Umsetzers

S4	S3	S2	S1	I [mA]	U [V]
0	0	0	0	0,00	0,000
0	0	0	1	1,25	0,625
0	0	1	0	2,50	1,250
0	0	1	1	3,75	1,875
0	1	0	0	5,00	2,500
...	...	...	...	...	...
1	1	1	1	18,75	9,375

Tabelle 3-1 Zahlenwerte zum Bewertungsnetzwerk Bild 3-10

Die Versorgungsspannung beträgt 24 V DC . Je nach binärem Code werden die zugehörigen Schalter S_i betätigt (Signal = 1) oder nicht betätigt (Signal = 0). Wird der Schalter betätigt, so fließt ein vom Widerstand R abhängiger Strom. Da die Widerstände der Parallelschaltung jeweils verdoppelt wurden, halbiert sich der elektrische Strom im jeweils nächsten Parallelzweig. Der Gesamtstrom als Summe der einzelnen Teilströme wird über einen Ausgangswiderstand

R_a = 500 Ω in eine Ausgangsspannung U umgewandelt. Nach dem Ohm`schen Gesetz ergibt sich

$$U = R_a * I = 500\,\Omega * 20\,mA = 10\,V$$

Bei einem Widerstand R = 2400 Ω fließt bei Betätigung des ersten Schalters ein Strom von 10 mA. Sind alle Schalter geschlossen, summiert sich der Strom auf 18,75 mA. Dies entspricht einer maximalen Ausgangsspannung von 9,375 V. Der Auflösefehler des 4-Bit DAU beträgt 0,625 V oder 6,7 % der maximalen Ausgangsspannung.

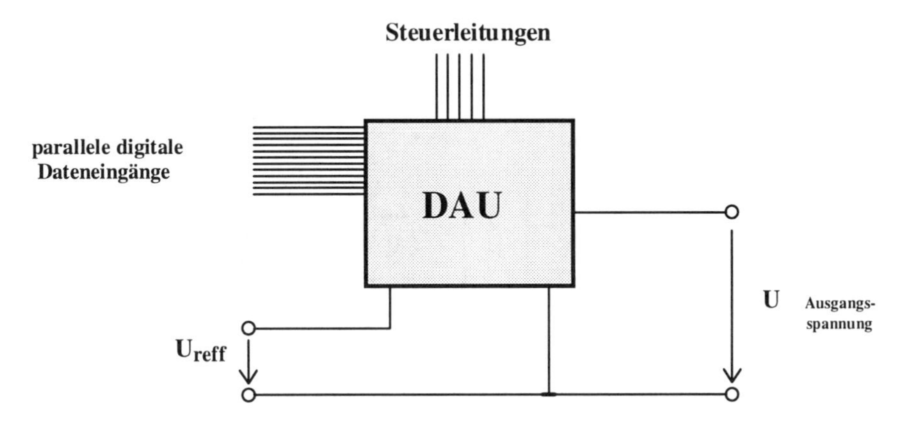

Bild 3-11 Blockschaltbild eines Digital-Analog-Umsetzers

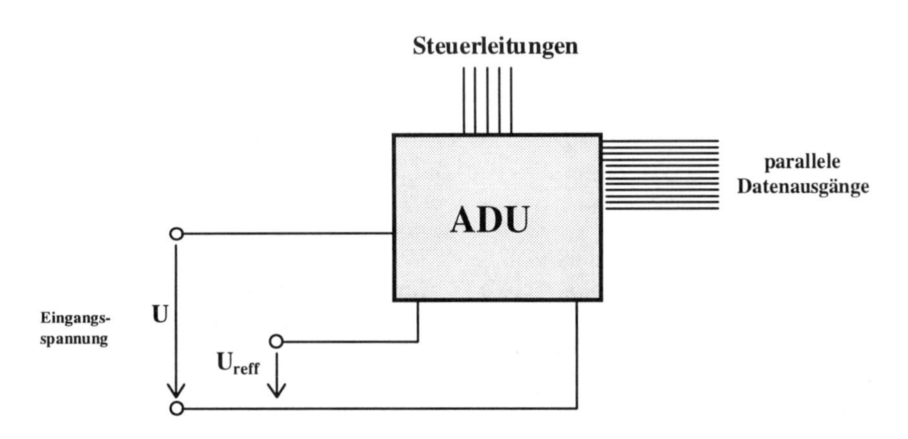

Bild 3-12 Blockschaltbild eines Analog-Digital-Umsetzers

Der Analog-Digital-Umsetzer (Bild 3-12) ist die Umkehrung des Digital-Analog-Umsetzers (Bild 3-11). Auch hier soll nur eine einfache gerätetechnische Variante (Bild 3-13) erläutert werden. Eine Eingangsspannung $U_X > 0$ soll digitalisiert werden. Der Vergleicher gibt wegen

$U_V < U_X$ das Signal 1 aus. Beim nächsten Zeittakt des Taktgenerators gibt das UND-Glied ein Signal 1 aus und setzt den Zähler eine binäre Stufe höher. Bei einem 4-Bit-Zähler ergibt sich das Binarsignal 0 0 0 1, was dem Dezimalwert 1 entspricht. Der Digital-Analog-Umsetzer im Rückführzweig erzeugt daraus eine Vergleichsspannung U_V = 0,625 V. Ist z.B. die Eingangsspannung U_X = 4 V, dann wird der Zähler auf die Binärzahl 0 1 1 1 entsprechend 4,375 V gesetzt. Ab diesem Zählerstand wird der Vergleicher wegen $U_V > U_X$ ständig das Signal „0" ausgeben. Das UND-Glied bleibt auf „0", der Zählerstand wird eingefroren.

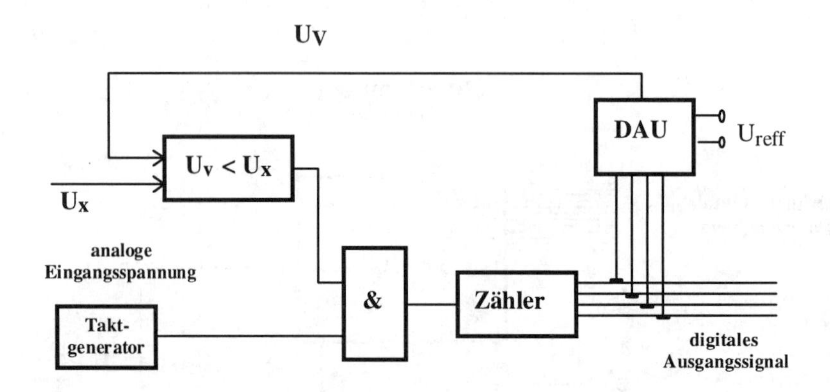

Bild 3-13 Hochzählverfahren eines Analog-Digital-Umsetzers

Beispiel: *Digitale Meßkette einer Temperaturmessung*

Am Beispiel einer Temperaturmessung soll die Umsetzung einer Meßgröße in ein digitales Signal erläutert werden (Bild 3-14). Als Meßfühler wird ein Pt100-Widerstandsfühler eingesetzt, der einen temperaturabhängigen Widerstand R = 107,8 Ω als Meßwert anzeigt. Dies entspricht einer Temperatur von

$$\vartheta = (R - 100\ \Omega) * 2{,}76\ K/\Omega - 1{,}5\ K = 20{,}05\ °C$$

1/C = 2,76 K/Ω Proportionalbeiwert des Pt100-Fühlers

$\Delta\vartheta_B$ = 1,5 K Berichtigungswert des nichtlinearen Fühlers bei 20 °C

Der Meßverstärker ist so eingestellt, daß bei 0 °C eine Spannung von 0 V, bei 50 °C eine Spannung von 10 V erzeugt wird. Bei 20,05 °C wird eine Spannung von 4,01 V ausgegeben. Während des Abtastens wird die Ausgangsspannung kurzeitig auf den Eingang eines AD-Umsetzers gelegt. Während des Umsetzungsvorgangs wird die Spannung gepuffert. Bei einem 12-Bit AD-Umsetzer ergibt sich die Dezimalzahl 1715. Dieser Wert wird auch ***Rohmeßwert*** (RW) genannt. Auf dem Datenbus steht dann der Binärwert

0 1 1 0 1 0 1 1 0 0 1 1.

Im Rechenwerk des Computers wird dieser Wert normiert, d.h. so aufbereitet, daß er für den Benutzer mit der Meßgröße vergleichbar wird.

Meßwert = Rohmeßwert * Meßbereich / (4096 - 1) + Meßwert-Nullpunkt

MW = 1715 * 50 / 4095 + 0 = 20,9

Die Abweichung dieses Wertes von der tatsächlichen Meßgröße wird vor allem durch die nichtlineare Kennlinie des Widerstandsfühlers hervorgerufen, die hier bei der Normierung nicht berücksichtigt wurde. Der so berechnete Wert wird als Prozeßabbild im löschbaren Speicher des Computers abgelegt. Alle weiteren Verarbeitungsschritte greifen auf dieses Prozeßabbild zu. Das Prozeßabbild wird im Takt der Abtastzeit aktualisiert.

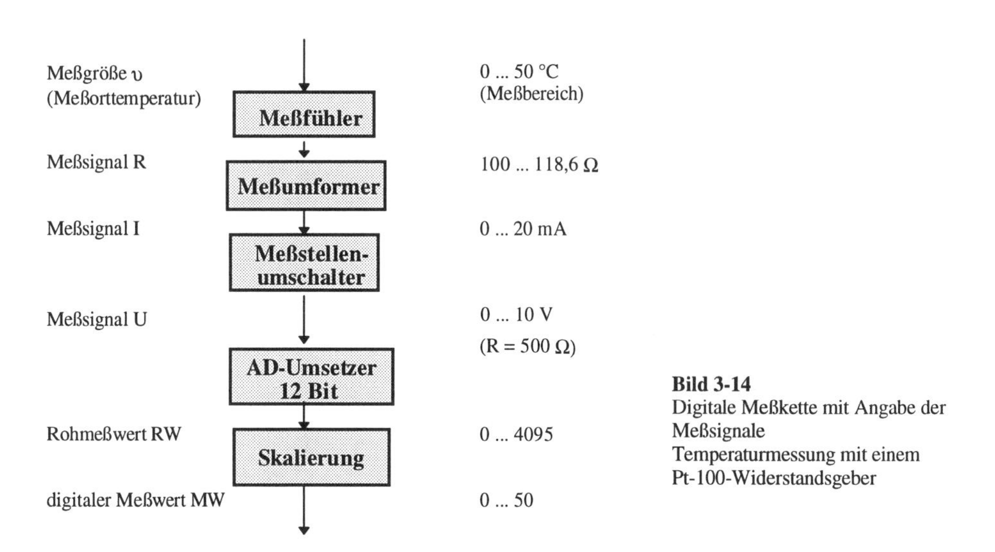

Bild 3-14
Digitale Meßkette mit Angabe der Meßsignale
Temperaturmessung mit einem Pt-100-Widerstandsgeber

3.2.4 Analoge Ausgänge

Zum Ansteuern einiger Geräte in der Anlage, z.B.

- Prozeßgeräte (Ventile, Klappen, drehzahlregelbare Motoren)
- Anzeigegeräte (Zeigerinstrumente, Digitalanzeigen, ...)

muß die vom Rechner kommende digitale Stellgröße in eine Analogspannung umgesetzt werden. Hierfür kommt der in Anschnitt 3.2.3 beschriebene DA-Umsetzer zum Einsatz.

Beispiel: *Luftklappen-Stellgröße*

Die digitale Stellgröße, die im Rechner durch einen Algorithmus oder durch eine Tasteneingabe als Prozeßabbild vorgegeben wurde, wird zunächst in den Rohwert umgerechnet. Bei einem Stellbereich von 0 bis 100 % und einem 12 Bit Analog-Digital-Umsetzer ergibt sich z.B. für eine digitale Stellgröße von 40 % ein Roh-Stellwert von 1638, der rechnerintern berechnet wird. Der Umsetzer erzeugt daraus eine Ausgangsspannung U = 4 V als energiearmes Stellsignal. Im Takt der Abtastzeit wird der Schalter, der zur Adresse der Stellgröße gehört, kurzzeitig geschlossen und die Spannung wird weitergeleitet. Damit die Spannung auch nach dem Öffnen des Schalters weiterhin vorhanden ist, benötigt man dort einen Signalspeicher, hier Spannungshalteelement, z.B. Kondensator. Dieses energiearme Spannungssignal wird durch die Leistungselektronik verstärkt und dann z.B. mit Hilfe eines Stellungsreglers in den Stellwinkel, hier 36 °, umgewandelt.

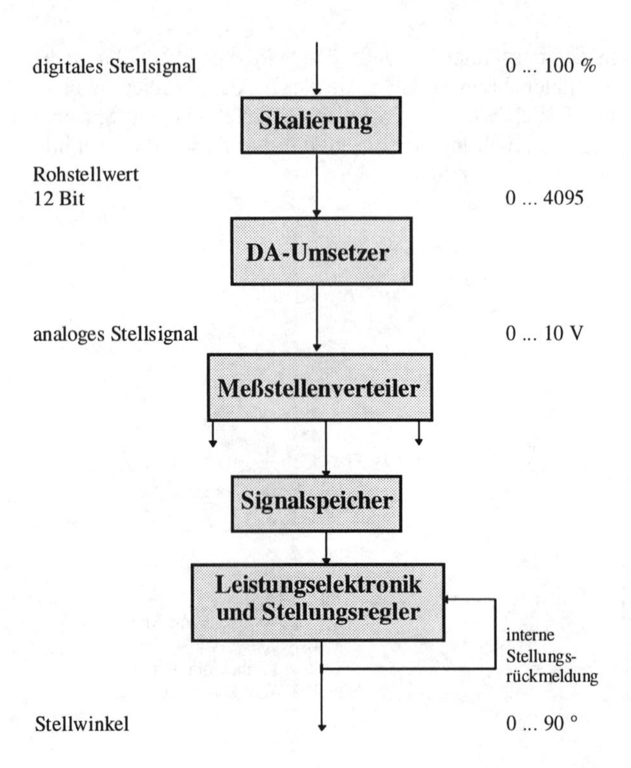

Bild 3-15
Umwandlung eines digitale Stellsignals in eine analoge Stellgröße
Stellwinkel einer Luftklappe

3.3 Digitaler Regelkreis

Die Hardware eines digitalen Regelkreises besteht neben den Anlage wie der analoge Regelkreis zunächst aus Meßeinrichtung (Sensor und Meßumformer) und Stelleinrichtung (Stellantrieb und Stellgerät). Zusätzlich wird ein Rechner mit arithmetisch-logischer Verarbeitungseinheit, mit Festwertspeicher für die ablauffähigen Programme und Schreib-Lese-Speicher für das Prozeßabbild benötigt. In Bild 3-16 ist der Aufbau eines digitalen Regelkreises dargestellt. Die MSR-Geräte sind die gleichen, die auch bei der Analogtechnik verwendet wurden.

Die Verbindung zwischen Anlage und Digitalrechner wird hergestellt durch

- Analog-Eingabekarte mit analogem Filter, Schalter, Schutzbausteine und Analog-Digital-Umsetzer (ADU) und
- Analog-Ausgabekarte mit Digital-Analog-Umsetzer, Schalter, Schutzbausteine und analogem Halteglied

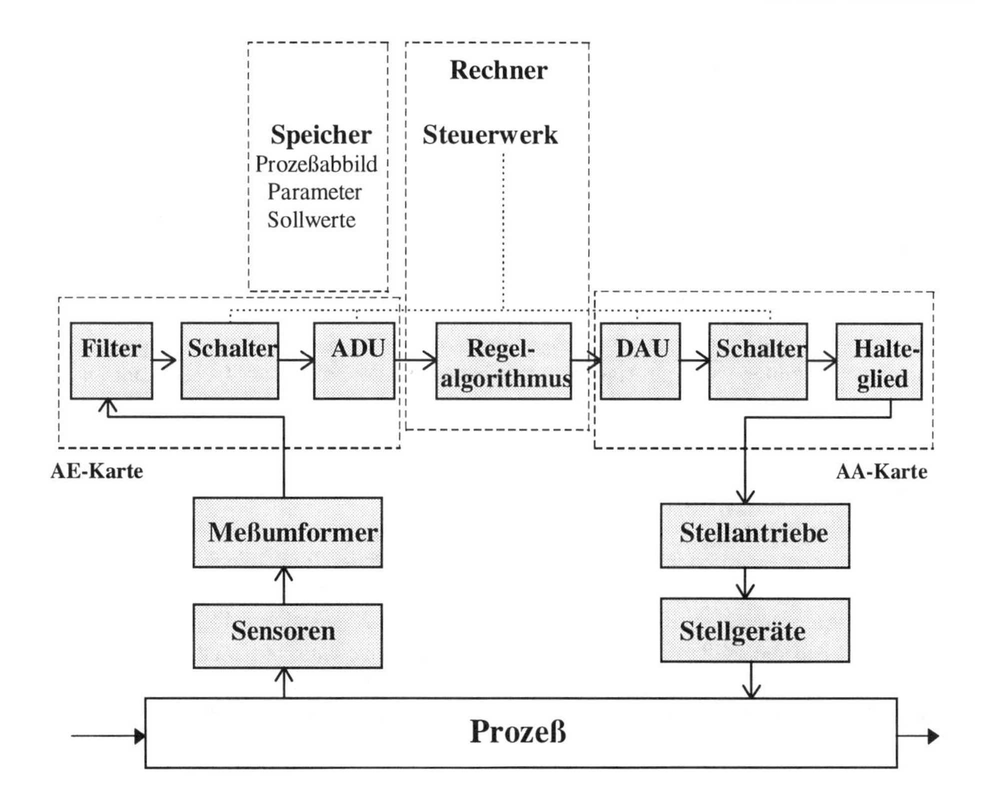

Bild 3-16 Bauelemente des digitalen Regelkreises

4 Digitale Algorithmen

von Wolfgang Schneider

Der Erfolg der digitalen Automationssysteme beruht darauf, daß damit Funktionen realisiert werden können, die analog nicht oder nicht wirtschaftlich erfüllt werden konnten. Jede logisch oder arithmetisch formulierbare Automationsaufgabe läßt sich als Funktionsbaustein programmieren und dann tausendfach als Kopie verwenden. Der zugehörige Baustein muß nur noch durch die Parametrierung an die jeweilige Anlage angepaßt werden.

Eine logische und/oder arithmetische Programmiervorschrift wird ***Algorithmus*** genannt. Im folgenden sollen einige wichtige Algorithmen erläutert werden, die in der Gebäudeautomation zum Einsatz kommen.

4.1 Regelalgorithmen

Ein in allen Anlagen vorkommender Funktionsbaustein ist der Reglerblock. In ihm werden variable Eingangsgrößen, z.B. die Regelgröße x oder die Führungsgröße w, mit konstanten Größen, genannt Parameter, z.B. Proportionalbeiwert K_{PR}, Nachstellzeit T_n, Offset-Wert Y_0, so verknüpft, daß die Stellgröße y als Ausgangsgröße ein gewünschtes Zeitverhalten erhält. Gleichzeitig kann auch ein Schaltzustand als Ausgangsgröße A definiert werden, mit dem eine Pumpe ein- oder ausgeschaltet wird; über eine Eingangsgröße E kann der Regler freigegeben oder gesperrt werden.

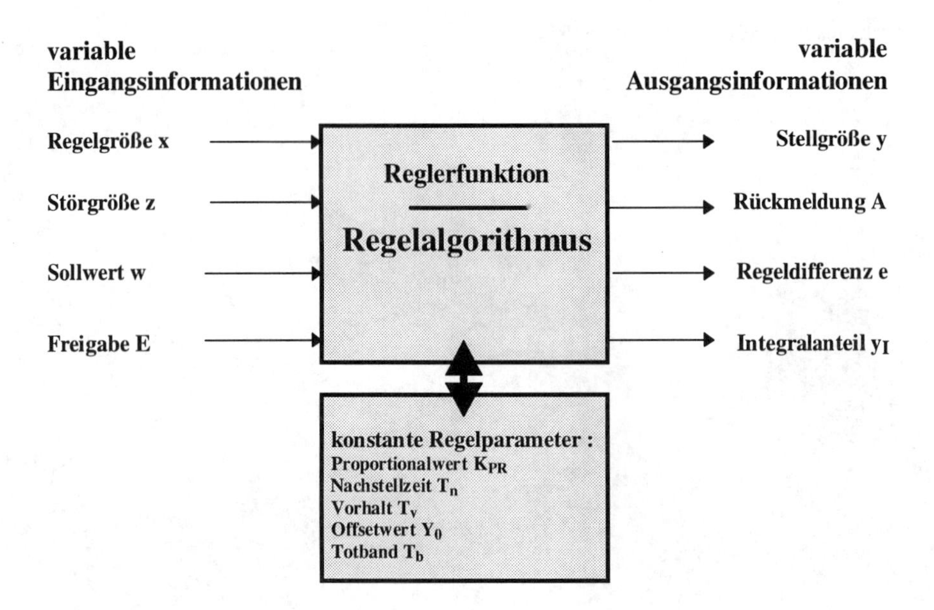

Bild 4-1 Der Regler als Funktionsblock

Die Berechnung der Ausgangsgrößen aus den Eingangsgrößen und den Parametern geschieht durch einen in Programmiersprache geschriebenen und in Maschinensprache übersetzten Regelalgorithmus.

4.1.1 P-Algorithmus

Ein analoger stetiger P-Regler wird durch folgende Gleichung beschrieben:

$$\mathbf{Y(t) = Y_0 + K_{PR} * (W(t) - X(t))}$$

$Y(t)$	dimensionsbehaftete Stellgröße, z.B. Hub eines Ventils in mm
$X(t)$	dimensionsbehaftete Regelgröße, z.B. Raumtemperatur in °C
$W(t)$	Führungsgröße in Einheiten der Regelgröße
Y_0	Stellgröße im Arbeitspunkt bei X = W ; Offset-Wert
K_{PR}	Proportionalbeiwert des Reglers, z.B. K_{PR} = 2,5 mm/°C
$e(t)$	Regeldifferenz W(t) – X(t)

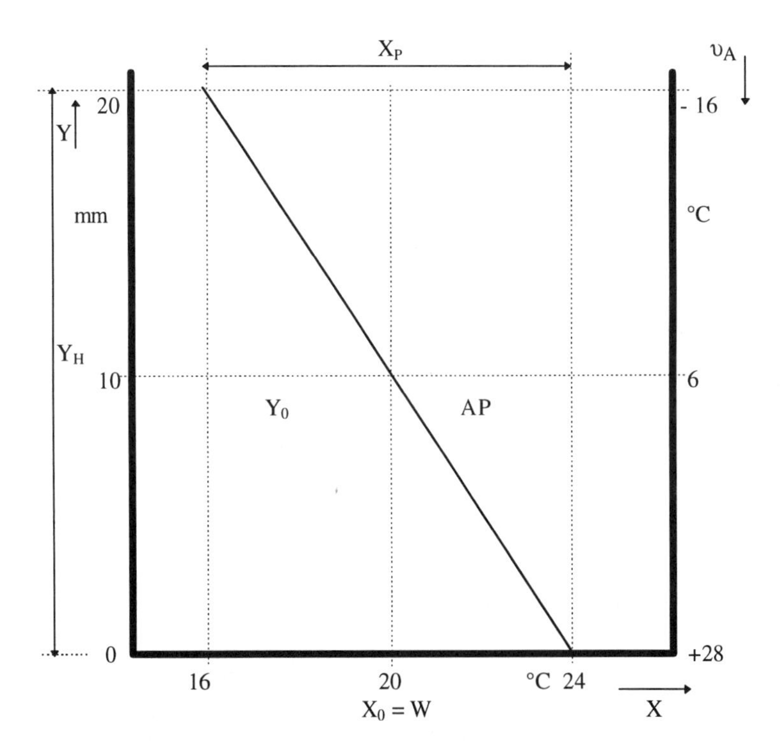

Bild 4-2 Kennlinie eines P-Reglers mit der Außentemperatur υ_A als Störgröße

Wird anstelle des analogen Reglers ein digitaler Regler eingesetzt, dann wird zu äquidistanten Zeitpunkten k die jeweilige Stellgröße Y(k) aus dem Prozeßabbild der Regelgröße X(k) und dem Prozeßabbild der Führungsgröße W(k) berechnet:

$$E(k) = W(k) - X(k)$$
$$Y(k) = Y0 + KR * E(k)$$

E(k) Regeldifferenz zum Zeitpunkt $k * T_S$
Y0 Offset-Wert der Stellgröße
KR Proportionalbeiwert

Ein solcher Regler hat den Nachteil, daß er nur im Arbeitspunkt X = W keine bleibende Regelabweichung hat.

Beispiel: *Bleibende Regelabweichung des P-Reglers*

Im Arbeitspunkt gilt:

$Y0 = 10$ mm bei einer Außentemperatur $\upsilon_A = +6$ °C .
$X = W = 20$ °C

Proportionalbeiwert $KR = 2{,}5$ mm/°C

Nach der Kennlinie in Bild 4-2 ergibt die Regelfunktion bei einer Außentemperatur von $\upsilon_A = 0$ °C eine Stellgrößenänderung bezogen auf den Arbeitspunkt von $\Delta Y(k) = 2{,}7$ mm.

Die Regeldifferenz berechnet sich dann zu

$$E(k) = \Delta Y(k) / KR = 2{,}7 \text{ mm} / 2{,}5 \text{ (mm/°C)} = 1{,}1 \text{ °C}.$$

Der Istwert der Raumtemperatur wird bei einem Sollwert von 20 °C auf den Wert 18,9 °C geregelt.

4.1.2 I-Algorithmus

Ein analoger stetiger Regler wird beschrieben durch die Gleichung

$$\mathbf{Y(t) = Y_{I0} + K_{IR} * \int e(\tau)\, d\tau}$$

Y_{I0} ... Stellgröße zum Zeitpunkt t = 0
$e(\tau)$ ... momentane Regeldifferenz
K_{IR} ... Integrierbeiwert des Reglers, z.B. $K_{IR} = 0{,}1$ mm/(°C * s)

Die Integration $\int e(\tau)\, d\tau$ entspricht der Fläche zwischen Regelgröße X(t) und Führungsgröße W(t) für den Zeitabschnitt 0 bis t_1.

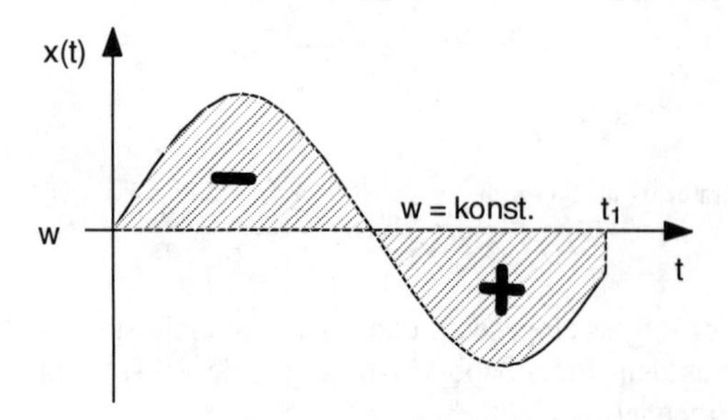

Bild 4-3
Regeldifferenz $e(t) = W(t) - X(t)$ mit Darstellung der integralen Regelfläche

Wie schon beim digitalen P-Regler wird die Stellgröße beim digitalen I-Regler nur zu definierten Zeitpunkten berechnet. Der zeitliche Abstand zwischen zwei Berechnungen der gleichen Stellgröße ist die Abtastzeit T_S .

Die Integration $\int e(\tau)\, d\tau$ geht über in die Summation

$$\sum_{n=0}^{k} E(n) * T_S \text{ bis zum Zeitpunkt } t = k * T_S$$

Das Integral wird ersetzt durch die Summe der ***Abtastbalken*** mit der Breite T_S und der Höhe E(n).

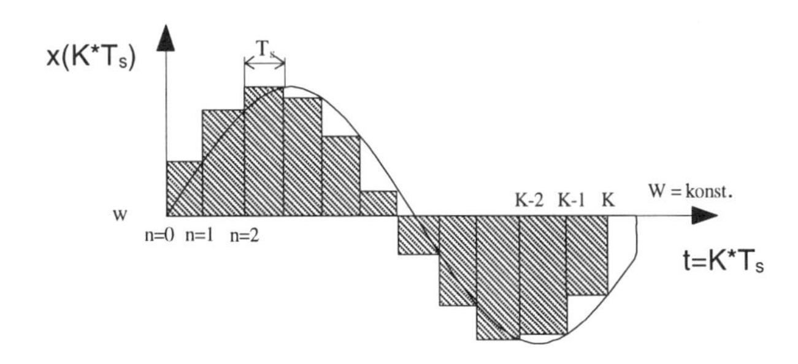

Bild 4-4 Regelfläche, gebildet aus den Abtastbalken T_S * E(n).

Umgesetzt in einen I-Algorithmus ergibt sich

$$Y_{I\,neu} = Y_{I\,alt} + KI * T_S * E(k)$$

oder

$$YI(k) = YI(k-1) + KI * T_S * E(K)$$

Zur Verhinderung des Wind-up-Effektes, d.h. Ansteigen der Stellgröße YI über die stellbare Grenze –100 bis 100 % hinaus, wird YI durch eine Grenzwertabfrage auf diesen Bereich beschränkt.

4.1.3 D-Algorithmus

Der D-Anteil eines analogen Reglers ist abhängig von der Geschwindigkeit, mit der sich die Regeldifferenz e(t) ändert.

$$\mathbf{Y_D = K_{DR} * de/dt}$$

K_{DR} ... Differenzierbeiwert des Reglers, z.B. K_{DR} = 1 (mm * s)/°C

Durch Übergang vom Differential de/dt zur Differenz Δe/Δt (Bild 4-5) ergibt sich für konstante Abtastzeiten T_S

$$YD(k) = KD / TS * \Delta E$$

$$\Delta E = E(k) - E(k-1)$$

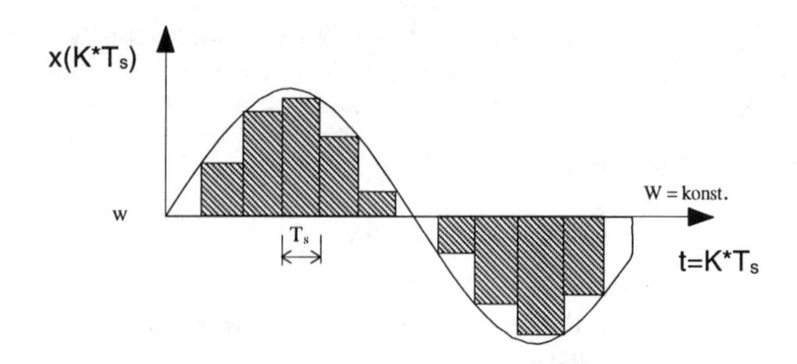

Bild 4-5 Ermittlung der Regelgrößengeschwindigkeit aus dem abgetasteten Zeitverlauf

Umgesetzt in den D-Algorithmus ergibt sich:

YD(k) = KD/TS * (E(k) – E(k-1))
E(k-1) = E(k)

4.1.4 Stellungsalgorithmus

Die Stellgröße eines analoger PID-Reglers kann aus der Summe der einzelnen Stellgrößenanteile berechnet werden:

$$\mathbf{Y = Y_P + Y_I + Y_D = Y_0 + K_{PR} * e(t) + K_{IR} * \int e\,dt + K_{DR} * de/dt}$$

Als digitaler Algorithmus ergibt sich daraus:

YP(k) = KR * E(k)
YI(k) = YI(k –1) + KI * E(k)
YD(k) = KD * (E(k) – E(k –1))
Y = YO + YP(k) + YI(k) + YD(k)

4.1.5 Geschwindigkeitsalgorithmus

Ausgehend von der Reglergleichung

$$Y = Y_0 + K_{PR} * e(t) + K_{IR} * \int e\,dt + K_{DR} * de/dt$$

kann durch einmaliges Differenzieren die Gleichung übersichtlicher verarbeitet werden. Das gleichzeitige Auftreten eines Integrals und eines Differentials in einer Gleichung wird dadurch vermieden.

$$\mathbf{dy/dt = K_{PR} * de/dt + K_{IR} * e + K_{DR} * d^2e/dt^2}$$

Durch den Übergang vom Differential zur Differenz ergibt sich:

$$\Delta y/\Delta t = K_{PR} * \Delta e/\Delta t + K_{IR} * e + K_{DR} * \Delta(\Delta e)/\Delta t^2$$

oder:

$$[Y(k) - Y(k-1)]/T_S = K_{PR} * [E(k) - E(k-1)]/T_S + K_{IR} * E(k)$$
$$+ K_{DR} * [E(k) - 2 * E(k-1) + E(k-2)]/T_S^2$$

Sortiert nach Abtastzeitpunkten ergibt sich folgende Berechnungsvorschrift als Geschwindigkeitsalgorithmus:

$$Y(k) = Y(k-1) + [K_{PR} + K_{IR} * T_S + K_{DR}/T_S] * E(k) - [K_{PR} + 2 * K_{DR}/T_S] * E(k-1) + [K_{DR}/T_S] * E(k-2)$$

Für diesen „rekursiven" Algorithmus müssen ein Wert der Stellgröße und zwei Werte der Meßgröße aus der Vergangenheit bekannt sein..

4.1.6 Zweipunktregler

Ein digitaler Zweipunktregler kommt mit binären Informationen aus. Als Eingang ist z.B. jeweils ein Grenzwertwächter für unteren und oberen Grenzwert notwendig (Bild 4-6). In Verbindung mit einem motorischen Stellantrieb läßt sich über die Ausgänge ***Rechtslauf* – *Stop* – *Linkslauf*** ein I-Verhalten erzeugen.

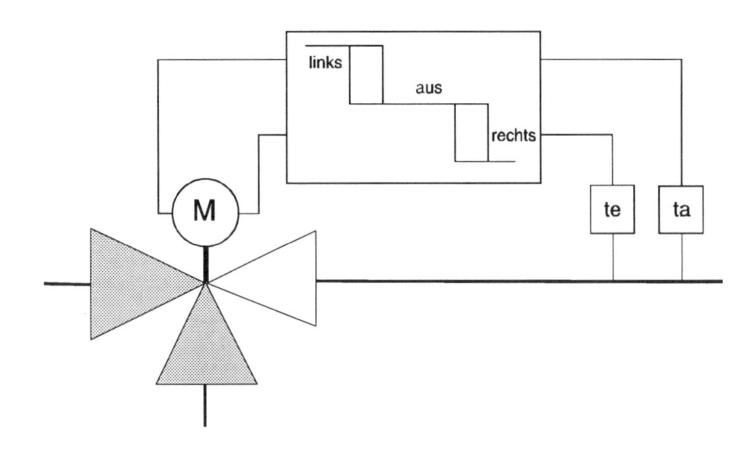

Bild 4-6 Regler mit Dreipunkt-Ausgang
te = Temperaturwächter für die untere Grenztemperatur
ta = Temperaturwächter für die obere Grenztemperatur

Durch Ein- und Ausschalten eines Gerätes unter Berücksichtigung von zu parametrierenden Werten für

- Sollwert
- Schaltdifferenz

wird die Prozeßgröße taktend geregelt. Das Teillastverhalten wird durch das Verhältnis von Einschaltzeit zur gesamten Schaltperiode, d.h. Summe aus Einschaltzeit und Ausschaltzeit, erzeugt.

4.2 Modellbildung

Aufgabe der Modellbildung ist es, das statische und dynamische Verhalten räumlicher Temperaturfelder, z.B. in Heiz- oder Klimazonen, in Form von arithmetischen und logischen Algorithmen so zu beschreiben, daß das tatsächliche Verhalten hinreichend genau für die wichtigsten Umgebungseinflüsse nachgebildet werden kann. Dieses Verfahren der mathematischen Nachbildung des Verhaltens von Prozessen bezeichnet man als Simulation, das Ergebnis der Simulation ist ein mathematisches Modell.

Solche Modelle werden eingesetzt

- für die Planung bzw. Untersuchung von Energieeinsparmaßnahmen vor oder nach dem realen Prozeßverlauf (offline)
- für Prognosen des Systemverhaltens oder für höhere Regelalgorithmen während des Betriebs (online)

Definition:

> Modell heißt ein dem Prozeß nachgebildetes System, das mit dem vorgegebenen realen System in mindestens einer Eigenschaft übereinstimmt.

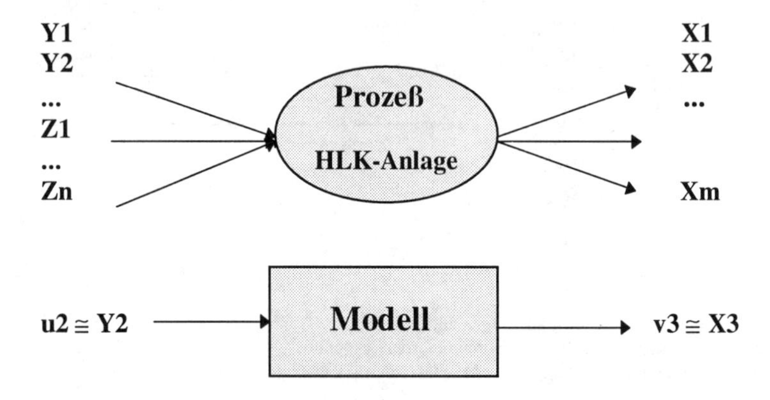

Bild 4-7 Modell als Nachbildung einer Eigenschaft des realen Prozesses

In der Automation unterscheidet man zwei Modellarten:

- Physikalisches Modell; mit Hilfe physikalischer oder chemischer Grundgesetze, z.B. Gasgleichung, Energieerhaltungssatz, Masseerhaltungssatz,... wird der zeitliche Verlauf einer physikalischen Größe näherungsweise beschrieben.
- Parametrisches Modell; mit Hilfe mathematischer Differentialgleichungen mit virtuellen Parametern wird der zeitliche Verlauf des Systems nachgebildet; es gibt keine direkte physikalische Deutung der Parameter; die Parameter werden durch Messung bzw. durch Identifikation bestimmt.

4.2.1 Raummodell

Zur Regelstrecke in der Klimatechnik gehören: Klimageräte, Kanäle, Luftauslaß sowie der zu klimatisierende Raum.

In der Heizungstechnik besteht die Regelstrecke aus: Heizzentrale, Wärmeverteilung, Heizkörper und Raum.

Die Regelgrößen sind im allgemeinen Größen des Raumzustandes:

- Raumtemperatur
- Raumfeuchte
- Luftdruck
- Schadstoffkonzentration

Auf den Raum greifen neben der aufgabenmäßigen Stellgröße eine Vielzahl von Störgrößen zu

- äußere Störgrößen, z.B. Sonne durch transparente Flächen, die Außentemperatur über die Transmission und die Fugenlüftung, die Außenfeuchte, Wind, Regen, ...
- innere Störgrößen, z.B. Personen, Beleuchtung, Maschinen, Apparate, Geräte, Stoffe, Produkte, ...

Da insbesondere Temperatur und Feuchte als Zustandsgrößen sich gegenseitig beeinflussen, liegt bei Raumregelungen immer ein Mehrgrößensystem vor, das zu vermaschten Regelkreisen führt. Solche Systeme lassen sich nur schwer simulieren. In der Regelungstechnik betrachtet man deshalb jede Ausgangsgröße getrennt, läßt jede Störgröße oder Stellgröße als einzelne Eingangsgröße auf das linearisierte System wirken und erhält durch Überlagerung der Teilsysteme die angenäherte Wirkung des Gesamtsystems.

Ein mathematisches Modell läßt sich beschreiben durch drei Gleichungsarten:

- Speichergesetz, hier Energieinhalt des Raumes

$$Q_R = m_L * c_{pL} * \upsilon$$

Q_R ... Innere Energie der Raumluft und der angrenzenden Wände
m_L ... Masse der Luft und der angrenzenden Wände
c_{pL} ... spezifische Wärmekapazität
υ ... theoretische mittlere Temperatur der Raumluft

- Bilanzgesetz, hier Energiebilanz

$$dQ_R / dt = \dot{Q}_{zu} - \dot{Q}_{ab}$$

dQ_R / dt ... zeitliche Änderung der inneren Energie
$\dot{Q}_{zu}$ ... Summe aller zugeführten Wärmeströme, hier Heizwärme
$\dot{Q}_{ab}$ ... Summe aller Wärmeverluste

- Gefällegesetz, hier alle systemgrenzenüberschreitenden Wärmeströme

Heizwärmeabgabe des Heizkörpers

$$\dot{Q}_{zu} = \dot{m}_W * c_W * (\upsilon_V - \upsilon_R)$$

$\dot{m}_W$ ... Massenstrom des Heizwassers
c_W ... spez. Wärmekapazität des Wassers
$\upsilon_{V,R}$ ... Vorlauf-, Rücklauftemperatur

Wärmeverlust des Raumes

$$\dot{Q}_{ab} = (\beta * m_L * c_L + k_m * A) * (\upsilon - \upsilon_A)$$

β ... Luftwechselzahl
k_m ... über die Umschließungsfläche der Systemgrenze gemittelter Wärmedurchgangskoeffizient
A ... Hüllfläche = Umschließungsfläche
υ_A ... Außentemperatur

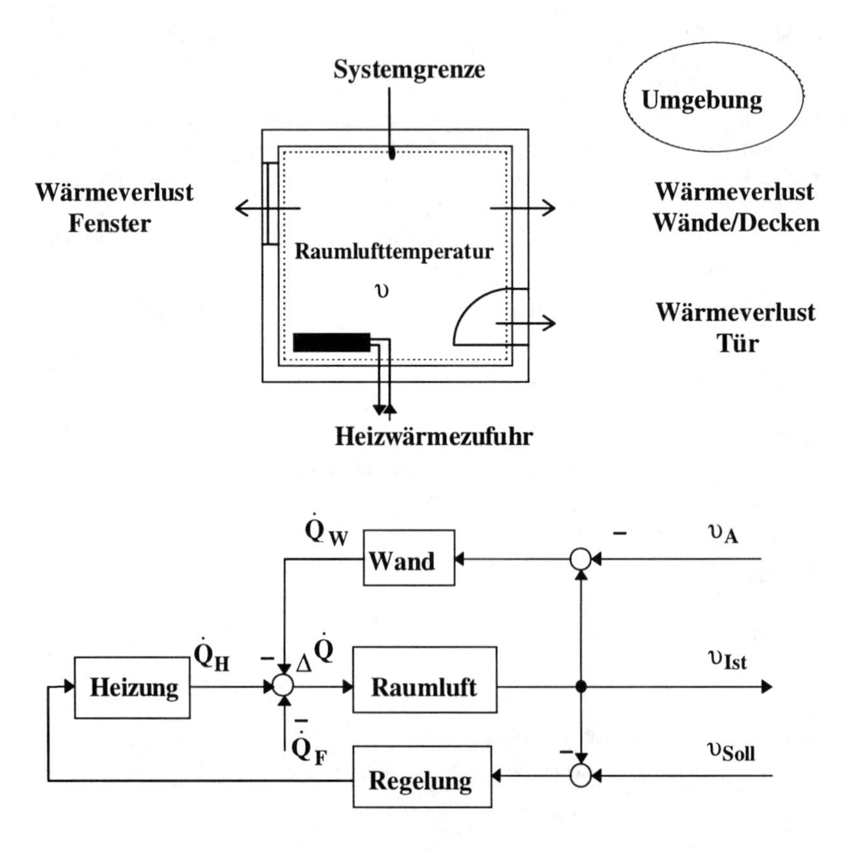

Bild 4-8 Physikalisches Modell eines Raumes mit Heizungsregelung

Wählt man als Ausgangsgröße des Modells die Raumlufttemperatur υ, dann ergibt sich aus den vier Einzelgleichungen die Modellgleichung

$$\frac{m_L * c_L}{(\beta * m_L * c_L + k_m * A)} * \frac{d\upsilon}{dt} + \upsilon = 1 * \upsilon_A + \frac{1}{(\beta * m_L * c_L + k_m * A)} * \dot{Q}_{zu}$$

oder allgemein:

$$T\,dv/dt + v(t) = K_{P1} * u_1(t) + K_{P2} * u_2(t)$$

T ... Zeitkonstante des Raumes (Speicherfähigkeit)
K_{P1} ... Proportionalwert der wärmeabgebenden Seite
K_{P2} ... Proportionalwert der wärmezuführenden Seite
v ... System-Ausgangsgröße
u_i... System-Eingangsgröße

In ähnlicher Form können alle speicherfähigen Systeme mathematisch beschrieben werden. Bei der Beschreibung in Form von Zustandsgleichungen wird der physikalische Zusammenhang zurückgeführt auf einzelne Ein-Speicher-Glieder.

4.2.2 Parametrisches Modell

Bei komplizierten Zusammenhängen oder bei Systemen, für die der physikalische Zusammenhang nicht bekannt ist, verwendet man gerne parametrische Modelle. Am Beispiel eines Lufterhitzers soll hier der Vorgang der Identifikation der Systemparameter erläutert werden.

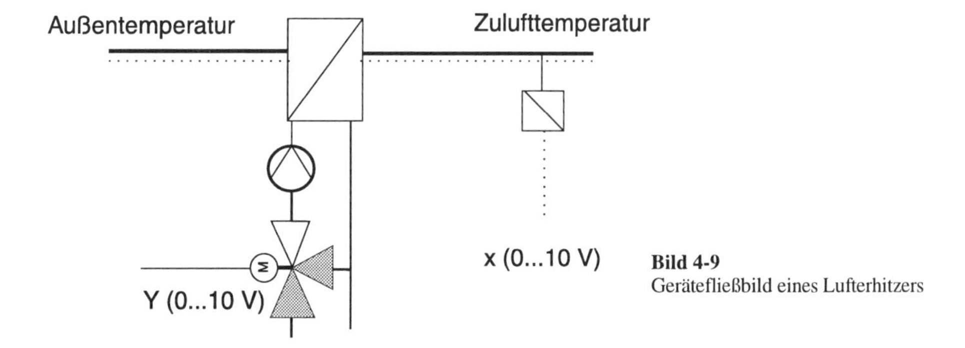

Bild 4-9
Gerätefließbild eines Lufterhitzers

Der Wärmeübergang in einem Kreuzstrom-Lufterhitzer (Bild 4-9) läßt sich nur durch ein aufwendiges physikalisches Modell mit verteilten Parametern beschreiben. Die Wirkung des Gesamtsystems ist jedoch recht einfach: Bei erhöhter Wärmezufuhr auf der abgebenden Wasserseite erhöht sich die mittlere Lufttemperatur im Kanal. Das zugehörige Zeitverhalten der Lufttemperatur nach einer sprunghaften Verstellung des Dreiwegeventils, genannt Sprungantwort, zeigt einen s-förmigen Verlauf (Bild 4-10).

Legt man in diesen Zeitverlauf die sogenannte Wendetangente, so lassen sich damit graphisch Verzugzeit T_u und Ausgleichszeit T_g ermitteln.

$T_u = 30$ s

$T_g = 150$ s

Das Verhältnis von T_u zu T_g ist ein Maß für die Ordnung des Zeitverhaltens, gibt also an, durch wieviele Ein-Speicher-Glieder das Modell aufgebaut werden kann.

$$n = 10 * T_u / T_g + 1 = 3$$

Bei einem Wert 57,5 % des Beharrungswertes läßt sich näherungsweise die Summe des Zeitkonstanten ablesen,

$$0{,}575 * x / x_B \quad \text{—>} \quad \Sigma T_i = 120 \text{ s}$$

Daraus ergibt sich unter der Voraussetzung, daß alle drei Speicherglieder des Modells gleiche Zeitkonstanten haben sollen,

$$T = \Sigma T_i / n = 40 \text{ s}$$

Der Proportionalbeiwert des Modells berechnet sich zu

$$K_P = \Delta x_B / \Delta y = 20 \text{ K} / 40 \text{ \%} = 0{,}5 \text{ K} / \text{\%}$$

Damit liegt ein vereinfachtes Modell mit einem Proportionalglied und drei Ein-Speicher-Gliedern vor, das den gemessenen Zeitverlauf hinreichend genau mathematisch nachbildet.

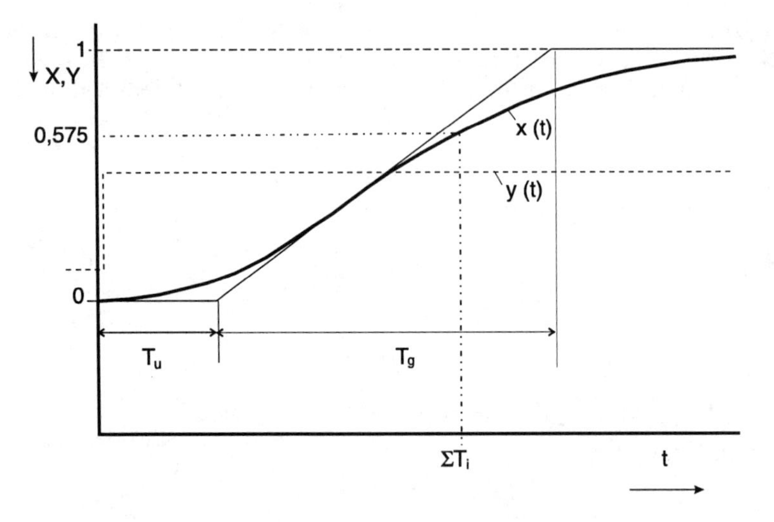

Bild 4-10 Gemessene Sprungantwort eines Lufterhitzers

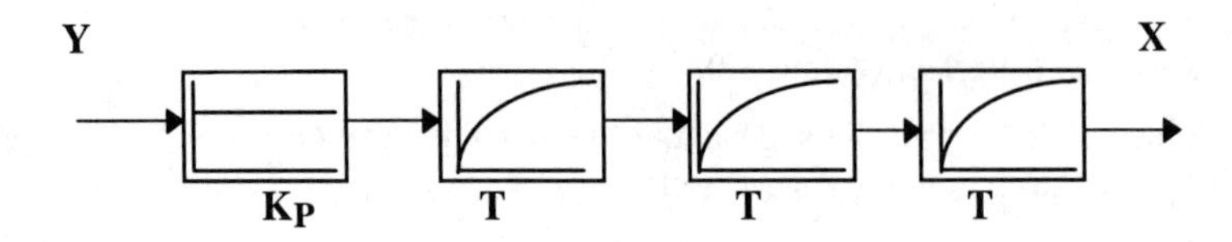

Bild 4-11 Vereinfachter Wirkungsplan des Lufterhitzers

Mit den Kennwerten T_u, T_g und K_p läßt sich die Regelstrecke nach empirischen Regeln, z.B. nach Ziegler/Nichols optimal einstellen.

Mit Hilfe der Modellgleichung

$$\Delta x(t) = K_P * \Delta y * [1 - (1 + t/T + t^2/2T^2)*e^{-t/T}]$$

steht eine einfache Lösungsgleichung für die schrittweise Berechnung des Zeitverlaufes zur Verfügung, die z.B. für die Adaption (Kapitel 4.3) verwendet wird.

4.3 Adaption

Unter adaptivem Modell versteht man ein System, das sein Verhalten den sich ändernden Eigenschaften und Umgebungsbedingungen laufend anpaßt. Dazu werden online alle mathematischen Parameter, z.B. Zeitkonstanten und Proportionalwerte, nach einem vorher programmierten Verfahren bzw. nach einem definierten Algorithmus berechnet.

4.3.1 Streckenadaption

Einen Einsatzbereich des adaptiven Streckenmodells findet man bei der sogenannten Optimierung, d.h. bei der Ermittlung des optimalen Inbetriebnahmezeitpunktes eines Heizkessels nach der Nachtabschaltung.

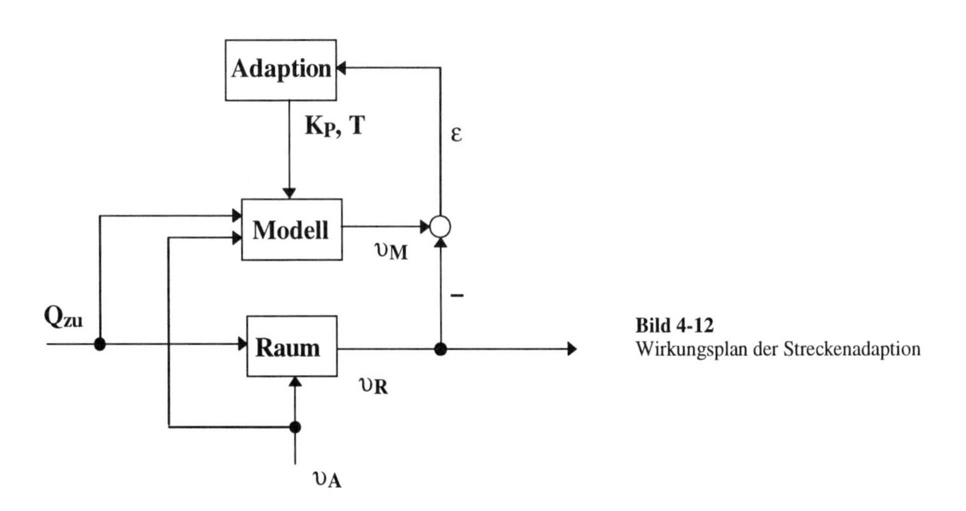

Bild 4-12
Wirkungsplan der Streckenadaption

Die beschreibenden Parameter einer Heizzone hängen ab von

- Außentemperatur und Außenfeuchte
- aktueller Vorlauf- und Rücklauftemperatur
- Raumlasten.

Ein lernfähiges adaptives System bekommt als Eingangsinformation z.B. die Außentemperatur und das zur Verfügung stehende Wärmepotential $\dot{Q}_{zu}$ (Bild 4-12). Fortlaufend wird die vom mathematische Modell berechnete Temperatur mit der gemessenen Zonentemperatur verglichen. Man erhält ε als Maß für die Modellgüte. Ist $\varepsilon > 0$, so muß ein Modellparameter verkleinert werden. Mit der Geschwindigkeit $d\varepsilon/dt$ kann anschließend ein weiterer Parameter angepaßt werden.

Modellgleichung für den Aufheizvorgang:

$$T\, d\upsilon_M / dt + \upsilon_M = \upsilon_A + K_P * \dot{Q}_{zu}$$

Mit der Lösung dieser Gleichung und mit der Adaption der Parameter T und K_P erreicht man, daß nach wenigen Aufheizvorgängen die Schnellaufheizung zeitoptimal gestartet wird. Zu Beginn der Nutzungszeit erreicht dann die Heizzonentemperatur den gewünschten Sollwert.

Die Berechnung der Parameter ist nur für große Abtastintervalle sinnvoll, damit eine eindeutige Geschwindigkeit berechnet werden kann. Damit wird ein Springen der Parameter oder eine Division durch Null vermieden. Oft ist eine Glättung, z.B. durch Mittelwertbildung notwendig.

4.3.2 Adaptiver Regler

Ein adaptiver Regler paßt seine Regelparameter K_P, K_I oder K_D an die sich ändernden Eigenschaften des Prozesses an. Sind die sich ändernden Eigenschaften nicht oder nicht direkt meßbar oder läßt sich die Abhängigkeit der Reglereinstellung von einzelnen Störungen nicht konkret angeben, dann wird ein adaptiver Regler mit Rückführung verwendet.

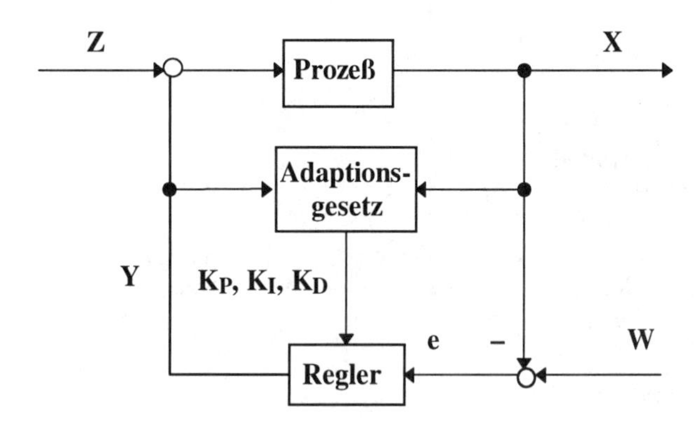

Bild 4-13 Wirkungsplan eines adaptiven Reglers mit Rückführung

Die Regelparamter werden derart angepaßt, daß die Fläche zwischen Sollwert und Istwert minimal wird. In der Gebäudeautomation sind solche adaptiven Regler ein hilfreiches Werkzeug für die Inbetriebnahme. Im stationären Dauerbetreib versagen sie oft, da die Adaption nur bei veränderlichen Eingangsgrößen arbeitet.

4.3.3 Zustandsregelung

Die Darstellung von Systemen im Zustandsraum entspricht mathematisch der Umwandlung einer Differentialgleichung n-ter Ordnung in n Differentialgleichungen erster Ordnung. Physikalisch besteht ein solches System aus n Speichern (Energiespeicher, Massenspeicher, ...). Der Zustand eines jeden Ein-Speicher-Gliedes wird durch eine Zustandsgröße x_i beschrieben.

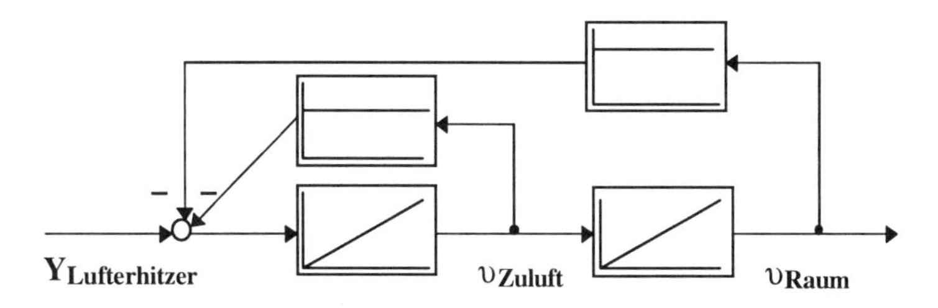

Bild 4-14a Wirkungsplan des Zustandsraumes

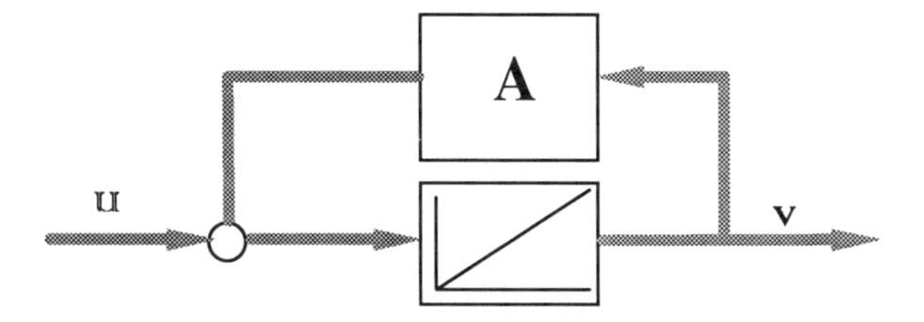

Bild 4.14b Zustandsraum in Vektordarstellung

Die Vorteile der Zustandsraumdarstellung:

- Ein- und Mehrgrößensysteme können formal gleich behandelt werden
- Die Differentialgleichung 1. Ordnung ist für eine numerische Behandlung gut geeignet
- Optimierungen sind einfach durchführbar

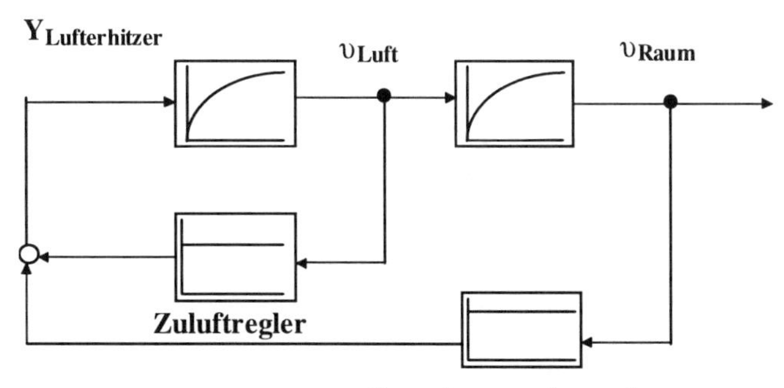

Bild 4-15 Prinzip der Zustandsregelung

Jeder Zustandgröße wird ein eigener P-Regler zugeordnet. Die Summe der einzelnen Stellgrößen bildet die Stellgröße der Strecke. Damit läßt sich dem Regelkreis eine nahezu beliebige Dynamik aufprägen. Voraussetzung ist nur, daß alle Zustandgrößen meßtechnisch zur Verfügung stehen. Ist dies nicht der Fall, so kommt der sogenannte Beobachter zum Einsatz. Dies ist ein mathematisches Modell der Regelstrecken, mit dem auch unbekannte Zwischengröße näherungsweise berechnet werden können.

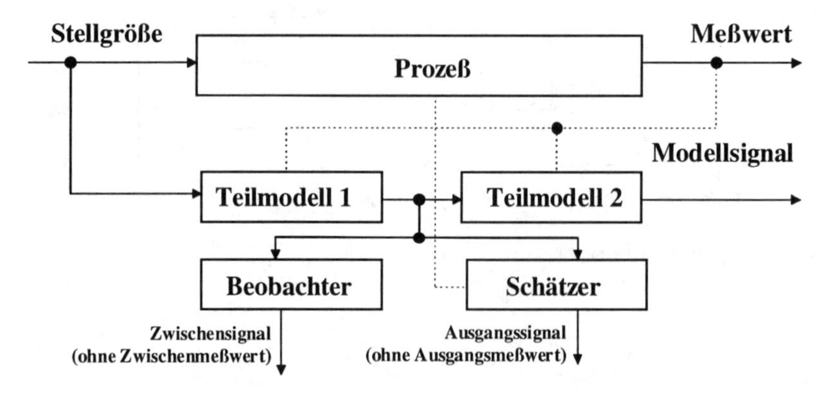

Bild 4-16 Wirkungsplan einer Zustandsraumdarstellung mit Beobachter und Schätzer

4.4 Unscharfe Regler

Bereits 1965 wurden von Prof. Dr. Zadeh, California, die mathematischen Grundlagen zur unscharfen Logik entwickelt. Diese ***Fuzzy Logic*** wird immer dort eingesetzt, wo

- der Mensch aufgrund seiner Erfahrung und Intuition den Prozeß zufriedenstellend zu betreiben vermag und darstellen kann, nach welchen Regeln er agiert
- die Voraussetzungen für die herkömmliche Regelung fehlen, d.h. der herkömmliche Regler kann nicht aufgrund von Prozeßbeobachtung und Intuition eingestellt werden, oder ein handhabbares analytisches Modell des Prozesses ist nicht zu vertretbaren Kosten aufzustellen.

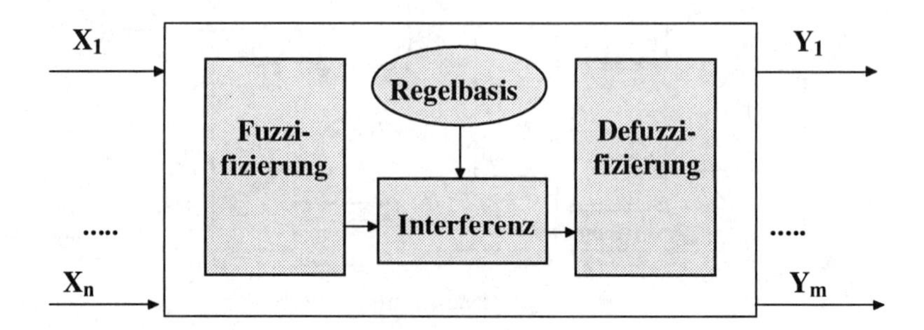

Bild 4.17 Wirkungsplan des unscharfen Reglers

Bei der Fuzzy-Technologie formuliert der menschliche Experte ein Regelwerk in Form von ***WENN-DANN-Regeln***.

„Wenn die Vorlauftemperatur eines Heizkreises langsam sinkt bei gleichbleibender Außentemperatur, dann öffne das Dreiwege-Mischventil einer Rücklaufbeimischung ein wenig mehr."

Die Begriffe ***langsam sinkend, gleichbleibend oder ein wenig mehr*** werden durch Fuzzy-Mengen realisiert. Fuzzy-Regler setzen also die intuitive, menschliche Verhaltensweise um und erreichen somit ähnlich gute Ergebnisse wie ein Mensch. Weiter ist das Verhalten reproduzierbar, was beim Menschen nicht immer der Fall ist.

„Wenn das Wochenende sehr kalt war, muß die Schnellaufheizung am Montag früher eingeschaltet werden." Der Heizer benötigt dazu einen von der Außentemperatur abhängigen Wecker, Fuzzy ist immer betriebsbereit.

4.4.1 Fuzzifizierung

Am Beispiel einer Heizzonenregelung soll die Vorgehensweise erläutert werden. Als Regelgröße wird die Vorlauftemperatur verwendet, die Stellgröße ist die Stellung eines Dreiwege-Mischventils. Als Hauptstörgröße gilt die Außentemperatur, Maßgröße für den aktuellen Wärmebedarf.

Zunächst wird die Vorlauftemperatur ϑ_V auf die unscharfen Begriffe

sehr niedrig ***niedrig*** ***mittel*** ***hoch*** ***sehr hoch***

abgebildet. Es entsteht die Zugehörigkeitsfunktion (Bild 4-18).

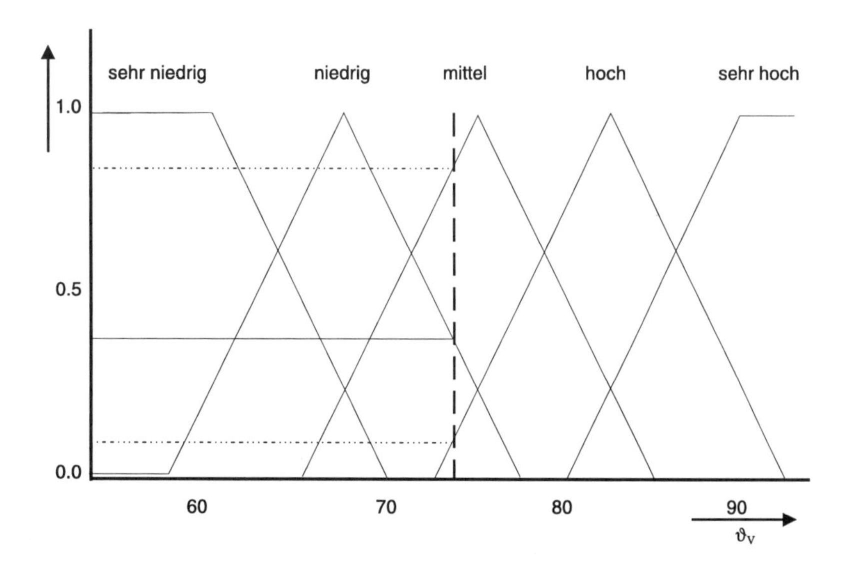

Bild 4-18 Zugehörigkeitsfunktion der Vorlauftemperatur ϑ_V

Eine Vorlauftemperatur von 74 °C ist niedrig bis hoch.

$\vartheta_V = 74\ °C$ —> Fuzzifizierung —> $\vartheta_V^* = \{ 0 ; 0.35 ; 0.90 ; 0.15 ; 0 \}$

d.h. sie gehört zu 0.35 Teilen zu niedrig, zu 0.90 Teilen zu mittel und zu 0.15 Teilen zu hoch.

Die Außentemperatur als Hauptstörgröße wird gemessen und kann dann ebenfalls fuzzifiziert werden (Bild 4-19).

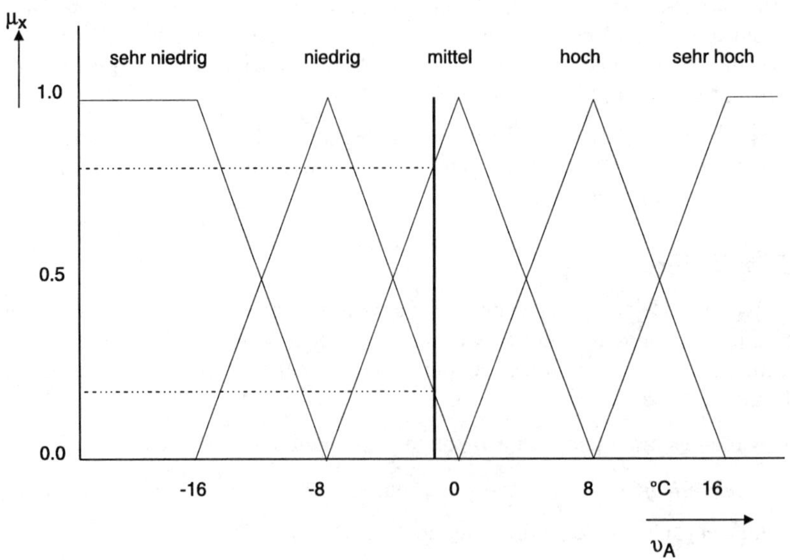

Bild 4-19 Zugehörigkeitsfunktion der Außentemperatur

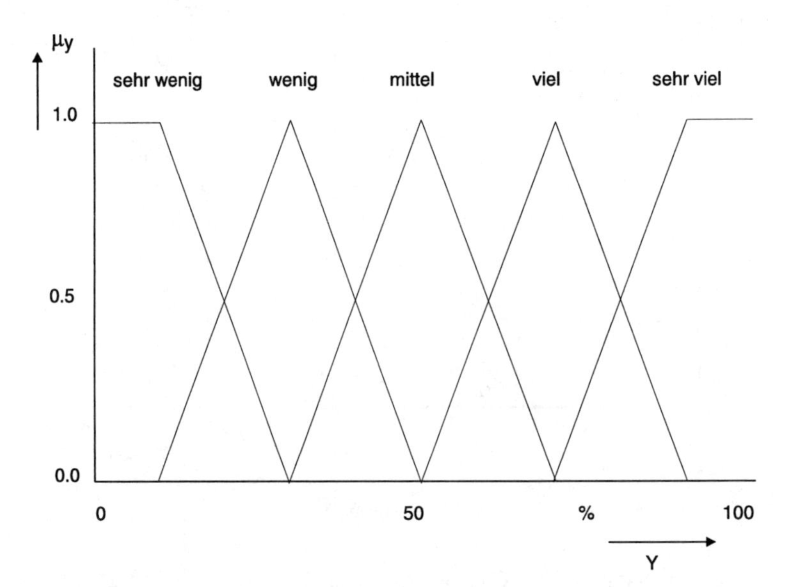

Bild 4-20 Zugehörigkeitsfunktion der Stellung des Mischventils als Maß der Wärmezufuhr

Eine Außentemperatur von –2 °C ist etwas niedrig und mittel (Bild 4-19).

ϑ_A = –2 °C —> Fuzzifizierung —> $\vartheta_A^* = \{ 0 ; 0.25 ; 0.75 ; 0 ; 0 \}$

d.h sie gehört zu 0.25 Teilen zu niedrig und zu 0.75 Teilen zu mittel.

Auch die Stellgröße als Ausgangsgröße der Regelung (Bild 4-20) wird mit der Zugehörigkeitsfunktion durch unscharfe Begriffe beschreibbar gemacht.

Die unscharfe Beschreibung mittel bis viel führt zu einer Stellgröße von 50 ... 70 %.

4.4.2 Fuzzy Inferenz

Eine Inferenz ist eine Verarbeitungsvorschrift für

WENN ... DANN ...-Regeln

unter der Berücksichtigung eines aktuellen Ereignisses; sie hat eine Schlußfolgerung als Ergebnis.

Beispiel einer einfachen Zuordnung:

Regel 1:	WENN	ϑ_V = sehr niedrig,	DANN	Wärmezufuhr y = sehr viel
Regel 2:	WENN	ϑ_V = niedrig,	DANN	Wärmezufuhr y = viel
Regel 3:	WENN	ϑ_V = mittel,	DANN	Wärmezufuhr y = mittel
Regel 4:	WENN	ϑ_V = hoch,	DANN	Wärmezufuhr y = wenig
Regel 5:	WENN	ϑ_V = sehr hoch,	DANN	Wärmezufuhr y = sehr wenig

Jede dieser Regeln verknüpft einen Eingangsgrößenbereich mit einem Ausgangsgrößenbereich (hier ϑ_V mit y).

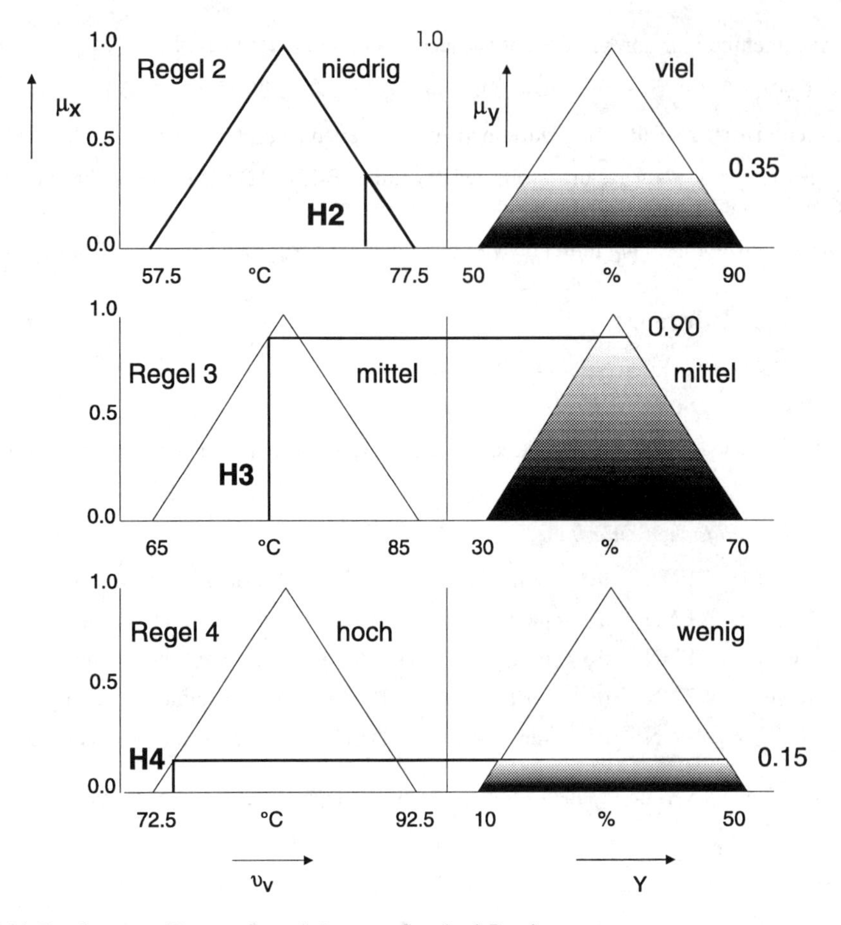

Bild 4-21 Zuordnung von Eingangs-Sets mit Ausgangs-Sets durch Regeln

4.4.3 Defuzzifizierung

Die einzelnen Regeln werden untereinander durch **ODER** verknüpft. Dies führt über den sogenannten **MAX-Operator** zur resultierenden Ausgangs-Fuzzy-Menge.

Diese unscharfe Menge muß jetzt in die technische Größe (hier Ventilstellung y) rückübersetzt werden. Dazu verwendet man nach einem japanischen Patent den Flächenschwerpunkt der unscharfen Menge. Da die Zugehörigkeitsdreiecke der Stellgröße gleichgroß gewählt wurden, kann der Schwerpunkt hier vereinfacht berechnet werden nach dem Mittelwert, genannt ***Singleton***:

$$y = 30\% * \frac{0.35}{0.35 + 0.9 + 0.15} + 50\% * \frac{0.90}{1.4} + 70\% * \frac{0.15}{1.4} = 47\%$$

Diese Stellgröße wird aus Ausgangsgröße auf den Stellantrieb des Mischventils gegeben.

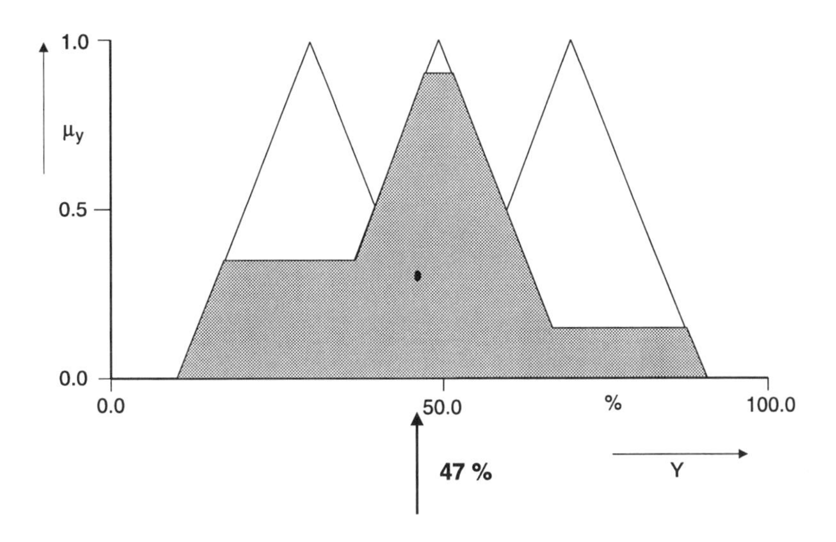

Bild 4-22 Ausgangs-Fuzzy-Menge

4.4.4 Fuzzy-Inferenz für zwei Eingangsgrößen

Bei zwei Eingangsgrößen, hier Vorlauftemperatur und Außentemperatur, die in je 5 Fuzzy-Sets aufgeteilt sind, ist die Beschreibung von 5 * 5 = 25 Regeln notwendig. Wegen der Übersicht werden diese Regeln oft in Form einer Matrix angegeben.

Regel υ_A ↓	υ_V →	1. sehr niedrig	2. niedrig	3. mittel	4. hoch	5. sehr hoch
.1	sehr niedrig	sehr viel	sehr viel	viel	viel	mittel
.2	niedrig	viel	viel	viel	mittel	wenig
.3	mittel	viel	mittel	mittel	wenig	wenig
.4	hoch	mittel	mittel	wenig	wenig	sehr wenig
.5	sehr hoch	mittel	wenig	wenig	sehr wenig	sehr wenig

Bild 4-23 Fuzzy Inferenz für zwei Eingangsgrößen

Die Regel 2.2 läßt sich damit wie folgt formulieren:

WENN ϑ_V = niedrig UND ϑ_A = niedrig, DANN Wärmezufuhr y = viel

Diese UND-Verknüpfung führt über den sogenannten **MIN-Operator**

$$\mu_y = \text{MIN}\ \{\ \mu_x\ (\ \upsilon_V\ )\ ,\ \mu_z\ (\upsilon_A\ )\ \}$$

zur resultierenden Ausgangs-Fuzzy-Menge.

MIN { 0.35 , 0.25 } = 0.25

Die Defuzzifizierung führt zu y = 70 %.

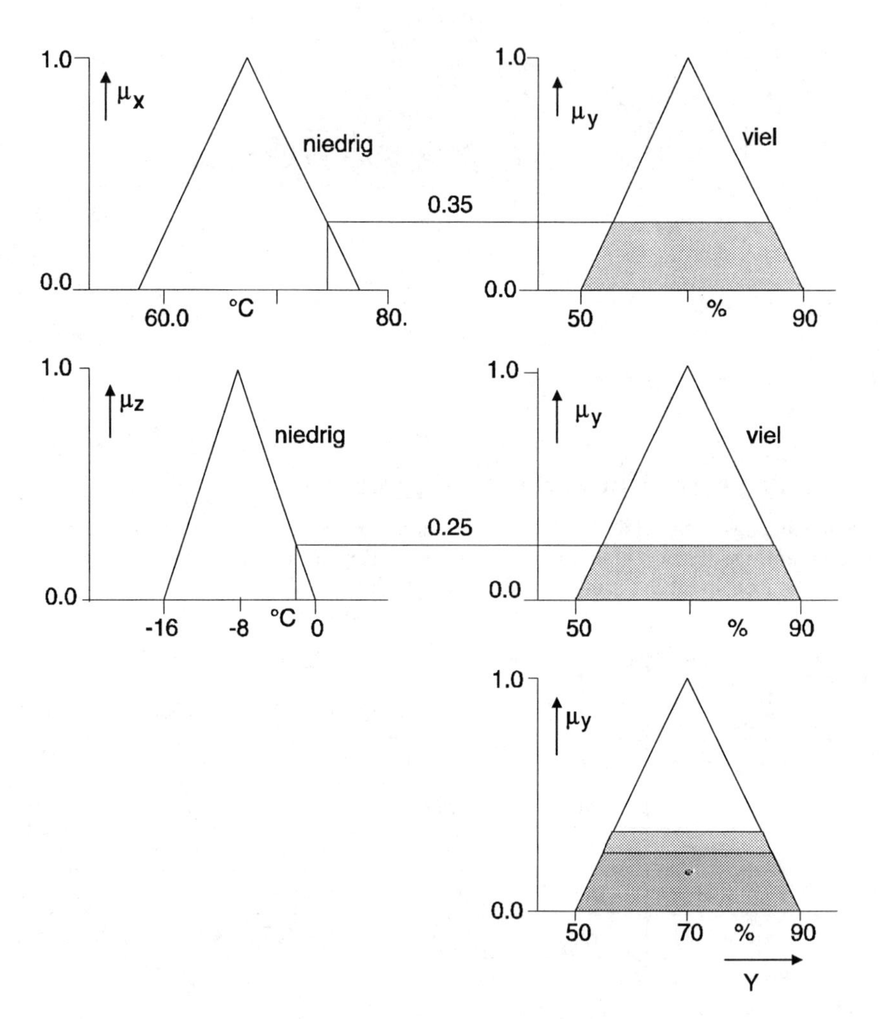

Bild 4-23 Ausgangs-Fuzzy-Menge für Regel 2.2

5 Schaltanlagen

von K. Stöbe

5.1 Einleitung

Die betriebstechnischen Anlagen der Versorgungstechnik, wie z.B. Heizung, Lüftung und Kälte, benötigen zur Erfüllung ihrer geforderten Funktionen meß-, steuer- und regeltechnische Einrichtungen. Alle elektrischen Betriebsmittel, d.h. Einzelteile, Geräte, Anlagen oder Funktionseinheiten, für diese Meß-, Steuer- und Regeltechnik und für die gesamte Gebäudeautomatisierung werden in die *Schaltanlagen* integriert.

Eine Schaltanlage setzt sich aus der Einspeisung, dem Leistungsteil und dem Steuer- und Regelteil zusammen. Die *Einspeisung* dient der Versorgung, der Absicherung und der Überwachung der gesamten Schaltanlage. Im *Leistungsteil* sind die Sicherungen, Schütze und leistungsseitigen Betriebsmittel für die Antriebe und Aggregate untergebracht. Der *Steuer- und Regelteil* besteht aus den Ansteuerungen, den hardwareseitigen Verriegelungsschaltungen, der Not-Hand-Ebene und aus den Steuer- und Regelkomponenten. Nur eine exakte Planung und Abstimmung dieser einzelnen Schaltanlagenteile garantieren einen späteren störungsfreien und energiesparenden Betrieb.

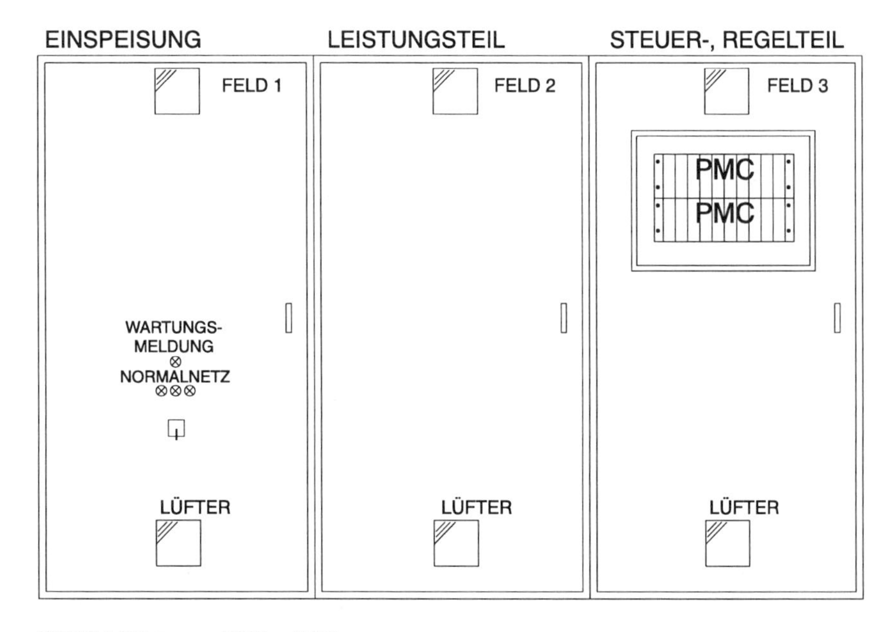

Bild 5-1 Außenansicht Schaltanlage: Einspeisung, Leistungsteil, Steuer- und Regelteil

Für die Qualität ist es somit wichtig, bereits in der Vorplanung alle Anforderungen an die Schaltanlage zu berücksichtigen und in der Detailplannung während der Ausschreibungsphase genau zu spezifizieren, da Grundsatzfehler nachträglich nur mit erheblichen Kosten behoben werden können.

Die nachfolgenden Kapitel dienen dazu, dem Nichtspezialisten praxisnah Fachbegriffe zu erläutern und einen Überblick über allgemeine und spezielle Probleme der Schaltschrankprojektierung und -fertigung zu geben. Dadurch sollen alle am Projekt beteiligten Ingenieurbüros, Anlagenfirmen, Endkunden und Schaltschrankhersteller für Planung, Genehmigung, technische Koordinationsgespräche und Abnahmen den gleichen Verständnis- und Wissensstand haben und sich bei der Diskussion von Detailthemen ohne Mißverständnisse besser verstehen. Wenn daher in sämtlichen Projektphasen alle nachfolgend aufgeführten Punkte berücksichtigt, definiert und geklärt werden, wird ein reibungsloser Projektablauf gewährleistet sein.

5.2 Einspeisung

Die *Einspeisung* muß in Abstimmung mit dem Planer der Niederspannungsverteilung im Gebäude festgelegt werden. Dabei spielen das Sicherungskonzept in der Niederspannungshauptverteilung, die Selektivität der Sicherungen und die Kurzschlußfestigkeit des Gesamtsystems die Hauptrollen. Danach richtet sich die Wahl des *Hauptschalters* und die *Absicherung* des gesamten Schaltschrankes. Die Größe der Einspeisung wird nach den Leistungen der einzelnen Verbraucher zuzüglich einer Reserve von ca. 20 % bestimmt.

5.2.1 Hauptschalter, Hauptsicherung

Damit der gesamte Schaltschrank spannungsfrei geschaltet werden kann, wird ein Hauptschalter (Lastschalter) eingesetzt. Hauptschalter für kleine Ströme bis 63 A können in die Schaltschranktür eingebaut werden, Hauptschalter für große Leistungen werden immer auf der Montageplatte montiert. Griffe in der Tür ermöglichen eine Bedienung von außen. Ist dieser Griff in rot mit gelbem Untergrund ausgeführt, so darf der Hauptschalter auch als *Not-Aus-Schalter* verwendet werden. Motorische Antriebe ermöglichen eine automatische Zu- und Abschaltung z.B. von einer Fernleitstelle. In der Regel wird zum Hauptschalter eine *Hauptsicherung* eingebaut, die für den Nennstrom der Schaltanlage ausgelegt ist. Eine Abstimmung mit dem Gewerk Elektro/Niederspannungshauptverteilung ist erforderlich. Bei der Auslegung der Komponenten sollten für spätere Erweiterungen ausreichend Reserven einkalkuliert werden.

Mit sogenannten *Leistungsselbstschaltern* können die Schaltanlagen ebenfalls ein- und ausgeschaltet werden. Diese bieten jedoch zusätzlichen Schutz, da sie sowohl bei Überstrom, als auch im Kurzschlußfall auslösen und die Anlage spannungsfrei schalten.

5.2.2 Einspeisekabel

Es muß genügend Platz für die Rangierung und das Auflegen der ankommenden Einspeisekabel vorgesehen werden. Dazu müssen die Anzahl, die Querschnitte und die zulässigen Biegeradien dieser Kabel bekannt sein. Es sollten genügend Abfangschienen und Halterungen montiert sein, damit auch im Kurzschlußfall die mechanische Festigkeit gewährleistet ist.

Bis zu einen Kabelquerschnitt von 95 mm^2 je Ader werden für den Anschluß *Klemmen* eingesetzt, bei größeren Querschnitten wird das Einspeisekabel direkt am Hauptschalter angeschlossen. Ausreichende Anschlußstücke müssen dazu vorgesehen werden.

Das Gesamt-Elektrokonzept gibt vor, ob ein 4-Leiter- oder ein 5-Leitersystem mit getrennten Neutral (N)- und Schutz (PE)-Leitern realisiert werden soll. Die Einspeisung sollte so aufgebaut sein, daß ein Brückenstück zwischen dem Neutral (N)-Leiter und dem Schutz (PE)-Leiter nachträglich leicht eingefügt werden kann.

Die *Leistungsverteilung* innerhalb der Schaltanlage ab der Einspeisung erfolgt bei Strömen bis ca. 160 A mit Einzelkabeln, bei größeren Strömen wird zur Energieverteilung ein Schienensystem aus Kupfer eingesetzt.

5.2.3 Anzeigeinstrumente

Vorhandene Spannung am Schaltschrank wird mit 3 weißen *Phasenlampen* angezeigt. Die Phasenlampen werden separat abgesichert. Die Spannung der Lampen beträgt 230 V oder 24 V mit Kleintrafos. Eine genaue Spannungsanzeige wird mit einem *Voltmeter* und einem Umschalter mit sieben Stellungen realisiert, wobei jeweils die Spannung zwischen 2 Phasen (400 V) oder die Spannung zwischen einer Phase und dem Neutral (N)-Leiter (230 V) angezeigt wird. Eine genaue Anzeige der Stromaufnahme kann mit 3 *Amperemetern* für die 3 Phasen erfolgen. Bis zu einem Gesamtstrom von 25 A werden die Ampermeter direkt in die Zuleitung eingebaut, bei größeren Strömen sind zusätzliche Stromwandler mit einem Ausgangsstrom von maximal 5 A nötig. Das Übersetzungsverhältnis der Stromwandler muß auf den Gesamtnennstrom abgestimmt werden. Voltmeter und Amperemeter gibt es in analoger und in digitaler Darstellungsform.

5.2.4 Komponenten für Einspeisung

In das Einspeisefeld werden, je nach Erfordernis, folgende weitere Komponenten eingebaut.

kWh-Zähler

Er dient zur Erfassung und Anzeige der gesamten Leistung des Schaltschrankes. Diese Zähler besitzen meistens einen Impulsausgang, der auf ein DDC-System aufgeschaltet und dort aufaddiert wird. Die Impulswertigkeit muß auf die Gesamtleistung abgestimmt werden. Die DDC-Systeme können maximal 10 Impulse pro Sekunde verarbeiten.

Phasen-/Unterspannungswächter

Diese Geräte setzen einen Störmeldekontakt, wenn eine oder mehrere Phasen ausgefallen sind oder die Spannung unter einen eingestellten Wert abgesunken ist. Eine Störung muß vor Ort mit einem Taster am Unterspannungswächter quittiert werden.

Erdschlußwächter/Isolationswächter

Diese Geräte setzen einen Störmeldekontakt, wenn das Spannungspotential einer oder mehrerer Phasen gegenüber Erde niederohmig wird.

ACHTUNG: Bei sekundärseitig geerdeten Steuerspannungen können keine Erdschlußwächter eingebaut werden.

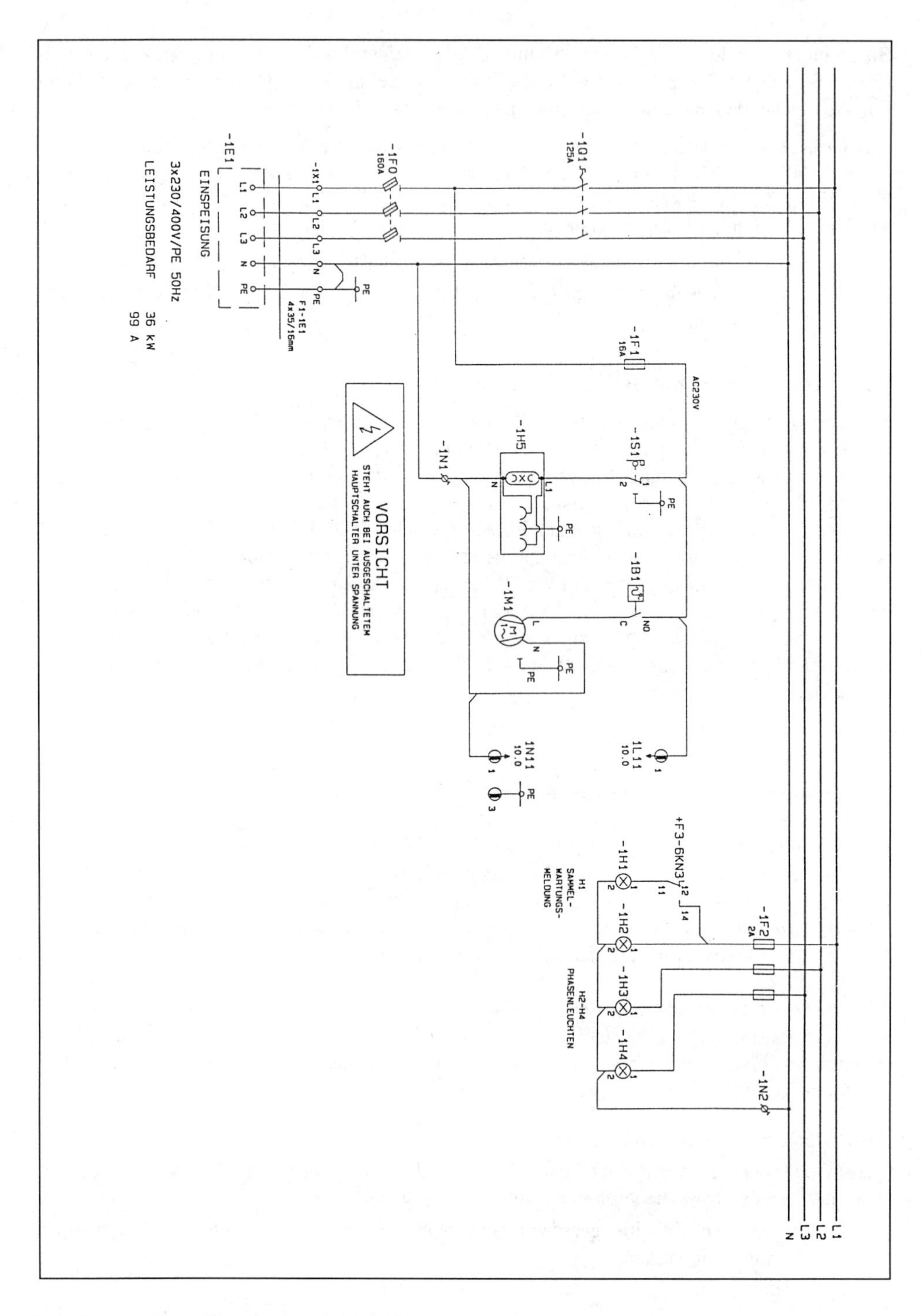

Bild 5-2 Einspeisung, Innenbeleuchtung, Lüfter, Phasenlampen

Steuertransformatoren, Netzgeräte

Die Steuertransformatoren erzeugen die Spannungen, die schaltschrankintern und für die Versorgung der Feldgeräte benötigt werden. Dies sind die Kleinspannung 24 V Wechselspannung für Stellantriebe, Meldungen, Regler und Verriegelungen und die Spannung 230 V als Steuerspannung für Verriegelungen und für die Schützansteuerung. Einige Reglerfabrikate müssen mit 24 V Gleichspannung versorgt werden, einige Meß- und Regelgeräte benötigen Sonderspannungen, z.B. 10 V. Hierzu müssen zusätzlich Netzgeräte bzw. Gleichrichter eingesetzt werden.

ANMERKUNG:
Wechselspannungen werden mit AC, Gleichspannungen mit DC bezeichnet.

In Stromkreisen mit mehr als 5 elektromechanischen Verbrauchern wird nach VDE 0113 ein Steuertransformator gefordert. Muß die Schutzmaßnahme „Schutzkleinspannung" erfüllt werden, so müssen *Sicherheitstransformatoren* mit Ausgangsspannungen bis 50 V nach DIN VDE 0551 verwendet werden.

Die Steuertransformatoren und Netzgeräte werden auf der Primärseite mit Sicherungen gegen Kurzschluß oder mit Motorschutzschaltern gegen Kurzschluß und Überstrom abgesichert. Auf der Sekundärseite sollten immer mehrere, nach betriebstechnischen Anlagen aufgeteilte, Sicherungen gesetzt werden. Es ist empfehlenswert, Sicherungsautomaten mit Hilfskontakt zu verwenden, da dann ein Sicherungsfall gemeldet werden kann. Bei Anlagen mit mehreren einzelnen Sicherungsabzweigen sollte auch sekundärseitig ein Motorschutzschalter vorgesehen werden, damit der Gesamtstrom der einzelnen Abzweige nicht die Belastbarkeit des Steuertransformators übersteigen kann. Die Größen der Transformatoren und Netzgeräte werden festgelegt, indem die Einzelstromaufnahmen von Schütz, Reglern, Feldgeräten usw. aufaddiert werden, wobei ausreichend Reserven für spätere Erweiterungen einkalkuliert werden sollten.

Vorsicherungen:

Vorsicherungen werden benötigt, wenn der Strom für einen einzelnen Abzweig größer als 16 A ist oder wenn ein relativ hoher Kurzschlußstrom fließen kann.

Damit soll im Kurzschlußfall verhindert werden, daß Betriebsmittel zerstört werden, daß bei einem Kurzschluß in einem einzelnen Gerät der gesamte Schaltschrank außer Betrieb gesetzt wird oder daß eine Brandgefahr besteht, wenn ein „kleiner" Kurzschluß auftritt, bei dem jedoch die große Hauptsicherung, z.B. 630 A, noch nicht auslöst.

Steckdosen

Für die Spannungsversorgung von externen elektrischen Verbrauchern, wie z.B. Bohrmaschine, Reinigungsgeräte, Programmiergeräte, usw., wird eine Steckdose mit separater Sicherung eingebaut.

Innenbeleuchtung

Bei Inbetriebnahme- und Wartungsarbeiten wird im Schaltschrank eine Innenbeleuchtung benötigt. Die Beleuchtung wird separat abgesichert und über einen Türkontakt ein- und ausgeschaltet.

Not-Aus-Abschaltung

Mit Hilfe eines Not-Aus-Tasters kann die gesamte Anlage im Notfall abgeschaltet werden.

Die Phasenlampen, Voltmeter, Amperemeter, kWh-Zähler und Not-Aus-Taster werden in die Schaltschranktür eingebaut. Die übrigen Geräte werden auf der Montageplatte montiert.

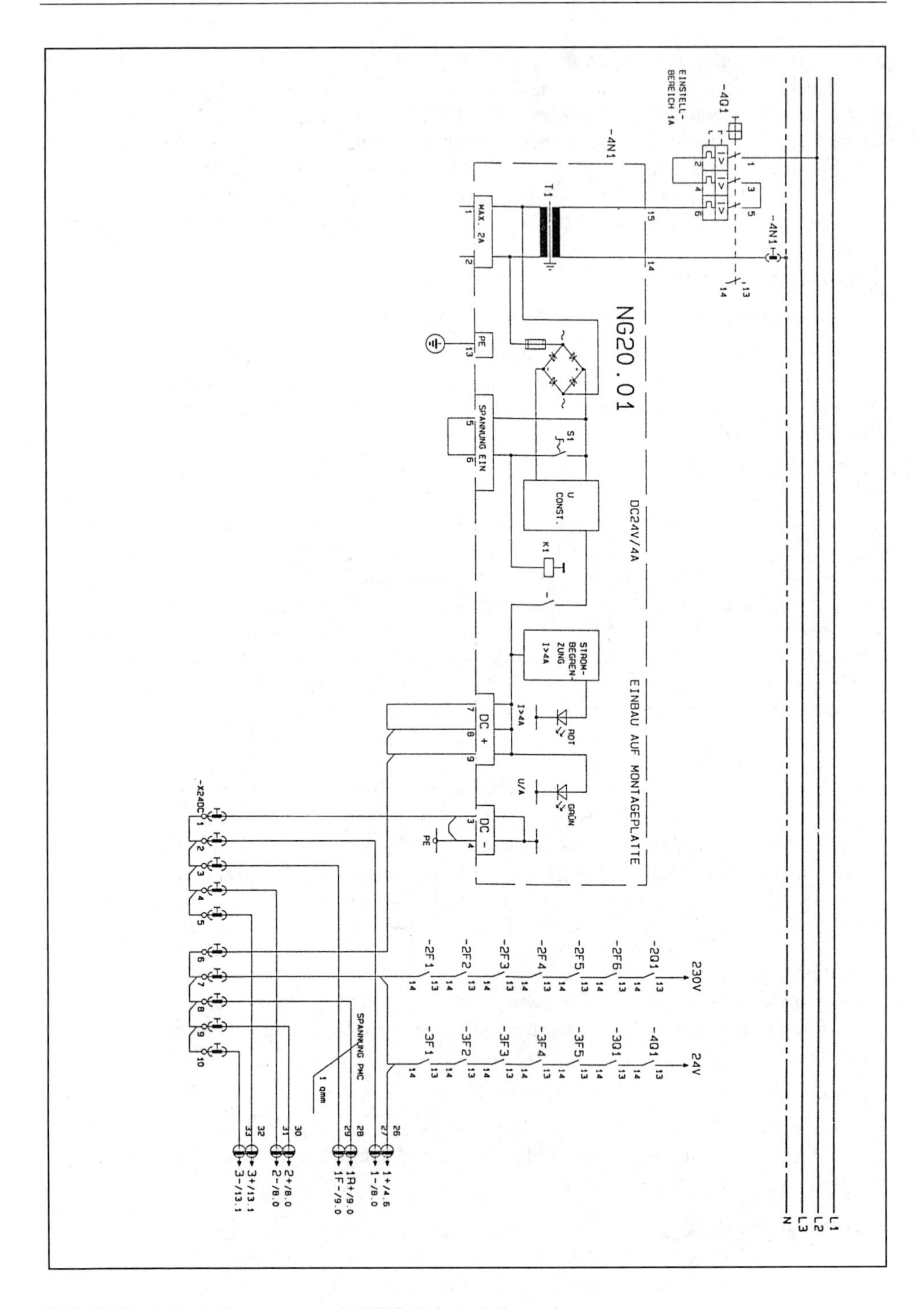

Bild 5-3 Netzgerät mit Steuerspannung 24 V DC, Sicherungsüberwachung

5.2.5 Notnetzeinspeisung

Für wichtige Anlagen, die ständig in Betrieb sein müssen, z.B. Entrauchung, Heizung, gibt es häufig eine zweite Einspeisung die sogenannte *Notnetzeinspeisung*.

Diese Einspeisung wird von einem Notstromdiesel versorgt, der bei Spannungsausfall automatisch eingeschaltet wird. Die Notnetzeinspeisung besteht aus einem Hauptschalter und einer Hauptsicherung bzw. einem Leistungsselbstschalter und aus Anzeigeinstrumenten. Die Notnetzeinspeisung wird ebenfalls auf die schaltschrankinterne Leistungsverteilung gelegt und versorgt damit auch alle weiteren Komponenten, z.B. Steuertransformator, Netzgerät, DDC-System.

5.3 Leistungsteil

Im Leistungsteil des Schaltschrankes befinden sich die *Leistungsabgänge* für die Ventilatoren, Pumpen und große Stellantriebe und für separate Verbraucher, wie z.B. Hebeanlagen, Kältemaschinen, usw.

Der Leistungsteil gliedert sich in den *Hauptstromkreis* für die Leistungen und den *Hilfsstromkreis* für Steuerungen und Meldungen.

Die Projektierung der Leistungsteile für die Antriebe richtet sich im wesentlichen nach der *Anzahl der Stufen* und nach dem *Motorschutz*. Es wird zwischen ein-, zwei- und drei-stufigen Antrieben unterschieden. Mehrstufige Motoren werden nur bei Lüftungsanlagen verwendet. Die Beschaltung von mehrstufigen Antrieben richtet sich nach der Motorart, die wiederum von der anlagentechnischen Anforderung bestimmt wird. Es gibt Motoren mit einer Wicklung in sogenannter *Dahlander-Schaltung* und Motoren mit *getrennten Wicklungen*. Der Hauptstromkreis der Antriebe wird über Leistungsschütze ein- und ausgeschaltet. Die Leistungsschütze werden bei einer Steuerung mit 230 V direkt angesteuert, bei einer Steuerung mit 24 V oder bei Schaltbefehlen aus DDC-Systemen über Koppelrelais. Bei Motoren mit getrennten Wicklungen wird je Stufe ein Leistungsschütz benötigt, bei Dahlander-Schaltung wird ein zusätzliches Leistungschütz gebraucht.

Antriebe bis ca. 1 kW werden normalerweise mit einphasiger Spannung von 230 V versorgt. Größere Antriebe besitzen eine dreiphasige Nennspannung von 400 V.

5.3.1 Drehzahlgeregelte Antriebe

Damit die betriebstechnischen Anlagen (BTA) z.B. Systemdrücke gut ausregeln können und so bei niedriger Anforderung auch Energie eingespart werden kann, werden heute häufig drehzahlgeregelte Antriebe eingesetzt. Für die Drehzahlregelung werden *Frequenzumformer* verwendet, die die Spannung und Frequenz und damit die Drehzahl der Antriebe stufenlos bis zur Nenndrehzahl verändern können. Es sollte zu jedem Frequenzumformer ein *Netzfilter* zwischen Frequenzumformer und Einspeisung eingebaut werden, um zu vermeiden, daß sich im Frequenzumformer erzeugte elektromagnetische Oberwellen rückwirkend im Netz ausbreiten, die andere elektronische Geräte im Gebäude stören. Mit diesen Netzfiltern kann die sogenannte Grenzwertklasse „B“ nach EN 55011 erreicht werden. Damit die Steuer- und Regelsignale nicht durch die Oberwellen beeinflußt und gestört werden, sollte die schaltschrankinterne und -externe Verkabelung zu den drehzahlgeregelten Antrieben mit *geschirmten Kabeln* ausgeführt werden.

Der Sollwert für die Drehzahl wird in der Regel mit einem Stellsignal von 0 bis 10 V DC vorgegeben. Der Frequenzumformer benötigt aus der Steuerung einen Freigabekontakt und setzt bei einer Störung einen Störmeldekontakt.

Muß ein drehzahlgeregelter Antrieb aus anlagentechnischen Gründen eine hohe Verfügbarkeit haben, z.B. Haupt-Kaltwasserpumpe, so wird der Frequenzumformer häufig mit einem *Netz-Bypass* ergänzt. Der Antrieb kann dann bei Störung des Frequenzumformers direkt in Nenndrehzahl ungeregelt eingeschaltet werden. Man muß beachten, daß einige Frequenzumformertypen zusätzliche Leistungschütze benötigen, da die Frequenzumformer bei Netz-Bypass-Betrieb eingangs- und ausgangsseitig spannungsfrei geschaltet werden müssen, um eine Zerstörung des Frequenzumformers zu vermeiden.

In seltenen Fällen werden für Antriebe z.B. Ventilatoren mit kleiner Leistung, Pumpen mit unterschiedlichen Drehzahlen, *Spannungsregler* oder *mehrstufige Leistungstrafos* verwendet.

Die Leistung einer elektrischen Heizung kann mit einem *Thyristorsteller* geregelt werden.

5.3.2 Absicherung und Motorschutz

Die Absicherung gegen *Kurzschluß* bei Nennströmen bis 63 A erfolgt mit normalen *Schraubsicherungen,* ab 63 A mit *NH-Sicherungslasttrennern.* Bei wenigen Leistungsabgängen werden die Sicherungssockel einzeln montiert, bei vielen Abgängen werden *Sammelschienen* mit aufschraubbaren Sockeln eingesetzt. Bei den Schraubsicherungen sind die Bauformen NEOZED und DIAZED üblich. Wird eine separate Sicherungsmeldung verlangt, so müssen zur Absicherung Motorschutzschalter – ab Leistungen von ca. 20 kW Leistungsselbstschalter – mit Hilfskontakt eingesetzt werden oder es wird ein Phasenwächter parallel zur Sicherung eingebaut.

Motorschutzschalter bzw. Leistungsselbstschalter bieten zusätzlich die Vorteile, daß sie auch bei Überstrom auslösen und ohne Austausch von Teilen nach dem Auslösen leicht rücksetzbar sind.

Die Absicherung gegen *Überstrom* kann mit einem Motorschutzschalter, Bimetall, Motorvollschutzgerät oder Thermokontakt erfolgen. Der *Motorschutzschalter* und das *Bimetall* – auch *thermisches Überlastrelais* genannt – werden in den Schaltschrank eingebaut und werden auf den gemessenen Iststrom des Verbrauchers eingestellt. Der Motorvollschutz besteht aus einem temperaturabhängigen Widerstand in der Motorwicklung. Bei Übertemperatur in der Wicklung löst das *Motorvollschutzgerät* im Schaltschrank aus. Es wird jeweils ein Störmeldekontakt gesetzt. Beim *Thermokontakt* löst ein temperaturabhängiger Schaltkontakt in der Wicklung aus. Dieser Kontakt kann direkt in den Hilfsstromkreis eingebunden und mit einer Steuerspannung von 230 V belastet werden.

5.3.3 Einstufige Antriebe und Anlaufschaltungen

Einstufige Antriebe werden normalerweise bis zu einer Leistung von 11 kW *direkt* eingeschaltet. Der Anlaufstrom kann während der Anlaufphase bis zum 6-fachen Nennstrom ansteigen. Bei größeren Leistungen läuft deshalb der Antrieb in *Stern-Dreieck-Schaltung* an, um den hohen Anlaufstrom auf ein Drittel zu reduzieren. Kundenspezifische Vorschriften verlangen teilweise bereits einen Stern-Dreieck-Anlauf bei Leistungen ab 4 kW, teilweise lassen sie auch einen Direktanlauf bis 45 kW zu, z.B. Industriebetriebe mit eigener Stromerzeugung.

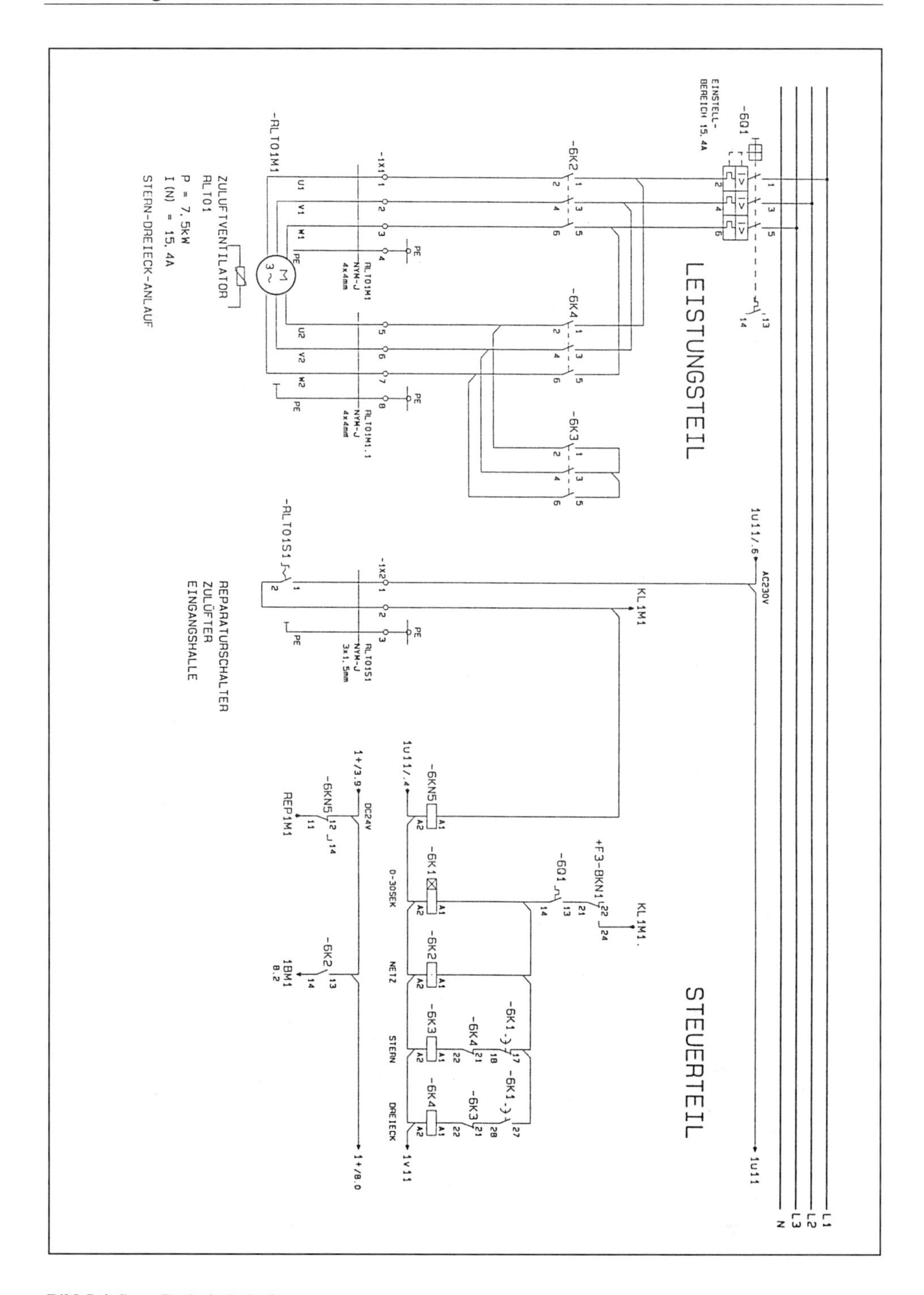

Bild 5-4 Stern-Dreieck-Anlauf

Voraussetzung für einen Stern-Dreieck-Anlauf sind Motoren, deren Wicklungsenden einzeln auf das Motorklemmbrett geführt sind und deren zulässige Wicklungsspannungen für einen Stern-Dreieck-Anlauf ausgelegt sind. Der Drehstrom-Motor wird dabei in der Regel mit zwei getrennten Kabeln angefahren. Die Umschaltzeit zwischen Stern- und Dreieckschaltung wird von einem Zeitrelais vorgegeben.

Im Normalbetrieb fließt bei einer Stern-Dreieck-Schaltung ein verringerter Strom je Zweig. Dieser Strom beträgt ca. 58 % des Nennstromes. Die *Auslegung* der Leistungsschütze, der Sicherungsorgane und der Motorschutzgeräte kann an den verringerten Strom angepaßt werden. Das *Stern-Schütz* wird eine Leistungsstufe niedriger als das *Netzschütz* gewählt. Bei der Umschaltung von Stern auf Dreieck entstehen sehr hohe Stromspitzen, die kurzzeitig den 15-fachen Nennstrom erreichen können und das Netz und die Schaltschrankkomponenten stark belasten. In seltenen Fällen wird deshalb eine unterbrechungslose Stern-Dreieck-Umschaltung eingebaut, die mit einem *Anlaßwiderstand* realisiert wird.

Ebenfalls sehr selten wird ein *Sanftanlasser* eingesetzt. Dieser regelt den Antrieb ähnlich wie ein Frequenzumformer stufenlos vom Stillstand bis zur Nenndrehzahl. Eine Drehzahlregelung während des Betriebes erfolgt jedoch nicht. Aus Verfügbarkeitsgründen ist ein Netz-Bypass empfehlenswert. Einige Hersteller verlangen bei Vollast eine Umschaltung vom Sanftanlasser auf einen Netz-Bypass, da der Sanftanlasser nicht für Dauerbetrieb ausgelegt ist. Dies hat außerdem den Vorteil, daß dann keine Verlustleistung durch den Sanftanlasser erzeugt wird.

5.3.4 Mehrstufige Antriebe

Mehrstufige Antriebe werde immer stufenweise ein- und ausgeschaltet. Die Laufzeiten je Stufe werden an Zeitrelais eingestellt. Die Sicherungen, Schütze und Motorschutzgeräte müssen je Stufe getrennt ausgelegt und dimensioniert werden.

Antriebe mit *zwei Drehrichtungen,* z.B. motorische Klappen, werden mit einer Wendeschaltung angesteuert. Dafür sind zwei Leistungsschütze nötig. Bei der Motoransteuerung über das zweite Leistungsschütz werden zwei Phasen im Drehstromnetz vertauscht. Dadurch kehrt sich die Drehrichtung des Motors um.

5.3.5 Autarke Funktionseinheiten

Autarke Funktionseinheiten mit selbständigen Steuerungen und Regelungen wie z.B. Hebeanlagen, Kältemaschinen, benötigen aus dem Schaltschrank Sicherungsabgänge für die Leistungsversorgung und für die Steuerspannung. Diese sind bei kleinen Leistungen bis ca. 2 kW einphasig, bei größeren Leistungen dreiphasig. Der Abgang kann je nach Anforderung aus einer Schraubsicherung, einem NH-Sicherungslasttrenner, einem Sicherungsautomaten, einem Motorschutzschalter oder einem Leistungsselbstschalter bestehen. Wenn der Leistungsabgang schaltbar sein soll, so wird noch ein zusätzliches Leistungsschütz eingebaut. Freigaben und Rückmeldungen, z.B. Störung, Betrieb werden im Steuerteil verarbeitet.

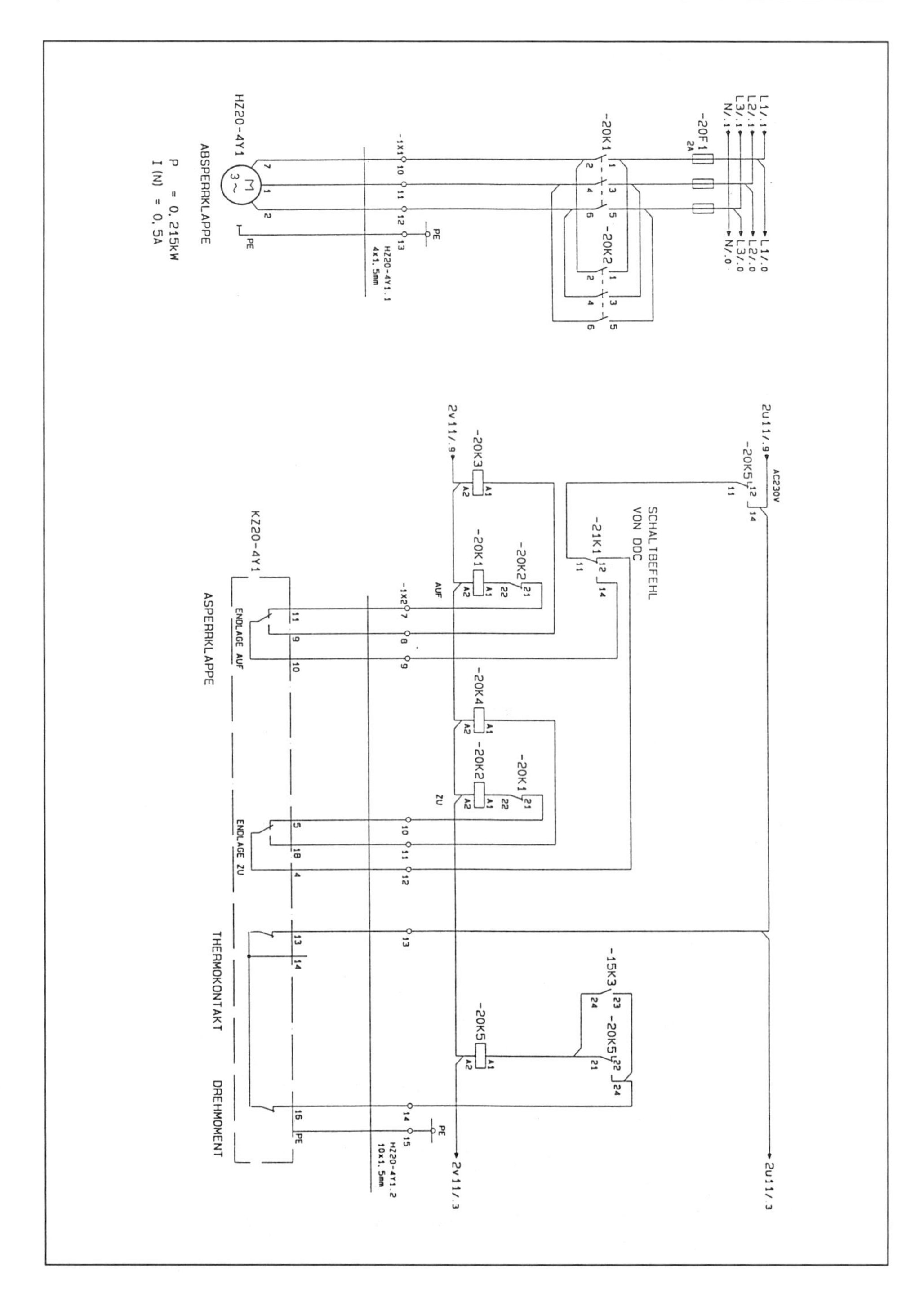

Bild 5-5 Antrieb mit zwei Drehrichtungen

5.4 Steuer- und Regelteil

Im *Steuerteil* des Schaltschrankes befinden sich die Ansteuerungen für die Leistungsschütze, deren Hardware-Verriegelungen und Grundschaltungen. Diese Schaltungen werden mit den Hilfstromkreisen realisiert.

Im *Regelteil* befinden sich die Regelgeräte für Temperatur-, Feuchte- und Druckregelungen.

Die Steuerungen und Regelungen werden heute zunehmend von DDC-Unterstationen übernommen. Es gibt jedoch Grundschaltungen, die – aus sicherheitstechnischen Gründen – nicht per Software ausgeführt werden. Dies sind Schaltungen, bei denen Personen gefährdet werden können oder hoher Sachschaden entstehen kann, z.B. Frostschutzschaltungen, Entrauchungsschaltungen, Not-Aus-Abschaltungen.

5.4.1 Handschalter, Taster

Ein Antrieb wird mit einem *Handschalter* ein- und ausgeschaltet. Die Steuerspannung für das Leistungsschütz wird entweder direkt über den Handschalter oder bei Kleinspannung < 50 V über ein zusätzliches *Koppelrelais* geschaltet. Die Handschalter haben mehrere Stellungen:

Automatik: Der Antrieb wird von einer übergeordneten Steuerung oder von einem DDC-System ein- und ausgeschaltet.

Aus: Der Antrieb ist unabhängig vom Schaltbefehl ausgeschaltet.

Ein: Der einstufige Antrieb ist vorrangig per Hand eingeschaltet.

Stufe 1/2/3: Der mehrstufige Antrieb ist vorrangig per Hand in Stufe 1, 2 oder 3 eingeschaltet.

Die Antriebe können auch über *Taster* ein- und ausgeschaltet werden. Hierzu sind ein zusätzliches Hilfsrelais für die *Selbsthaltung* und ein zweiter Taster für die Abschaltung nötig oder es wird ein rastender Taster verwendet.

In VDE 0113 und 0199 sind die Bedeutungen der *Farben für Taster* festgelegt:

ROT Stop oder Aus im Gefahrfall
Beispiel: Not-Aus-Taster

GELB Eingriff, um abnormalen Zustand zu vermeiden
Anmerkung: In der Versorgungstechnik nicht üblich

GRÜN Start, Ein
Beispiel: Einschalten eines Lüfters

BLAU Beliebige Bedeutung, die nicht durch rot, gelb oder grün abgedeckt ist
Anmerkung: In der Versorgungstechnik nicht üblich

SCHWARZ Keine besonder Bedeutung, Anwendung außer Stop oder Aus zulässig
WEISS Beispiel: Lampenprüfung
GRAU

5.4.2 Verriegelungen

Mit *Hilfsrelais* werden Verriegelungen aufgebaut. Es gibt Hilfsrelais mit einem, vier oder acht Schließern, Öffnern oder Wechslern. Damit lassen sich UND-, ODER- und negierte Logiken realisieren.

BEISPIELE: Ein Lüftermotor darf nur dann automatisch starten, wenn die Klappe im Lüftungskanal geöffnet ist und der Motorschutz und der Keilriemenwächter nicht angesprochen haben und der Reparaturschalter nicht betätigt wurde.
Bei einem zweistufigen Lüfter werden die Hilfskontakte der Leistungsschütze so verdrahtet, daß nicht gleichzeitig die Leistungsschütze der Stufe 1 und 2 angezogen haben.

5.4.3 Anwischschaltung

Eine Verriegelung kann im Arbeits- oder Ruhestromprinzip aufgebaut werden. *Arbeitsstromprinzip* bedeutet, daß z.B. eine Störmeldung aktiviert wird, wenn Spannung anliegt, d.h. der Geberkontakt bei Störung schließt. *Ruhestromprinzip* bedeutet, daß eine Störmeldung aktiviert wird, wenn keine Spannung anliegt, d.h. der Geberkontakt bei Störung öffnet. Gleichzeitig kann die Leitung auf *Drahtbruch* überwacht werden, da eine Leitungsunterbrechung einem öffnendem Geberkontakt entspricht und die Störmeldung auslöst. Damit die benötigten Hilfsrelais bei einer Störung abfallen, müssen diese zuerst beim Einschalten der Anlage kurzzeitig unter Spannung gesetzt werden. Dazu wird eine *Anwischschaltung* mit einem kurzem Spannungsimpuls, der durch ein *Wischrelais* erzeugt wird, benötigt.

5.4.4 Verzögerungsschaltungen

Für eine Vielzahl von Steuerungsfunktionen werden Zeitverzögerungen benötigt, die mit Hilfe von *Zeitrelais* realisiert werden. Es gibt Zeitrelais mit *Anzugsverzögerung,* mit *Abfallverzögerung* und mit *Anzugs- und Abfallverzögerung.* Dabei werden die Hilfskontakte wie Schließer und Öffner zeitverzögert geschlossen und geöffnet. Der Zeitbereich der Verzögerung kann von wenigen Millisekunden bis zu einigen Stunden je nach Anwendungsfall betragen (vgl. Bild 5-4).

BEISPIELE: Nach dem Einschalten des Hauptschalters sollen einzelne Anlagen in einem Schaltschrank gestaffelt zeitverzögert freigegeben werden, damit nicht alle Anlagen gleichzeitig anlaufen und das Einspeisenetz zusammenbricht.

Typische Verzögerungszeiten: je 10 - 20 Sekunden.

Ein zweistufiger Ventilator soll in der kleinen Drehzahl anlaufen und zeitverzögert auf die große Drehzahl umschalten.

Typische Verzögerungszeit: 5 - 10 Sekunden.

Die Keilriemen- bzw. Luftstromüberwachung eines Ventilators soll erst nach einer Anlaufzeit freigegeben werden.

Typische Verzögerungszeit: 30 Sekunden.

5.4.5 Kontaktvervielfachung, Spannungsumsetzung

Wenn ein Signal im Schaltschrank mehrfach benötigt wird, so müssen *Hilfsrelais* zur *Kontaktvervielfachung* oder *Spannungsumsetzung* eingesetzt werden. Meistens liegen an den einzelnen Hilfskontakten wie Schließer und Öffner unterschiedliche Spannungen an.

BEISPIEL: In der Endlagenstellung „AUF" einer Luftklappe wird ein Hilfsrelais angesteuert:

Erster Hilfskontakt:	Freigabe des Ventilators, Spannung 230 V
Zweiter Hilfskontakt:	Optische Anzeige der Endlage mit Hilfe einer LED oder Meldeleuchte, Spannung 24 V DC
Dritter Hilfskontakt:	Freigabe eines Reglers, Spannung 24 V AC
Vierter Hilfskontakt:	Rückmeldung in DDC, Spannung 24 V DC

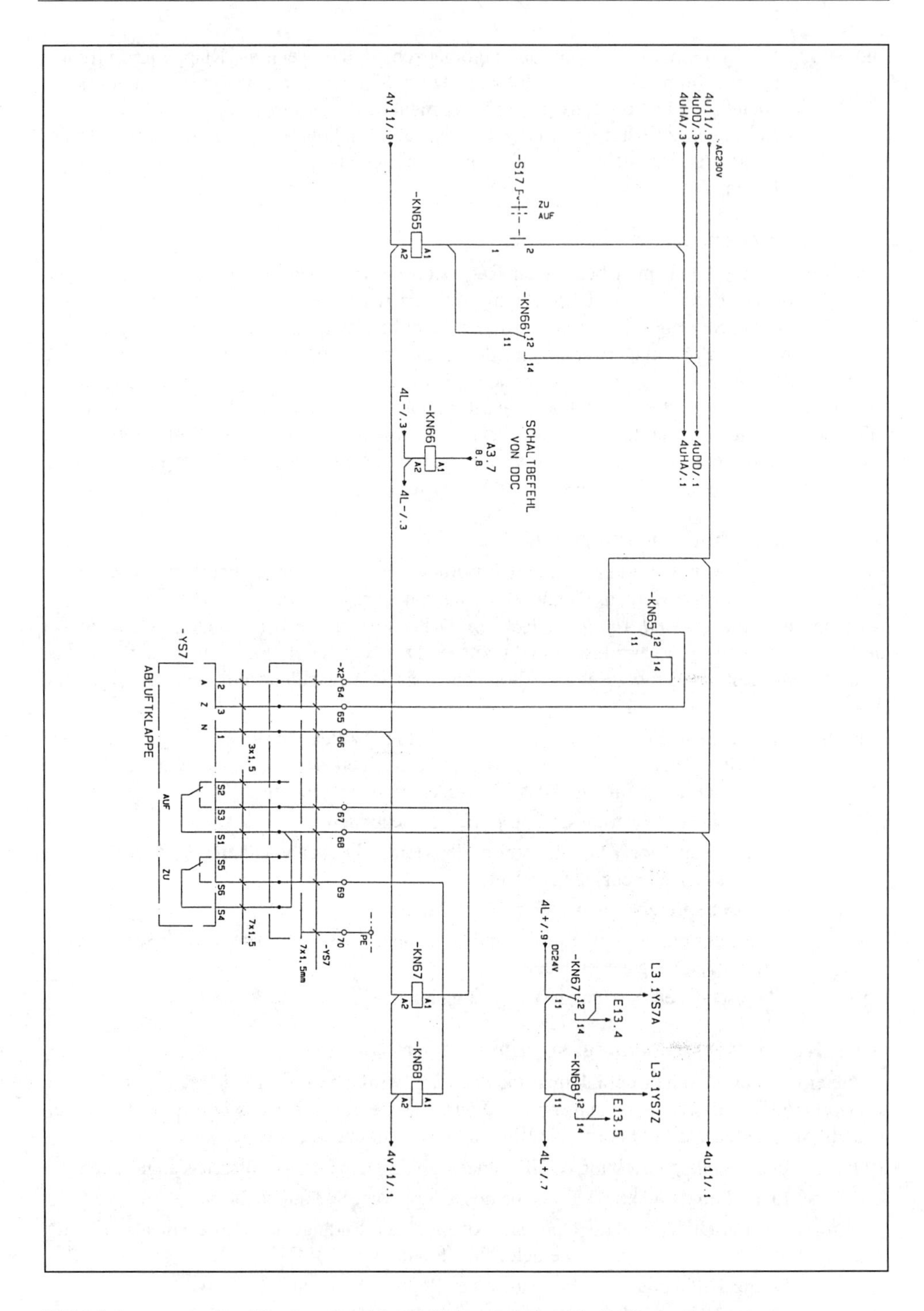

Bild 5-6 Ansteuerung eines Klappenstellantriebs mit Weiterverarbeitung der Endlagenmeldung

Häufig werden mit Hilfsrelais Freigabe-, Betriebs- und Störzustände über sogenannte *potentialfreie Kontakte* für externe Funktionen zur Verfügung gestellt. Dabei wird der Hilfskontakt direkt zur Abgangsklemme verdrahtet, so daß externe und schaltschrankinterne Potential absolut getrennt sind. In gleicher Weise können Freigabe-, Betriebs- und Störzustände von externen Schaltschränken abgeholt werden.

ANMERKUNG:
Für die Potentialtrennung von Analogsignalen, z.B. Meßwerte, müssen galvanisch entkoppelnde *Meßumformer* oder *Meßtrennverstärker* eingebaut werden.

Nach VDI 3814 sind Freigaben und Betriebsmeldungen immer als *Schließer* und Störungsmeldungen immer als *Öffner* realisiert.

5.4.6 Meldeleuchten, Blinken, Quittieren

Betriebszustände und Störungen werden mittels *Meldeleuchten* oder *Leuchtdioden* angezeigt. Meldeleuchten haben eine Spannung von 230 V oder 24 V AC. Leuchtdioden haben eine Spannung von 5 V DC, sie können aber auch mit 24 V DC angesteuert werden, wenn sie mit einem Vorwiderstand ausgerüstet sind.

In VDE 0113 und 0199 sind die Bedeutungen der *Farben für Meldeleuchten* festgelegt:

ROT	Gefahr, Alarm Beispiel: Frostschutzwächter, schaltschrankinterner Sicherungsfall
GELB	Vorsicht, Warnung Beispiel: Filterüberwachung
GRÜN	Normalzustand, Betrieb Beispiel: Kältemaschine in Betrieb
BLAU	Spezielle Information Anmerkung: In der Versorgungstechnik nicht üblich
WEISS	Allgemeine Information Beispiel: Phasenleuchten

Die grünen und weißen Meldelampen, die einen Status kennzeichnen, leuchten in *Dauerlicht.* Die roten und gelben Meldelampen, die eine Störung, Alarm oder Warnung kennzeichnen, leuchten in der Regel nach Auftreten der Störung in *Blinklicht.* Der Blinktakt wird mit einem *Blinkrelais* erzeugt. Die Störung sollte *gespeichert* werden, damit die Meldung auch nach dem Beseitigen der Störung noch angezeigt wird. Erst nach dem *Quittieren* der Störung mit einem Taster geht das Blinklicht in Dauerlicht über und die Meldeleuchte einer behobenen Störung erlischt.

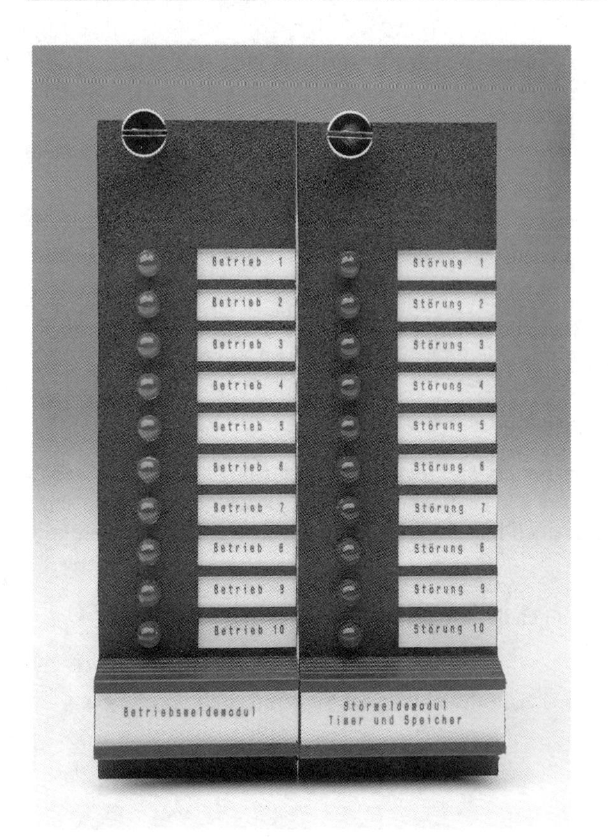

Bild 5-7
Meldeleuchten in Modultechnik

5.4.7 Sammelstörung, Lampenprüfung

Aus allen einzelnen Störmeldungen wird eine *Sammelstörung* erzeugt, die z.B. eine Hupe oder eine Meldelampe beim Pförtner ansteuert.

Damit die Funktion aller Meldeleuchten überprüft werden kann, wird eine *Lampenprüfschaltung* benötigt, die mit einem Taster aktiviert wird. Bei Meldeleuchten mit einer Spannung von 24 V können Dioden eingesetzt werden, bei Meldeleuchten mit einer Spannung von 230 V müssen Relais zur Entkopplung eingesetzt werden. Die Entkopplung ist unbedingt nötig, da sonst beim Auftreten einer Störung andere Störanzeigen oder sogar Ansteuerungen aktiviert werden können.

Die Funktionen Blinken, Sammelstörung, Lampenprüfung und Quittierung werden meistens mit vorkonfektionierten, komplexen Hardware-Bausteinen oder per Software realisiert.

5.4.8 Analogsignale

In der Versorgungstechnik werden *genormte Signale* für Meßwerte und stetige Stellbefehle verwendet.

Die *Sensoren* werden in *passive* und *aktive* Meßwertgeber unterteilt. Die *passiven Meßwertgeber* werden für Temperaturmessungen eingesetzt. Die üblichen Meßelemente sind entweder Pt100- oder Ni1000-Elemente. Die Pt100-Elemente sollten in 4-Leitertechnik angeschlossen werden bzw. müssen bei 2-Leitertechnik abgeglichen werden. Bei Ni1000-Elementen kann der Widerstand des Kabels gegenüber dem Meßelement vernachlässigt werden. Hier ist ein Anschluß in 2-Leitertechnik ausreichend.

Die *aktiven Meßwertgeber* werden bei Feuchte-, Druck- und Volumenmessungen eingesetzt. Die Meßwerte werden entweder in Gleichspannungen 0/2-10 V DC oder in Gleichströme 0/4-20 mA umgesetzt. Wenn der Nullpunkt der Messung auf 2 V bzw. 4 mA festgelegt wird, kann gleichzeitig eine Meßwert- und Drahtüberwachung realisiert werden. Sinkt die Spannung oder der Strom unter den Grenzwert, so wird eine Störmeldung ausgelöst.

Die Meßwerte in Form eines mA-Signals bieten den Vorteil, daß sie in Reihe über mehrere Geräte wie z.B. DDC-System, Anzeiger, Schreiber geschleift werden können. Die einzelnen Geräte sollten dabei mit einer Diode überbrückt werden, damit die Meßschleife beim Ausbau eines Gerätes nicht unterbrochen wird.

Die Signalleitungen zu den Sensoren sollten nicht über lange Strecken parallel zu Starkstromleitungen verlegt werden, um Störinduzierungen zu vermeiden. Dies gilt auch innerhalb des Schaltschrankes. Vor allem außerhalb des Schaltschrankes sollten *geschirmte Leitungen* eingesetzt werden, die auf separaten, *abgeschotteten Kabeltrassen* verlegt werden. In kritischen Fällen und bei empfindlichen Geräten müssen auch innerhalb des Schaltschrankes geschirmte, verdrillte Kabel verwendet werden.

Aktive Meßwertgeber benötigen eine zusätzliche Hilfsspannung von 24 V AC/DC oder 230 V.

Die Signale der stetigen Stellbefehle betragen 0-10 V DC oder 0/4-20 mA. Die *Aktoren* benötigen ebenfalls eine Hilfsspannung von 24 V AC/DC oder 230 V. Für die Verdrahtung innerhalb und außerhalb des Schaltschrankes gelten die gleichen Richtlinien wie bei den Meßwertgebern. Der „Ground“, d.h. das 0 V-Potential der Spannungsmeßwert- und Stellsignale muß durchgängig auf ein *Bezugspotential* gelegt werden. Dieses ist normalerweise der Minuspol des Gleichspannungsnetzgerätes, der wiederum mit Erde verbunden ist. Man muß beachten, daß einige DDC-Hersteller nicht geerdete, „floatende“ Spannungsversorgungen und Bezugspotentiale fordern.

Die analogen Meßwerte in Form von Spannungs- oder Strom-Signalen werden direkt auf Regler, DDC-Systeme, Analogwertanzeiger oder Analogschreiber aufgeschaltet. Die Regler und DDC-Systeme verarbeiten die Meßwerte und regeln daraufhin die Anlage auf den Sollzustand aus. Der *Analogwertanzeiger* – in digitaler oder analoger Bauform – dient zur optischen Anzeige des Meßwertes am Schaltschrank. Die Analogwerte werden in tatsächlichen physikalischen Einheiten angezeigt, z.B. °C, Pa, m^3/h. Bei der Auswahl der Skalen muß der maximal mögliche Meßbereich berücksichtigt werden, z.B. 0-500 Pa.

Der *Analogwertschreiber* zeichnet die Meßwerte auf, um sie zu einem späteren Zeitpunkt analysieren zu können. Es sind Schreiber mit 3, 4 oder 6 Kanälen üblich. Die Schreiber werden in die Tür eingebaut, damit die aktuellen Werte abgelesen werden können und damit das beschriebene Papier frei fallen kann. In Anlagen mit DDC-Systemen und Leitrechner wird die Archivierungsfunktion von der Gebäudeleittechnik GLT übernommen.

Eine Hand-Sollwertvorgabe für Regler oder DDC-Systeme erfolgt mit Hilfe von *Sollwertstellern,* die eine Ausgangssignal von 0-10 V haben. Die Versorgungsspannung beträgt je nach Typ 24 V AC oder DC. In Verbindung mit einem Schalter für Hand-/Automatikbetrieb kann der Sollwertsteller in Handstellung direkt als Stellsignal auf einen stetigen Antrieb wie z.B. einem Ventil aufgeschaltet werden.

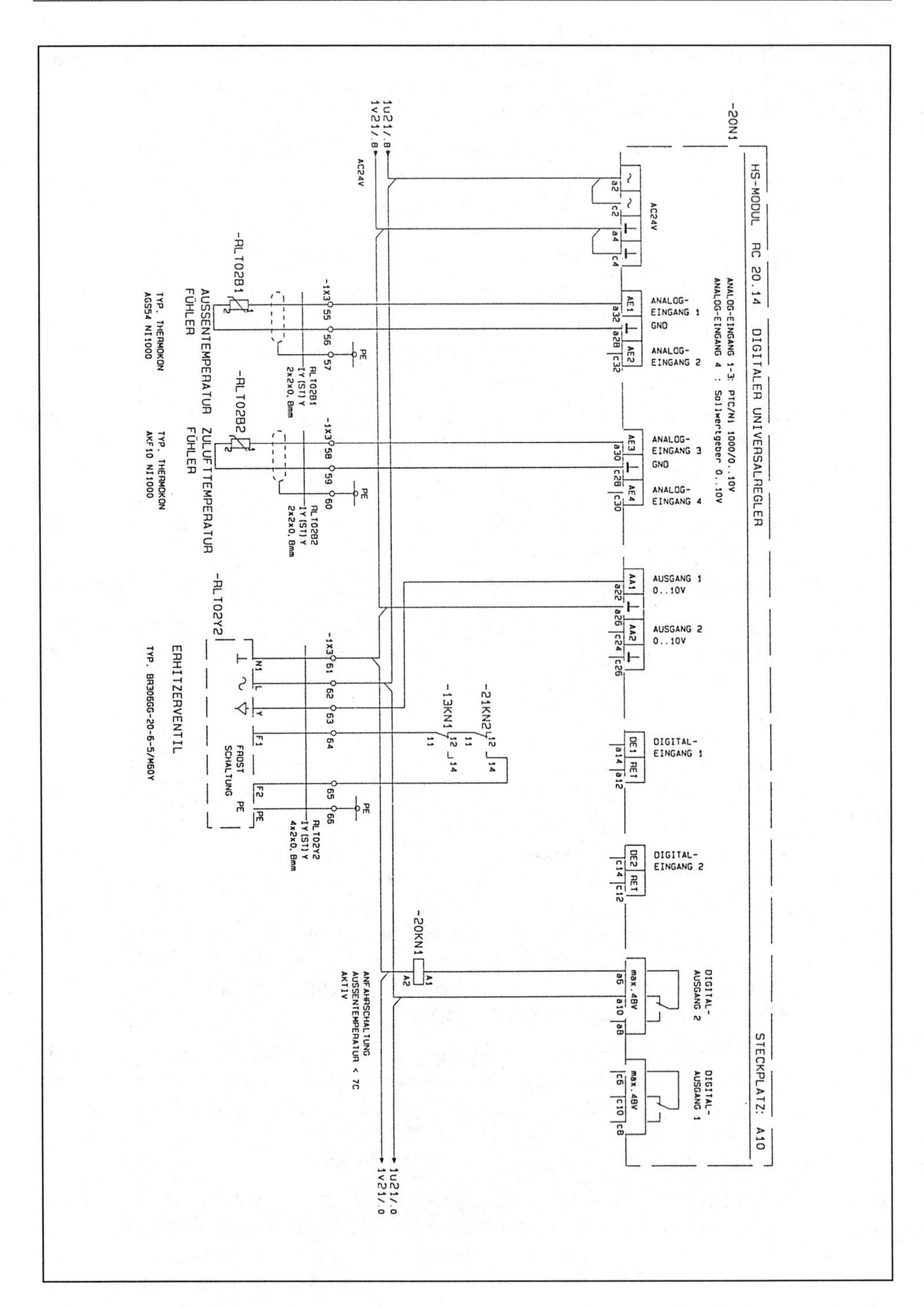

Bild 5-8 Digitalregler für Temperaturregelung

5.4.9 Autarke Analog- und Digitalregler

In kleinen Heizungs- oder Lüftungsanlagen z.B. Turnhalle, Restaurant werden für die Temperatur-, Feuchte- und Druckregelungen *autarke Regler* verwendet. Die Regler sind in *Analog-* oder *Digitaltechnik* aufgebaut. Die Digitalregler sind wesentlich leistungfähiger und vielseitiger einsetzbar und können je nach Regelfunktion individuell parametriert werden. Die Regler werden mit einer Spannung von 24 V AC oder 230 V versorgt und besitzen je 1-3 analoge Ein- und Ausgänge mit den im vorigen Kapitel genannten genormten Signalen für Meßwerte und Stellbefehle. Zusätzlich können noch je 2-4 digitale Ein- und Ausgänge belegt werden, die mit Spannungen von 24 V AC oder DC arbeiten. Die Regler werden entweder in einen 19-Zoll-Baugruppenträger oder direkt in die Schaltschranktür eingebaut, damit während des Betriebes Parametrierungen möglich sind. Die Digitalregler besitzen meistens Displays für Ist-/Sollwertanzeigen und für die Darstellung der Reglerparameter. Zusätzliche Analogwertanzeiger und Sollwertsteller sind deshalb nicht erforderlich.

5.4.10 DDC-Systeme

Alle Automatisierungsfunktionen für größere Heizungs-, Lüftungs-, Kälte- und Sanitäranlagen werden von *DDC-Systemen* übernommen.

Die DDC-Systemhersteller schreiben eine *Spannungsversorgung* von 230 V oder 24 V Wechsel- oder Gleichspannung, teilweise sogar mit separaten Steuertransformatoren, vor.

Für die Auslegung der Steuertransformatoren oder Netzgeräte muß die gesamte Leistungsaufnahme des DDC-Systems bekannt sein. In DDC-internen Netzgeräten werden die Spannungen für die Elektronik und Mikroprozessoren, z.B. 5 V DC erzeugt.

Die einzelnen Module des DDC-Systems werden in einen *Baugruppenträger* gesteckt. Diese Baugruppenträger werden auf die Montageplatte des Schaltschrankes oder in einen Schwenkrahmen montiert. Damit Kontrollampen von außen beobachtet werden können, wird in die Schaltschranktür eine Sichtscheibe eingesetzt. Besitzen die DDC-Module eine *integrierte Handebene* für Bedienung, Beobachtung und Parametrierung, so wird der Baugruppenträger in die Schaltschranktür eingebaut. Die Baugruppen haben bereits interne Busleitungen für den Datenaustausch zwischen einzelnen Modulen, so daß dafür keine separate Verdrahtung nötig ist. Beim Einbau des DDC-Systems sind unbedingt die Herstellervorschriften zu beachten, wie z.B.

- Mindestabstand zwischen zwei Baugruppenträgern
- maximale Kabellänge zwischen einem Grundgerät und einer Erweiterungseinheit
- ausreichende Belüftung
- Erdung und Bezugspotentiale
- Anzahl der Ein- und Ausgänge mit gleichem Potential
- Potentialtrennung der digitalen und analogen Ein- und Ausgänge zwischen DDC-System und Schaltanlage / Sensoren / Aktoren.

Die wichtigsten *Module* eines DDC-Systems sind:

- ***Zentralmodul***
  für das Anwenderprogramm, mit Programmiergeräteschnittstelle und Tastatur / Display für Parametrierungen und Abfragen im laufenden Betrieb, Batterie für Datenpufferung, interner Watch-Dog, Sammelstörung, Lampenprüfung.
- ***Digitales Eingangsmodul***
  für die digitalen Betriebs- und Störmeldungen mit Spannungen von 24 V AC / DC, Anzeigen von Meldungen im Ruhe- oder Arbeitsstromprinzip mit Verzögerungszeiten.
- ***Digitales Ausgangsmodul***
  für die Schaltbefehle mit Spannungen von 24 V AC / DC, in Ausnahmen mit einer Spannung von 230 V, über potentialtrennende Kleinrelais.
- ***Kombimodul***
  kombiniertes digitales Eingangs- und Ausgangsmodul für Betriebs- und Störmeldungen und für Schaltbefehle.
- ***Analoges Eingangsmodul***
  für die passiven Messungen wie Pt100, Ni1000 oder für die aktiven Messungen mit Signalpegeln von 0/2-10 V DC oder 0/4-20 mA, wahlweise je Eingang.
- ***Analoges Ausgangsmodul***
  für die Stellbefehle mit Signalpegeln von 0-10 V DC oder 0-20 mA bzw. wahlweise für die Dreipunktansteuerungen von Aktoren.
- ***Modul für Zählwerterfassung***
  für die Erfassung von kurzen Zählimpulsen z.B. Impulsdauer 50 ms sind je nach Hersteller normale digitale Eingangsmodule einsetzbar oder es müssen spezielle Zählermodule mit kurzen Zykluszeiten vorgesehen werden.
- ***Kommunikationsmodul***
  für die serielle Kommunikation mit anderen Systemen:
  - Buskommunikation, z.B. PROFIBUS, mit anderen DDC-Stationen oder mit einem Leitrechner
  - Fernkommunikation über MODEM und öffentliches Telefonnetz
  - Drucker
  - Datenaustausch mit externen Aggregaten, z.B. Kältemaschine
  - Kommunikation mit unterlagerten Systemen, z.B. Einzelraumregler, Wärmemengenzähler.

Die Kommunikationsmodule besitzen verschiedene elektrische Schnittstellen,

z.B. RS 485, RS 232, TTY.

Mit Hilfe der Software in den Kommunikationsmodulen werden die unterschiedlichen Übertragungsprotokolle umgesetzt und interpretiert.

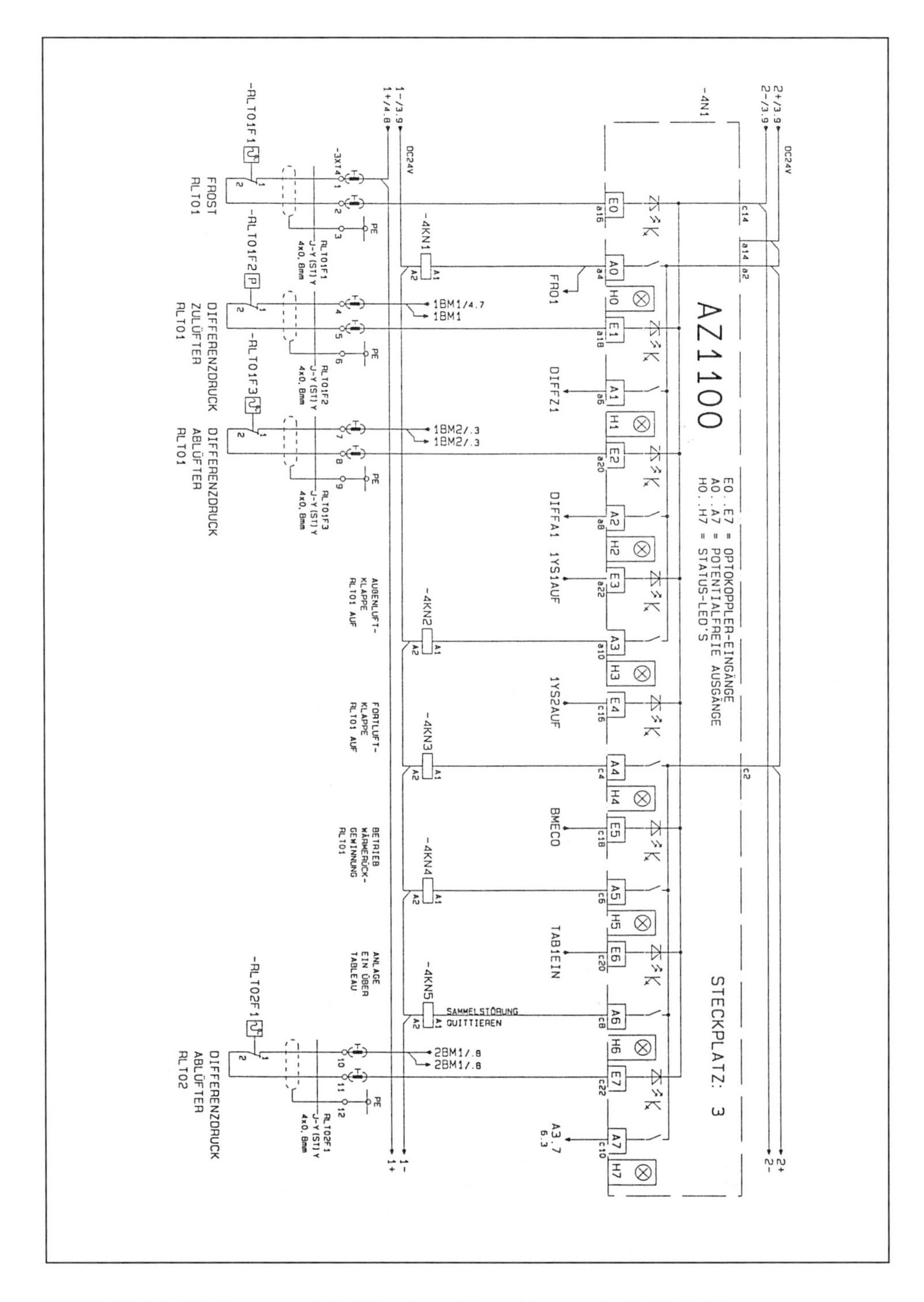

Bild 5-9 Digitales Ein-Ausgangsmodul mit Betriebs- und Störmeldungen und mit Schaltbefehlen

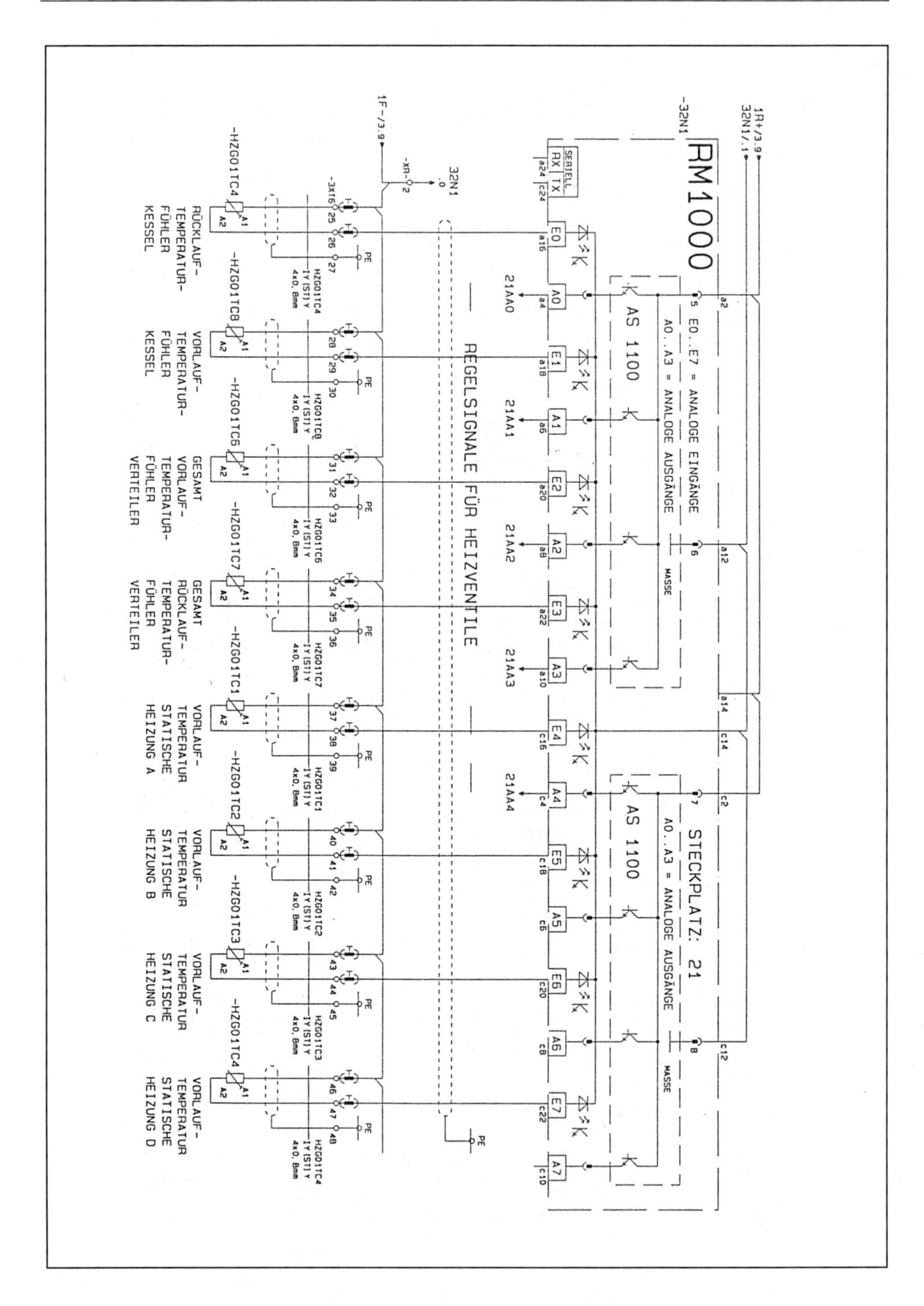

Bild 5-10 Regelmodul mit analogen Ein- und Ausgängen

5.4.11 Abgangsklemmen

Die Schnittstelle zwischen Schaltschrank und externen Kabeln bilden die *Klemmleisten,* die in der Regel aus Schraubklemmen bestehen. Es gibt Klemmen für die Leistungsabgänge, z.B. Ventilatoren, Pumpen, die immer 2 Querschnittsstufen größer ausgelegt werden sollten, als der tatsächliche Kabelquerschnitt und deren Farbe grau ist. Die *Neutralleiter (N)-Klemmen* lassen sich leicht öffnen und sind blau. Die *Schutzleiter (PE)-Klemmen* sind gelb-grün und besitzen eine elektrische Verbindung zur Klemmschiene. Für Steuer- und Regelsignale sollten *Trennklemmen* verwendet werden, die mit einem Stecker aufgetrennt werden können, was sich vor allem bei Tests und Inbetriebnahmen als vorteilhaft erweist. Aus Platzgründen werden häufig übereinanderliegende Klemmen, sogenannte *Doppelstockklemmen* eingesetzt.

5.5 Gesamtprojektierung

5.5.1 Voraussetzungen für die Projektbearbeitung

Der Schaltanlagenhersteller benötigt für die *Projektierung und Fertigung* verschiedene Angaben und Unterlagen:

- Anlagenschema der Lüftungs-, Heizungs- oder Kälteanlage
- zugehöriges Regelschema mit eingetragenen Datenpunkten
- Funktionsbeschreibung der Steuerung und Regelung
- Motordaten von Ventilatoren, Pumpen, Kältemaschinen
- Technische Datenblätter von Sondergeräten, wie z.B. Volumenstromregler, Frequenzumformer
- Belegungslisten von DDC-Systemen

Vor der detaillierten Planung müssen grundsätzliche Realisierungskonzepte geklärt und festgelegt werden. Desweiteren müssen bei der Gesamtprojektierung der Schaltanlage weitere Punkte beachtet werden, die im folgenden einzeln beschrieben werden.

5.5.2 Konzept der Handebene für Bedienung und Beobachtung

Das Konzept der *Handbedienung und Beobachtung* muß als erstes geklärt werden, da es sich entscheidend auf die Planung der Hilfsstromkreise, der Regler und der DDC-Systeme auswirkt.

Nach VDI 3814 muß eine prozessorunabhängige *Not-Hand-Bedienung* der betriebstechnischen Anlagen, z.B. Ein-/ Ausschaltung, Störungsanzeige bei Ausfall des DDC-Systems, möglich sein, ohne daß Sicherheitseinrichtungen, z.B. Frostschutzschaltungen, beeinträchtigt werden. Die Komponenten für die Bedienung und Beobachtung werden in die Schaltschranktür eingebaut.

5.5.2.1 Ausführung ohne Handebene

Alle digitalen und analogen Ein- und Ausgangssignale werden direkt auf die Regler bzw. DDC-Systeme aufgeschaltet. Ein Handeingriff ist nicht möglich. Betriebs- und Störmeldeanzeigen gibt es nicht. Eine Kontrolle der Datenpunkte kann nur mit einem zusätzlichen Programmiergerät durchgeführt werden.

5.5.2.2 Ausführung mit Anzeigen

Die Betriebs- und Störmeldungen werden mit Meldeleuchten angezeigt. Die Meßwerte können mit Analog- oder Digitalanzeigern dargestellt werden.

5.5.2.3 Ausführung mit Bedienelementen

Die Antriebe können mit Handschaltern ein-, aus- oder in Automatikbetrieb geschaltet werden. Die Handschalter sind nur in Verbindung mit Betriebs- und Störanzeigen sinnvoll. Analogsignale für z.B. Ventile, Frequenzumformer, werden mit Sollwertstellern vorgegeben.

5.5.2.4 Umfang und Art der Handebene

Vor Planungsbeginn muß definiert werden, welche Antriebe per Hand geschaltet werden sollen bzw. welche Meldungen und Meßwerte angezeigt werden sollen. Die Handebene kann in *konventioneller Technik* mit einzelnen Schaltern und Meldeleuchten, in *Modultechnik* oder mit *Leuchtschaltbildern* realisiert werden.

Auf den Leuchtschaltbildern werden die betriebstechnischen Anlagen – meist farbig – dargestellt. Es gibt verschiedene Ausführungsarten:

- graviertes Aluminium mit farblich ausgelegten Linien
- eloxiertes Aluminium mit Farbsiebdruck; hier sind großflächige Darstellungen und fließende Farbübergänge möglich
- Mosaiksteine im Raster 24 x 24 mm oder 48x48 mm mit Farbdruck; bei dieser Technik lassen sich einzelne Mosaiksteine austauschen, z.B. bei Fehlern, Nachrüstungen, jedoch ist dies die teuerste Ausführungform.

Es ist immer wichtig, daß alle Bedienungs- und Beobachtungselemente der Handebene klar und eindeutig beschriftet werden. Daneben gibt es Taster für die Lampenprüfung und für die Störungsquittierung und eine Meldeleuchte für die Sammelstörung.

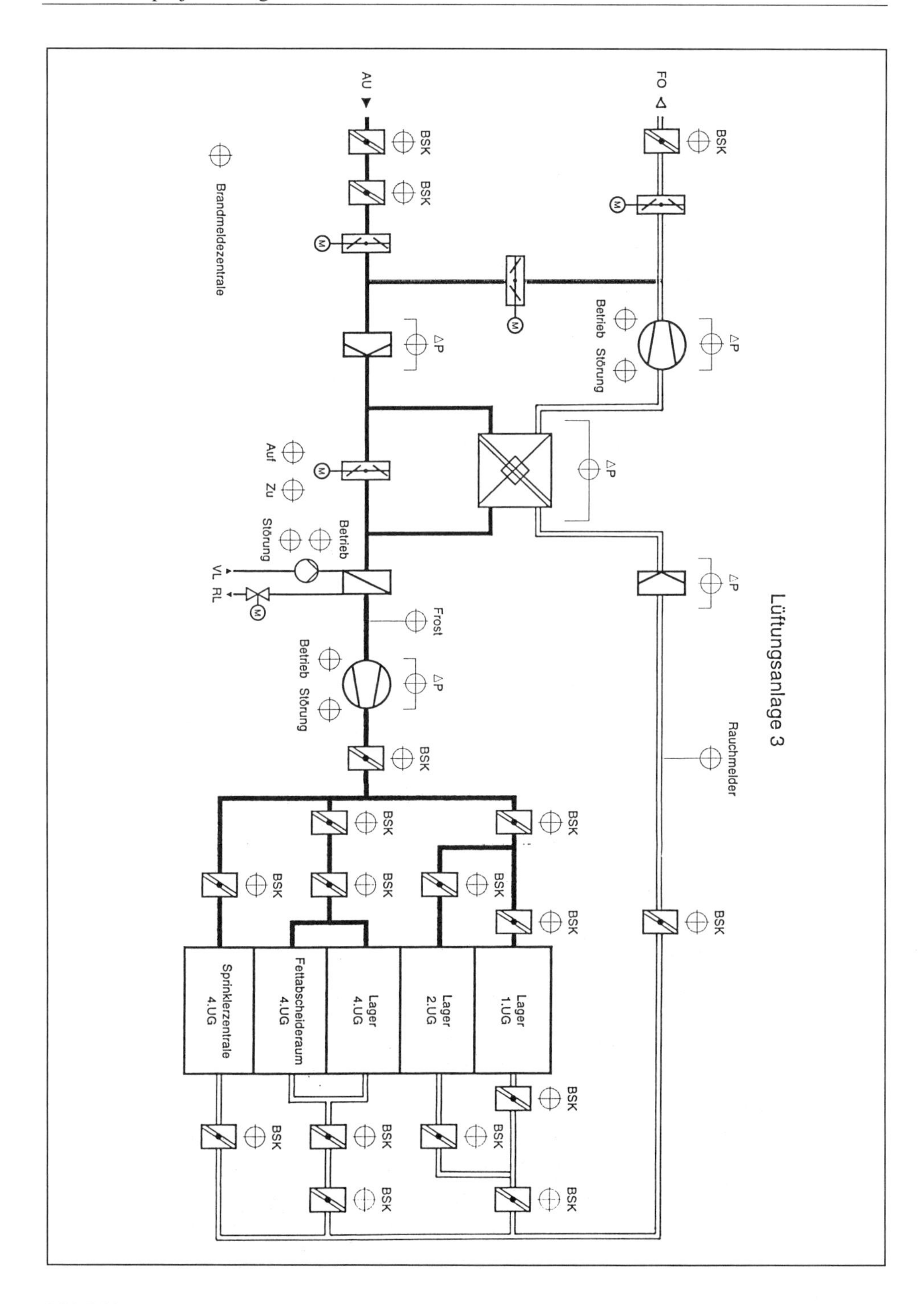

Bild 5-11 Leuchtschaltbild einer Lüftungsanlage

5.5.3 Tableaus

Mit Hilfe von Tableaus können die Anlagen von externen Stellen, z.B. Konferenzraum, Küche, Hausmeisterbüro bedient und beobachtet werden. Dazu sind zur *Bedienung* Taster oder Handschalter und Sollwertsteller und zur *Beobachtung* Betriebs- und Störmeldelampen und Anzeiger eingebaut. Die Tableaus gibt es in *Aufputz-* und *Unterputzausführung*.

5.5.4 Not-Aus-Abschaltung

Der gesamte Schaltschrank muß bei einem Notfall abschaltbar sein. Die Abschaltung erfolgt über einen *Not-Aus-Taster* in der Schaltschrankfront und löst entweder den Leistungsselbstschalter aus oder schaltet die Steuerspannung ab. Ein Hauptschalter mit rotem Griff und gelber Unterplatte ist ebenfalls als Not-Aus-Schalter zulässig.

Bei maschinentechnischen Anlagen gemäß DIN 0113 müssen aus Sicherheitsgründen ein zusätzliches *Not-Aus-Relais* oder zwei Schütze unterschiedlichen Fabrikates mit gegenseitiger Verriegelung eingesetzt werden, um im Gefahrfall eine sichere Abschaltung zu gewährleisten.

ANMERKUNG: Im Gegensatz zu den Not-Aus-Schaltern schalten *Reparaturschalter* nur einzelne Antriebe und nicht die gesamte Anlage spannungsfrei. Hierbei muß die VDE-Forderung erfüllt werden, daß Aggregate, die nicht direkt vom Schaltschrank einsehbar sind, mit einem Reparaturschalter ausgerüstet werden müssen, um ein Einschalten am Schaltschrank durch fremde Personen zu vermeiden. Dabei soll verhindert werden, daß Personen bei Reparatur- oder Wartungsarbeiten an den Aggregaten durch Stromschlag oder drehende Teile verletzt werden. Die Ansteuerung des Leistungsschützes jedes einzelnen Aggregates wird deshalb im Schaltschrank über den Hilfskontakt des Reparaturschalters verriegelt.

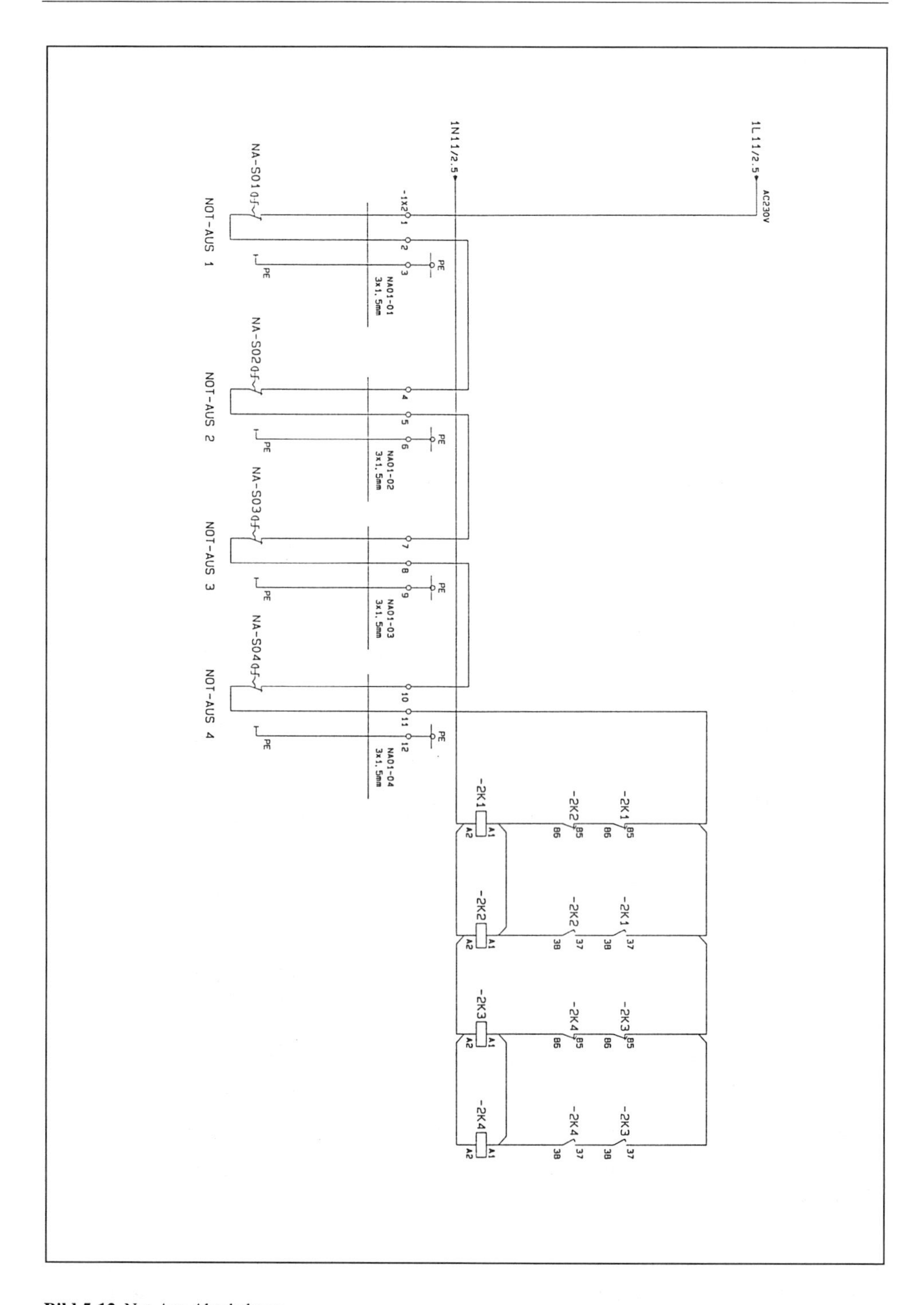

Bild 5-12 Not-Aus-Abschaltung

5.5.5 Dimensionierung von Steuertransformatoren und Netzgeräten

Die Steuertransformatoren für die benötigten Spannungen 230 V AC und 24 V AC und die Netzgeräte für die Spannung 24 V DC müssen je nach Größe der Anlage *dimensioniert* werden. Dazu werden die Leistungen der einzelnen *Verbraucher* je Spannung aufaddiert.

Beispiele für Leistungen:

Leistungsschütz	:	10 - 16 VA	bei 230 V AC
Hilfsschütz	:	7 VA	bei 230 V AC
Koppelrelais	:	0,5 VA	bei 24 V AC
DDC-Modul	:	1 - 5 VA	bei 24 V AC
Ventilantrieb	:	8 - 15 VA	bei 24 V AC
Klappenstellantrieb	:	5 - 15 VA	bei 24 V AC

Anschließend wird die *Gleichzeitigkeit* geprüft, d.h. wieviele und welche Betriebsmittel maximal gleichzeitig in Funktion sind. Erfahrungsgemäß ergibt sich ein Gleichzeitigkeitsfaktor von 0,8. Zu dem ermittelten Wert wird eine Reserve von mindestens 20 % hinzugerechnet. Nach diesem ermittelten Wert wird der Steuertransformator ausgelegt.

Die *primärseitige Kurzschlußsicherung* richtet sich nach der Transformatorleistung und nach der Primärspannung. Die *sekundärseitigen Kurzschlußsicherungen* werden je nach Anlagenaufteilung dimensioniert. Damit der Steuertransformator gegen *Überlast* geschützt ist, wird ein sekundärseitiger Motorschutzschalter eingebaut. Er wird auf den berechneten Nennstrom eingestellt. In analoger Weise wird bei der Auslegung der Netzgeräte verfahren.

5.5.6 Ermittlung des Gesamtstrombedarfes

Der *Gesamtstrombedarf* der Schaltanlage wird ermittelt, in dem die Stromaufnahmen aller externen Aggregate, wie z.B. Ventilatoren, Pumpen, Kältemaschine, und aller schaltschrankinternen Betriebsmittel aufaddiert werden. Dabei muß die Gleichzeitigkeit, z.B. bei Doppelpumpen, und eine Reserve von mindestens 20 % berücksichtigt werden. Nach diesem ermittelten Gesamtstrom werden der Hauptschalter, die Hauptsicherung und das Schienensystem (siehe Tabelle 5.1) ausgelegt und aufeinander abgestimmt. Bei der Gesamtauslegung dieser Komponenten muß mit dem Lieferanten der Niederspannungshauptverteilung der maximal auftretende Kurzschlußstrom ermittelt und entsprechend berücksichtigt werden, damit die *Kurzschlußfestigkeit* gewährleistet ist.

5.5.7 Auslegung von Sicherungen und Kabeln

Die *Sicherungen* und die *Kabelquerschnitte* von jedem einzelnen Aggregat werden wie folgt ermittelt (siehe Tabellen 5.2 und 5.3):

- Bestimmung von Leistung, Nennstrom, Nennspannung, direkter oder Stern- Dreieck-Anlauf des Aggregates
- Auslegung der Sicherung
- Auslegung der schaltschrankinternen Kabel
- Auslegung der schaltschrankexternen Kabel und Berücksichtigung der Leitungsverluste bei großen Kabellängen, Umgebungstemperaturen und Belegungsdichte der Kabelpritschen

Tabelle 5.1 Dauerströme für Stromschienen

Aus Kupfer mit Rechteck-Querschnitt DIN 43 671 in Innenanlagen bei 35 °C Lufttemperatur und 65 °C Schienentemperatur senkrechte Lage oder waagerechte Lage der Schienenbreite.

Breite x Dicke	Querschnitt	Dauerstrom in A Wechselstrom bis 60 Hz	
mm	mm^2	blanke Schiene	gestrichene Schiene
12x2	23,5	108	123
15x2	29,5	128	148
15x3	44,5	162	187
20x2	39,5	162	189
20x3	59,5	204	237
20x5	99,1	274	319
20x10	199	427	497
25x3	74,5	245	287
25x5	124	327	384
30x3	89,5	285	337
30x5	149	379	447
30x10	299	573	676
40x3	119	366	435
40x5	199	482	573
40x10	399	715	850
50x5	249	583	697
50x10	499	852	1020
60x5	299	688	826
60x10	599	985	1180
80x5	399	885	1070
80x10	799	1240	1500

Tabelle 5.2 Auslegung von Sicherungen

	220 V / 230 V			380 V / 400 V		
		Sicherung			Sicherung	
Motor-leistung	Motor-bemessungs-strom	Anlauf direkt	Anlauf Stern-Dreieck	Motor-bemessungs-strom	Anlauf direkt	Anlauf Stern-Dreieck
kW	A	A	A	A	A	A
0,06	0,39	2	-	0,23	2	-
0,09	0,56	2	-	0,32	2	-
0,12	0,75	4	2	0,43	2	-
0,18	1,1	4	2	0,64	2	-
0,25	1,4	4	2	0,8	2	2
0,37	2,1	6	4	1,2	4	2
0,55	2,7	10	4	1,6	4	2
0,75	3,4	10	4	2	6	4
1,1	4,5	10	6	2,6	6	4
1,5	6	16	10	3,5	6	4
2,2	8,7	20	10	5	10	6
3	11,5	25	16	6,6	16	10
4	15	32	16	8,5	20	10
5,5	20	32	25	11,5	25	16
7,5	27	50	32	15,5	32	16
11	39	80	40	22,5	40	25
15	52	100	63	30	63	32
18,5	64	125	80	36	63	40
22	75	125	80	43	80	50
30	100	200	100	58	100	63
37	124	200	125	72	125	80
45	147	250	160	85	160	100
55	180	250	200	104	200	125
75	246	315	250	142	200	160
90	292	400	315	169	250	200
110	357	500	400	204	315	200
132	423	630	500	243	400	250

Tabelle 5.3 Strombelastbarkeit isolierter Leitungen*)
Zuordnung von Schutzorgangen**)

	GRUPPE 1 Eine oder mehrere in Rohr verlegte einadrige Leitungen		GRUPPE 2 Mehradernleitungen, z.B. Mantel-, Bleimantel-, Steg- und bewegl. Leitungen, Rohrdrähte	
Nennquer-schnitt	Leitung Cu	Schutzorgan Cu	Leitung Cu	Schutzorgan Cu
mm²	A	A	A	A
0,75	-	-	12	6
1	11	6	15	10
1,5	15	10	18	10
2,5	20	16	26	20
4	25	20	34	25
6	33	25	44	35
10	45	35	61	50
16	61	50	82	63
25	83	63	108	80
35	103	80	135	100
50	132	100	168	125
70	165	125	207	160
95	197	160	250	200
120	235	200	292	250
150	-	-	335	250
185	-	-	382	315
240	-	-	453	400
300	-	-	504	400
400	-	-	-	-
500	-	-	-	-

*) nach DIN 57 100 Teil 523 / VDE 0100 Teil 523.6.81
**) nach DIN 57 100 Teil 430 / VDE 0100 Teil 430.6.81
max. Umgebungstemperatur 30 °C

5.5.8 Selektivität

Die Schutzeinrichtungen wie z.B. Sicherung, Leistungsselbstschalter müssen so dimensioniert werden, daß jedes Betriebsmittel gegen Kurzschluß und Überlast optimal geschützt ist. Gleichzeitig müssen alle Schutzeinrichtungen so ausgewählt werden, daß im Kurzschluß- oder Überlastfall nur der betroffene Zweig abgeschaltet wird, alle übrigen Funktionen jedoch erhalten bleiben.

Dabei müssen die *Auslösekennlinien* (Strom-Zeit) der unterschiedlichen und hintereinander gestaffelten Schutzeinrichtungen aufeinander abgestimmt werden, und zwar so, daß die *Auslösezeit* der unterlagerten Schutzeinrichtung immer kürzer ist als die Auslösezeit der überlagerten Schutzeinrichtung.

5.5.9 Erdschlußüberwachung

Wenn durch Kurzschlüsse Berührungsspannungen > 50 V zwischen zwei Betriebsmitteln auftreten können, müssen die Steuerspannungen einseitig geerdet werden oder es muß ein zusätzliches *Erdschluß- oder Isolationsüberwachungsgerät* eingebaut werden. Dieses Überwachungsgerät besitzt eine Anzeige für den Isolationswiderstand und einen Meldekontakt, wenn ein eingestellter Widerstandswert unterschnitten wird. Mit den genannten Maßnahmen sollen die Gefahren verhindert werden, daß sich über das schaltschrankinterne Erdpotential gefährliche Berührungsspannungen aufbauen oder sich Anlagenteile selbständig einschalten.

5.5.10 Erdungsmaßnahmen

Alle Komponenten, die bei einem Kurzschluß unter Spannung stehen können, und damit Personen gefährden, müssen in die *Erdungsmaßnahme (Potentialausgleich)* eingebunden werden. Dies gilt vor allem auch für die Schaltschrankteile, wie z.B. Montageplatte, Tür, Bodenblech und für externe Aggregate.

5.5.11 Explosionsschutz

In explosionsgefährdeten Räumen, z.B. Lackiererei, Batterieladestation, müssen für Geräte, bei denen Zündfunken entstehen können, besondere Maßnahmen angewendet werden, um Explosionen zu vermeiden:

- die elektrischen Betriebsmittel, z.B. Geber, Tableaus, in dem explosionsgefährdeten Raum werden *gasdicht und druckfest gekapselt* oder
- es wird ein *eigensicherer Stromkreis* aufgebaut, bei dem Spannung und Strom so niedrig sind, daß auch im Kurzschlußfall kein Zündfunke entstehen kann; der Stromkreis wird mit *Ex-Relais* realisiert, die den eigensicheren Kreis auf Normalpotential umsetzen; der eigensichere Teil, z.B. Relais, Kabel, Kabelkanal muß im Schaltschrank in *blau* ausgeführt werden.

5.5.12 Blindstromkompensation

Es wird eine *Blindstromkompensation* eingesetzt, um die Blindleistung zu reduzieren und um damit den Leistungsfaktor cos-phi zu verbessern. Es gibt feste und geregelte Blindstromkompensationen. Sie werden jedoch meistens zentral in die Niederspannungshauptverteilung eingebaut. Erfahrungsgemäß wird die Blindstromkompensation auf 30 % der Nennleistung ausgelegt.

5.5.13 Blitzschutz, Überspannungsschutz

Geräte, z.B. Außentemperaturfühler, Sonnenfühler, Windfühler, die im Freien montiert werden, oder von außen ankommende Leitungen, z.B. Einspeisung, Busleitung, sind durch Blitzschlag gefährdet. Damit Überspannungen und damit Zerstörungen von Betriebsmitteln im Schaltschrank vermieden werden, werden *Überspannungsableiter* eingebaut. Bei größeren Leistungen, z.B. bei Motoren, Einspeisungen, sind dies separat zu montierende Komponenten, die bei einem Strom von > 100 A eine zusätzliche Vorsicherung benötigen. Bei kleinen Leistungen z.B. bei Sensoren, Busleitung, sind sie in die Anschlußklemme integriert. Es gibt Überspannungsableiter mit Meldeleuchten und Meldekontakt.

5.5.14 Schaltschrankstandort

Bei der Festlegung der *Schaltschrankgröße* müssen die räumlichen Gegebenheiten vor Ort berücksichtigt werden. In Absprache mit dem Architekten und dem Planer der technischen Gebäudeausrüstung z.B. Lüftung, Heizung, Kälte, Sanitär, wird ein möglicher Aufstellungsort gewählt. Der Architekt muß einen gesonderten Raum oder genügend Platz in der Technikzentrale vorsehen. Der Standort sollte auch so ausgesucht werden, daß die Kabelwege zu den Hauptanlagen kurz sind und nach Möglichkeit Sichtverbindung zwischen Anlage und Schaltschrank besteht. Kundenwünsche, wie z.B. Schaltschrankaufstellung im getrennt abschließbaren Raum, müssen vor der Festlegung des Aufstellungsortes, abgefragt werden.

Im nächsten Schritt wird der Transportweg zum Aufstellungsort geprüft. Daraus ergeben sich die maximal möglichen Transporteinheiten. Dies sind in der Regel 800 mm, 1000 mm oder 1200 mm breite Schaltschrankfelder. Die Einbringung kann über das Treppenhaus, mit dem Aufzug oder über das Dach mit einem Kran durchgeführt werden.

Die Deckenhöhe bestimmt die maximale Schaltschrankhöhe. Dabei müssen Unterzüge oder spätere Installationen wie z.B. Lüftungskanäle, Heizungsrohre beachtet werden.

Die geplante Kabeleinführung von oben oder unten wirkt sich ebenfalls auf die Schaltschrankhöhe aus. Bei einer Kabeleinführung von oben wird ein Platz von mindestens 500 mm über dem Schaltschrank für die Kabeltrasse bzw. Kabelkanäle und für die Rangierung benötigt; bei großen Kabeln entsprechend mehr, da diese einen höheren Biegeradius besitzen. Bei einer Kabeleinführung von unten bei einem festen Fußboden ist ein Sockel von mindestens 200 mm Höhe für die Kabelrangierung erforderlich. Die Kabel werden von hinten oder von der Seite in den Sockel eingeführt. Ist ein Doppelboden vorhanden, so können die Kabel ohne Sockel direkt von unten eingeführt werden. Es ist jedoch eine Sockelmindesthöhe von 100 mm üblich, um Wasser im Schaltschrank bei Pfützenbildung auf dem Boden oder Lackschäden bei Reinigungsarbeiten zu vermeiden und um Bodenunebenheiten auszugleichen. Es muß abgestimmt werden, ob dieser Sockel betoniert wird oder vom Schaltschrankhersteller als Metallsockel mitgeliefert wird.

Die Schaltschranktiefe wird durch die Tiefe der einzubauenden Geräte und gegebenenfalls durch den Einbau von Schwenkrahmen für Gerätemontagen bestimmt. Die Standardtiefen liegen zwischen 450 mm und 600 mm.

Für die Aufstellung der Schaltschränke gelten Sicherheitsbestimmungen nach VDE 0100 und 0113. Hier wird eine Mindestgangbreite vor dem geschlossenen Schaltschrank von mindestens 700 mm, bei geöffneten Schaltschranktüren von mindestens 500 mm gefordert. Die Schaltschranktüren müssen in Fluchtrichtung schließen oder sich aber um 180° öffnen lassen. Diese Forderungen bestimmen damit die Seite des Türanschlags.

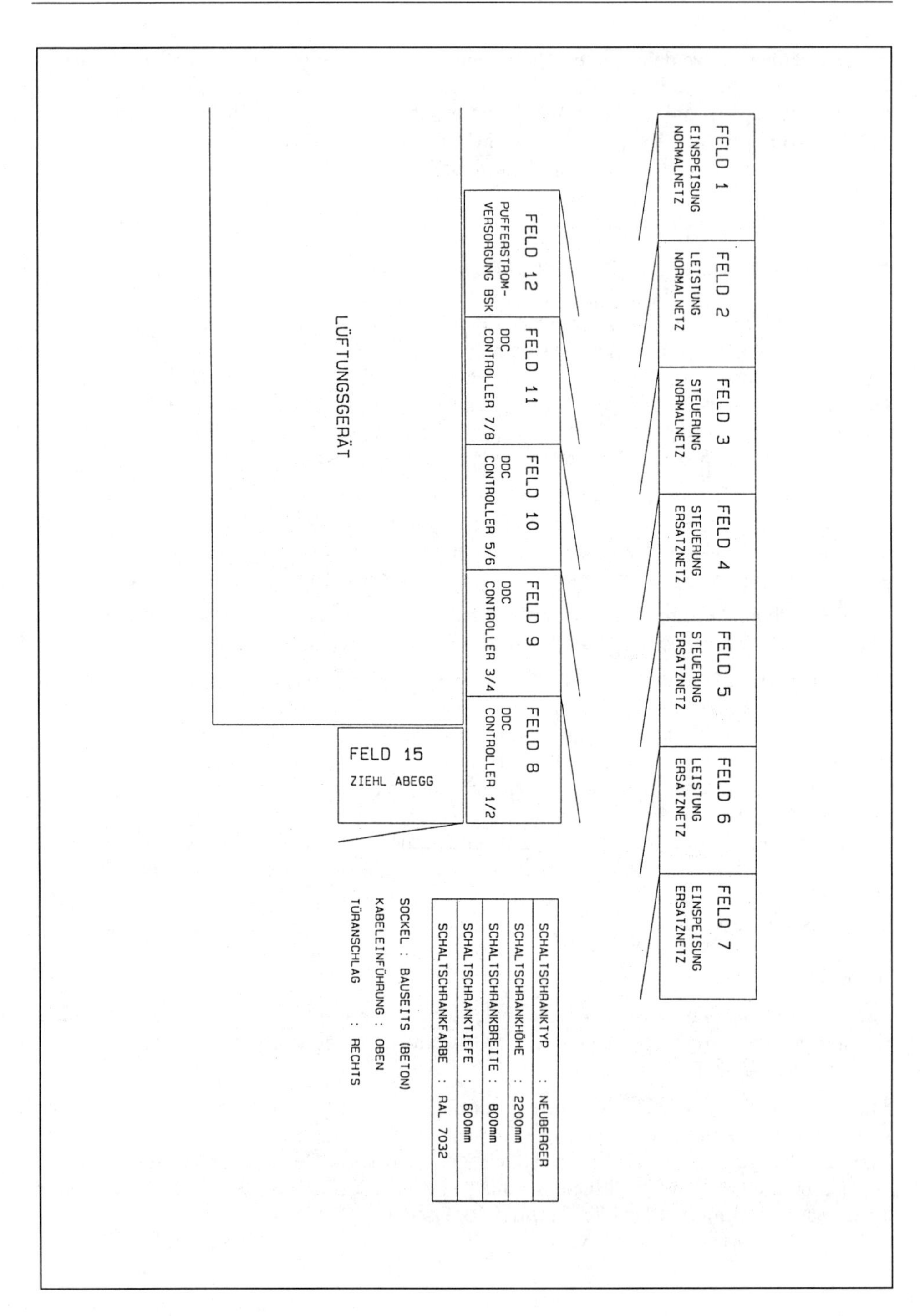

Bild 5-13 Schaltschrankaufstellung

Der vorgesehene Standort muß nach technischer Klärung und damit endgültig festliegender Schaltschrankgröße nochmals kontrolliert werden. Gegebenenfalls wird der Schaltschrank geteilt, über Eck oder Rücken an Rücken gestellt.

5.5.15 Schaltschrankgehäuse

Die Größe der gesamten Schaltanlage wird durch den Platzbedarf der einzubauenden Betriebsmittel bestimmt. Dabei müssen auch Kabelkanäle, Raum für die Rangierung der ankommenden und abgehenden Kabel, Anzahl der Klemmen und eine zusätzliche Platzreserve von mindestens 20 % berücksichtigt werden. Im vorigen Kapitel wurden bereits Aufstellungsort, mögliche Transporteinheiten, Türanschlag und Sockel besprochen. Diese Kriterien legen die Größe der einzelnen Schaltschrankgehäuse fest.

Für das Schließsystem der Schaltschranktüren gibt es drei gängige Varianten:

- Türgriff
- Vorrichtung für Doppelbart-Schlüssel
- Schließung mit einer Öffnung für den Einbau eines Norm-Profilhalbzylinderschlosses; dies ist meistens dann der Fall, wenn der Kunde für alle Gebäude und Anlagen ein zentrales Schließsystem besitzt.

Die Kabel können von oben oder von unten in den Schaltschrank eingeführt werden. Bei einer *Kabeleinführung* von oben werden immer *PG-Verschraubungen* zur Abdichtung und Zugentlastung eingesetzt, bei einer Kabeleinführung von unten werden die Kabel meistens durch einen Schlitz mit Gummiabdichtung gezogen.

Die Schutzart für den Schaltschrank richtet sich nach dem Aufstellungsort und den damit verbundenen Umgebungsbedingungen und nach dem geforderten Berührungsschutz. Bei einer Aufstellung in trockenen Räumen, z.B. Technikzentrale, ist die Schutzart IP 54 ausreichend. Bei einer Außenaufstellung im Freien muß mindestens Schutzart IP 65 vorgesehen werden. Die erforderliche Schutzart wird durch entsprechende Abdichtungen z.B. Gummidichtung in der Tür, Aufsatztüren vor Bedienungs- und Anzeigeelementen, erreicht.

Tabelle 5.4 Schutzartenklassen nach DIN 40 050

Kennziffer	1. Kennziffer Schutzgrad für Berührungs- und Fremdkörperschutz	2. Kennziffer Schutzgrad für Wasserschutz
0	Kein besonderer Schutz	Kein besonderer Schutz
1	Kein Schutz gegen absichtlichen Zugang, jedoch Fernhalten großflächiger Körper; geschützt gegen Fremdkörper mit Durchmessern über 50 mm	Schutz gegen senkrecht fallendes Tropfwasser
2	Schutz gegen Berührung mit Standard- Prüffingern oder ähnlichen Fremdkörpern; geschützt gegen Fremdkörper mit Druchmessern über 12,5 mm	Schutz gegen Tropfwasser, bei Schrägstellung des Gerätes bis zu 15° gegen seine Normallage
3	Schutz gegen Berührung mit Prüfdrähten o. ä. mit Durchmesser 2,5 mm; geschützt gegen Fremdkörper mit Durchmessern über 12,5 mm	Schutz gegen Sprühwasser aus beliebigen Richtungen
4	Schutz gegen Berührung mit Prüfdrähten o. ä. mit Durchmesser 1 mm; geschützt gegen Fremdkörper mit Durchmessern über 12,5 mm	Schutz gegen Spritzwasser aus beliebigen Richtungen
5	Begrenzt Schutz gegen schädliche Staubablagerungen	Schutz gegen Strahlwasser aus allen Richtungen
6	Vollständiger Berührungsschutz; vollständiger Schutz gegen Eindringen von Staub	Schutz gegen schädliches Eindringen von schwerer See oder starkem Strahlwasser
7	–	Schutz gegen schädliches Eindringen von Wasser mit bestimmten Druck beim Eintauchen
8	–	Schutz gegen jegliches Eindringen von Wasser beim Untertauchen

Normale Schaltschrankgehäuse werden aus kaltgewalztem Feinblech ST 12.03 in 2 oder 3 mm Dicke gefertigt.

Abhängig von äußeren Umgebungsbedingungen werden Schaltschrankgehäuse auch in Sondermaterial benötigt. Es werden Gehäuse aus Edelstahl bei aggressiver Umgebung, z.B. in Chemieanlagen, oder aus Kunststoff bei feuchter Umgebung, z.B. in U-Bahnen, Aufstellung im Freien, angefertigt.

Bild 5-14 Schaltschrank

Die *Farbe* der Schaltschränke wird vom Kunden bestimmt und nach der *RAL-Farbskala* vorgegeben. Die Standardfarben sind für das Gehäuse RAL 7032 (kieselgrau) und für die Montageplatte RAL 2000 (gelb-orange). Im einzelnen werden die Farben jeweils für die Außen- und die Innenseite, für das Gehäuse, die Türen und für den Sockel angegeben.

Der Innenaufbau der Betriebsmittel im Schaltschrank wird einerseits durch sinnvolle, logische Anordnung, z.B. nach Anlagen oder nach Leistungs- und Steuerteil, bestimmt, andererseits sollten immer wärmeerzeugende Betriebsmittel möglichst oben und wärmeempfindliche Betriebsmittel möglichst unten auf der Montageplatte placiert werden. Betriebsmittel, die bedient werden müssen, z.B. Sicherungsautomaten, Bimetalle, sollten nicht zu tief montiert werden.

5.5.16 Verdrahtungsfarben

Damit die Spannungen im Schaltschrank unterschieden werden können, werden verschiedene Verdrahtungsfarben verwendet. Nach VDE 0113 werden folgende Farben empfohlen, wovon jedoch Kundenvorschriften abweichen können:

Hauptstromkreis 230V / 400V AC:	schwarz
Steuerstromkreis mit Wechselspannung:	rot
Steuerstromkreis mit Gleichspannung:	dunkelblau
Neutral (N)-Leiter:	hellblau
Schutz (PE)-Leiter, Erdung:	gelb-grün
Fremdspannung; z.B. aus anderen Schaltschränken:	orange

Weitere üblichen Verdrahtungsfarben:

Steuerstromkreis < 50V AC:	weiß
DDC-/GLT-Anbindung:	braun

5.5.17 Sicherheitsvorschriften

Bei der Fertigung von Schaltanlagen müssen alle *Sicherheitsvorschriften* nach DIN-/VDE-Normen und die *Unfallverhütungsvorschriften* (UVV) der Berufsgenossenschaft Feinmechanik und Elektrotechnik für elektrische Anlagen und Betriebsmittel (VBG 4) eingehalten werden. Dabei muß besonders beachtet werden, daß alle spannungsführenden Teile im Schaltschrank gegen *zufälliges Berühren* abgedeckt sind. Zur Prüfung der Abdeckung wird ein „Normdaumen" verwendet.

5.5.18 Kundenspezifische Vorschriften

Einige Kunden, z.B. Automobilindustrie, geben neben den allgemeingültigen DIN-/VDE-Vorschriften *zusätzliche technische Vorschriften ZTV* vor. Diese Vorschriften legen unter anderem die Fabrikate für die Betriebsmittel, den Schaltschrankaufbau, die Handebene und internationale Normen, z.B. Britisch Standard, American Standard, fest.

5.5.19 Schaltschrankklimatisierung

Alle Betriebsmittel sind nur für einen bestimmten *Temperatur- und Feuchtebereich* ausgelegt. Standardwerte sind für die Temperatur 10 - 40°C und für die Feuchte 25 - 95 % r. F. Besonders Elektronikkomponenten, z.B. Regler, DDC-Systeme, sind sehr wärmeempfindlich. Demgegenüber stehen wärmeerzeugende Betriebsmittel, z.B. Transformatoren, Frequenzumformer.

Bei niedrigen Temperaturen < 15 °C und hoher Umgebungsfeuchte besteht die Gefahr, daß sich Kondenswasser an den Betriebsmitteln absetzt. Es werden deshalb je nach Umgebungsbedingungen am Aufstellungsort die Schaltschränke belüftet, gekühlt oder beheizt.

5.5.19.1 Schaltschranklüftung

Der *Volumenstrom,* der die Wärme abführen soll, wird nach DIN 57660 Teil 500 bzw. VDE 660 Teil 500 wie folgt berechnet:

$$\dot{V} = f(h) \cdot \frac{\dot{Q}_V - \dot{Q}_S}{\Delta T} \left[m^3/h\right]$$

h = Betriebshöhe über NN in m
f (0 - 100) = $3.1\ m^3 \cdot k / W \cdot h$
f (100 - 250) = $3.2\ m^3 \cdot k / W \cdot h$
f (250 - 500) = $3.3\ m^3 \cdot k / W \cdot h$
f (500 - 750) = $3.4\ m^3 \cdot k / W \cdot h$
f (750 - 1000) = $3.5\ m^3 \cdot k / W \cdot h$

$\dot{Q}_V$ = im Schaltschrank installierte Verlustleistung [W]

$\dot{Q}_S$ = abgestrahlte Leistung durch die Schaltschrankoberfläche [W]

$\dot{Q}_S = k \cdot A\,(T_i - T_u)$

k = Wärmedurchgangskoeffizient $\left[\frac{W}{m^2\,k}\right]$

bei ruhender Luft für Blech: 5,5; für Kunststoff: 3,5

A = effektive Leistung abstrahlende Schaltschrankoberfläche [m^2]

Einzelgehäuse allseitig freistehend
$A = 1.8 \cdot H \cdot (B + T) + 1.4 \cdot B \cdot T$

Einzelgehäuse für Wandanbau
$A = 1.4 \cdot T \cdot (H + T) + 1.8 \cdot T \cdot H$

Anfangs- oder Endgehäuse freistehend
$A = 1.4 \cdot T \cdot (H + B) + 1.8 \cdot B \cdot H$

Anfangs- oder Endgehäuse für Wandanbau
$A = 1.4 \cdot H \cdot (B + T) + 1.4 \cdot B \cdot T$

Mittelgehäuse freistehend
$A = 1.8 \cdot B \cdot H + 1.4 \cdot B \cdot T + T \cdot H$

Mittelgehäuse für Wandanbau
$A = 1.4 \cdot B \cdot (H + T) + T \cdot H$

Mittelgehäuse für Wandanbau mit abgedeckter Dachfläche
$A = 1.4 \cdot B \cdot H + 0.7 \cdot B \cdot T + T \cdot H$

T_i = gewünschte Innentemperatur des Schaltschrankes [°C]
T_u = Umgebungstemperatur des Schaltschrankes [°C]
ΔT = Temperaturdifferenz $T_i - T_u$

Für niedrige Volumenströme genügt eine natürliche Belüftung. Dazu werden oben und unten in der Schaltschranktür Lüftungsgitter eingebaut. Filtermatten halten Staubpartikel ab.

Für höhere Volumenströme ist eine Zwangsbelüftung mittels separaten Lüftern in der Schaltschranktür notwendig. Alternativ kann der Schaltschrank auch an eine vorhandene Abluftanlage über den Gehäusedeckel angeschlossen werden.

5.5.19.2 Schaltschrankkühlung

Bei sehr starker Wärmeerzeugung durch Verlustleistungen im Schaltschrank oder bei hohen Umgebungstemperaturen müssen Schaltschrankkühlgeräte eingesetzt werden. Sie besitzen außerdem den Vorteil, daß kein Staub in den Schaltschrank gelangt, da sie zwei getrennte Luftkreisläufe besitzen.

Die erforderliche Kälteleistung wird wie folgt berechnet:

$$\dot{Q}_K = -\dot{Q}_v + \dot{Q}_s = +\dot{Q}_v - k \cdot A \cdot (T_i - T_u)$$

5.5.19.3 Schaltschrankheizung

Die Bildung von Kondenswasser wird durch eine thermostatisch- und / oder hygrostatisch gesteuerte Schaltschrankheizung verhindert.

Die erforderliche Heizleistung wird wie folgt berechnet:

$$\dot{Q}_H = -\dot{Q}_v + \dot{Q}_s = -\dot{Q}_v + k \cdot A \cdot (T_i - T_u)$$

5.5.20 Typenschild

Im Einspeisefeld der Schaltanlage auf der Türinnenseite wird das *Typenschild* angebracht. Folgende Angaben sind darauf vermerkt:

- Hersteller der Schaltanlage
- Interne Werknummer des Herstellers

- Baujahr
- Anlagenbezeichnung, z.B. Lüftungszentrale 1, Heizungszentrale Ost
- Schaltschrankinterne Steuerspannungen, z.B. 230V AC, 24V DC
- Gesamtnennstrom
- Gesamtleistung
- Versorgungsspannung, z.B. 400V AC, 50 Hz
- Verdrahtungsfarben

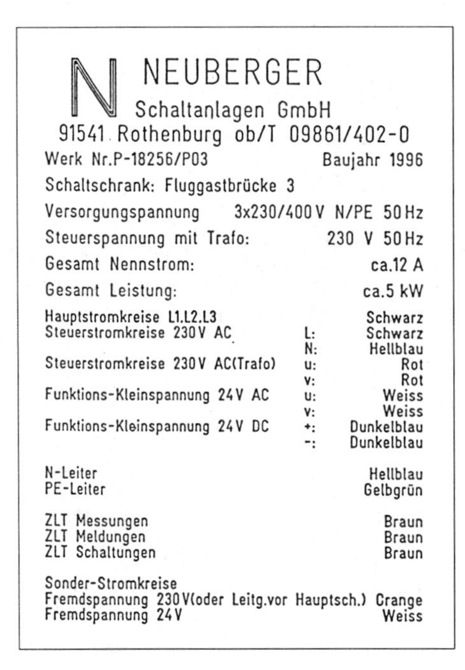

Bild 5-15
Typenschild

5.5.21 Elektromagnetische Verträglichkeit

Die Europäische Union gibt Vorschriften über die *Elektromagnetische Verträglichkeit (EMV)* vor. In diesen EMV-Gesetzen ist festgelegt, daß alle elektrotechnischen Geräte und damit auch Schaltanlagen, einschließlich der meß-, steuer- und regeltechnischen Komponenten, so geplant und gefertigt sein müssen, daß sie weder durch elektromagnetische Felder von außen gestört werden, noch selbst andere elektrische Geräte stören. Die zulässigen Grenzwerte sind in den Normen festgelegt. Nach EN 55011 wird zwischen folgenden Grenzwertklassen unterschieden:

Grenzwertklasse A: berücksichtigt in der Regel die Umgebungsbedingungen in Industriegebieten,

Grenzwertklasse B: berücksichtigt in der Regel die Umgebungsbedingungen der allgemeinen Umgebung, z.B. Wohngebiete.

Gegen Störungen besonders gefährdet sind vor allem elektronische Komponenten, z.B. DDC-Systeme, Frequenzumformer. Hier müssen spezielle Maßnahmen, z.B. elektronische Filter, Abschirmung der gesamten Schaltanlage, vorgesehen werden.

5.5.22 Schockgeprüfte Schaltschränke

Es gibt Anlagen, z.B. Tiefgaragen, die gleichzeitig als Luftschutzbunker vorgesehen sind, bei denen die Schaltschränke für die Be- und Entlüftungsanlagen in *schockgeprüfter* Ausführung gebaut sein müssen. Der Nachweis für die Schocksicherheit kann rechnerisch oder empirisch nachgewiesen werden.

5.5.23 VdS-zugelassene Schaltschränke

Schaltschränke für z.B. Sprinkleranlagen müssen vom *Verband der Sachversicherer (VdS)* geprüft sein und dürfen somit nur nach zugelassener Dokumentation gefertigt werden.

ANMERKUNG: Schockgeprüfte und VdS-zugelassene Schaltschränke sollten nur von zertifizierten Fachfirmen projektiert und gefertigt werden.

5.6 Dokumentation

Der Schaltschrankhersteller muß eine Dokumentation anfertigen, die vor der Fertigung zur Genehmigung eingereicht wird und nach der Inbetriebnahme, Abnahme und Übergabe an den Kunden als revidierte Enddokumentation abgegeben wird. Eine vollständige *Schaltschrankdokumentation* besteht aus folgenden Unterlagen:

5.6.1 Aufstellungsplan

Im *Aufstellungsplan* ist der Schaltschrankraum mit Gebäudeachsen und Geschoßangaben einschließlich der Schaltschrankaufstellung mit Maßangaben (Breite, Tiefe) und Skizzierung des Türanschlages gezeichnet (vgl. Bild 5-13).

5.6.2 Frontansicht

In der *Frontansicht* sind die einzelnen Schaltschrankgehäuse einschließlich Sockel mit Maßangaben (Breite, Höhe) und alle in der Front eingebauten Betriebsmittel mit Betriebsmittelkennzeichnung und Vermaßung dargestellt. Desweiteren werden Farbe, Kabeleinführung, Beschriftungsschilder und Transporteinheiten angegeben (vgl. Bild 5-1).

5.6.3 Innenansicht

In der *Innenansicht* sind die Placierungen aller Betriebsmittel, Kabelkanäle und Abfangschienen auf der Montageplatte und deren Betriebsmittelkennzeichen mit Maßangaben dokumentiert.

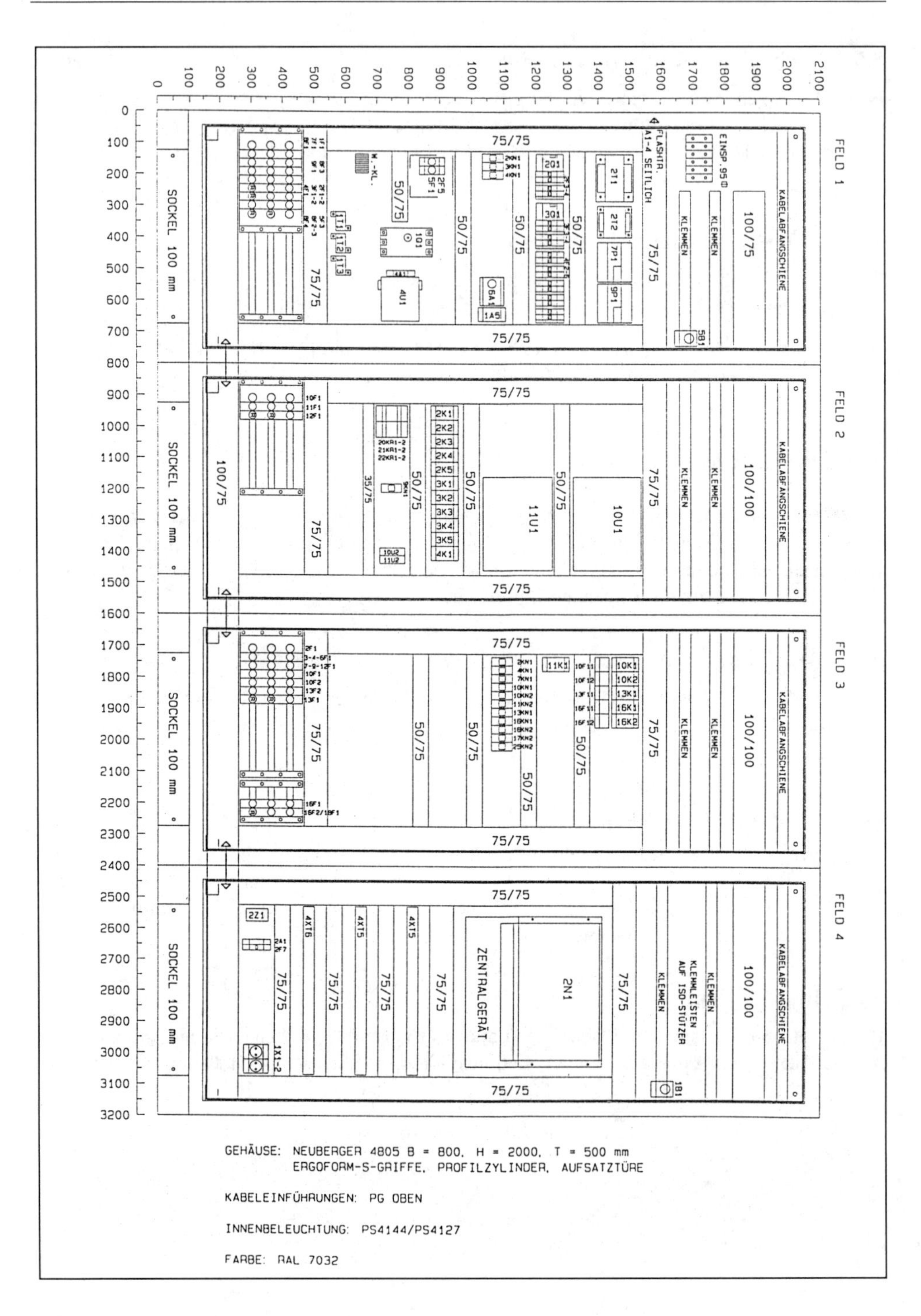

Bild 5-16 Schaltschrank Innenansicht

5.6.4 Stromlaufplan

In der *Fußzeile des Stromlaufplanes* werden allgemeine Informationen eingetragen.

Dies sind:

- Name des Bearbeiters
- Erstellungsdatum
- Änderungsindex mit Name und Datum
- Projektname, Projektnummer, Schaltschrankfirma
- Anlagenbezeichnung in Klartext
- Anlagen- und Ortskennzeichen
- Blattnummer

Der *Stromlaufplan* enthält alle Funktionen und Betriebsmittel der Schaltanlage.Der Stromlaufplan wird immer von oben nach unten gelesen. Alle Kontakte im Stromlaufplan werden „in Ruhe" ohne anliegende Spannung dargestellt.

Die Betriebsmittelkennzeichnung ist in DIN 40719 Teil 2 vorgeschrieben. Ein Betriebsmittel wird mit vier Kennzeichnungen bestimmt und ist damit immer eindeutig definiert.

Vorzeichen	Bedeutung
=	übergeordnete Anlage, z.B. Lüftungsanlage L4
+	Einbauort des Betriebsmittels, z.B. Schaltschrankfeld F5
–	Identifizierung des Betriebsmittels nach Art und Zählnummer, z.B. Schütz K, Nummer 6, d.h. Schütz K6
:	Anschlußbezeichnung, z.B. Klemmpunkt 1

Daraus ergibt sich die komplette Betriebsmittelkennzeichnung:

= L4 + F5 – K6 : 1.

Bei Eindeutigkeit können Vorzeichen weggelassen werden. Wenn alle Betriebsmittel auf einer Stromlaufplanseite zu einer übergeordneten Anlage oder zu einem Einbauort gehören, so genügt diese Kennzeichnung (=, +) einmalig in der Fußzeile des Stromlaufplanes und muß nicht an jedem einzelnen Betriebsmittel mitgeführt werden. Betriebsmittel jedoch, die auf einer Seite dargestellt sind, aber zu einer anderen Anlage oder zu einem anderen Einbauort gehören, müssen zusätzlich gekennzeichnet werden. Betriebsmittel und Stromlaufplanseiten werden innerhalb einer übergeordneten Anlage oder eines Einbauortes jeweils von Blatt 1 bis n numeriert.

Die Betriebsmittelarten werden mit Kennbuchstaben definiert. Die Einteilung erfolgt nach funktionellen Gesichtspunkten.

Tabelle 5.5 Betriebsmittel-Kennbuchstaben nach DIN 40719 Teil 2

Kennbuchstabe	Art des Betriebsmittels
A	Baugruppen, Teilbaugruppen
B	Umsetzer von nicht elektrischen auf elektrische Größe oder umgekehrt
C	Kondensatoren
D	Binäre Elemente, Verzögerungseinrichtungen, Speichereinrichtungen
E	Verschiedenes
F	Schutzeinrichtungen
G	Generatoren, Stromversorgungen
H	Meldeeinrichtungen
J	frei
K	Relais, Schütze
L	Induktivitäten
M	Motoren
N	Verstärker, Regler
P	Meßgeräte, Prüfeinrichtungen
Q	Starkstrom-Schaltgeräte
R	Widerstände
S	Schalter, Wähler
T	Transformatoren
U	Modulatoren, Umsetzer von elektrischen in andere elektrische Größen
V	Röhren, Halbleiter
W	Übertragungswege, Hohlleiter, Antennen
X	Klemmen, Stecker, Steckdosen
Y	elektrisch betätigte mechanische Einrichtungen
Z	Abschlüsse, Filter, Entzerrer, Begrenzer

Die Betriebsmittel werden im Stromlaufplan mit *Symbolen* nach DIN 40713 dargestellt. Die wichtigsten Symbole sind:

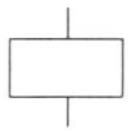

Elektromechanischer Antrieb (Relais, Schütz)

Schließer

Öffner

Wechsler (Öffner und Schließer)

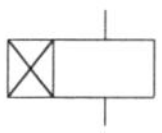

Elektromechanischer Antrieb mit Anzugsverzögerung

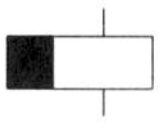

Elektromechanischer Antrieb mit Abfallverzögerung

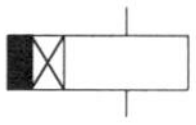

Elektromechanischer Antrieb mit Anzugs- und Abfallverzögerung

Schließer, schließt verzögert

Schließer, öffnet verzögert

Öffner, öffnet verzögert

Öffner, schließt verzögert

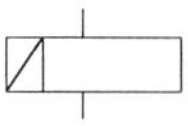

Remanenzrelais

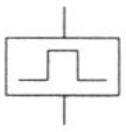

Impulsrelais

Transformator

Schmelzsicherung

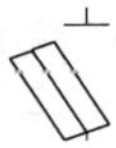

Sicherungslasttrenner, Sicherungstrennschalter

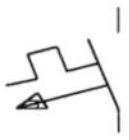

Sicherungsautomat

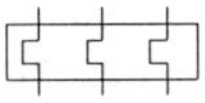

Elektrothermischer Überstromauslöser (Bimetall)

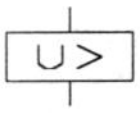

U>

Überspannungsauslöser

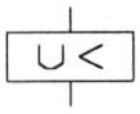

U<

Unterspannungsauslöser

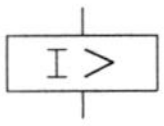

I>

Überstromauslöser

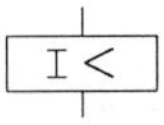

I<

Unterstromauslöser

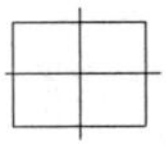

Schaltschloß mit elektromechanischer Freigabe

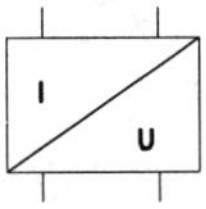

I U

Umsetzer (Strom-Spannung)

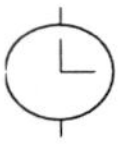

Schaltuhr

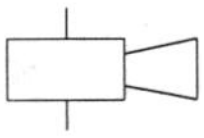

Hupe

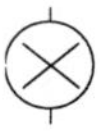

Meldelampe

A

Strommesser

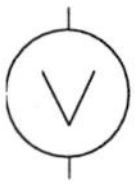

V

Spannungsmesser

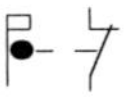

Endschalter (Öffner)

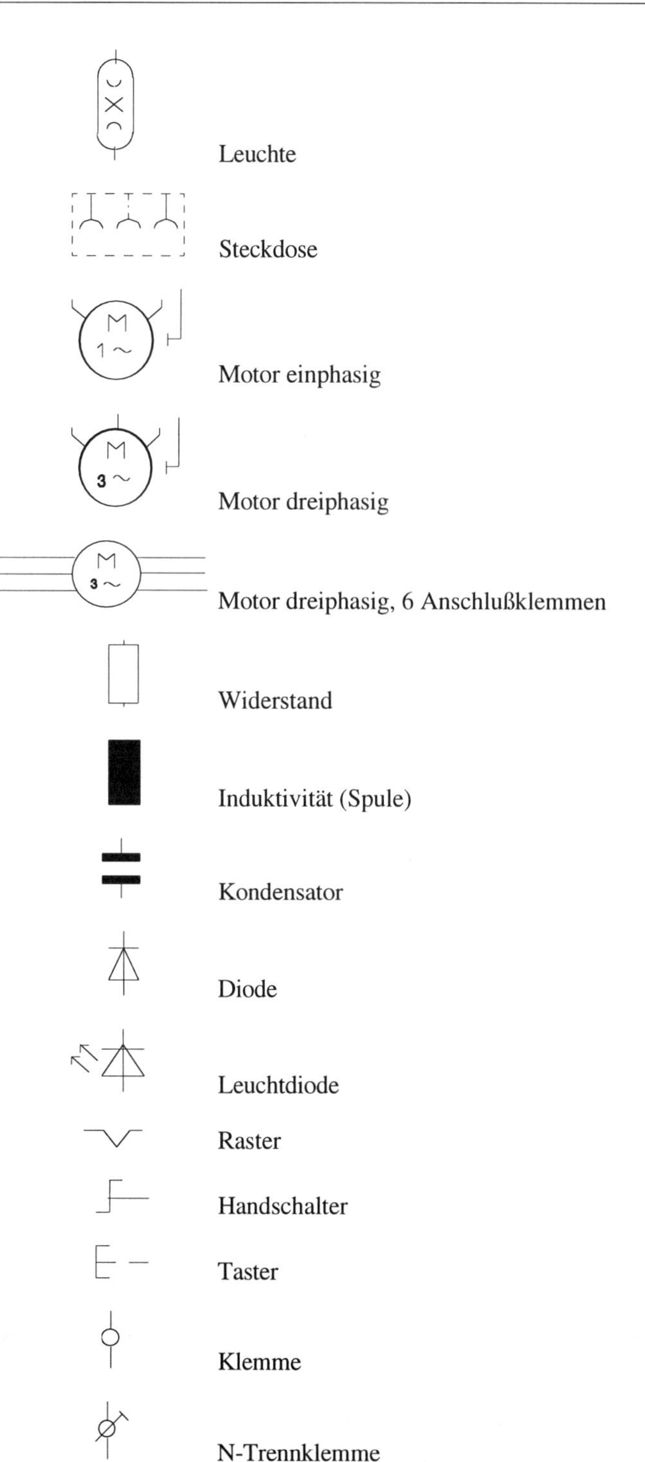
Leuchte
Steckdose
M
1 ~
Motor einphasig
M
3 ~
Motor dreiphasig
M
3 ~
Motor dreiphasig, 6 Anschlußklemmen
Widerstand
Induktivität (Spule)
Kondensator
Diode
Leuchtdiode
Raster
Handschalter
Taster
Klemme
N-Trennklemme

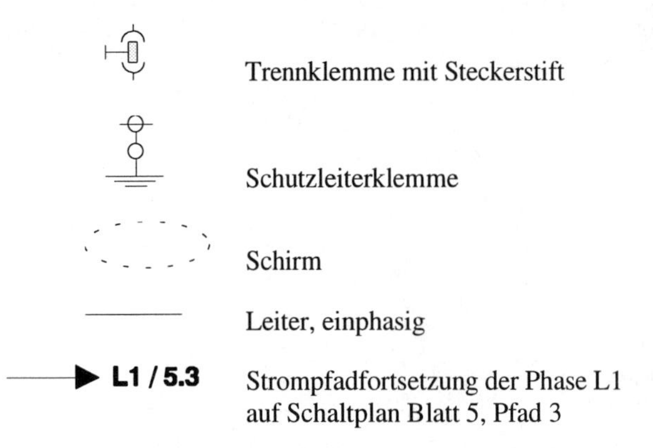

Bild 5-17 Symbole für den Stromlaufplan nch DIN 40713

Die *Anschlußbezeichnungen* der Betriebsmittel sind in DIN EN 50 005 genormt. In den Stromlaufplänen sind die Anschlußbezeichnungen ebenfalls dargestellt.

BEISPIELE:

Spule Hauptstromkreis (einziffrige Zahlen)

Hilfsstromkreis (zweiziffrige Zahlen)

Öffner Schließer Wechsler

Hilfsschaltglieder (zweiziffrige Zahlen)

Öffner mit zeitverzögerter Schließung

Schließer mit zeitverzögerter Schließung

Der Punkt in obigen Darstellungen (.) wird durch eine laufende Nummer ersetzt (1, 2, 3...). Bei Betriebsmitteln zum Schutz von Überlast stehen die Ziffern 9 und 0.

BEISPIELE:

23 - 24	zweiter Schließer eines Relais
95 - 96	erster Öffner eines Bimetalls

Klemmleisten:

X1 Hauptstromkreis

X2 Steuerspannung 50 - 230 V

X3 Steuerspannung 0 - 50 V

X4 Digitale / analoge Ein- / Ausgangssignale

X5 Fremdspannung > 50 V

Die Einzelklemmen erhalten je Klemmleistentyp eine fortlaufende Numerierung von 1 bis n.

5.6.5 Baugruppenträger- und DDC- Belegungsplan

Im *Baugruppenträger-Belegungsplan* ist die Belegung der Regelungs- oder DDC-Module im Baugruppenträger gezeichnet. Im *DDC-Belegungsplan* sind die Belegungen der digitalen und analogen Ein- /Ausgänge jedes einzelnen Moduls mit Klartext und Datenpunkten dargestellt.

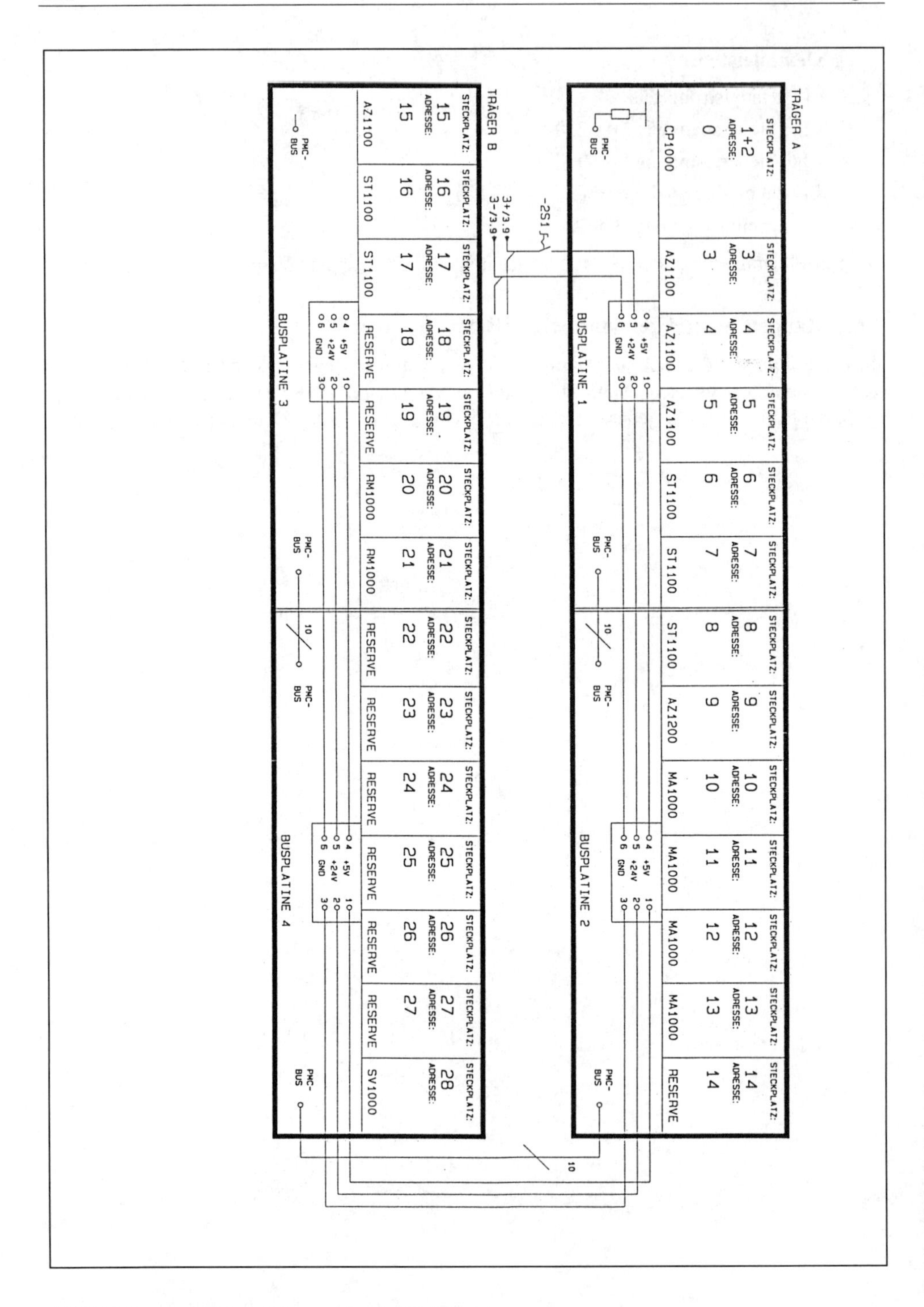

Bild 5-18 Baugruppenträger-Belegungsplan für DDC-Module

5.6.6 Stückliste

In der Stückliste sind alle Betriebsmittel und Schaltschrankteile mit Betriebsmittelkennzeichen, Stückzahl, Name, technischer Spezifikation, Typnummer, Bestellnummer und Hersteller angegeben.

KUNDE: Strabag Bau AG STR. : Chemnitzer Str. 4 ORT : 30952 Ronneberg	*** STÜCKLISTE *** PROJEKT : Leipziger Order u. Creativ-Center,Lü/Hz.	Stückliste Stand: 29.08.96 MB Plan gezeichnet am: 26.08.94	19196P01 Techniker:EHN	Blatt:

Bezeichn.	Stck	Benennung		Type	Bestellnummer	Fabrikat
3KN1	1	Relais mit 4 Wechsler	Ansteuerung 230VAC 50/60Hz	ZG450730 + ZG78700	ZG450730 + ZG78700	Schrack Components Gmb
4KN3	1	Relais mit 4 Wechsler	Ansteuerung 230VAC 50/60Hz	ZG450730 + ZG78700	ZG450730 + ZG78700	Schrack Components Gmb
5KN1	1	Relais mit 4 Wechsler	Ansteuerung 230VAC 50/60Hz	ZG450730 + ZG78700	ZG450730 + ZG78700	Schrack Components Gmb
8-13KN1	6	Relais mit 4 Wechsler	Ansteuerung 230VAC 50/60Hz	ZG450730 + ZG78700	ZG450730 + ZG78700	Schrack Components Gmb
16KN1-2	2	Relais mit 4 Wechsler	Ansteuerung 230VAC 50/60Hz	ZG450730 + ZG78700	ZG450730 + ZG78700	Schrack Components Gmb
20-23KN1	4	Relais mit 4 Wechsler	Ansteuerung 230VAC 50/60Hz	ZG450730 + ZG78700	ZG450730 + ZG78700	Schrack Components Gmb
Feld 3	1	Gehäuse-Bodenaufstellung	B 800;H2000;T450mm,lackiert RAL 7032	GS.02	GS.02	Neuberger Schaltanl. G
	1	Gehäuse-Sichtfenster (Aufbau)	H377/B597/T34mm,Schlüsselvorreiber,2HE	FT 2730	FT 2730	Rittal
1S1	1	Türkontakt	1S/1Ö	C-U1	C-U1	Bernstein
1H5	1	Schrankbeleuchtung ab B800mm	220V,20W 625mm mit Steckdose, Starterlos	PS 4144 (alt 4112)	PS 4144 (alt 4112)	Rittal
1B1	1	Thermostat	Bereich:+10°C - +60°C	SSR 6905	SSR 6905	Eberle GmbH
1M1	1	Schranklüfter	230V/50Hz	W2S 107-AA01-16	W2S 107-AA01-16	EBM - Elkose GmbH
2S1	1	Steuerschalter Ein/Aus	1-polig	CG4 A200	CG4 A200	Kraus & Naimer
TRAGER A	1	PMC - System	19"-Baugruppenträger mit SV 1000	BG 1000	BG 1000 inkl.SV1000	Modulmatic
TRÄGER B	1	PMC - System	19"-Erweiterungsbaugruppenträger	BG 1100	BG 1100	Modulmatic
3N1	1	PMC - System	CPU-Modul für max. 26 Peripheriemodule	CP 1000	CP 1000	Modulmatic
-6N1	3	PMC - System	Anzeigemodul, 8xDE,RA,LED pot.getr.	AZ 1100	AZ 1100	Modulmatic
3-10N1	3	PMC - System	Steuermodul, für vier 1-stufige Antriebe	ST 1100	ST 1100	Modulmatic
11N1	1	PMC - System	Anzeigemodul, 8xDE,TA,LED pot.getr.	AZ 1200	AZ 1200	Modulmatic
12N1	1	PMC - System	Matrixmodul 16DE + LED rot	MA 1000	MA 1000	Modulmatic
14-16N1	3	PMC - System	Matrixmodul 16DE + LED rot	MA 1000	MA 1000	Modulmatic
7N1	1	PMC - System	Anzeigemodul, 8xDE,RA,LED pot.getr.	AZ 1100	AZ 1100	Modulmatic
8N1	1	PMC - System	Steuermodul, für vier 1-stufige Antriebe	ST 1100	ST 1100	Modulmatic
9N1	1	PMC - System	Steuermodul, für vier 1-stufige Antriebe	ST 1100	ST 1100	Modulmatic
1N1	1	PMC - System	Regelmodul,8 frei konfigurierbare Regler	RM 1000	RM 1000	Modulmatic
	1	PMC - System	Ausgangssteckmodul, 4x 0/2...10V	AS 1100	AS 1100	Modulmatic
2N1	1	PMC - System	Regelmodul,8 frei konfigurierbare Regler	RM 1000	RM 1000	Modulmatic
	2	PMC - System	Ausgangssteckmodul, 4x 0/2...10V	AS 1100	AS 1100	Modulmatic
KN1	1	Relais mit 4 Wechsler	Ansteuerung 24VDC, mit LED	ZG450LC4 + ZG78700	ZG450LC4 + ZG78700	Schrack Components GmbH
KN1-5	5	Relais mit 4 Wechsler	Ansteuerung 24VDC, mit LED	ZG450LC4 + ZG78700	ZG450LC4 + ZG78700	Schrack Components GmbH
KN1-3	3	Relais mit 4 Wechsler	Ansteuerung 24VDC, mit LED	ZG450LC4 + ZG78700	ZG450LC4 + ZG78700	Schrack Components GmbH
KN1-3	3	Relais mit 4 Wechsler	Ansteuerung 24VDC, mit LED	ZG450LC4 + ZG78700	ZG450LC4 + ZG78700	Schrack Components GmbH
KN1-4	4	Relais mit 4 Wechsler	Ansteuerung 24VDC, mit LED	ZG450LC4 + ZG78700	ZG450LC4 + ZG78700	Schrack Components GmbH
KN1-4	4	Relais mit 4 Wechsler	Ansteuerung 24VDC, mit LED	ZG450LC4 + ZG78700	ZG450LC4 + ZG78700	Schrack Components GmbH
0KN1-4	4	Relais mit 4 Wechsler	Ansteuerung 24VDC, mit LED	ZG450LC4 + ZG78700	ZG450LC4 + ZG78700	Schrack Components GmbH

Bild 5-19 Schaltschrank-Stückliste

5.6.7 Klemmenplan

Im Klemmenplan sind alle Klemmleisten in Listenform mit schaltschrankexternen Zielen, z.B. Ventilator und mit schaltschrankinternen Zielen, z.B. Leistungsschütz, dargestellt. Die Ziele sind jeweils mit Betriebsmittelkennzeichen und Anschlußbezeichnungen angegeben. Die Kabeltypen zu den Zielen sind ebenfalls im Klemmenplan ersichtlich.

5.6.8 Meßprotokoll

Das Meßprotokoll besteht aus einer Liste mit allen externen Aggregaten. Je Aggregat werden Nennstrom, Nennspannung, Nennleistung, bei der Inbetriebnahme gemessener Strom, eingestellter Wert des Schutzorgans und Art des Schutzorganes eingetragen.

MESS-PROTOKOLL (DATUM) 12.12.94 (ERSTELLT) H. KELLER

CODE	ANTRIEBSMOTOR - BEZEICHNUNG	kW	I (NENNSTROM)	I (GEMESSEN)	I (EINGESTELLT)	EINSTELLBEREICH
RLT01M1	ZULUFTVENTILATOR	7, 5	15, 4	12, 4	- - - - - - - -	KALTLEITER
RLT01M2	ABLUFTVENTILATOR	5, 5	11, 4	11, 2	- - - - - - - -	KALTLEITER
RLT01M3	UMWÄLZPUMPE ERHITZER	0, 127	0, 56	0, 18	0, 56	0, 4-0, 6
RLT02M1	ABLUFTVENTILATOR	0, 16	0, 47	0, 28	0, 47	0, 4-0, 6
RLT03M1	ABLUFTVENTILATOR	0, 11	0, 52	0, 36	0, 52	0, 4-0, 6
RLT04M1	ABLUFTVENTILATOR	0, 56	1, 45	1, 0	1, 45	1, 0-1, 6
RLT05M1	ABLUFTVENTILATOR	0, 56	1, 45	0, 99	1, 45	1, 0-1, 6
RLT06M1	ABLUFTVENTILATOR	0, 56	1, 45	1, 05	1, 45	1, 0-1, 6
RLT07M1	ABLUFTVENTILATOR	0, 32	0, 84	0, 61	0, 84	0, 6-1, 0
RLT08M1	ABLUFTVENTILATOR	0, 32	0, 84	0, 54	0, 84	0, 6-1, 0
RLT09M1	ABLUFTVENTILATOR	0, 32	0, 84	0, 7	0, 84	0, 6-1, 0
HZG01M1	UMWÄLZPUMPE STAT.HEIZUNG	0, 55	4, 5	2, 43	4, 5	3, 2-5, 0
HZG01M2	UMWÄLZPUMPE STAT.HEIZUNG	0, 55	4, 5	1, 70	4, 5	3, 2-5, 0
HZG01M3	UMWÄLZPUMPE STAT.HEIZUNG	0, 55	4, 5	2, 46	4, 5	3, 2-5, 0
HZG01M4	UMWÄLZPUMPE STAT.HEIZUNG	0, 55	4, 5	2, 50	4, 5	3, 2-5, 0
HZG01M5	UMWÄLZPUMPE FUßBODENHEIZUNG SEKUNDÄR	0, 115	0, 51	0, 51	0, 51	0, 4-0, 6
HZG01M6	UMWÄLZPUMPE FUßBODENHEIZUNG PRIMÄR	0, 115	0, 51	0, 51	0, 51	0, 4-0, 6
HZG01M7	KESSELKREISPUMPE	0, 48	2, 2	1, 54	2, 2	2, 0-3, 2
HZG01M8	ABGAS WÄRMERÜCKGEWINNUNG PUMPE	0, 26	1, 21	1, 09	1, 21	1, 0-1, 6

Bild 5-20 Meßprotokoll

5.6.9 Kabelliste

In der Kabelliste werden alle externen Aggregate mit Klartext und Kurzzeichen, die Kabel-Benennung, der Kabeltyp mit Aderzahl und Querschnitt und das Schaltschrankfeld eingetragen.

PROJEKT: VERWALTUNGSGEBÄUDE	P NUMMER: 19851K02	ANLAGE: EG KERNZONE	KABELLISTE: SCHALTSCHRANK ERDGESCHOß				
GERÄT	KABEL- BENENNUNG	KABELTYP	VON	ZU	ANSCHLUSS		
					-kW-	-A-	GERÄT
ERHITZERPUMPE	=L3.1 -M1	NYM-J 4 x 1.5 mm	+F3	=L3.1 -M1	0,15-0,35	0,6/1,2	KSF
ZULEITUNG FU ZULUFTV.	=L3.1 -FUM2.1	NYCY-J 4 x 6 mm	+F3	=L3.1 -FUM2	FU BAUSEITS		
RÜCKLEIT. FU ZULUFTV.	=L3.1 -FUM2.2	NYCY-J 4 x 6 mm	+F3				
REP.-SCHALTER	=L3.1 -S10	JEY(ST)Y Bd Si 2 x 2 x 0,8 mm	+F3				
KALTLEITER	=L3.1 -KLM2	JEY(ST)Y Bd Si 2 x 2 x 0,8 mm	+F3				
SIGNAL DIFF.-DRUCK	=L3.1 -FUM2.3	JEY(ST)Y Bd Si 2 x 2 x 0,8 mm	+F5				
SIGNAL IST-WERT	=L3.1 -FUM2.4	JEY(ST)Y Bd Si 2 x 2 x 0,8 mm	+F3				
STEUERUNG FU-ZULUFTV.	=L3.1 -FUM2.5	JEY(ST)Y Bd Si 8 x 2 x 0,8 mm	+F3				
ZULUFTVENTILATOR	=L3.1 -M2.1	NYCY-J 4 x 6 mm	+F3	=L3.1 -M2	15 S/D	31	KL
ZULUFTVENTILATOR	=L3.1 -M2.2	NYCY-J 4 x 6 mm	+F3				
DIFF.-DRUCK-GEBER	=L3.1 -PIC1	JEY(ST)Y Bd Si 2 x 2 x 0,8 mm	+L3.1-FUM2	=L3.1 -PIC1			
ABLUFTVENTILATOR	=L3.1 -M3	NYCY-J 4 x 1,5 mm	+F3	=L3.1 -M3	2,2	4,7	KL
REP.-SCHALTER	=L3.1 -S20	JEY(ST)Y Bd Si 2 x 2 x 0,8 mm	+F3				
KALTLEITER	=L3.1 -KLM3	JEY(ST)Y Bd Si 2 x 2 x 0,8 mm	+F3				
DIFF.-DRUCK-GEBER	=L3.1 -PIC2	JEY(ST)Y Bd Si 2 x 2 x 0,8 mm	+L3.1-FUM3	=L3.1 -PIC2			
FORTLUFTKLAPPE	=L3.1 -YIC1.1	NYM-J 4 x 1,5 mm	+F3	=L3.1 -YIC1			
FORTLUFTKLAPPE	=L3.1 -YIC1.2	JEY(ST)Y Bd Si 2 x 2 x 0,8 mm	+F5				
AUSSENLUFTKLAPPE	=L3.1 -YIC2.1	NYM-J 4 x 1,5 mm	+F3	=L3.1 -YIC2			
AUSSENLUFTKLAPPE	=L3.1 -YIC2.2	JEY(ST)Y Bd Si 2 x 2 x 0,8 mm	+F5				
UMLUFTKLAPPE	=L3.1 -YIC3.1	NYM-J 4 x 1,5 mm	+F3	=L3.1 -YIC3			
UMLUFTKLAPPE	=L3.1 -YIC3.2	JEY(ST)Y Bd Si 2 x 2 x 0,8 mm	+F3				

Bild 5-21 Kabelliste

5.6.10 Funktionsbeschreibung

In der Funktionsbeschreibung werden alle Funktionen, die im Stromlaufplan symbolisch dargestellt sind, ausführlich verbal beschrieben.

BEISPIELE:

Wie wird die betriebstechnische Anlage ein- und ausgeschaltet?

- Handschalter am Schaltschrank?
- Zeitprogramm in der DDC-Unterstation?
- Externer Freigabekontakt, z.B. von Tableau?
- Dauerbetrieb?
- Vorrangige Zwangsabschaltung, z.B. bei Frostgefahr, von Brandmeldezentrale?

Welche internen Spannungen werden erzeugt und welche Anlagenteile versorgen sie?

Gibt es eine gestaffelte Einschaltung der Anlagen?

Ab wieviel kW Leistung laufen die Aggregate in Stern-Dreieck-Schaltung an?

Wann wird bei Doppelaggregaten umgeschaltet, z.B. bei Störung, nach Zeitprogramm?

Für welche Funktionen gibt es Wiedereinschaltsperren?

Wie werden Lüftungsklappen angesteuert?

- Über Leistungsschutz des Ventilators?
- Über separaten digitalen Ausgang?

Wie werden der Schaltschrank und die Anlage in Betrieb gesetzt / außer Betrieb genommen?

5.6.11 Zertifikate und technische Unterlagen

Einige Kunden verlangen eine Abnahme der Schaltanlage vor Ort durch eine Behörde, z.B. TÜV. Diese Abnahmeprotokolle sowie Herstellerbescheinigungen, in denen eine normenkonforme Fertigung bestätigt wird, werden der allgemeinen Dokumentation beigefügt.

Technische Unterlagen von komplexen Betriebsmitteln, z.B. Frequenzumformer, werden – soweit die Spezifikation in der Stückliste nicht ausreicht – ebenfalls der Dokumentation beigelegt.

ANMERKUNG: Da die gesamte Dokumentation fast ausschließlich mit Hilfe von CAD-Systemen, z.B. EPLAN, erstellt wird, können einige Dokumentationsunterlagen, z.B. Klemmenplan, Kabelliste, automatisch erzeugt werden.

5.7 Schlußbemerkung

Neben allen vorgenannten Themen aus der Praxis der Projektabwicklung müssen immer die allgemein gültigen Vorschriften beachtet werden. Dies sind im nationalen Bereich die DIN / VDE-Vorschriften und die Unfallverhütungsvorschriften und im internationalen Bereich die Europa-Normen und die EG-Richtlinien, wie z.B. Niederspannungsrichtlinie und EMV-Richtlinie.

Es sollten sich daher ständig alle am projektbeteiligten Firmen und Mitarbeiter – gerade im Zuge der Vereinheitlichung Europas – über die neuesten Gesetzvorschriften informieren. Damit dies gewährleistet ist und einer hoher technischer Qualitätsstandard der Schaltanlage garantiert werden kann, ist es unbedingt erforderlich, daß der Schaltschrankhersteller nach einem Qualitätsmanagementsystem gemäß DIN EN ISO 9000 arbeitet, in dem alle Zuständigkeiten und Verantwortungen innerhalb des gesamten Unternehmens während des kompletten Projektab laufes – Planung, Fertigung, Inbetriebnahme – spezifiziert und geregelt sind.

Bild 5-22
Schaltschrankansicht

6 Grund- und Verarbeitungsfunktionen

von Jürgen Voskuhl

6.1 Einführung

Nachdem sich dieses Buch bisher im Wesentlichen mit der „Hardware“, d.h. dem physikalischen Aufbau eines GLT-Systems beschäftigt hat, steht in diesem Kapitel die Grundsoftware im Vordergrund.

Zunächst soll geklärt werden, wie die physikalischen Größen einer betriebstechnischen Anlage (BTA) im GLT-System abgebildet und dargestellt werden. Anschliessend gibt das Kapitel einen Überblick über die Grund- und Verarbeitungsfunktionen eines modernen GLT-Systems.

6.2 Informationen, Adressen und Parameter

Wie wir bereits erfahren haben, erfolgt die Umsetzung der physikalischen Größen einer BTA in für einen Computer (und damit für eine DDC-Station) darstellbare Informationen über geeignete Ein-/Ausgabe-Baugruppen (I/O-Module).

Jeder Sensor/Aktor entspricht hierbei genau einer Information im GLT-System. Nachfolgend einige Beispiele, die jeweils eine Information darstellen:

- Zuluftventilator, Stufe „Aus“
- Zuluftventilator, Stufe „Ein“
- Raumtemperatur
- Differenzdruckwächter Fortluftventilator

Neben diesen „physikalischen Informationen“ existieren auch „virtuelle Informationen“. Hierbei handelt es sich einerseits um Informationen, welche direkt von den physikalischen Informationen abgeleitet, bzw. diesen zugeordnet sind (z.B. Datum/Zeit der letzten Zustandsänderung, Betriebsstundenzählung, Priorität). Virtuelle Informationen könen auch völlig eigenständig sein, d.h. es existiert kein direkt zugeordnetes Ein-/Ausgangssignal an der DDC-Station (z.B. Sollwert Raumtemperatur, Anlagen-Betriebszeit).

Alle logisch zusammengehörenden Informationen werden im GLT-System zu einer „Adresse“ zusammengefasst. Die Adresse ist hierbei die (übergeordnete) Bezeichnung, durch welche die zugeordneten Informationen identifiziert werden.

Betrachten wir diesen Sachverhalt am Beispiel eines zweistufigen Schaltbefehls mit Betriebs-Rückmeldung und Fern/örtlich-Überwachung:

– Schaltbefehl „Aus“		1 Information
– Schaltbefehl „1. Stufe“		1 Information
– Schaltbefehl „2. Stufe“		1 Information
– Schaltbefehl-Rückmeldung „Aus“		1 Information
– Schaltbefehl-Rückmeldung „1. Stufe“		1 Information
– Schaltbefehl-Rückmeldung „2. Stufe“		1 Information
– Fern/örtlich-Überwachung		1 Information
1 Adresse	⇔	**7 Informationen**

Das Beispiel veranschaulicht darüber hinaus, warum viele GLT-Anbieter die Systemgrösse gerne in „Anzahl Informationspunkte" angeben: Die Zahl ist i.A. wesentlich höher als die Zahl der Adressen und vermittelt dadurch den Eindruck eines „größeren" Systems.

Eine Adresse besteht aus einer strukturierten, alphanumerischen Zeichenfolge. Die Struktur enstpricht hierbei einem projektspezifisch (nicht systemspezifisch!) festgelegtem Adressierungssystem. Auch hierzu wieder ein Beispiel:

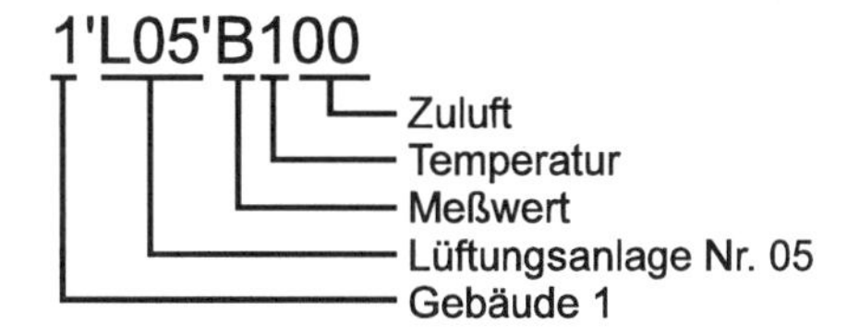

Bild 6-1
Beispiel für ein projektspezifisch festgelegtes Adressierungssystem

Das beschriebene Verfahren vereinfacht wesentlich das Auffinden einer bestimmten Information für den Systembenutzer!

Adreßstrukturen können in modernen Systemen sehr flexibel aufgebaut werden. Die Stellenbelegung ist alphnumerisch völlig frei belegbar. Je nach Systemanbieter sind bis zu 25 Stellen möglich.

6.2.1 Parameter

Über sogenannte „Parameter" kann innerhalb einer Adresse auf die einzelnen Informationen zugegriffen werden.

Darüber hinaus steuern zusätzliche Parameter die Darstellung und Verarbeitung der Adressen, beispielsweise

- Zuordnung von Informations- und Zustandstext, bzw. Text für die physikalische Einheit
- Priorität der Adresse (Zuordnung zu Ausgabegeräten)

Neben allgemeinen Parametern, die zu jeder Adresse zur Verfügung stehen, existieren auch spezielle Parameter, die nur bei bestimmten Adressarten zur Verfügung stehen. Die Adressarten werden hierbei entsprechend Ihrer Grundfunktion unterschieden.

6.3 Physikalische Grundfunktionen

Innerhalb eines GLT-Systems werden die Adressen üblicherweise Ihrer Grundfunktion entsprechend unterschieden.

Bild 6-2 erklärt mit einem leicht zu merkenden Schema diese Unterscheidung nach der Informationsrichtung (EINGANG oder AUSGANG) und dem physikalischen Verhalten (ANALOG oder BINÄR).

Zählwerte haben als binäre Eingänge eine Sonderfunktion, da nicht der Zustand, sondern die Anzahl der Zustandsänderungen ausgewertet werden.

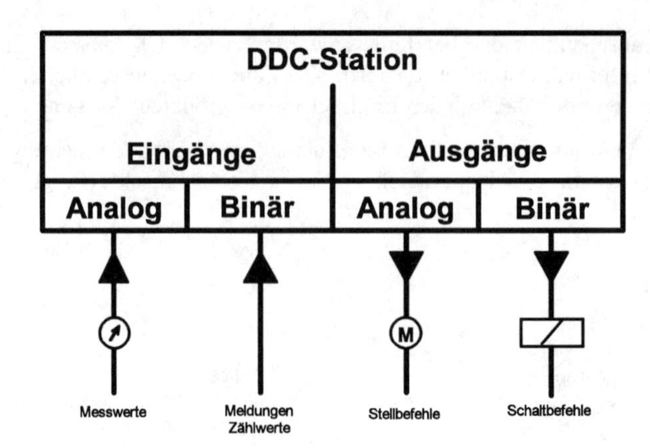

Bild 6-2 Merkschema für Informationspunktarten

Virtuelle Informationen wirken als Ein- und Ausgänge und können analoges oder binäres/ digitales Verhalten haben.

Im Folgenden wird detailliert auf die einzelnen Grundfunktionen eingegangen.

6.3.1 Melden (binäre Eingänge)

Die Grundfunktion Melden dient der Zustandserfassung und Auswertung von binären Zuständen, z.B.:

- Betriebsmeldungen von Pumpen, Ventilatoren,
- Wartungsmeldungen von Filtern,
- Störmeldungen von Motoren,
- Gefahrenmeldungen von Frostschutzeinrichtungen,
- Brandschutzklappenfall

Als Geber dienen in den BTA vorwiegend potentialfreie Kontakte (hauptsächlich als Hilfkontakte von Schützen oder Relais), Öffnerkontakte bei Störmeldungen oder Schließerkontakte bei Betriebsrückmeldungen. Der Anschluß erfolgt hierbei unter Verwendung von zwei Adern üblicher Standard-Telefonkabel mit Abschirmung und Verdrillung der Adern (z.B. JY-ST(Y)).

In den Automatisierungsgeräten erfolgt (im Millisekunden-Bereich) eine zyklische Abfrage des Kontaktzustandes (offen, geschlossen). Der jeweilige Zustand wird auf dem entsprechenden Parameter der jeweiligen Adresse abgebildet. Die Information dient häufig der unmittelbaren Verarbeitung innerhalb eines Steuer-/ Regelprogramms in der DDC-Station.

In Abhängigkeit zusätzlicher Verarbeitungsparameter (z.B. Priorität) kann darüber hinaus eine Weiterverarbeitung stattfinden, z.B. eine spontane Meldungsausgabe auf Ausgabegeräten des GLT-Systems (Bild 6-3).

***	ML	07:05:11	G3'L02'11	Frostschutz-Thermostat	GEFAHR
...	ML	07:05:12	G3'L02'11	Frostschutz-Thermostat	Normal
**	ML	17:13.09	E3'H45'10	Heizkreis-Pumpe	STOERUNG
..	ML	17:55.44	E3'H45'10	Heizkreis-Pumpe	Normal

Bild 6-3 Darstellungsbeispiele für die spontane Meldungsausgabe auf Drucker oder Bildschirm

Bei der Darstellung von Meldungen in Anlagenschemata wird üblicherweise folgende Farbgebung benutzt:

- Störmeldungen: rot (blinkend) —> STÖRUNG; schwarz —> NORMAL
- Betriebsmeldungen: Grün —> AUF, EIN; schwarz —> ZU, AUS

6.3.2 Messen

Die Grundfunktion Messen dient der Zustandserfassung und Auswertung von analogen Größen, z.B. Temperaturen, Drücke, Luftfeuchte.

Elektrisch werden zwei Arten der Meßwerterfassungen unterschieden:

- passive Messungen (Widerstände)
- Standardfühler: PT 100, NI 1000, NI 500, usw.
- Potentiometer (typisch: 0...100 Ohm, 1000..2000 Ohm, 0..250 Ohm)

- aktive Messungen (Umwandlung der zu messenden physikalischen Größe in ein standardisiertes Einheitssignal mittels eines Meßumformers:
- 0...10 Volt
- 4...20 mA

Bei passiven Gebern wird hauptsächlich eine Vierdrahttechnik eingesetzt. Hierbei handelt es sich um die hochwertigste Schaltung in der Meßtechnik zum Ausgleich von Meßfehlern, die durch unterschiedliche Kabellängen entstehen können. Dazu werden an den Meßwiderstand vier Drähte herangeführt. Über zwei Drähte fließt ein „Eingeprägter Gleichstrom", dessen Höhe immer konstant ist, egal wie lang die Leitung oder wie groß der Meßwiderstand ist. Mit den beiden anderen Drähten wird mit einer hochohmigen Messung, ohne Leitungsverluste, der Spannungsabfall am Meßwiderstand gemessen und zum Automationsgerät geführt.

Bei aktiven Gebern erfolgt der Anschluß mit zwei Adern, da hier die Kabellängen keine wesentliche Rolle spielen.

In beiden Fällen erfolgt der Anschluß unter Verwendung von zwei Adern üblicher Standard-Telefonkabel mit Abschirmung und Verdrillung der Adern (z.B. JY-ST(Y)).

Im Automationsgerät erfolgt zunächst über einen geeigneten Analog-Digital-Umsetzer (ADU) eine zyklische Umsetzung des (elektrischen) Signals in einen digitalen Wert. Gebräuchlich sind hierbei 12 Bit-ADC's (2 hoch 12 —> 4096 Schritte Meßwertauflösung). Dies entspricht einer Auflösung von ca. 0,2 K bei passiven Gebern (PT 100, Ni 1000), d.h. die Verarbeitungsgenauigkeit ist besser als die Toleranz der Geber.

Im folgenden Verarbeitungsschritt erfolgt die Linearisierung in Abhängigkeit des verwendeten Widerstandstyps, bzw. die Umrechnung in den numerischen Wert der betreffenden physikalischen Größe (z.B. 21,6 Grad C oder ..48 % r.F.).

Die so gewonnene Information dient häufig der unmittelbaren Verarbeitung innerhalb eines Steuer-/ Regelprogramms in der DDC-Station. Weitere Parameter sind Grenzwerte/Grenzwert-Paare, sowie Bereichsgrenzen zur Geberüberwachung (Kurzschluß, Leitungsunterbruch). Bei Überschreitung der vorgegebenen Grenzen erfolgt eine spontane Meldungsausgabe ähnlich dem bei der Grundfunktion Melden verwendeten Verfahren (Bild 6-4).

--	MW	07:16:08	G3'L02'12	Raumtemperatur 15,7 Grad C	< 16,0
..	MW	07:22:43	G3'L02'12	Raumtemperatur 16,2 Grad C	
++	MW	07:41:14	G3'L02'12	Raumtemperatur 18,3 Grad C	> 18,06

Bild 6-4 Darstellungsbeispiele für die spontane Meldungsausgabe auf Drucker oder Bildschirm bei Grenzwertverletzung eines Meßwertes

In Anlagenschemata wird üblicherweise der numerische Wert, sowie die physikalische Einheit dargestellt. In Fällen wo dies sinnvoll erscheint (und das eingesetzte GLT-System dies erlaubt), kann zusätzlich auch eine Balken-/Säulendarstellung verwendet werden.

6.3.3 Zählen

Bei der Grundfunktion Zählen handelt es sich – analog zur Grundfunktion Melden – um ein binäres Signal, welches erfaßt wird. Im Gegensatz zur Grundfunktion Melden ist hierbei jedoch nicht der Zustand, sondern vielmehr die Anzahl der Zustandsänderungen relevant. Zählwerte dienen der Verbrauchsmengenerfassung von Wasser, elektischer Leistung, Wärme oder Gas. An dieser Stelle sei angemerkt, daß Zählwerte auch virtuell mittels Integration eines Meßwertes über die Zeit gebildet werden können. Hierbei handelt es sich jedoch um eine Verarbeitungsfunktion und nicht um die Grundfunktion Zählen.

Als Geber dienen potentialfreie Kontakte, welche durch den Mengengeber bei Erreichen der jeweiligen Mengeneinheit betätigt werden. Wichtige Anforderung an den Kontakt: er muß prellfrei sein, d.h. er darf bei Ansprechen nur einen Impuls liefern (Prellen führt zu Fehlzählungen im Automationsgerät).

Der Anschluß erfolgt hierbei unter Verwendung von zwei Adern üblicher Standard-Telefonkabel mit Abschirmung und Verdrillung der Adern (z.B. JY-ST(Y)).

In den Automationsgeräten erfolgt (im Millisekunden-Bereich) eine zyklische Abfrage des Kontaktzustandes (offen, geschlossen). Die Anzahl der Impulse wird erfaßt. Multipliziert mit dem Parameter des Zählwertes, welcher die Impulswertigkeit enthält (z.B. 1 Impuls entspricht 1 KWh), ergibt dies den aktuellen Verbrauch (z.B. 5,348 KWh oder 674,2 m^3):

Zählwerte werden i.d.R. in der Leitebene für statistische Zwecke (Verbrauchsabrechnung/ -statistik) benötigt. Die Ausgabe erfolgt dabei in entsprechenden Tabellen oder Diagrammen.

6.3.4 Schalten

Die Grundfunktion Schalten dient der Ausgabe von binären Befehlen, die wiederum ein angeschlossenes Aggregat in einen bestimmten Zustand bringen, z.B. Aus/Ein, Aus/1.Stufe/ 2.Stufe usw. Die Grundfunktion Schalten wird im Wesentlichen für Pumpen, Ventilatoren, Elektroschaltern, Klappen und zur Freigabe von Brennern eingesetzt.

Der Anschluß erfolgt i.d.R über einen potentialfreien Kontakt (Relaiskontakt) oder elektronischen Schaltausgang mit zwischengeschaltetem Koppelrelais. Hierbei wird Standard-Installationskabel ((NYM, NYY...) verwendet.

Folgende Schaltbefehlsarten müssen aufgrund der angewendeten Leistungssteuerungen unterschieden werden:

- Dauerschaltbefehle (Relaiskontakt verharrt nach Ausgabe in der Ausgabestellung)
- Impulsschaltbefehle (Relaiskontakt gibt bei Ausgabe einen kurzzeitigen Impuls)
- einstufige und mehrstufige Schaltbefehle.
  (0-I, 0-I-II, 0-I-II-III)

Für die Überwachung des Schaltbefehles können den ausgegebenen Schaltstufen entsprechende Rückmeldungen zugewiesen werden. Nach der Ausgabe des Befehles wird mit der Rückmeldung (siehe Meldungen) überwacht, ob die Schaltung auch tatsächlich den befohlenen Wert angenommen hat. Hierzu können entsprechende Überwachungszeiten gesetzt werden. Wenn nach Ablauf einer solchen Zeit die Rückmeldung nicht mit dem Befehlswert übereinstimmt, erfolgt eine Störungsmeldung.

Ein weiterer Kontakt kann dem Schaltbefehl für die Fern/Örtlich-Überwachung zugewiesen werden. Hierbei erfolgt eine Störmeldung, wenn die Steuerung örtlich vom BTA-Schaltschrank aus betätigt wurde.

Die Ermittlung des auszugebenden Sollzustandes erfolgt i.d.R. innerhalb eines Steuer-/ Regelprogramms in der DDC-Station. Zur Verarbeitung von Schaltbefehlen gehört die spontane Meldungsausgabe auf zugeordnete Drucker oder Terminals bei überschreiten der eingestellten Rückmelde-Überwachungszeit oder örtlicher Bedienung am Schaltschrank (Bild 6-5).

***	SB	17:22:58	E1'H00'08	Kesselpumpe	AUS Rückmeldung <> Schaltbefehl
...	SB	17:23:01	E1'H00'08	Kesselpumpe	EIN

Bild 6-5 Darstellungsbeispiel für die spontane Meldungsausgabe auf Drucker oder Bildschirm bei Überschreiten der Rückmelde-Überwachungszeit

6.3.5 Stellen

Die Grundfunktion Stellen dient der Ausgabe von analogen (kontinuierlichen) Signalen an Ventile, Klappen, Drehzahlsteller und Sollwertvorgaben für analoge Regler.

Bezüglich des elektrischen Anschlusses werden zwei Ausgabearten unterschieden:

- kontinuierliche Ausgabe des Dauersignales 0...10 Volt
  entsprechend 0...100 %

- Impulsausgabe mit zwei Relaiskontakten (+..-, Auf..Zu, rechts..links)
  Die Stellung wird von der DDC-Station über eine zugehörige Stellungsmessung, mittels eines „Rückführpotentiometers", das vom Stellantrieb der zu stellenden Größe betrieben wird, gemessen (siehe Grundfunktion Messen).
  Alternativ berechnet die DDC-Station die Stellung – bei Antrieben ohne Rückführpotentiometer – über die der DDC-Station bekanntgegebene Laufzeit des Antriebes.

Die Ausgabe aus der DDC-Station erfolgt z.B. mittels 8-Bit-Digital-Analog-Umsetzer (DAU). Somit sind 256 Stufen möglich.

Auf den Bediengeräten der Leitebene wird das aktuelle Signal als numerische Größe mit zugeordneter Einheit ausgegeben (meist 0..100 %). In Anlagenschemata wird häufig zusätzlich eine Balken-/Säulendarstellung zur besseren Visualisierung verwendet.

6.4 Virtuelle Informationen

Über die diesem Kapitel zugrunde liegende VDI3814 hinaus möchte der Autor an dieser Stelle auf sogenannte virtuelle Informationen hinweisen. Hierbei handelt es ich um Informationen, welche systeminterne Zustände der GLT-Systemkomponenten (DDC-Stationen, Bussystem, Leitrechner, Ein-/Ausgabegeräte, usw.) darstellen, bzw. mit denen sich deren Zustand beeinflussen läßt.

Virtuelle Informationen werden auch benutzt, um Informationen mit Subsystemen auszutauschen, die – statt über die Hardware-Verknüpfungen der beschriebenen Grundfunktionen – über geeignete Kommunikationsschnittstellen (RS232/V.24, RS422/585, 20 mA,...) mit Komponenten des GLT-Systems verbunden sind.

Beispiele hierfür sind:

- regelbare Pumpen
- Kältemaschinen
- speicherprogrammierbare Steuerungen
- andere Managementsysteme (Brandmeldeanlage, Zugangskontrolle/Zeiterfassung, usw.)

Ein anderes Beispiel ist die Übertragung von Werten, die in der Automationsstation berechnet wurden, z.B. die Wärmemenge abgeleitet aus der Differenz zwischen Vor- und Rücklauftemperatur, sowie der Durchflußmenge. Die Verarbeitung und Darstellung erfolgt analog zu den Hardware-Informationspunkten.

7 Verarbeitungsfunktionen

von Jürgen Voskuhl

Über die im vorangegangenen Abschnitt beschriebenen Grundfunktionen hinaus bieten fast alle am Markt angebotenen GLT-Systeme zusätzliche, vom Anlagenbediener parametrierbare Funktionen, welche die von den Grundfunktionen gelieferten Informationen verarbeiten (daher ist hierfür der Begriff „Verarbeitungsfunktionen" gebräuchlich). Die Parametrierung dieser Funktionen erfolgt immer durch Änderung eines oder mehrerer Parameter einer Adresse. Der folgende Abschnitt vermittelt dem Leser einen Überblick über die Anwahl/Änderung einer Adresse, bzw. eines Parameters. Anschließend wird auf die wichtigsten Verarbeitungsfunktionen näher eingegangen.

7.1.1 Anzeige und manuelle Änderung von Parametern

Die Vorgehensweise bei der Anwahl einer gewünschten Adresse innerhalb eines GLT-Systems ist von System zu System sehr unterschiedlich. Die meisten Systeme bieten zumindest die nachfolgenden zwei Vorgehensweisen an:

- Unmittelbare Eingabe einer Adresse/eines Parameters

  Der Bediener gibt hierbei die komplette Adresse der Information, auf die zugegriffen werden soll, an der in der GLT-Systemsoftware vorgesehenen Stelle ein. Anschließend wird der Name des gewünschten Parameters eingegeben. Die Systemsoftware zeigt den aktuellen Wert daraufhin an, eine Änderung durch den Bediener kann durch „Überschreiben" des alten Wertes vorgenommen werden.

  Dies ist wohl die „schnellste" Anwahlmöglichkeit. Sie setzt jedoch detaillierte Kenntnisse hinsichtlich der Systemtopologie und der Systemsoftware voraus und ist daher vorwiegend für den geübten Benutzer gedacht.

- – Menügeführte Eingabe

  Dieser Anwahlmöglichkeit liegt ein hierarchisches Modell (i.d.R. Gebäude – Gewerk – Funktion – Information) zugrunde.

  Nach Auswahl des ersten Adreßkriteriums aus einem Bildschirmmenü, welches alle Gebäude enthält, wird ein weiteres Menü eingeblendet, welches alle im gewählten Gebäude enthaltenen Gewerke enthält und so fort (Bild 7-1).

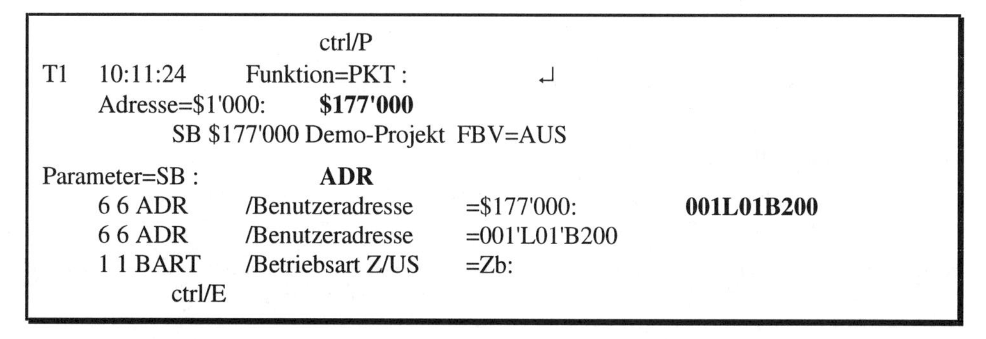

Bild 7-1 Menügeführte Anwahl einer Adresse

7.1.2 Prioritätsverarbeitung

Allen Adressen können Verarbeitungsprioritäten zugewiesen werden. Damit werden die Informationspunkte nach ihrer Wichtigkeit eingeteilt und verarbeitet. Abgeleitet von den Störmeldungen ist folgende Abstufung üblich:

- Gefahren
  Ereignisse, die Gefahr für Mensch oder Maschine bedeuten können, z.B. Feuer, Frostgefahr, Überdruck
- Störungen
  Ereignisse, die einen Zustand kennzeichnen, der keine unmittelbare Gefahr bedeutet, wo jedoch eingegriffen werden muß, um den Normalbetrieb aufrecht zu erhalten, z.B. Bimetall-Störung einer Pumpe
- Wartungen
  Ereignisse, die eine erforderliche Wartungsarbeit signalisieren, z.B. Filterwechsel
- Betriebsmeldungen
  Zustandsmeldungen von Aggregaten, z.B. Pumpe Aus/Ein, Klappe Zu/Auf

Die Verarbeitung und Darstellung von Adressen mit den angegebenen Prioritäten erfogt nach Festlegung des Betreibers durch entsprechend gekennzeichnete Ausdrucke, Ablage in Statistiken, Klartextausgaben usw.. Beispielsweise werden Betriebsmeldungen nicht bei Änderungen protokolliert.

7.1.3 Grenzwertüberwachung

Jedem Meßwert kann individuell ein unterer und ein oberer Grenzwert zugewiesen werden. Bei Verletzung dieser Grenzen erfolgt die Ausgabe einer entsprechenden Ereignismeldung. Viele Systeme bieten zusätzlich die Parametrierung eines zweiten Grenzwertpaares („Warngrenze") an.

Erwähnenswert sind darüber hinaus sogenannte „gleitende Grenzwerte". Diese werden nicht absolut auf einen festen Wert eingestellt, sondern sind relativ zu einem zugeordneten Sollwert (z.B. $\pm$ 4 K).

7.1.4 Betriebsstundenerfassung

Die Zeit, in welcher sich ein Meldekontakt oder ein Schaltbefehl im offenen oder geschlossenen (wählbar) Zustand befindet wird kumuliert (Stunden, Minuten) und steht für eine weitere Verarbeitung (z.B. in Wartungs-/Instandhaltungsprogrammen) zur Verfügung.

7.1.5 Ereigniszählung

Die Anzahl der Zustandswechsel bei Meldepunkten und Schaltbefehlen wird durch das GLT-System registriert. Dies ist für die Auswertung in einer Alarmstatistik sinnvoll.

Einige Systeme stellen darüber hinaus zusätzliche statistische Informationen (z.B. Datum/Zeit des ersten Auftretens / der letzten Beseitigung einer Störung) zur Verfügung.

7.1.6 Meldungsverzögerung

Die Zustandsänderung eines binären Signals aufgrund eines Ereignisses wird nicht sofort weitergegeben, sondern erst nach Ablauf einer parametrierbaren Zeit, wenn das Ereignis noch ansteht. Über einen entsprechenden Parameter kann diese Zeit eingestellt werden,

7.1.7 Meldungsunterdrückung

Die Weiterverarbeitung von Meldungen wird unterbunden, wenn dies

- zu einem Zeitpunkt
- in einem Zeitintervall
- durch einen physikalischen Zustand
- bei einem virtuellen Zustand

notwendig erscheint

7.1.8 Ereignisabhängiges Schalten

Durch ein Ereignis (Meldung oder Grenzwertverletzung) wird eine festgelegte Folge von Stell- und Schaltbefehlen ausgegeben.

7.1.9 Zeitabhängiges Schalten

In Abhängigkeit einer parametrierten Uhrzeit wird eine Optimierungsfunktion zum Auslösen einer Grundfunktion Schalten oder einer Befehlsweitergabe an eine Verarbeitungsfunktion gestartet.

7.1.10 Adressierung

Jeder Informationspunkt muß im System identifiziert werden können. Dazu dienen die Adressen. Zu unterscheiden ist nach sogenannten technischen- oder Maschinen-Adressen und den Nutzeradressen. Die technische Adresse wird abgeleitet von der örtlichen Aufschaltung des Informationspunktes im Automationsgerät.

BEISPIEL: Ist der Informationspunkt aufgeschaltet auf den System-Bus/Ring 4, Automatisierungsgerät 21, Eingangskarte 16, fünfter Eingang auf dieser Karte;
dann heißt die Technische Adresse:

TA 4'21'16'5.

Solche „Gebilde" kann sich für den Normalbetrieb niemand merken; aus diesem Grund werden den Technischen Adressen sogenannte Nutzer- oder Useradressen zugewiesen. Dieser Nutzeradressen sind ein wichtiges Hilfmittel bei der Bedienung der Anlagen. Wenn die Struktur der Nutzeradresse geschickt aufgebaut ist, kann aus ihnen der Benutzer sofort z.B. Art und Örtlichkeit eines Ereignisses erkennen, oder umgekehrt Informationspunkte in Anlagen direkt anwählen.

Die Gestaltung der Nutzeradresse enthält in der Regel keine Automationsgeräts-Kennungen, um eine ortsunabhängige Anlagenzusammenstellung zu ermöglichen. Mit Hilfe von Selektierungsprogrammen in Form von Masken sind beliebige Punktzusammenstellungen in Protokollen und bei Parameteränderungen möglich.

BEISPIEL: die Anwahl mit der Maske:

***'H**'*WEST

würde eine Liste aller Informationspunkte aus den Heizungsanlagen mit den Zonen WEST ergeben, wenn „H“ für Heizungsanlagen und „WEST“ für alle Informationspunkte der Heizungszonen mit westlicher Ausrichtung steht.

Vielfach (siehe Abschnitt 6.1) wird auf Nutzeradressen verzichtet, wenn eine Anlagenbedienung vorliegt, d.h. in einem Dialog wird die Anlage angesprochen, oder wenn mit einem Farbschema der Anlage auf einem Farbsichtgerät gearbeitet wird. In diesen Fällen ist das Wissen um die Adressen der einzelnen Informationspunkte uninteressant. Trotzdem bleibt die Nutzeradresse ein wichtiges unverzichtbares Bedienungshilfsmittel bei anspruchsvollen Systemen.

7.2 Funktionen/Programme

7.2.1 Allgemeines

Unter Funktionen werden die Leistungen verstanden, die ein Gebäudeleitsystem erbringt; allgemein auch (Software-) Programme genannt.

Da in den modernen Gebäudeleitsystemen mit DDC-Automationsgeräten die Funktionen weitgehend sowohl in den Automatisierungsgeräten als auch in der Leitzentrale abgelegt und betrieben werden können, sind sie an dieser Stelle vorweg beschrieben und nicht mehr zugehörig zu den Funktionen der Automationsgeräte oder der Leitzentrale. Die Tendenz in der Entwicklung der Gebäudeleitsysteme geht dahin, immer mehr Funktionen von der Leitzentrale in die Automationsgeräte zu verlagern. Vorteil hier ist der eigenständige Betrieb der Automatisierungsgeräten notfalls auch ohne Leitzentrale; gleichzeitig wird die Leitzentrale für andere Funktionen frei. Nachteil dabei ist: eindeutig weniger Komfort hinsichtlich der gelieferten Informationen, in der Bedienung (Eingabe, Menüs) und vor allen Dingen in der Pflege (Parametrierung) der Programme.

Die Programme, z.B. die Zeitschaltprogramme, können nicht automatisch von der Zentrale auf die Automationsgeräte verteilt werden, sondern jedes Automationsgerät ist manuell einzeln anzusprechen. Im weiteren erfolgt die Unterscheidung und Einteilung der verschiedenen Funktionen nach Gesichtspunkten der Nutzung durch den Betreiber.

Es sind beliebige Einteilungen möglich, die von den Programmangeboten der Hersteller abhängen. In der VDI-Richtlinie 3814 Blatt 1 erfolgt die Einteilung nach:

- Grundfunktionen
  (Informationspunkte)
- Basisverarbeitungsfunktionen
  (Anwahl...Zugriffsberechtigung)
- Erweiterte Basisverarbeitungsfunktionen
  (Graphische Darstellungen..Offene Komunikation)
- Sonderfunktionen
  (Lösungen mit Programmiersprachen)

Eine Unterscheidung nach EDV-technischen Gesichtspunkten ist die Aufteilung nach

- Betriebssystem
- Anwenderprogramme (alle nachstehen aufgeführten Programme)
  Bedienungs/Eingabeprogramme
  Dialoge, Masken, Menüs, Hilfe usw.
- Kommunikationsprogramme (für die Datenübertragung)
- Systemdiagnoseprogramme

Bei den nachstehend aufgezählten Programmen ist angegeben, wo sie am gebräuchlichsten verwendet werden (U – Automationsgerät, Z – Zentrale). Es erfolgen keine ausführlichen Beschreibungen sondern Kurzhinweise. Zum Teil sind die Programme durch ihre Bezeichnungen selbsterklärend. Die Vielfalt, Gestaltung und Lösungen der auf dem Markt angebotenen Programme ist so groß, daß hier nur eine Auswahl der wichtigsten Programme vorgenommen wurde.

7.2.2 Betriebsführungsprogramme

Hiermit sind alle Funktionen und Programme gemeint, die für den Normalbetrieb eines Gebäudeleitsystems mit DDC erforderlich sind.

Bedienungs-/Beobachtungsfunktionen U&Z
Anwahl/Anfordern von Punkten/Farbbildern mit Anzeige und Aktualisierung zur Beobachtung von Zuständen auf Sichtgeräten

Befehlsgabe U&Z
Schalten, Stellen, Sollwerte, Anlagenzustände

Protokollierung U&Z
von Punkt/Anlagenzuständen mit Selektierungsprogrammen für Adressenbereiche für Stör-, Zustands-, Belegungs-, Wartungs-, Sonderprotokolle, usw.

Bildausdrucke (Hardcopies) Z
von Anlagenschemata mit aktuellen Anlagenzuständen

Quittierung Z
von Ereignismeldungen mit entsprechendem Protokoll

An- und Abmeldung an Bediengeräten U&Z
mit Passwörtern zur Verhinderung von unbefugtem Zugriff

Parameter (aller Art) ändern U&Z
Parametereingabe zur Herstellung von bestimmten Systemfunktionen
Parameter (aller Art) listen U&Z
Auslisten zur Dokumentation von Katalogen und Dateien

Statistikprogramme Z
Sammeln von Ereignissen über längere Zeiträume auf den Massenspeichern der Zentraleinheiten mit späterer (selektierter) Auslistung

Trendkurven U&Z
„6-Farbenschreiber“ Online-Trendkurven von Informationspunkten auf grafikfähigen Druckern

Datenbankprogramme Z

„Historische Datenbank“ Sammeln von Analogwerten über definierte Zeiträume auf den Massenspeichern der Zentraleinheiten mit späterer Kurvendarstellung und Auswertung

Betriebsstundenzählung U&Z

Summierung der Betriebszeiten definierter Zustände von Informationspunkten, meist bei Betriebsmeldungen

Textzuweisungen U&Z

„Klartexte“ Zusatztexte, die bei bestimmeten Ereignissen das Ereignis erläutern oder einer nicht eingewiesen Person Hilfestellungen/Anweisungen geben

Zeitschaltprogramme mit Feiertagskorrektur U&Z

Ausgabe von Befehlen/Parameteränderungen in Abhängigkeit der Zeit zwecks benutzungsgerechter Betriebsweise/Laufzeit von Anlagen

Überrollprogramme U&Z

Datumsausgaben, zyklische Ausgaben, Ausgabe von Befehlen/Parameteränderungen zum „Überrollen“ des Zeitschaltprogrammes bei Sonderbetriebszeiten in Abhängigkeit der Zeit, des Datums oder zyklisch zwecks benutzungsgerechter Betriebsweise/Laufzeit von Anlagen

Verzögerungen aller Art U&Z

Einstellung von Verzögerungzeiten, um z.B. zu kurze Ereignisse zu unterdrücken oder Laufzeitüberwachung von Schaltbefehlen, Meßwertglättung usw.

Wartungsprogramme U&Z

Im Zusammenhang mit der Betriebsstundenerfassung Ausgaben von Wartungsmeldungen oder -Vorgaben mit Befehlsausgabe z.B. zum Abschalten von Antrieben

Wartungs- und Instandhaltungs Programme Z

Aufwendige Programme (laufen auf an die GLT angekoppelten PC's) zur Vorbeugenden Wartung, Instandhaltung, Personalplanung, Lagerhaltung, Budgetierung, Kostenerfassung, Raumbuchführung, usw.

Reaktionsprogramme U&Z

Automatische Reaktion (Befehlsgabe, Textausgabe usw.) auf Ereignisse aller Art.

Grenzwertüberwachungen U&Z

Ereignisauslösung bei Grenzwertverletzungen bei Meß- und Zählwerten, mit festen oder gleitenden Grenzen

Diagnoseprogramme U&Z

Ausgabe von Systemdiagnosemeldungen als Ereignisse von Informationspunkten (Kabelbruch bei Meßwerten) bis hin zu allen Leitzentralenbestandteilen, dies gilt für Hard- und Softwareüberwachung

7.2.3 Energiemanagementprogramme

Hierunter fallen die Programme und Funktionen mit denen im weitesten Sinne eine Energieführung/-Einsparung und Energiebeobachtung/-Auswertung möglich ist. Die Bezeichnungen der Programme sind vielfätig und praktisch bei jedem Hersteller anders. Teilweise werden sie von den Herstellern nicht als eigenständige Funktion aufgeführt, sondern sind in DDC-Steuer- und Regelprogrammen integriert (Enthalphie, Nachtlüftung usw.).

Zeitschaltprogramm U&Z
(siehe Betriebsführungsprogramme)
*** Wichtigstes Energiesparprogramm! ***

Gleitendes Zeitschaltprogramm U&Z
das Programm schaltet die Anlagen in Abhängigkeit der Außen- und Innentemperatur (Restwärme) so, daß zu Beginn der Nutzungszeit in den Räumen die richtige Temperatur (Komfortzustand) herrscht.

E-Max mit Lastabwurf (Lastspitzenprogramm) U&Z
Programm zu Begrenzung von Lastspitzen in der Energieversorgung Elektro, Öl, Gas durch gezielte Ab- und Wiederzuschaltung von Verbrauchern

Zyklisches Schalten U&Z
Periodisches Aus- und Einschalten von Anlagen zur Laufzeitreduzierung

Lichtsteuerungen U&Z
Schalten von Beleuchtungen, Rollos/Jalousien in Abhängigkeit der Außen-/Innenhelligkeit

Grenzwertüberwachungen (siehe Betriebsführungsprogramme) U&Z

Sollwertschiebungen U&Z
laufende Sollwertänderungen in Abhängigkeit einer physikalischen Größe

Reaktionen aller Art (siehe Betriebsführungsprogramme) U&Z

Nachtlüftung U&Z
Kühlung von Räumen mit Außenluft im Sommerbetrieb

Enthalpieschaltprogramm U&Z
Umschaltung von Wärmerückgewinnungsanlagen in Abhängigkeit der Abluft-/Zuluft-Enthalpie zu optimalen Nutzung der Außenluft und Abluft

Energiedatensammlung und -Darstellung/Auswertung Z
Aufwendige Programme (laufen auf an die GLT angekoppelten PC's) zur Auswertung und Darstellung von in der GLT gesammelten Daten mittels Kurven, Statistiken, Diagrammen aller Art

7.2.4 DDC-Programme

Hiermit sind die individuellen Steuer- und Regelprogramme gemeint, die für die Erfüllung der Funktionen in der BTA notwendig sind. Sie werden praktisch ausschließlich in den DDC-Automatisierungsgeräten eingesetzt.

Steuerung U
Steuerung der BTA nach Bedienungsvorgaben, Stör-, Betriebs-, Wartungszuständen, Stell- und Meßwertzuständen, Energieoptimierungsvorgaben, Re-

gelkreiszuständen, Zeitkriterien und den vorgegebenen logischen Verknüpfungsvorgaben

Regelung U

Regelung von physikalischen Größen in Abhängigkeit von Eingangsgrößen (Sollwert, Istwert usw.), nach dem Regelalgoritmus mit den vorgegebenen Verhalten und den Bedienungs- und Steuerungsvorgaben

7.2.5 Dienstprogramme

Hierunter fallen alle Programme und Funktionen, die für die Erstellung/Erweiterung und Pflege des Leit-/DDC-Systemes und den beschriebenen Funktionen erforderlich sind. Normalerweise werden diese Programme dem Betreiber nicht freigegeben und verbleiben in der Hand des Herstellers zur Inbetriebnahme und Wartung. Je nach Bedarf und Ausbildungsstand der Betreiber können diese Programme jedoch erworben und genutzt werden.

Generierung U&Z

Ersteingabe von Programmen und Parametern zur Herstellung der gewünschten Funktionen

Automationsgeräte Z

Eingabe der US-NR., Bus-NR., Adresse usw.

Ein-/Ausgangskartenplätze U&Z

Eingabe der Adressen und Kartenarten und -Typen

Informationspunkte U&Z

Eingabe der Grundparameter zur Herstellung der gewünschten Grund-Funktionen
(siehe Informationspunkte)

Punktbezeichnungstexte U&Z

Eingabe der Texte für die Punktbezeichnungen (z.B. Raumtemperatur) pro Punkt oder in Katalogen mit Mehrfachzugriff auf einen Text

Punktzustandstexte und Einheiten U&Z

Eingabe der Zustandstexte und Einheiten für die Punkte (z.B. Grad C, Ein/Aus) in Katalogen

Makrokataloge U&Z

Eingabe von häufig wiederkehrenden Bedien-/Automatisierungs-Handlungen als Sequenz in einen Katalog zum einfachen Aufruf

Farbbilderstellung und -Änderung Z

Erstellung der Anlagenschemas auf Farbsichtgeräten mit Farben, Texten, Grafiksymbolen, Makros und Aktualisierungs-Punkten, Zuweisung der Bilder zu Ereignissen (für autom. Einblendung)

Zugriffsberechtigung (Passworteinträge) U&Z

Eintrag von Funktionen/Parametern, Passwörtern, Namen usw. zur Verhinderung von unbefugtem Zugriff

Verzögerungen U&Z

(siehe Automatisierungsprogramme)

Sicherungskopien (Backup) des Systemes U&Z
Datensicherung mittels Diskettenlaufwerken, Band, Streamer

Unterdrückungen von Ereignissen (Anlagenunterdrückung) U&Z
Bei abgeschalteten Anlagen werden nicht relevante Ereignisse unterdrückt (z.B. Grenzwertverletzungen)

Netzwiederkehrfunktionen U&Z
Herstellung eines Netzzustandes für das Normalnetz oder Notnetz mit Zeitstaffelung

Systemstart U&Z
Automatischer Start nach Netzausfall und Wiederherstellung der Anlagenzustände gemäß Uhrzeit mit Erfassung aller Änderungen

Datum/Uhrzeit U&Z
Vorgabe von Zeit, Datum, Synchronisation der DDC-Automationsgeräte

DDC-Funktionen Z
Änderung (Programmieren/Parametrieren von DDC-Programmen in den Automatisierungsgeräten von der Zentrale oder von anderen US aus, Sicherung (Backup) von DDC-Programmen, Laden von DDC-Programmen

Automatisches Parametrieren Z
Schnelles Mehrfach-Parametrieren von Informationspunkten nach Selektion

VDI-Richtlinie 3814, Gebäudeleittechnik (GLT). Diese Richtlinie besteht aus 4 Blättern:

Blatt 1 „Begriffsbestimmungen“

Gültig ist das Blatt mit Stand vom Juni 1990. Dieses Blatt ist gegenüber der alten Ausgabe von 1978 völlig überarbeitet worden.

Mit diesem Blatt wurde die Umbenennung von ZLT-G in GLT vorgenommen.

Blatt 2 „Schnittstellen in Planung und Ausführung“

Dieses Blatt soll eine Hilfestellung für Planung und Ausführung sein. Der Umfang reicht von der Angabe gültiger Vorschriften über die Informationsliste und Aufschaltbedingungen bis zu den Hinweisen für das Fernmelderecht.

Das Blatt wird zur Zeit überarbeitet und soll auch zukünftig ausführlich die Themen FND (Firmenneutraler Datenbus) und PROFI-Bus enthalten.

Blatt 3 „Hinweise für den Betreiber“

Dieses Blatt gibt Hinweise für den Betreiber, welche Aufgaben mit Gebäudeleitsystemen zu lösen und welche Voraussetztungen hierzu erforderlich sind.

Blatt 4 „Ausrüstung der BTA zum Anschluß an die ZLT-G“

Blatt 4 enthält ausführliche Beispiele von Informationslisten für die Anbindung der verschieden BTA an ein Leitsystem.

8 Standard-Funktionen für Heizsysteme

von Richard Lorenz

Die technischen Automations-Systeme am Bau sorgen dafür, daß alle Gebäudeprozesse ökologisch und ökonomisch sinnvoll und weitgehend selbstständig ablaufen. Die Aufgabe der Technischen Gebäudeausrüstung ist dabei die Erfüllung von definierten Funktionen. Nur wenige Aufgaben sind nur einmalig zu programmieren. Im Mittel über alle Projekte sind etwa 85 % aller Funktionen der Gebäudeautomation in vielen Projekten gleich wiederzufinden und müssen nur noch konfiguriert, d.h. projektspezifisch verknüpft und parametriert werden. Solche Standard-Funktionen werden von allen Anbietern der digitalen Automationssysteme als Makro (Funktionsblock, Prozedur, ...) bereitgestellt.

Einzelfunktionen der Gebäudeautomation und einige Standards sind in der Funktionsliste nach VDI 3814 festgelegt. Aus den Einzelfunktionen lassen sich für immer wiederkehrende Aufgaben Baugruppen definieren, für die typische Standard-Funktionszusammenstellungen auftreten. Solche Baugruppen sind z.B.:

- Pumpen, Pumpengruppen
- Ventilatoren
- Erhitzer / Kühler mit hydraulischen Schaltungen
- Heizzonen
- Brauchwarmwasserbereitung mit Speicheroptimierung
- Raumluft-Zuluft-Kaskade einer Klimazentrale
- Erhitzer-Kühler-Wärmerückgewinner-Sequenz
- Heizkessel-Brenner-System
- Kesselfolgeschaltung für eine Mehrkessel-Heizzentrale
- Vollklimaanlage

8.1 Pumpenüberwachung

An einem einfachen Beispiel wird das Erstellen der Informationsliste dargestellt. Insbesondere werden die folgenden Bearbeitungsschritte erläutert:

- Funktionsplan
- Funktionsbeschreibung
- Informationsliste

Aufgabenstellung:
Automation einer Förderpumpe für eine Abwasserhebeanlage (Bild 8-1).

Funktionsbeschreibung:
Funktionen enthalten Dienstleistungen, wie

- technische Klärung und Bearbeitung
- Programmierung
- Eingabe von Adressen, Kennlinien, Meßbereichen, Einheiten, Programmteilen und Programmen sowie deren Parameter
- Test, Inbetriebnahme und Einregulierung

(Standard-Leistungsbuch für das Bauwesen, Leistungsbereich 171, GEBÄUDEAUTOMATION)

Die Arbeitsgruppe im GAEB-Ausschuß 071 „Digitale Meß-, Steuer-, Regel- und Leittechnik" bearbeitet seit dem 23.1.1990 die Definition dieser Funktionen. Die beschreibenden Texte nach VDI 3814, Blatt 2, Anhang 1, sind sinngemäß aus dieser Arbeit hervorgegangen.
(GAEB = Gemeinsamer Ausschuß Elektronik im Bauwesen)

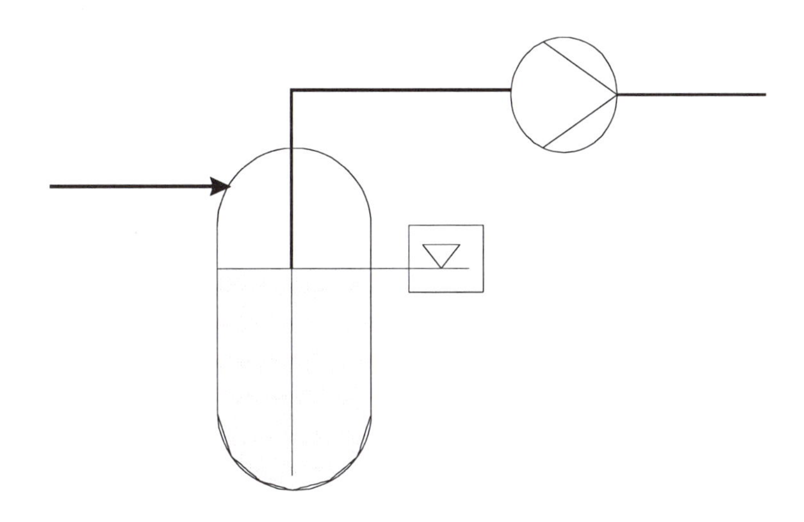

Bild 8-1 Gerätefließbild eines Abwasserbehälters mit Hebepumpe

- Die Pumpe wird eingeschaltet über einen EIN-Taster oder durch einen Wächter im Abwasserbehälter (Bild 8-2). Beim Erreichen des oberen Grenzwertes für den Wasserstand im Behälter wird ein Schließerkontakt betätigt. Die Pumpe soll auch dann weiterlaufen, wenn der Wasserstand unter diesen Grenzwert gesunken ist. Dazu muß das Erreichen des oberen Grenzwertes solange gespeichert werden, bis ein weiterer Kontakt das Signal zurücksetzt. Die Speicherung der beiden Einschaltsignale sowie die zugehörige ODER-Verknüpfung werden softwareseitig gelöst (Informationsliste nach VDI 3814, Spalte Nr. 35). Die Pumpenanforderung wird als virtuelle Funktion (Nr. 19) definiert. Gleichzeitig wird die Betriebsart „Pumpenanfoderung" zu einer grünen Betriebslampe als physikalischer Schaltbefehl (Nr. 4, s.u.) ausgegeben.

Definition: Überwachungsfunktion Logische Meldungsverknüpfung (Nr. 35)
1 Verarbeitungsfunktion verknüpft bis zu 5 Grundfunktionen Melden mittels logischen Funktionen (z.B. UND, ODER, NICHT, ...) und weist das Ergebnis 1 virtuellen Grundfunktion zu.

Definition: Virtuelle Grundfunktion Schalten (Nr. 19)
1 virtuelle Grundfunktion Schalten umfaßt 1 ein- oder mehrstufigen Schaltbefehl, der als Dauerbefehl an virtuelle Adressen und/oder Verarbeitungsfunktionen gegeben wird.
Virtuelle Grundfunktionen sind aus Verarbeitungsfunktionen entstandene oder daraus abgeleitete Informationen. Sie beinhalten ausschließlich Dienstleistungen inklusive der Vergabe einer Benutzeradresse und aller benötigten Parametrierungen. Virtuelle Grundfunktionen stehen zur Weiterverarbeitung wie eine physikalische Grundfunktion zur Verfügung.

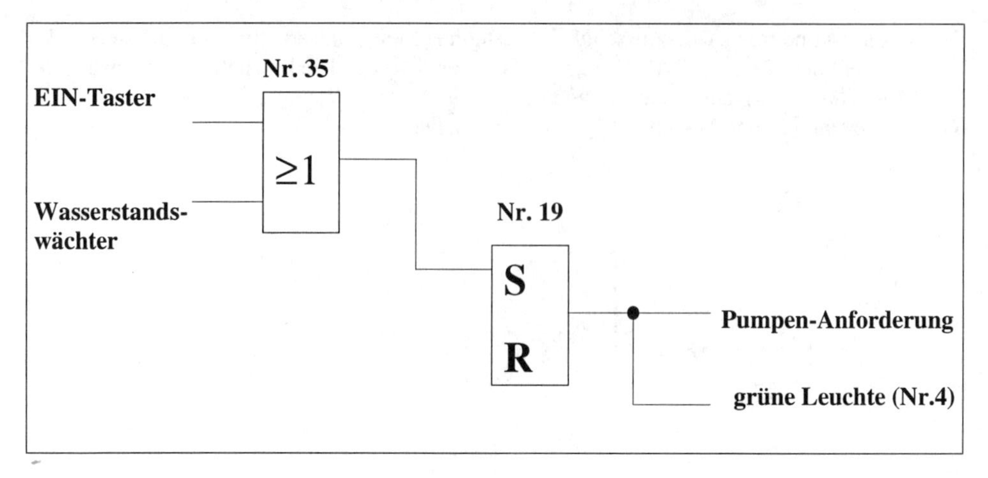

Bild 8-2 Einschaltsignal-Speicherung und virtuelle Pumpenanfoderung

- Durch die Grundfunktion Pumpenanforderung wird ein physikalischer Schaltbefehl (Nr. 4) zum Schaltschütz der Pumpe ausgegeben (Bild 8-3). Von dem Hilfskontakt des Schaltschützes (Schließer) wird eine Rückmeldung als physikalische Betriebsmeldung (Nr. 10) abgegriffen. Physikalische Grundfunktionen dienen zur Erfassung, Ausgabe und Aufbereitung von Informationen aus der Anlage oder zur Anlage. Physikalisch bedeutet dabei, daß die Information durch eine Drahtverbindung übertragen wird. Sie beinhaltet aber nur Dienstleistungen ohne Hardware, inklusive Vergabe einer Benutzeradresse und aller notwendigen Parameter.

Definition: Physikalische Grundfunktion Dauerschaltstufen (Nr. 4)
n Funktionen für Binärausgänge (n = Zahl der aktiven Schaltstufen). Bei einstufige Dauerschaltbefehl (Befehl 0,I) ist dies 1 Funktion für 1 Binärausgang.

Definition: Physikalische Grundfunktion Betriebs-/ Rückmeldung (Nr. 10)
1 Funktion für einen Binäreingang je aktiver Schaltstufe, potentialfrei. I.A. wird hier die Stellung eines Schließ-Kontaktes abgefragt.

- Die Gleichheit von Schaltbefehl und Rückmeldung wird überprüft (Nr. 34). Damit ist zunächst nur sichergestellt, daß das Schaltschütz auch tatsächlich anzieht (Bild 8-4). Eine echte Rückmeldung kann nur durch einen Stromwächter am Motor oder Strömungswächter im Wasserstrom erfolgen.

Definition: Überwachungsfunktion Befehlsausführkontrolle (Nr. 34)
1 Funktion überwacht die Ausführung von einem Schaltbefehl innerhalb einer zu parametrierenden Kontrollzeit mit Ausgabe einer Fehlermeldung nach Ablauf der Kontrollzeit ohne erfolgte Rückmeldung je Schaltstufe. An Stelle des Vergleichers kann auch die negierte Form EXKLUSIV-ODER (XOR) zum Einsatz kommen.

- Der Pumpen-Antriebsmotor ist mit einem Thermistor als Überhitzungsschutz ausgerüstet (Nr. 11, Öffner: $\upsilon > \upsilon_{max} \rightarrow ML = 0$). Alle Einzelstörungen werden über ein ODER-Glied zusammengefaßt, wobei alle Schließermeldungen positiv, alle Öffnermeldungen negativ bewertet werden (Bild 8-5). Die Sammelstörung (Nr. 21) wird in Form einer roten Störlampe sichtbar gemacht. Die Störlampe wir durch einen physikalischen Dauer-Schaltbefehl (Nr. 4) angesteuert.

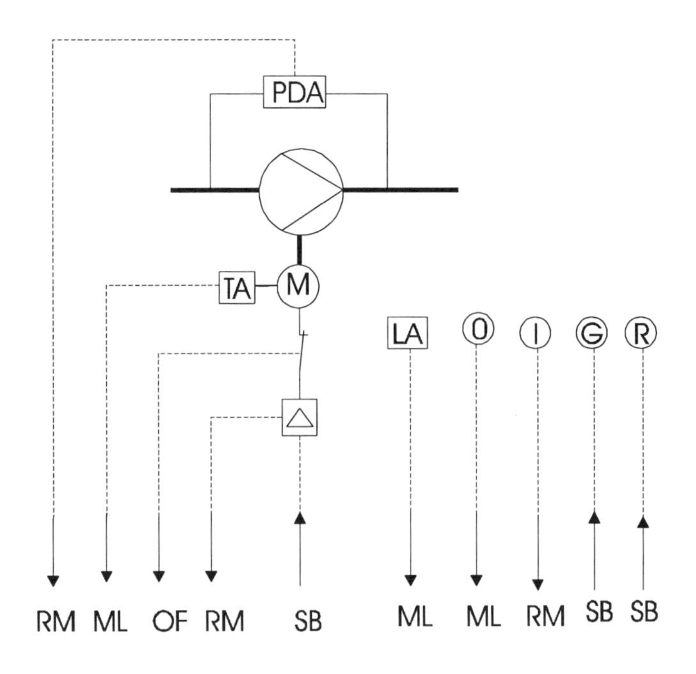

Bild 8-3 Geräte-Schaltplan der Hebepumpe

RM	Betriebs-/Rückmeldung	(Schließer)
ML	(Stör-)Meldung	(Öffner)
OF	Ort-Fern-Meldung	
SB	Schaltbefehl	

Zuordnungsliste:

Benennung	Kennzeichen	Typ	Techn. Adresse
Differenzdruckwächter	PDA	RM	
Übertemperaturwächter	TA	ML	
Reparaturschalter		ML	
Schütz-Rückmeldung		RM	
Pumpenanforderung		SB	
Wasserstandswächter	LA	ML	
EIN-Taster		RM	
AUS-Taster		ML	
Betriebsleuchte (grün)		SB	
Störleuchte (rot)		SB	

(Kennbuchstaben nach DIN 19227)

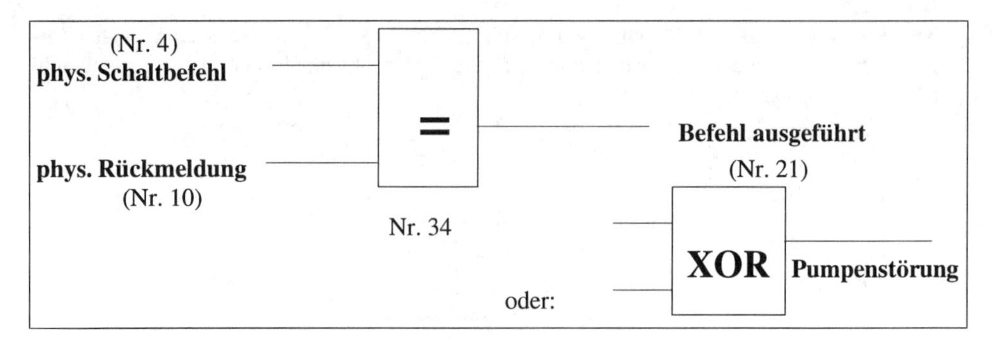

Bild 8-4 Funktionsplan-Symbol für die Befehlsausführkontrolle

Definition: Physikalische Grundfunktion Sonstige Meldungen (Nr. 11)

1 Funktion für 1 Binäreingang, wie z.B. Gefahr-, Störungs- und Wartungsmeldung, potentialfrei. Um die sogenannte Drahtbruchsicherheit zu gewährleisten, müssen Störsignale über Öffner eingegeben werden. Bei Kabelbruch wird dann die Anlage in den sicheren Betriebszustand AUS geschaltet. Bricht z.B. die Leitung zum Thermistor, so ruft dies die gleiche Reaktion hervor wie eine Übertemperatur.

Definition: Virtuelle Grundfunktion Melden (Nr. 21)

1 virtuelle Grundfunktion ist 1 Information eines Zustandes, der aus dem Ergebnis einer Verarbeitungsfunktion resultiert. Die Grundfunktion Melden umfaßt keine internen Meldungen des Betriebssystems.

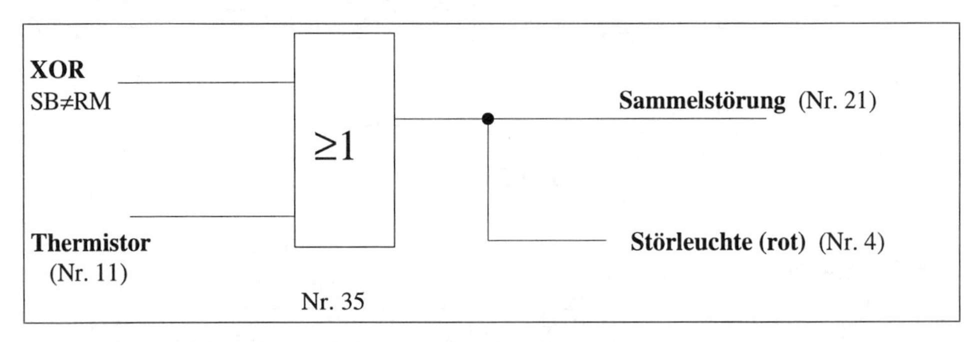

Bild 8-5 Bildung einer Sammelstörmeldung

Speicherung von Störmeldungen:

Es gibt drei Arten von Störungen mit unterschiedlicher Priorität. Auf der niedristen Prioritätsstufe stehen Meldungen, die nur informativen Charakter haben, von der Steuerung jedoch nicht verarbeitet werden. Dies ist z.B. die Wartungsanforderung bei einem verschmutzten Filter. Auf der zweiten Stufe stehen Störungen einzelner Aggregate, wie hier die Pumpe. Das defekte Gerät wird ausgeschaltet, die Gesamtanlage bleibt unbeeinflußt. Höchste Priorität haben Meldungen, die die Gesamtanlage beeinflußen, z.B. Ausfall eines Ventilators, oder eine Gefahr darstellen, z.B. Frostschutzwächter. Damit die Anlage oder ein Gerät nicht wieder automatisch in Betrieb gehen können, sollte die Sammelstörmeldung mit Hilfe einer RS-Funktion gespeichert werden. Nach Beseitigung der Störungsursache wird der Speicher über eine Quittiertaste zurückgesetzt.

Hier bietet sich als Quittiertaste die EIN-Taste an. Eine Sammelstörmeldung soll den Bediener auf irgendeine Störung aufmerksam machen. Dies kann mit einer Hupe (Bild 8-6)geschehen. Die Hupe soll sich ausschalten lassen, ohne daß gleichzeitig die Störung quittiert wird. Nach behobener Störungsursache muß dann die Sammelstörung automatisch zurückgesetzt werden.

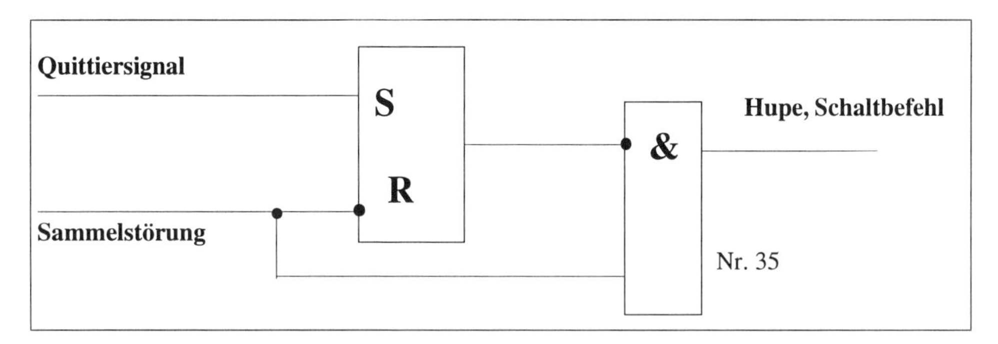

Bild 8-6 Sammelstörmeldung mit Hupe

Tritt eine Sammelstörung auf, ertönt die Hupe; der Speicher bleibt zurückgesetzt. Durch Betätigen der Quittiertaste wird der Speicher gesetzt und die Hupe ausgeschaltet. Erst wenn keine Störung mehr ansteht, wird der Speicher zurückgesetzt.

- Die Stellung des Reparaturschalters wird als Ort-/Fernmeldung (Nr. 9) abgegriffen. Bei Betätigung des Reparaturschalters tritt naturgemäß eine Störung $SB \neq RM$ als Folge auf. Gleiches gilt für den unten beschriebenen Strömungswächter. Damit es hier nicht zu einer verriegelnden Sammelstörung kommt, müssen Störsignale als Folge dieser Betätigung unterdrückt werden (Nr. 37).

Definition: Physikalische Grundfunktion Ort-/Fernmeldung (Nr. 9)
1 Funktion für 1 Binäreingang je Fernschaltstellung eines Anlagenwahlschalters, potentialfrei.

Definition: Überwachungsfunktion Meldungsunterdrückung (Nr. 37)
1 Funktion unterdrückt die Weiterverarbeitung der Zustandsänderung einer Grundfunktion Melden unter Berücksichtigung der Parameter Zeitpunkt, Zeitspanne oder Zustand einer anderen Grundfunktion Melden.

- Die Pumpe wird ausgeschaltet über einen AUS-Taster oder über einen Differenzdruckwächter (Schließer: $p > p_{min} \rightarrow ML = 1$). Der Differenzdruckwächter dient als Strömungswächter (Bild 8-7). Im Falle von Luftansaugung bei leerem Behälter wird die Druckdifferenz klein. $\Delta p \approx 0$ führt zum Abschalten der Pumpe. Diese Abschaltung darf nicht verriegelt werden, da die Pumpe bei gefülltem Behälter wieder automatisch anlaufen muß. Da der Pumpendruck in der Druckleitung erst langsam aufgebaut wird, muß dieses Signal zeitlich verzögert werden (Nr. 36). Der Druckdifferenzwächter wird i.A. als Schließer (Betriebsmeldung Nr. 10) realisiert.

Definition: Überwachungsfunktion Meldungsverzögerung (Nr 36)
1 Funktion gibt die Zustandsänderung einer Grundfunktion Melden nach Ablauf einer zu parametrierenden Verzögerungszeit weiter. Der neue Zustand muß während der Verzögerungszeit konstant geblieben sein.

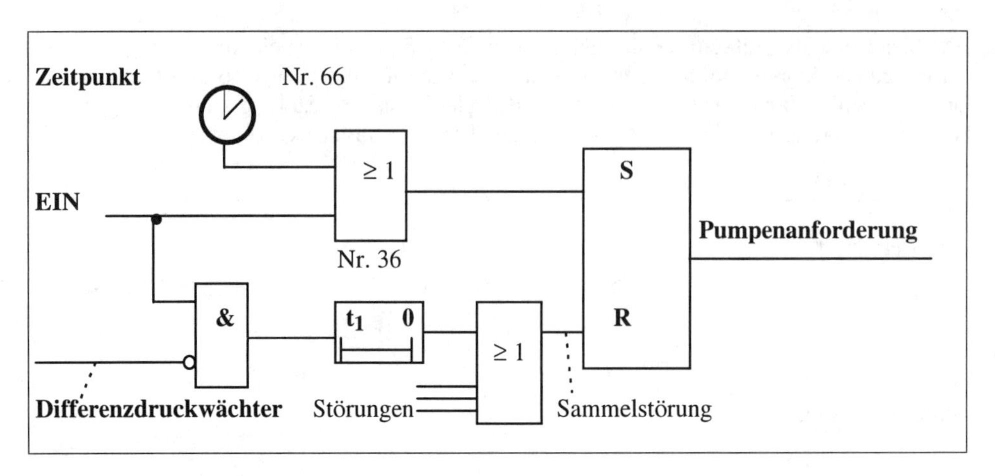

Bild 8-7 Strömungsüberwachung

- In längeren Trockenperioden soll die Pumpe als Festsitzschutz wenigstens einmal pro Woche für mindestens t_1 Sekunden in Betrieb gehen (Nr. 66). Der Temperaturschutz des Motors bleibt dabei aktiv.

Definition: Optimierungsfunktion Zyklisches Schalten (Nr. 66)
1 Optimierungsfunktion zum Auslösen einer Grundfunktion Schalten in Abhängigkeit von parametrierbaren Zeitintervallen, einer Intervalldauer und Verknüpfungen mit 1 Grundfunktion.

- Die Betriebsstundenzahl der Pumpe soll für Wartungszwecke registriert werden (Nr. 32). Dazu wird die Betriebsmeldung des Druckdifferenzwächters im Zustand 1 über der Zeit aufsummiert. Beim Überschreiten einer definierten Betriebszeit wird eine Wartungsanfoderung (Nr. 38) ausgegeben.

Definition: Überwachungsfunktion Betriebsstundenerfassung (Nr. 32)
1 Funktion berechnet die Betriebszeit einer Anlage oder eines Anlagenteils mittels der Grundfunktion Melden und Zuweisung an eine virtuelle Adresse. Zählerstand und oberer Grenzwert je Schaltstufe werden parametriert.

Definition: Meldung an Instandhaltung (Nr. 38)
1 Funktion erfaßt eine Grund- oder aufbereitete Verarbeitungsfunktion mit Rückstellfunktion zur Weitergabe an ein separates Instandhaltungs-Managementsystem.

- Alle Ein- und Ausschaltzeitpunkte sollen gezählt und auf einem Protokolldrucker registriert werden (Nr. 33, Nr. 82).

Definition: Überwachungsfunktion Ereigniszählen (Nr. 33)
1 Funktion zählt die Schalthäufigkeit einer Anlage oder eines Anlagenteils mit Aufsummierung abhängig von einer Grundfunktion Schalten oder Melden und Zuweisung an eine virtuelle Adresse. Parametriert werden 1 Zählerstand, oberer Grenzwert je Schaltstufe bzw. je Meldung.

Definition: Zusatztexte (Nr 82)
1 Funktion zur Ausgabe von Ereignistexten zum Zwecke der Anweisung von Maßnahmen unterschiedlicher Art.

8.2 Heizzonenregelung

Die Vorlauftemperatur der nachfolgend dargestellten Heizzone soll geregelt werden.

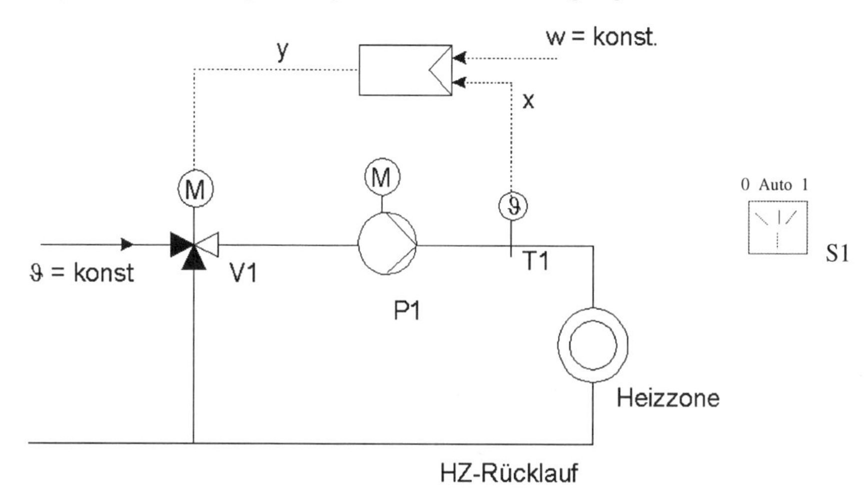

Bild 8-8 Heizzone

Die Teilanlage besteht aus:

- motorisch angetriebenem Dreiwegeventil in Beimischschaltung,
  Stellbereich des Motors: 0 ... 10 V
  entsprechend 0 ... 100 %
  wobei 0 % „reiner Kreislaufbetrieb im Heizzonenkreis" bedeutet.
- einstufige Heizwasserpumpe (Naßläufer) mit konstanter Drehzahl,
  mit Überhitzungsschutz (Thermistor, Öffner) und mit Rückmeldung
  (Schließer) bei Stromaufnahme
- Vorlauftemperaturfühler (Pt100-Widerstandsfühler) mit Meßumformer
  0 ... 10 V-Ausgang für den Meßbereich 0 ... 100 °C.
- Hauptschalter mit den Stellungen 0/1/Auto.

8.2.1 Aufgabenstellung:

Folgende Regelungs- und Steuerungsstrategie soll Anwendung finden:

- Einschalten der Anlage entweder durch einen externen Schalter (S1)
  oder durch DDC-Software (Zeitschaltprogramm)
- Regelung der Vorlauftemperatur auf einen geführten Sollwert
- Heizwasserpumpe mit Nachlauf und Blockierschutz

Funktionsbeschreibung:
Heizwasser wird einem Heizkesselsystem konstanter Temperatur (z.B. 80°C=konst.) entnommen. Die Heizwasserpumpe fördert Wasser im Heizzonenkreis mit nahezu konstantem Massenstrom ($\dot{m}$= konst.). Die Teillast wird durch Anpassung der Temperaturspreizung (Vorlauftemperatur – Rücklauftemperatur) an die Last (Wärmeverbrauch in der Heizzone) eingestellt.

Ein PI-Regler erfaßt die Vorlauftemperatur als Istwert x und vergleicht diese mit einem momentanen Sollwert w. Bei einer Regeldifferenz $e = w - x$ wird über die Stellgröße y die Stellung des Dreiwegeventils so verändert, daß dieser Abweichung entgegengewirkt wird. Dazu wird Heizkesselwasser konstanter Temperatur dem abgekühlten Heizzonen-Rücklaufwasser beigemischt. Im Beharrungszustand stellt sich die gewünschte Vorlauftemperatur (x = w) ein.
Die Anlage wird über einen Hauptschalter oder über DDC-Software freigegeben. Steht der Hauptschalter auf *„1"* *(„Hand")*, wird die Pumpe unabhängig von der Tageszeit eingeschaltet und die Vorlauftemperaturregelung freigegeben. In der Stellung *„0"* („Aus") ist die Anlage ausgeschaltet, d.h. die Pumpe ist nicht in Betrieb und das Ventil ist geschlossen.

Steht der Hauptschalter auf *„Auto"*, dann verhält sich das Automationsgerät in der Betriebsart „Tag" (8^{00} bis 18^{00} Uhr) wie in der Betriebsart „Hand" (Hauptschalter auf „1"). Die Betriebsart „Nacht" (18^{00} bis 8^{00} Uhr) entspricht der Betriebsart „Aus".

Der Pumpenmotor ist mit einem Übertemperaturwächter ausgerüstet. Ein Signal *„0"* des Wächters bedeutet Störung und führt zum nicht verriegelnden Abschalten der Anlage.

Der Pumpenmotor wird ebenfalls (zeitverzögert) abgeschaltet, wenn die Anlage freigegeben, die Rückmeldung (Stromwächter) jedoch kein Signal, d.h. „0" liefert.

8.2.2 Grundfunktionen

Tabelle 8-1 Allgemeine Zuordnungsliste für physikalische Grundfunktionen

Kennzeichen	Benennung	Datenpunkt	Bereich
Y1	Dreiwegeventil	Stellbefehl ST1	0 ... 100%
X1	Vorlauftemperaturfühler	Meßwert MW1	0 ... 100°C
A1	Heizwasserpumpe	Schaltbefehl SB1	0/1
V1	Zeitschaltbefehl (virtueller Punkt)	Schaltbefehl virtuell SB2	0/1
S1	Hauptschalter (Schließer) Stellung „Hand"	Betriebsmeldung ML1	0/1
S2	Hauptschalter (Schließer) Stellung „Auto"	Betriebsmeldung ML2	0/1
S3	Stromwächter, Pumpenmotor (Schließer)	Rückmeldung ML3	0/1
S4	Übertemperaturwächter Pumpenmotor (Öffner)	Störmeldung ML4	1/0

Informationspunkte gesamt:

Analoge Ausgänge	Y:	AA	=	1
Analoge Eingänge	X:	AE	=	1
Digitale Ausgänge	A:	DA	=	1
Digitale Eingänge	E:	DE	=	4
virtuelle Punkte	V:	VP = 1		

Betriebsarten (virtuelle Grundfunktionen):
Zur Ermittlung der Betriebsarten wird eine Schalttabelle aufgestellt (Tabelle 8-2). Die Schalttabelle, oft in der Literatur auch Wahrheitstabelle genannt, ist eine Zusammenstellung aller Wertekombinationen der Eingangsgrößen und der ihnen zugeordneten Werte der Ausgangsgrößen. Hier entsteht eine virtuelle Ausgangsgröße „Betriebsart".

Tabelle 8-2 Schalttabelle der Betriebsarten für die Heizwasserpumpe

Hauptschalter		Zeitschalt-befehl	SB=RM	Stör-meldung	Pumpe	Kommentar
ML1 („Hand")	ML2 („Auto")	SB2	SB1=ML3	ML4	SB1	
0	0	0	0	0	0	Hauptschalter
0	0	0	1	0	0	„Aus"
0	0	0	0	1	0	
0	0	0	1	1	0	
0	0	1	0	0	0	
0	0	1	1	0	0	
0	0	1	0	1	0	
0	0	1	1	1	0	
1	0	0	0	0	0	Übertemperatur
1	0	0	1	0	0	(Betriebsart „Hand")
1	0	1	0	0	0	
1	0	1	1	0	0	
0	1	0	0	0	0	Übertemperatur
0	1	0	1	0	0	(Betriebsart „Auto")
0	1	1	0	0	0	
0	1	1	1	0	0	
1	0	0	0	1	0	keine Rück-
0	1	1	0	1	0	meldung
1	0	0	1	1	1	Pumpe aktiv
0	1	1	1	1	1	

Nur die beiden letzten Zeilen der Schalttabelle führen zu der Betriebsart „EIN". Daraus ergibt sich, daß die Anlage nur dann eingeschaltet ist, wenn

- SB1=ML3 (Schaltbefehl Heizwasserpumpe = Rückmeldung Pumpe)
- und keine Störmeldung „Übertemperatur" vorliegt
- und der Hauptschalter „Ein" ist

  oder
- der Hauptschalter auf „Auto" gestellt ist
- und die Betriebsart „Tag" (SB2=1) vorliegt.

8.2.3 Projektablauf

Für die Projektierung werden folgende Informationen benötigt:

- ❍ Anlagenübersicht
  (Prozeßplan, mit Funktionsübersicht für Regelung und Steuerung)
- ❍ Betriebsartenübersicht
- ❍ Bestückung des Automationsgerätes
- ❍ Stromlaufplan für die Verdrahtung und
- ❍ Funktionsplan

Die Projektierung sollte nach folgendem Ablauf erfolgen:

- Prozeßpläne erstellen
- Funktionsplan ausarbeiten
- Hardwarebelegung (Betriebsmittel)

- Überprüfung der Anschlüsse
- Eingabe des Funktionsplanes
- Generierung des Programmcodes
- Modulkonfiguration
- Zeitprogramme
- Test

Einige Phasen in Kurzform:
Aufbauend auf den Prozeßplan Anlagenübersicht (Prinzipschema) und der *Informationsliste* nach VDI 3814 werden zunächst die Betriebsmittel definiert. Dazu zählen Fühler, Schalter, Geber usw..

Für jeden, später zu vereinbarenden Datenpunkt ist ein Betriebsmittel vorzusehen. Anschließend muß überlegt werden, welche Betriebsmittel (BM), an welcher Karte des Automationsgerätes, angeschlossen werden. Sinnvollerweise empfiehlt sich an dieser Stelle das Aufstellen einer Zuordnungsliste mit folgenden Angaben:

- Bezeichnung des Betriebsmittels
- Kurzzeichens des Betriebsmittels
- Funktionskarte die eingesetzt werden soll (Modultyp)
- Modul-Steckplatzes
- Funktion (Messen, Stellen, Schalten, Melden und Zählen)
- technische Adresse
- Verdrahtungsklemmen

Der nächste Schritt sollte die Festlegung der technischen Adressen beinhalten. Die *technische Adresse* setzt sich zusammen aus:

- der Gruppenadresse des Automationsgerätes
- der Feinadresse (Modul-Nr. und Klemmen-Nr. oder lfd. Nr.)
- einem Kennbuchstaben der angibt, ob mit dieser Adresse Werte eingelesen oder ausgegeben werden
- und einem sogenannten Datenwort

Folgende Kennbuchstaben können beim Zusammensetzen der technischen Adresse verwendet werden:

X/E – bei Meßwerten und Meldungen (analoger/digitaler Eingang)
Y/A – bei Stellsignalen und Schaltbefehlen (analoger/digitaler Ausgang) und
M – für Merker (Zwischenspeicher)

Bei einem Datenpunkt werden zusätzlich zum Prozeßwert auch weitere Informationen abgelegt. Das sind beispielsweise der letzte an die Leitzentrale gemeldete Meßwert, die Priorität der Meldungen und ein Datenaustauschfeld für später zu verwendende SPS/DDC-Funktionsblöcke (Module).

8.2.3.1 Konfigurierprogramm

Der Ablauf der Konfigurierprogramme ist für alle produktspezifischen Konfigurierprgramme ähnlich. An einem Beispiel (Sauter Cumulus) wird dies nachfolgend erläutert. Nach dem Programmstart erscheint das Hauptmenü.

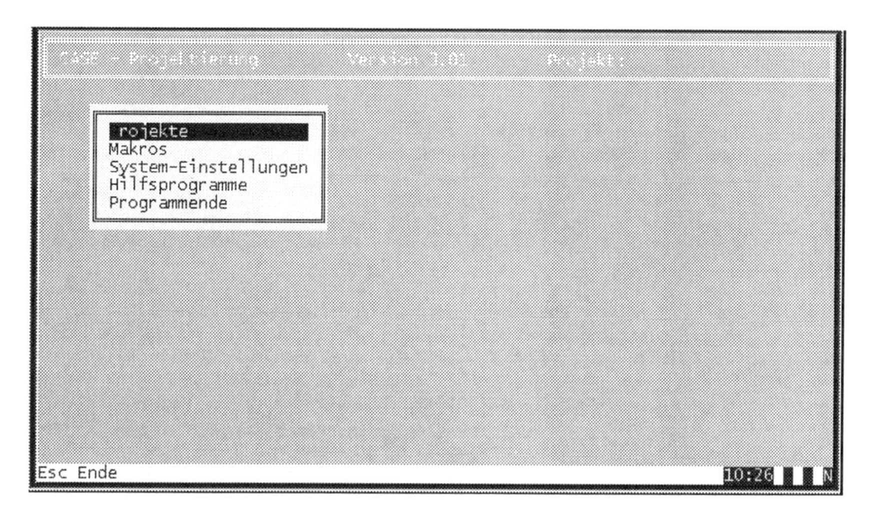

Bild 8-9 Hauptmenü CASE FuPlan

Nach Anwahl des Menüpunktes **Projekte** erscheint das „Projekte“-Menü:

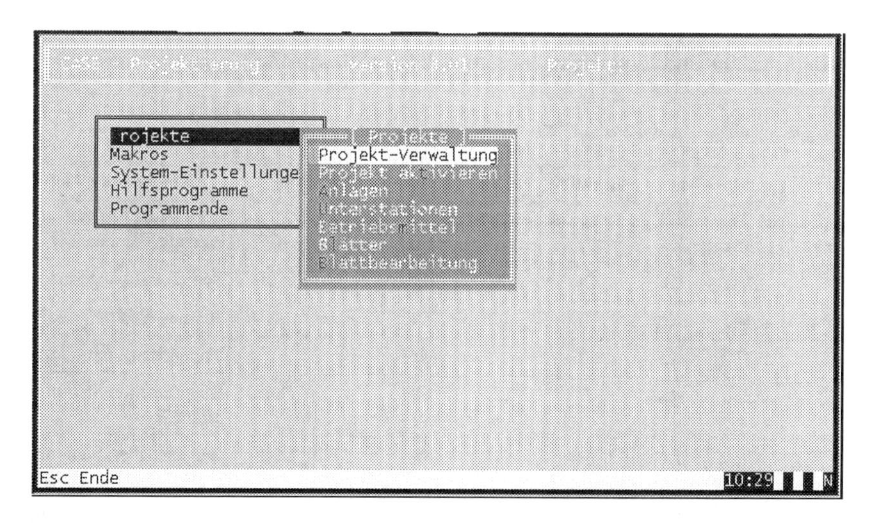

Bild 8-10 Menü Projekte

Anhand des Menüs dieses Fensters werden Projekte neu angelegt, bearbeitet und verwaltet. Informationsschwerpunkte fassen verschiedene Gewerke auf einem Rechner zusammen. Durch den Preisverfall der Hardware verliert der Informationsschwerpunkt immer mehr an Bedeutung. Man verwendet möglichst einen Rechner je Anlage bzw. Aufgabe. Eine Ausnahme bleibt das Einzelraumsystem.

Nach Auswahl des Menüs **Projekte/Anlagen** werden die Anlagen des aktiven Projekts definiert bzw. vorhandene Anlagen bearbeitet.

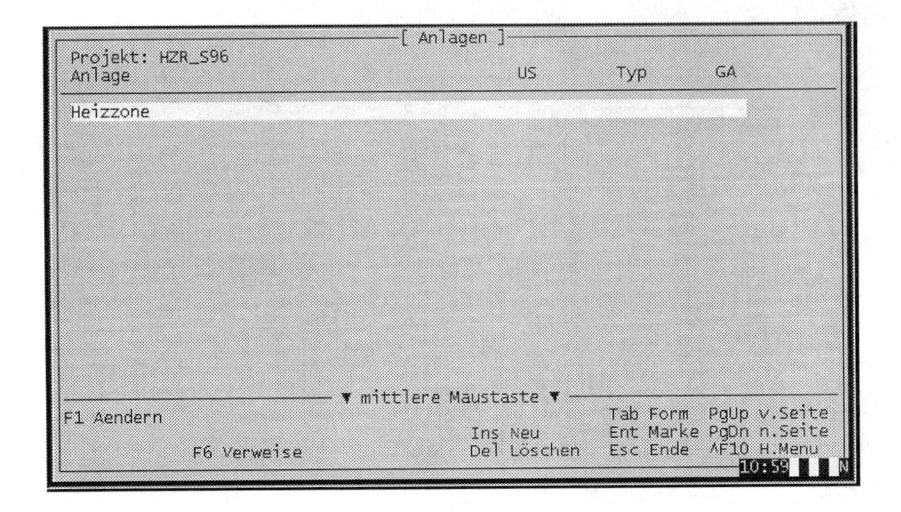

Bild 8-11 Menü „Anlagen"

8.2.3.2 Datenpunkte festlegen und testen

Den Betriebsmitteln sind folgende technische Adressen zugeordnet:

Tabelle 8-3 Belegungsliste (Beispiel: Sauter)

technische Adresse	Karte (Typ)	**Steck-platz**	**Funktion**	**MFA**	Art	Anschluß +	-	Bezeichnung
X12b3	A351	K4	F1	12	SB	9	10	Freigabe Pumpe
X12`3	A351	K4	F1	12	RM	2	GND	Betriebsmeldung Pumpe
Y00e	A341	K1	F1	00	ST	1	2	Stellung Ventil
X16A	A352	K5	F1	16	MW	5	7	Vorlauftemperatur
X28`0	A310	K8	F1	28	ML	1	GND	Hauptschalter, Stellung „Hand"
X28`1	A310	K8	F1	28	ML	2	GND	Hauptschalter, Stellung „Auto"
X29`0	A310	K8	F1	29	ML	9	GND	Temperaturwächter Pumpe
X45`3	-	-	-	45	VP	-	-	Zeitschaltbefehl, periodisch
X46`3	-	-	-	46	VP	-	-	Betriebsart Tag/Nacht
M50a0	-	-	-	50	VP	-	-	Y > 5 %
M50a1	-	-	-	50	VP	-	-	Anforderung Pumpe
M50a2	-	-	-	50	VP	-	-	Schalbefehl Pumpe (=Y12b3)
M50a3	-	-	-	50	VP	-	-	Schaltbefehl = Rückmeldung

Verdrahtung:
Verbinden Sie die Anschlüsse der Visualisierungstafel „Heizung" mit den Anschlüssen der RSZ entsprechend Tabelle 8-3. Verwenden Sie für analoge Signale rote (+) und schwarze (–) Kabel, und für digitale Signale gelbe Kabel. Nach der Verdrahtung werden alle Datenpunkte einzeln getestet.

8.2.4 Regel- und Steuerschema

Unter Verwendung des Gerätefließbildes Bild 8-8 folgt die Auswahl der Module für den Funktionsplan. Es werden für das Anwendungsbeispiel „Heizzonenregelung" folgende Module benötigt:

- Ein Reglermodul „Standardregler stetig", Typ T4.
  Modul-MFA „Standardregler stetig": beliebig wählbar
- Ein Modul „Potentiometer-Eingang",Typ 16.
  Damit läßt sich der Rohwert der Vorlauftemperatur in einen Bereich 0...100 °C umwandeln.
  Modul-MFA „Potentiometer-Eingang" = MFA „Vorlauftemperatur" („Modul auf Meßkarte")
- Ein Modul „Timer" für die geforderte Ausschaltverzögerung der Pumpe, Typ T41; Modul-MFA „Timer" = beliebig wählbar
- Ein Modul „Grenzwertschalter" für die Freigabe der Pumpe bei Stellsignalen des Stellventils größer 5 %, Typ T1.
  MFA „Grenzwertschalter": beliebig wählbar
- Mehrere UND / ODER bzw. XOR-Funktionen, ohne Zuordnung von Modul-MFA

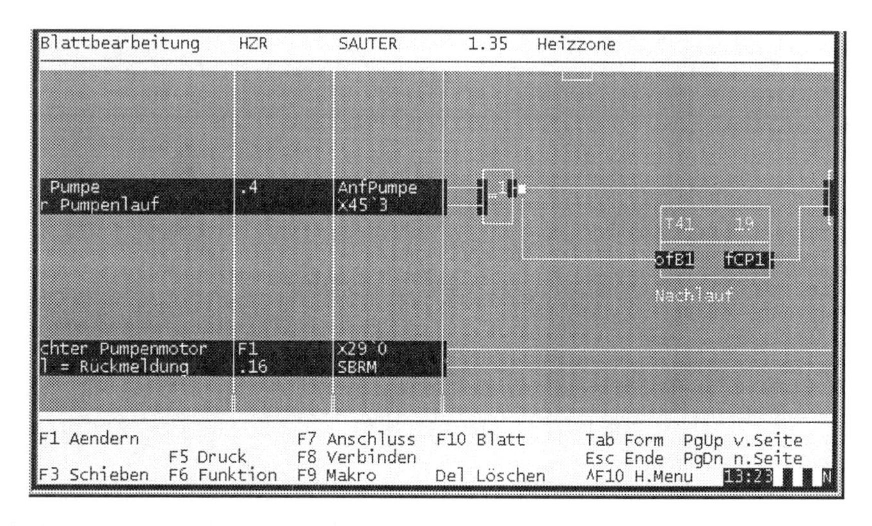

Bild 8-12 Funktionsplan (Beispiel Sauter)

Die Schranken von MS-DOS auf 25 Zeilen je Bildschirmseite – bei Darstellungen im Textmodus – hat zur Folge, daß nicht der gesamte Funktionsplan auf dem Bildschirm dargestellt werden kann (siehe Bild 8-12). Mit Hilfe der Cursor-Tasten läßt sich jedoch der Bildschirmausschnitt an die gewünschte Stelle verschieben.

8.2.5 Zeitschaltprogramme

Mit dem Zeitprogramm ist es möglich, automatische Schaltungen zeitabhängig ausführen zu lassen (Zeitbefehle). Zeitbefehle können an bestimmten Feiertagen nach einem anderen Wochentag bearbeitet werden (Feiertagsprogramm). Mit Hilfe der Zeitbefehle wird bestimmt, welcher Datenpunkt um welche Uhrzeit und an welchen Wochentagen auf welche Stufe geschaltet wird.

In Bild 8-13 sind die Datenpunkte MFA 45 und MFA 46 definiert. MFA 46 definiert die Tag/ Nacht Umschaltung und MFA 45 ist für ein periodisches Einschalten der Pumpe (einmal die Woche, um ein Festsetzen der Pumpe zu verhindern) verantwortlich.

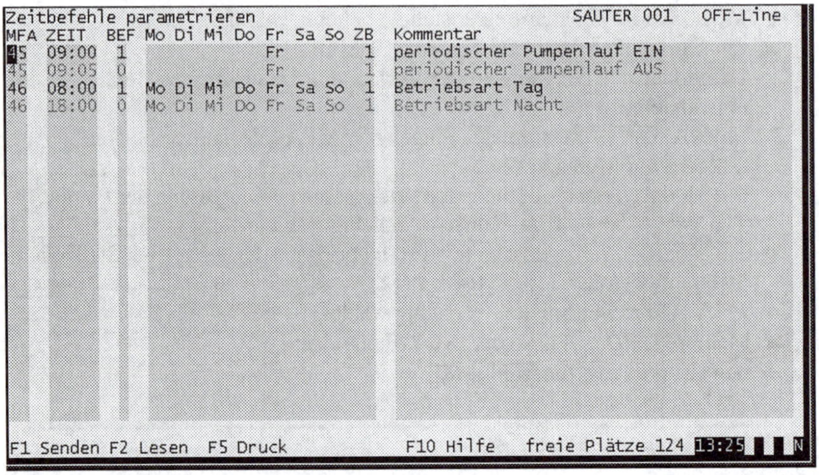

```
Zeitbefehle parametrieren                          SAUTER 001    OFF-Line
MFA ZEIT  BEF Mo Di Mi Do Fr Sa So ZB  Kommentar
45  09:00  1              Fr        1  periodischer Pumpenlauf EIN
45  09:05  0              Fr        1  periodischer Pumpenlauf AUS
46  08:00  1  Mo Di Mi Do Fr Sa So  1  Betriebsart Tag
46  18:00  0  Mo Di Mi Do Fr Sa So  1  Betriebsart Nacht

F1 Senden F2 Lesen  F5 Druck        F10 Hilfe   freie Plätze 124 13:25   N
```

Bild 8-13 Zeitschaltprogramm

Die Spalte **MFA** im Arbeitsblatt gibt die physikalischen Datenpunkte an (MFA 00 .. 31) und die virtuellen Datenpunkte (MFA 45 .. 55). In der Spalte **Zeit** wird die Schaltzeit definiert (00:01 bis 23:59). „00:00“ bedeutet kein Befehlseintrag (No Operation NOP). In der Spalte **BEF** wird die Befehlsstufe eingegeben (0, 1, 2, 3, 4, 5, 6, A).

Die Spalten „Mo“ .. „So“ geben die Wochentage an, an denen der Schaltbefehl ausgeführt werden soll. Ein Erklärungstext zur eingegebenen Zeile kann in der Spalte „Kommentar“ erfolgen.

8.3 Regelschaltungen von Heizzentralen

8.3.1 Heizzentralen

Je nach Wärmeträgermedium werden Heizzentralen als Dampf-, Luft- und Warmwasserzentralheizung unterteilt.

Wird Dampf als Wärmeträger verwendet, wird dieser in speziellen Heizkesseln erzeugt. Dampf wird heute jedoch selten zur direkten Beheizung von Wohn-, Büro- und Geschäftshäusern eingesetzt, da die Betriebstemperaturen an den Heizkörpern zu hoch sind. Man unterscheidet Niederdruck-, Hochdruck- und Vakuumdampfheizungen.

8.3.2 Luftheizungen

Luftheizungen können direkt oder indirekt, das heißt über das Zwischenmedium Wasser und Dampf, befeuert werden. Als Brennstoff dient vorwiegend Öl oder Gas. Direkt befeuerte Luftheizungsanlagen finden vorwiegend in nur zeitweise benutzten großen Räumen statt, wie Kirchen und Ausstellungshallen.

8.3.3 Warmwasserheizungen

Warmwasserheizungen sind in Deutschland am weitesten verbreitet. Es kommen viele verschiedene Bauarten zum Einsatz. Die Auslegungstemperaturen sind meist kleiner 90/70 °C. Die Brennwerttechnik fordert niedrige Rücklauftemperaturen, um dementsprechend kleine Abgastemperaturen zu erreichen. Als Wärmeerzeuger werden hauptsächlich Öl und Gaskessel eingesetzt. Je nach Wärmebedarf werden Ein- bzw. Mehrkesselanlagen eingesetzt. Die Brenner selbst sind ein-, zweistufig oder modulierend. Als Beispiel einer DDC- Regelung wird hier eine Zweikesselanlage mit hydraulischer Weiche gewählt.

8.3.4 Fernheizungen

Größere Einheiten, wie Stadtteile, Gebäudeblocks werden mit Fernwärme versorgt. Hohe Wirkungsgrade bezogen auf die Primärenergie werden durch Kraft-Wärme-Kopplung erreicht. Blockheizkraftwerke (BHKW's) gewinnen zunehmend an Bedeutung. Fernwärmenetze werden mit Heißwasser oder Dampf gespeist.

9 Regelschaltungen von Lüftungs- und Klimaanlagen

von Stefan Weinen

9.1 Bezeichnungen

Zuluft ist die dem Raum zugeführte Luft.
Abluft ist die aus dem Raum abströmende Luft.
Außenluft ist die Luft, die aus dem Freien angesaugt wird.
Umluft ist der Teil der Abluft, der dem Raum wieder zugeführt wird.
Fortluft ist die ins Freie geblasene Abluft.
Mischluft ist die Mischung von Außen- und Umluft.

9.2 Klassifikation von RLT-Anlagen

Die raumlufttechnischen Anlagen (RLT-Anlagen) werden unterschieden in RLT-Anlagen mit Lüftungsfunktionen und solche ohne Lüftungsfunktionen. Eine Lüftungsfunktion liegt vor, wenn die Zuluft frei nachströmt oder mechanisch gefördert wird. RLT-Anlagen ohne Lüftungsfunktionen sind Anlagen, die nur im Umluftbetrieb fahren. Weiterhin wird unterschieden in RLT-Anlagen mit 1, 2, 3 oder 4 Luftbehandlungsfunktionen. Als thermodynamische Luftbehandlungsfunktionen für die Zuluft gelten Heizen, Kühlen, Befeuchten und Entfeuchten.

Thermodynamische Luftbehandlungsfunktionen	**Raumlufttechnische Anlagen**	
	mit Lüftungsfunktion	**ohne Lüftungsfunktion**
Art und Kombination	**Abluftanlage**	**Umluftanlage**
Heizen Kühlen Befeuchten Entfeuchten	Lüftungsanlage Außen- oder Mischluft	Umluftanlage Umluft
Heizen, Kühlen Heizen, Befeuchten Heizen, Entfeuchten Kühlen, Befeuchten Kühlen, Entfeuchten Befeuchten, Entfeuchten	Teilklimaanlage Außen- oder Mischluft	Umluft-Teilkliamanlage Umluft
Heizen, Kühlen, Befeuchten Heizen, Kühlen, Entfeuchten Kühlen, Befeuchten, Entfeuchten Heizen, Befeuchten, Entfeuchten	Teilklimaanlage Außen- oder Mischluft	Umluft-Teilklimaanlage Umluft
Heizen, Kühlen, Befeuchten, Entfeuchten	Klimaanlage Außen- oder Mischluft	Umluft-Klimaanlage Umluft

9.3 Anlagenschemata

Die wesentlichen Merkmale einer Anlage werden in einem sogenannten Anlageschema grafisch dargestellt. Zur Erstellung werden für die einzelnen Anlagenteile Sinnbilder verwendet und entsprechend ihrer realen Reihenfolge für Zuluft und Abluft miteinander verbunden. Diese Sinnbilder sind in der DIN 1946 Teil 1 (10.88) definiert. Die in diesem Kapitel verwendeten Sinnbilder sind in der nachstehenden Tabelle aufgeführt.

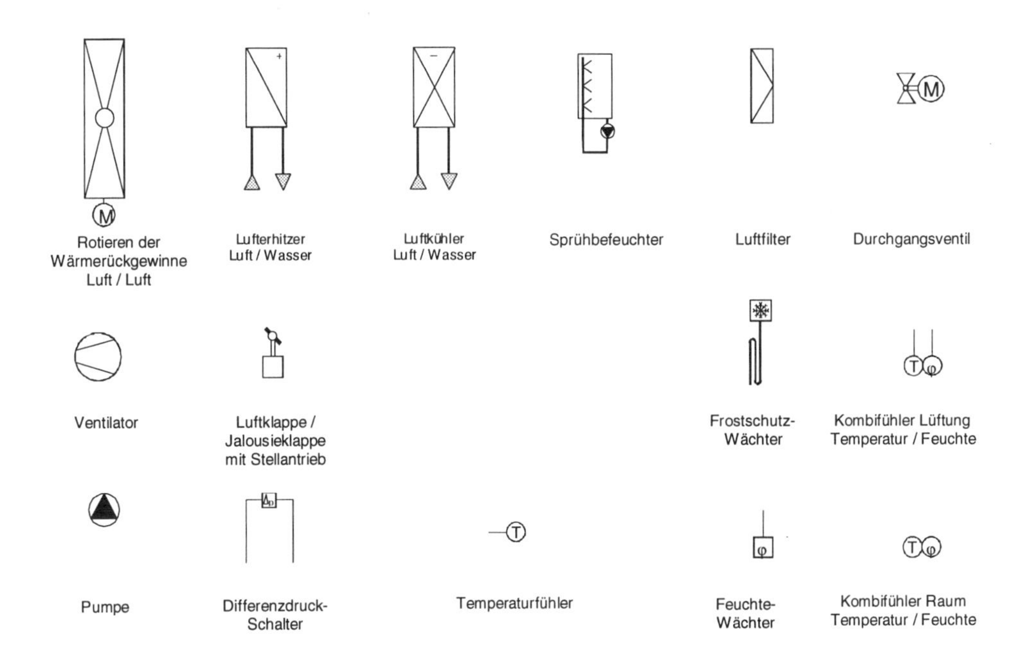

Bild 9-1 Verwendete Symbole

9.3.1 Anlagen- und Regelschemata

Um die Regelungsfunktionen darzustellen, werden meist in die Anlagenschemata die wichtigsten Regelzusammenhänge eingetragen. Dazu ist es erforderlich, daß sämtliche zur Regelung notwendigen Sensoren (= Meßfühler) und Aktoren (= handelnde Anlagenteile) in das Anlagenschema eingezeichnet werden.

Zu den **Sensoren** zählen analoge Eingänge von Meßwerten, wie zum Beispiel Temperatur (T), Druck (P), relative Feuchte (φ), absolute Feuchte (X), Enthalpie (H), CO2. Statt analoger Signale können auch digitale Meldungen von Fühlern verwendet werden, wie zum Beispiel Hygrostate zur maximalen Begrenzung der relativen Feuchte oder Thermostate zur minimalen oder maximalen Begrenzung von Temperaturen. Bei der heute üblichen DDC-Technik werden solche digitalen Grenzwerte vorwiegend als hardwaremäßige Sicherheitsfunktion eingesetzt. Das hat zur Folge, daß bei einem Ausfall der DDC-Unterstation die Grenzwerte überwacht bleiben und elektrisch in die Sicherheitskette eingebunden werden.

Aktoren können ebenfalls analog oder digital angesprochen werden. Die Wahl der Ansprechart hängt im wesentlichen von der benötigten Funktion ab. So wird beispielsweise eine Temperaturregelung mittels eines Ventils über einen analogen Ausgang der DDC-Unterstation realisiert werden.

Alternativ ist ein 3-Punkt Ausgang möglich. Dies bedeutet, daß zwei digitale Schaltausgänge zur Erfüllung derselben Funktion notwendig sind. So wird ein Antrieb mit beispielsweise einer gesamten Laufzeit von 90 Sekunden (von auf nach zu) 30 Sekunden lang den Befehl „auf" bekommen, um 33% eines Ventils oder eine Klappe aufzufahren. Digitale Ausgänge werden benötigt, um beispielsweise eine Klappe mit Federrücklauf zu steuern. Wird der Befehl „auf" weggenommen, fährt die Klappe zu. Weiterhin werden digitale Ausgänge zur Schaltung von Lüftern, Pumpen etc. benötigt.

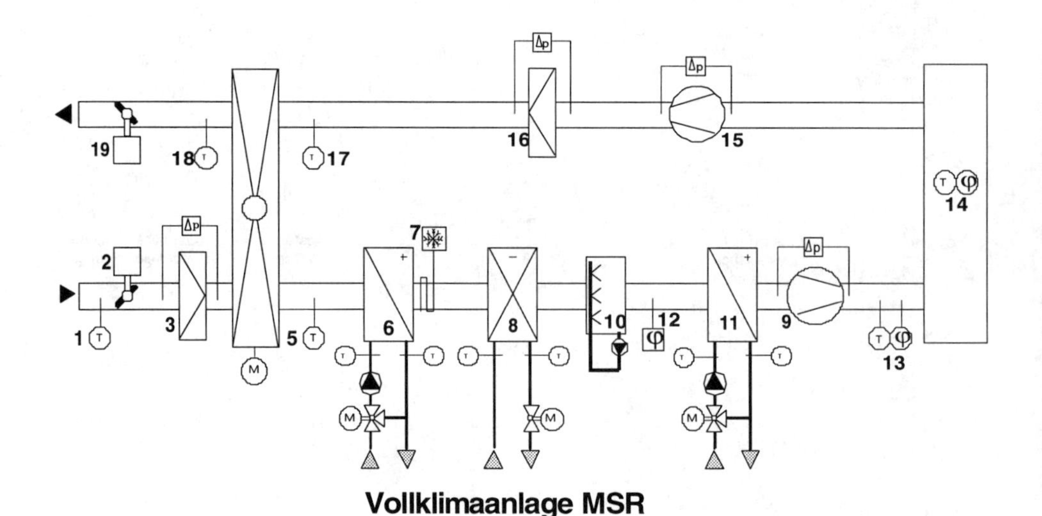

1 = Außenlufttemperaturfühler
2 = Außenluftklappe
3 = Außenluftfilter
4 = Wärmerückgewinnung
5 = Zulufttemperaturfühler
6 = Vorerhitzer
7 = Frostschutz
8 = Kühler
9 = Zuluftventilator
10 = adiabatischer Befeuchter
11 = Nacherhitzer
12 = Hygrostat (Max.-Feuchte)
13 = komb. Temperatur und Feuchtefühler - Zuluft
14 = komb. Raum - Temperatur und Feuchtefühler
15 = Abluftventilator
16 = Abluftfilter
17 = Ablufttemperatur
18 = Fortlufttemperaturfühler
19 = Fortluftklappe

Bild 9-2 Beispiel einer Vollklimaanlage

9.4 Übersicht der Lüftungs- und Klimasysteme

Lüftungs- und Klimaanlagen			
einfache Lüftungsanlagen	**Teilklimaanlagen**	**Klimaanlagen**	
		Nur-Luft	***Luft-Wasser***
Entlüftung	Erwärmung	Einkanal- oder Zweikanalanlage	Hochdruck-Primärluftanlagen mit – Induktionsgeräten (Klimakonvektoren); 2-, 3- oder 4-Rohr-System – Ventilator-Konvektoren (Fan Coil)
Belüftung	Kühlung	Einzonen- oder Mehrzonenanlage	
Luftheizung	Befeuchtung	Volumenstrom konstant oder variabel	
	Entfeuchtung	Niederdruck oder Hochdruck	
		Einzelklimageräte – Fenster- und Truhengeräte – Kompaktklimaschränke	

9.4.1 Nur-Luft-Klimaanlagen

Klimaanlagen haben die Aufgabe, Temperatur und Feuchte der Luft innerhalb beliebig vorgeschriebener Grenzen konstant zu halten. In der Regel enthalten sie daher Einrichtungen für alle vier thermodynamischen Luftbehandlungsmethoden Heizen, Kühlen, Befeuchten und Entfeuchten. Ferner sind sie meistens mit selbständigen Temperatur- und Feuchtereglern ausgerüstet. Sie finden in zwei Gebieten Anwendung: als Komfortklimaanlagen und als Industrieklimaanlagen.

Mit **Komfortklimaanlagen** wird im Sommer und im Winter das günstigste Raumklima aufrechterhalten. Das heißt, je nach Wetter und persönlichen Wünschen werden Temperaturen von 20 °C bis 26 °C und eine relative Feuchte von 35 bis 65% gehalten.

Die Industrieklimaanlagen hingegen haben die Aufgabe, den für die Produktion günstigsten Luftzustand herzustellen.

Die nachfolgend kurz beschriebenen Systeme kommen in beiden Fällen zur Anwendung. Niederdrucksysteme mit Luftgeschwindigkeiten bis etwa 8 m/s und Hochdrucksysteme mit solchen von etwa 15 m/s werden hier nicht weiter unterschieden. Hochdruckanlagen wurden in erster Linie gebaut, da kleinere Kanäle verwendet werden konnten. Dies führte aber zu einem höheren Stromverbrauch. Somit sollten diese Systeme (wenn die Raumverhältnisse es zulassen) heute nicht mehr zum Einsatz kommen.

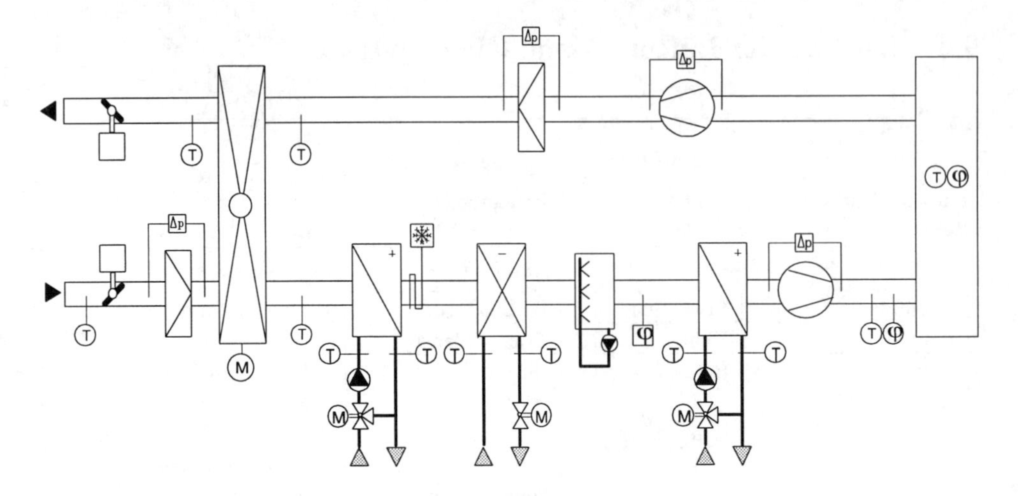

Bild 9-3 Anlagenschema Klimaanlage mit allen thermodynamischen Behandlungsstufen

9.5 Regelungsvarianten

9.5.1 Die Zulufttemperaturregelung

Bei der Zulufttemperatur-Regelung wird die Zuluft mit konstanter Temperatur in den Raum eingeblasen, das heißt ein Zulufttemperaturfühler vergleicht die gemessene Temperatur mit dem Sollwert und der Regler wirkt entsprechend auf das Erhitzerventil. Hierbei ist zu beachten, daß der Sollwert der Zulufttemperatur nur dann auf den gleichen Wert wie die Raumtemperatur eingestellt werden darf, wenn keine Fremdwärme anfällt. Gibt es eine solche, dann ist die Zulufttemperatur entsprechend tiefer einzustellen. Der Sollwert darf jedoch nicht zu tief eingegeben werden. Denn das Auftreten von Zuglufterscheinungen ist aus wohl verständlichen Gründen unerwünscht.

Die Leistung des Lufterhitzers muß so ausgelegt sein, daß er auch bei tiefster Außentemperatur die für die Lüftung notwendige Außenluftmenge auf den eingestellten Sollwert bringen kann. Eine im Raum eventuell auftretende Fremdwärme kann mit dieser Regelung nicht kompensiert werden. Hierzu bedarf eines Raumtemperaturfühlers der auf eine Radiatorenheizung wirkt und die Differenzen ausregelt. Dies setzt eine entsprechende Dimensionierung der Radiatorenheizung voraus, da auch beim Ausbleiben der Fremdwärme die Radiatorenheizung zusätzlich zur eigentlichen Heizung die Erwärmung der kälteren Zuluft übernehmen muß.

Soll im Sommer gekühlt werden, ist es sinnvoll, die Zulufttemperatur in Abhängigkeit der Außentemperatur zu schieben.

Um größere Temperaturschwankungen zu vermeiden sollte diese Art der Regelung nur bei kleinen Fremdwärmemengen angewendet werden. Anwendungsbereiche sind vor allem Werkstätten, Werk- und Lagerhallen.

9.5.2 Die Raumtemperatur-Regelung

Tritt in einem Raum eine grössere Fremdwärmemenge auf, so ist diese aus wirtschaftlichen Gründen zur Beheizung des Raumes zu nutzen, das heißt sie ist in die Regelung der Lüftungsanlage einzubeziehen. Dies geschieht mit der Raumtemperatur-Regelung. Die Zulufttemperatur wird nun nicht mehr auf einen konstanten Wert geregelt, sondern auf einen von der Raumtemperatur abgängigen Wert. Das geschieht, in dem ein Regler die vom Raumtemperaturfühler gemessene Temperatur mit dem Sollwert vergleicht. Bei einer Abweichung bewirkt der Regler das Verstellen des Heizventils. Je höher die Raumtemperatur infolge von Fremdwärme ansteigen will, desto kälter wird die Zuluft aufgrund des zufahrenden Erhitzerventils eingeblasen. Dadurch bleibt die Raumtemperatur konstant auf ihrem gewählten Wert.

Der Vorteil der Raumtemperatur-Regelung gegenüber der Zulufttemperatur-Regelung liegt vor allem in der Ausregelgeschwindigkeit von Störungen, die innerhalb des belüfteten Raumes auftreten.

Störungen hingegen, die über die Zuluft in den Raum gelangen, werden wegen der Zeitkonstante des Raumes nur relativ träge ausgeregelt. Solche Störungen können unter anderem sein:

- Schnelle Änderung der Außentemperatur
- Schwankungen der Vorlauftemperatur für die Wärmetauscher
- Ein- und Ausschalten eines Luftwäschers

9.5.3 Die Ablufttemperatur-Regelung

Ist die Plazierung eines Raumtemperaturfühlers schwierig, wird das Raumklima vorzugsweise mit Hilfe der Ablufttemperatur-Regelung gehalten. Diese verhält sich im wesentlichen wie die Raumtemperatur-Regelung. Der im Raum montierte Temperaturfühler mißt nicht nur die Raumlufttemperatur, sondern auch einen gewissen Anteil der Strahlungs- und der Wandtemperatur.

Die Ausgleichszeit (Tg) der Regelstrecke wird bei der Ablufttemperatur-Regelung kürzer, da ein Fühler bei höherer Strömungsgeschwindigkeit schneller reagiert. Daduch wird der Schwierigkeitsgrad LAMDA der Strecke größer, weil die Verzugszeit (Tu) der Regelstrecke praktisch nicht beeinflusst wird:

LAMDA = Tu / Tg.

9.5.4 Die Raum-Zulufttemperatur-Kaskaden-Regelung (Abluft-Zulufttemperatur-Kaskaden-Regelung)

Bei der Raumtemperatur-Regelung müssen Störungen durch die Zuluft erst vom Raumfühler erfaßt, um dann ausgeregelt werden zu können. Außerdem lassen sich komplizierte Regelstrecken nur schwer beherrschen. Diese Nachteile werden durch die Reihenschaltung gleichartiger Teile der sogenannten Kaskaden-Regelung beseitigt.

Die Kaskaden-Regelung erkennt man daran, daß die Anlage zwei Regelkreise enthält, einen Haupt- oder Führungsregelkreis und einen Hilfsregelkreis oder Folgeregelkreis.

Die Schaltung kann auch als Kombination von Raumtemperatur- und Zulufttemperatur-Regelung angesehen werden. In der Lüftungstechnik werden häufig Abluft-/Zuluftkaskaden oder Raum-/Zuluftkaskaden für die Temperaturregelung und für die Feuchteregelung verwendet. Es werden P/PI-Kaskaden oder auch PI/PI-Kaskaden eingesetzt. Bei der als zweites genannten Variante ist zu beachten, daß der Führungsregler langsamer als der Folgeregler arbeiten muß, um ein stabiles Regelverhalten zu erreichen.

Folgendes Beispiel soll die Arbeitsweise verdeutlichen: Der Führungsregler erfaßt über Raum- oder Ablufttemperaturfühler die Raum- bzw. Ablufttemperatur und vergleicht sie mit dem festgelegten Sollwert. Bei einer Abweichung wird das Reglerausgangssignal (0-100%) in einen Bereich von beispielsweise 18 °C bis 32 °C konvertiert. Dies ist nun der Sollwert für den Hilfs- oder Folgeregler, der die gemessene Zulufttemperatur mit diesem neu definierten Sollwert vergleicht und bei einer Abweichung entsprechend auf das Erhitzerventil wirkt. Mit dieser Wirkungsweise wird gleichzeitig die minimale und maximale Zulufttemperatur definiert.

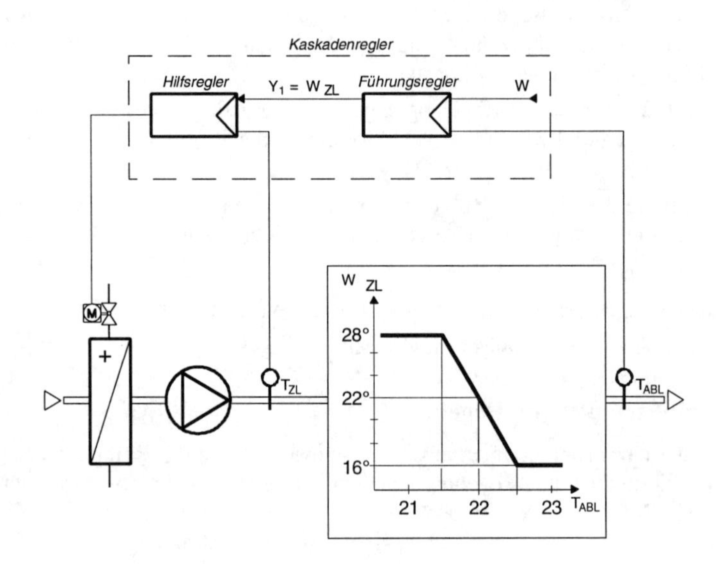

Bild 9-4 Regelkreis einer Kaskadenregelung

9.5.5 Sequenzschaltungen

Ist eine RLT-Anlage mit einem Lufterhitzer und einem Luftkühler ausgestattet, kann die Raumtemperatur nicht nur im Winter, sondern auch im Sommer und bei einem Fremdwärmeanfall auf einen konstanten Wert gehalten werden. Der Temperaturregler vergleicht die vom Raumtemperaturfühler gemessene Temperatur mit dem Sollwert. Bei einer Abweichung bewirkt der Regler das Verstellen des Heizventils bzw. des Kühlventils solange, bis die eingestellte Raumtemperatur erreicht ist. Bei kleinen Überschwingungen um den Sollwert würde häufig geheizt und kurz darauf wieder gekühlt werden. Um diese Energieverschwendung zu vermeiden, wird meist der Sollwert für Kühlen 2K (Totzone) über dem Sollwert für Heizen festgelegt.

Sind in einer RLT-Anlage mehrere Lufterhitzer bzw. ein Wärmerückgewinnsystem und ein Erhitzer, so werden diese auch in Sequenz gefahren, das heißt zuerst wird die Wärmerückgewinnung auf 100% geregelt und bei Bedarf im Anschluß der Erhitzer. Statt der Wärmerückgewinnung kann auch eine Umluftbeimischklappe geregelt werden. Diese wird regelungstechnisch wie ein Erhitzer betrachtet bzw. wie ein Kühler, wenn die Ablufttemperatur unter der Außentemperatur liegt.

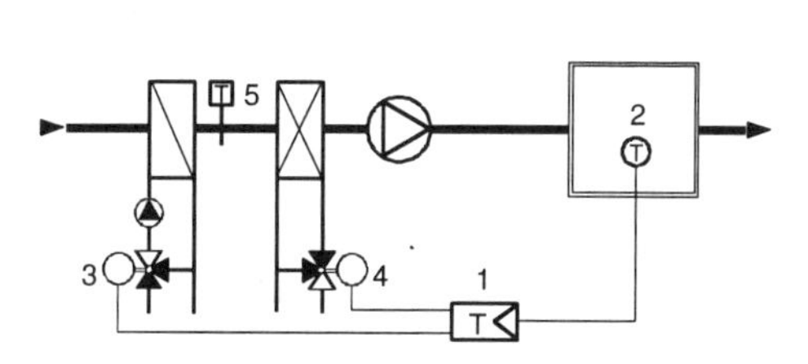

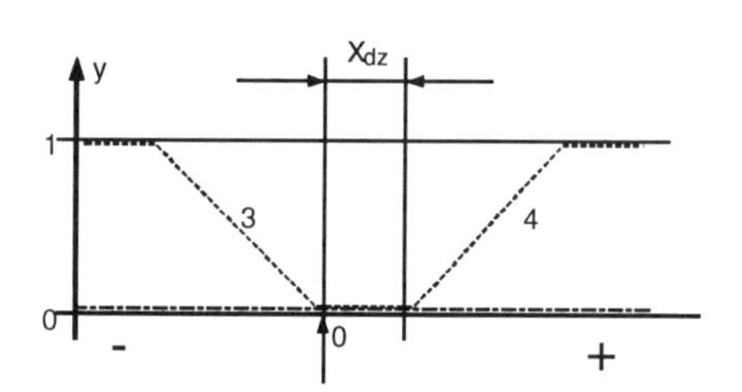

Lüftungsanlage mit Heiz - und Kühlregister

1 Temperaturregler
2 Raumtemperaturfühler
3 Heizventeil
4 Kühlventil
5 Frostschutzthermostat

Sequenzschaltung Heizventil - Kühlventil

Q Last (- = Heizlast, + = Kühllast)
3 Heizventil
4 Kühlventil
Xdz Totzone

Bild 9-5 Regelkreis mit Sequenzschaltung

9.5.6 Führung der Raum- nach der Außentemperatur

Aus ökonomischen und gesundheitlichen Erwägungen wird die Raum nach der Außentemperatur geführt. Werden im Sommerbetrieb zu große Temperatur-Unterschiede zwischen Raum- und Außentemperatur vermieden, spart dies Kühlenergie und senkt die Gefahr eines Hitzeschocks.

Nach den Lüftungsregeln der VDI soll ab einer Außentemperatur von 32 °C die Raumtemperatur auf 26 °C angehoben werden. Für die verschiedenen Außentemperaturen gelten folgende Werte :

Außentemperatur :	20	22	24	26	28	30	32 °C
Raumtemperatur :	20	21	22	23	24	25	26 °C

9.5.7 Sommer-/Winterbetrieb in Abhängigkeit der Enthalpie-Differenz von Abluft und Außenluft

Im Sommer soll aus wirtschaftlichen Gründen vermieden werden, daß eine große Menge Außenluft abgekühlt werden muß, die eine höhere Enthalpie hat als die Abluft. Daher werden unabhängig vom Winterbetrieb die Außen- und Fortluftklappen im Auf/Zu-Betrieb bis zur Minimalstellung geschlossen, wenn die gemessene Außenenthalpie höher ist als die gemessene Abluftenthalpie. Bei RLT-Anlagen mit einem Wärmerückgewinn-System ist die Hysterese der Umschaltung, also die Enthalpiedifferenz, so hoch zu wählen, daß dem Rückgewinnungsgrad Rechnung getragen wird.

9.5.8 Feuchteregelung

Die Feuchteregelung kann analog zur Temperaturregelung als Raum- oder Abluft-/Zuluft-Kaskadenregelung erfolgen. Eine Regelung nach relativer Feuchte hat den großen Nachteil, daß bei einer Temperaturänderung sich auch die relative Feuchte ändert. Folglich stört der Temperatur-Regelkreis permanent den Feuchte-Regelkreis und umgekehrt. Zur Entkopplung der Regelkreise ist es deshalb sinnvoller den Feuchtesollwert in absoluter Feuchte vorzugeben. Dies spart außerdem Energie.

Für die Messung der absoluten Feuchte werden aus einem Temperatursensor und einem Fühler der relative Feuchte die absolute Feuchte berechnet. Dies geschieht entweder in der Elektronik eines kombinierten Fühlers oder in einer DDC-Unterstation. Die zweite Möglichkeit ist häufig vorzuziehen. Denn sie bietet den Vorteil gleichzeitig die Enthalpie berechnen zu lassen und eventuell die relative Feuchte als maximale Begrenzung einsetzen zu können, etwa bei 90% relativer Feuchte. Grundsätzlich gilt, daß die Feuchteregelung nur bei der Verletzung von Minimum- und Maximum-Sollwerten (30% und 70% rel. Feuchte) eingreifen sollte.

9.6 Informationspunkte

Die Informationspunktliste nach VDI 3814 oder dem Entwurf der Europa Norm (EN) 1995 definiert die Anzahl und Qualität der Informationspunkte und gibt Aufschluß über die Softwarefunktionen. Eine Funktionsbeschreibung entfällt somit – zumindest in der Planungs- und Ausschreibungsphase.

Die Spalten der Informationspunktliste sind nachfolgend am praktischen Beispiel erläutert:

- *Spalten 1-11* enthalten die physikalischen Datenpunkte.
- *Spalte 2*: Eintrag der Impuls-Schaltstufen, die beispielsweise für die Lichtschaltung über Stromstoßrelais verwendet werden;
- *Spalte 3*: Eintrag der Dauerschaltstufen, die beispielsweise für Lüfter und Pumpen verwendet werden;
- *Spalte 4*: Eintrag der 3-Punkt Stellausgänge, die für 3-Punkt Ventilantriebe oder Leistungsstellungen von Brennern verwendet werden;
- *Spalten 5 und 5a* enthalten die Angaben der analoge Ausgänge für elektrisch stetige Ausgänge von 0-10 V, 0-20 oder 4-20 mA bzw. mit einem Pneumatik-Umsetzer, wie Ventilantriebe und stetig Klappenantriebe.
- *Spalte 6* enthält die Ort/Fern-Meldungen, die beipielsweise von einem externen Tableau geschaltet werden.
- *Spalte* 7 enthält Betriebsrückmeldungen (Schließer), die meist dem Schütz oder Hilfsschütz eines geschalteten elektrischen Verbrauchers entnommen werden.
- *Spalte 8:* Eintrag sonstiger Meldungen;
- *Spalte 8a:* Eintrag der Impuls-Meldungen, die beispielsweise von einem Wischrelais kommen und vom Digitaleingang der DDC-Unterstation zu speichern sind;
- *Spalte 8b*: Eintrag des Stromausfalls bei Ausfall der Netzspannung;
- *Spalte 9* enthält die passiven Analogeingänge, das sind sämtliche veränderlichen Widerstände, wie beispielsweise die Temperaturfühler PT 100, PT 1000, Ni 100 sowie Ni 1000 und Potentiometer, wie sie für Stellungsanzeigen häufig verwendet werden.
- *Spalte 10* enthält die aktiven Analogeingänge, die meist von Feuchte- und Druckfühlern als 0-10 V oder 0-20 bzw. 4-20 mA Signal herausgegeben werden. Ebenso werden andere physikalische Größen als Spannungs- oder Stromsignale auf die DDC-Unterstationen aufgeschaltet.

- *Spalte 11* enthält die Zählwerte mit einer Frequenz bis zu 25 Hz, die von Wärme-/ Kälte- und Elektrozählern herausgegeben werden.
- *Spalte 12+13:* Angabe der Notbedienungsebene: Auf den Ausgangsmodulen oder Karten der DDC-Unterstationen können über kleine Schalter und Potentiometer die analogen und digitalen Ausgänge unabhängig vom Programm geschaltet werden.
- *Spalte 14-18* enthält die virtuellen Grundfunktionen. Ähnlich wie physikalische Datenpunkte können virtuelle Datenpunkte aus logischen Verknüpfungen oder berechneten Werten entstehen.
- *Spalte 19-23* enthält die Kommunikation mit Leitebene; sofern eine Leitzentrale über die DDC-Unterstationen gesetzt ist, werden in der Regel sämtliche physikalischen und virtuellen Datenpunkte auf der Leitzentrale abgebildet.
- *Spalte 25*: Eintrag der festen Grenzwerte; Meß- und Zählwerte werden auf Grenzwerte hin überwacht. So kann ein Alarm bei Unter- bzw. Überschreiten eines Meßwertes, wie beispielsweise der Raumtemperatur erfolgen. Zählwerte werden nur auf einen oberen Grenzwert überwacht.
- *Spalte 26*: Eintrag der gleitenden Grenzwerte; ein Grenzwert der durch eine Führungsgröße verändert wird, wie beispielsweise die Schiebung der Raumtemperatur nach Außentemperatur.
- *Spalte 27* enthält die Erfassung der Betriebsstunden. Alle Aggregate, die nach bestimmter Anzahl von Betriebsstunden gewartet werden müssen, werden hier eingetragen. Auch für Energieauswertungen ist die Anzahl der Betriebsstunden wichtig.
- *Spalte 28* enthält die Ereigniszählung, die beispielsweise für die Schalthäufigkeit von Anlagen oder Aggregaten verwendet wird.
- *Spalte 29:* Eintrag der befehlsmäßigen Ausführungskontrolle. Wird ein neuer Zustand vorgegeben, muß innerhalb einer gewissen Zeit die Rückmeldung erfolgen. Ist das nicht der Fall, erfolgt eine Störmeldung (Befehl ungleich Rückmeldung). Dies kann natürlich nur bei der Ansteuerung von Feldgeräten durch Schalt- und Stellbefehle erfolgen, von denen eine Meldung bzw. ein Meßwert als Rückmeldung auf die DDC-UST geschaltet ist.
- *Spalte 30*: Eintrag der logischen Meldungsverknüpfung (alle und/oder)
- *Spalte 31* enthält Meldungsverzögerung. Zum Beispiel muß bei Einschalten eines Ventilators die Keilriemenüberwachung über eine Druckdose so lange verzögert werden, bis ein ausreichender Differenzdruck sich aufgebaut hat.
- *Spalte 32* enthält die Meldungsunterdrückung; ist zum Beispiel der Ventilator ausgeschaltet, muß die Störmeldung „Keilriemen" unterdrückt werden.
- *Spalte 33* enthält die Meldung Instandhaltung, beispielsweise in Verbindung mit einer Betriebsstundenüberwachung.
- *Spalte 35:* Eintrag der Anfahrsteuerung: Steuersequenz im Anfahrbetrieb einer Anlage, zum Beispiel bei einer Lüftungsanlage, Klappen auf => Abluftventilator => Zuluftventilator.
- *Spalte 36:* Eintrag der Motorsteuerung: Ansteuerung von einem Motor, wie Ventila-

- *Spalte 36:* Eintrag der Motorsteuerung: Ansteuerung von einem Motor, wie Ventilator, Erhitzerpumpe unter Berücksichtigung der Betriebs- und Störmeldung und der daraus resultierenden Verriegelungsbedingung.
- *Spalte 37:* Eintrag der Folgesteuerung; Ereignis – Last – oder zeitorientiertes Schalten bzw. Zu- und Abschalten von Aggregaten, wie Heizkesseln, Kältemaschinen und BHKW-Modulen.
- *Spalte 39:* Eintrag der Sicherheitssteuerung; Steuerung einer Anlage bei Über- oder Unterschreiten von sicherheitsrelevanten Bereichen, wie zum Beispiel Temperatur- und Druckbegrenzer oder Rauchmelder.
- *Spalte 40* enthält Angaben zum Frostschutz. Beim Ansprechen des Frostschutzes in einer Lüftungsanlage werden die Ventilatoren abgeschaltet, die Klappen geschlossen und das Erhitzerventil geöffnet.
- *Spalte 41* enthält den festen Sollwert, das heißt die Regelung einer Prozeßgröße auf einen festen Wert.
- *Spalte 42* enthält den geführten Sollwert, das heißt der Sollwert der Zulufttemperatur wird in Abhängigkeit der Raumtemperatur von + 18 bis + 32 °C geführt (Raum-Zuluft-Kaskade)
- *Spalte 43* enthält die Sollwertkennlinie, das heißt beispielsweise die Sollwertschiebung in Abhängigkeit der Außentemperatur (Raumtemperatur für Kühlung oder Vorlauftemperatur für Heizung).
- *Spalte 44*: Eintrag der Kaskaden-Regelung; bei einer Lüftungsanlage wird eine Temperaturregelung als Raum-Zuluft- bzw. Abluft-Zuluft-Kaskade ausgeführt. Bei einer Heizungsanlage mit zwei oder mehreren Kesseln kann eine Kaskade aus allgemeiner Vorlauftemperatur und Kesseltemperatur gebildet werden.
- *Spalte 45+46* enthält den P/PI/PID Algorithmus, die Art der eingesetzten Regler (in der Haustechnik meist PI).
- *Spalte 47* enthält die h, x-geführte Regelung; um energieoptimiert zu regeln, werden häufig Felder im h-x-Diagramm definiert, innerhalb deren Grenzen immer der wirtschaftlichsten Luftbehandlung der Vorzug gegeben wird. Erst bei Verletzung der Grenzwerte greift eine andere Regelstrategie.
- *Spalte 48* enthält die Parameterumschaltung. Umschaltung von Reglerparametern in Abhängigkeit von IST-Sollwerten oder Stellgrößen.
- *Spalte 49* enthält die Begrenzung. Eine Begrenzung von Sollwerten oder Stellgrößen erfolgt zum Beispiel bei der Zulufttemperatur in einer Lüftungsanlage. Die Begrenzung der Zuluft erfolgt zu den definierten Grenzen, beispielsweise 18 und 32 °C. Auch die Zuluftfeuchte wird auf circa 90% relative Feuchte begrenzt um eine Taupunktunterschreitung im Kanal oder an den Ausblasgittern zu verhindern.
- *Spalte 50* enthält die Sequenz 2 oder mehr. Die Sequenz Heizen in einer Klimaanlage erfolgt in folgender Reihenfolge: Wärmerückgewinnung, Vorerhitzer, Nacherhitzer im Kühlfall bei einer Ablufttemperatur kleiner Außentemperatur, Wärmerückgewinnung, Kühler.

- *Spalte 51* enthält den 2-Punkt Ausgang, das heißt die Schaltung von Lüftern, Pumpen etc.
- *Spalte 54* enthält die berechneten Werte. Aus dem Raumtemperatur- und relative Feuchtesollwert wird der absolute Feuchtesollwert errechnet und dem Feuchteregler als Sollwert vorgegeben.
- *Spalte 55* enthält das Ereignisschalten, das heißt das Schalten in Abhängigkeit vom Zustand einer physikalischen oder virtuellen Adresse, am Beispiel einer Erhitzerpumpe: „ein" bei Ventilstellung > 4%, „aus" bei Ventilstellung < 2%.
- *Spalte 56*: Eintrag Zeitschaltung; die Anlage wird zwischen 7-18 h eingeschaltet.
- *Spalte 57*: Eintrag gleitendes Schalten; die Anlage wird in Abhängigkeit von Innen- und Raumtemperatur, sowie eines Gebäudekoeffizienten geschaltet (Optimum Start-Stop-Programme).
- *Spalte 58*: Eintrag zyklisches Schalten, festes Betrieb/ Pausenverhältnis
- *Spalte 59*: Eintrag Nachtkühlbetrieb; ist die Außentemperatur in der Nacht deutlich kleiner als die Raumtemperatur und die Raumtempertur größer als der Tages-Sollwert, wird am frühen Morgen (meist zwischen 2.00 und 5.00 Uhr der Raum über die Außenluft gekühlt.
- *Spalte 60*: Eintrag Gebäude Auskühlschutz; während der Nicht-Nutzungszeit wird die Raumtemperatur überwacht. Fällt die Raumtemperatur unter den diesbezüglich eingestellten Grenzwert, wird entsprechend nachgeheizt.
- *Spalte 61*: Eintrag der Energie Rückgewinnung; bei einer Lüftungsanlage kann durch Enthalpievergleich der Abluft und der Außenluft der Wirksinn der Wärmerückgewinnung umgeschaltet werden. Die Wärmerückgewinnung wird demnach als „Erhitzer" oder „Kühler" in die Sequenz Heizen, Kühlen integriert.
- *Spalte 62:* Eintrag Ersatznetzbetrieb; fällt die Netzversorgung aus, werden nur wichtige Anlagen oder Anlagenteile über das Ersatznetz gespeist. Manche Anlagen werden ausgeschaltet oder in Stufe 1 zurückgeschaltet.
- *Spalte 63*: Eintrag Netzwiederkehrprogramm; nach Ende eines Netzausfalles muß verhindert werden, daß alle Anlagen gleichzeitig in Betrieb gehen, da sonst das Netz zusammenbrechen würde und viele Sicherungen auslösen könnten. Ein nach Priorität und Zeit gestaffelter Anlauf hat zu erfolgen.
- *Spalte 64*: Eintrag der Höchstlastbegrenzung; durch die Reduktion einer maximalen Energieabnahme innerhalb einer vorgegebenen Meßperiode (meist 15 min) kann ein preiswerterer Tarif mit dem Energieversorger ausgehandelt werden. Über einen Leistungsimpuls wird permanent auf die Meßperiode hochgerechnet. Die Verbraucher werden entsprechend nach einer berechneten Folge (nach Priorität, minimaler Ein- und Ausschaltdauer, Leistungsaufnahme) aus- oder zurückgeschaltet.
- *Spalte 65*: Eintrag des tarifabhängigen Schaltens; durch Umschaltung auf einen anderen Energieträger oder Zuschalten von beispielsweise Blockheizkraftwerken können bei manchen Energieversorgern günstigere Arbeitspreise vereinbart werden. Diese Schaltung erfolgt durch automatischen oder manuellen Eingriff.

- *Spalte 66* enthält die Störungsstatistik. Das Statistik-Programm dient der Auswertung von Störmeldungen nach zeitlichem Auftreten und Häufigkeit.
- *Spalte 67* enthält die Verbrauchsstatistik. Über die Anzahl der Betriebstunden in Verbindung mit der Leistungsaufnahme, die Aufnahme von Meß- und Zählwerten, wird eine Verbrauchsstatistik erstellt.
- *Spalte 68*: Eintrag Ereignis Langzeitspeicher; der Zustandswechsel von Grund- und Verarbeitungsfunktionen wird mit einem Zeitstempel dokumentiert.
- *Spalte 69*: Eintrag Zyklischer Langzeitspeicher; in bestimmten Speicherungszyklen oder bei einer definierten Veränderung werden Grund- und Verarbeitungsfunktionen mit einem Zeitstempel dokumentiert.
- *Spalte 70* enthält die Datenbankarchivierung. Auslagern von gespeicherten Informationen auf externe Datenträger.
- *Spalte 71* enthält das Anlagenbild. Visualisierung der Anlage mit Symbolen und Bedienfeldern am Monitor.
- *Spalte 72* enthält dynamische Einblendungen. Einblendung des aktuellen Zustandes der Anlage im Anlagenbild (physikalische und virtuelle Grundfunktionen).
- *Spalte 73* enthält Zusatztexte. Beim Auftreten von bestimmten Ereignissen werden zusäzliche Anweisungen oder Formblätter ausgegeben.
- *Spalte 74* Eintrag Ansteuerung Rufanlage; beim Auftreten von bestimmten Ereignissen werden zusätzliche Anweisungen, zum Beispiel per Telefonnotrufcomputer (Ansage auf Band), alphanumerisch auf Cityruf, Mobilfunk oder ähnlichem ausgegeben.

9.7 Projektierungsbeispiel Lüftung

9.7.1 Anlagen- und Regelschema

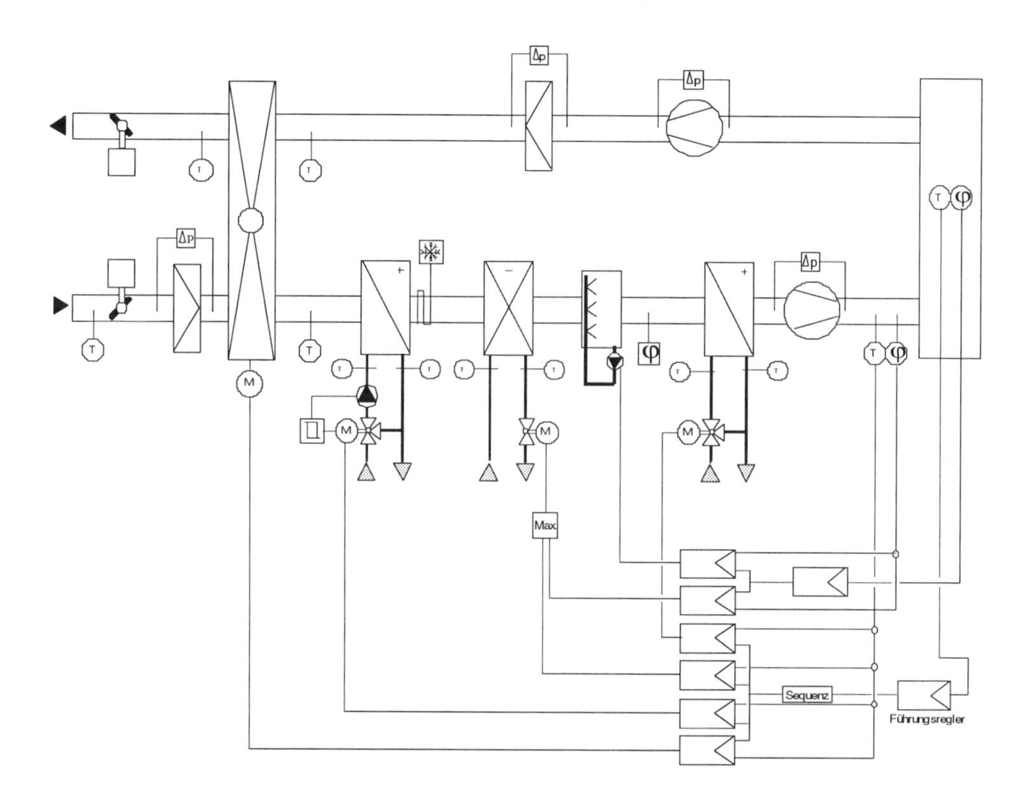

Bild 9-6 Anlagenschema

9.7.2 Informationspunktliste

Gebäudeautomation
Informationsliste
(EN-1995) Teil 1

1) Hinweis für Binärausgänge (BA), Dauer: z.B. O, I, II = 2 BA, Impuls: z.B. O, I, II = 2 BA
2) Eine gemeinsame Rückmeldung für alle aktiven Schaltstufen
3) Inkl. Gefahr-, Störungs, Wartungs-Meldungen
4) Stellungsmessungen eingeschlossen
5) Zusätzlich zu parametrierende und zu adressierende virtuelle Informationen
6) Siehe unter Nummer auf Beiblatt

		1					2								3		4					5					6									Stand: 12.12.1994
	Info.-Schwerpunkt:	Physikalische Grundfunktionen													Notb-Ebene		Virtuelle Grundfunktionen 5)					Kommunikation mit Leitebene					Verarbeitungsfunktionen									
	Anlage:	Ausgänge					Eingänge																				Überwachen									
	VKL_ANL.VDI	Schalter		Stellen			Melden					Messen		Zähl																						
		BA, Impuls-Schaltstufen 1)	BA, Dauer- Schaltstufen 1)	BA, 3-Punkt	AA, Analog	AA, Pneumatik Analog	BE, Ort/Fern-Meldung	BE, Betriebs Rückmeld. 2)	BE, Sonstigen Meldungen 3)	BE, Impuls-Melder	BE, Power Fail	AE, Passiv 4)	AE, Aktiv 4)	BE, Bis 25 Hz	Schalten/Stellen	Anzeigen	Schalten	Stellen/Sollwert	Melden	Messen	Zählen	Schalten (Auftrag)	Stellen/Sollwert (Auftrag)	Melden (Zustand)	Messen (Wert)	Zählen	Grenzwert fest	Grenzwert gleitend	Betr. Std. Erfassung	Ereigniszählung	Bef. Ausführkontrolle	Log. Meldungs Verknüpfung	Meldungsverzögerung	Meldungsunterdrückung	Meldung an Instandh.	
Nr.	Spalte:	2	3	4	5	5a	6	7	8	8a	8b	9	10	11	12	13	14	15	16	17	18	19	20	21	22	23	25	26	27	28	29	30	31	32	33	Bemerkungen
1	ZU-KANALFÜHLER																																			
2	ZU-Temperatur												1												1		1									
3	ZU-Feuchte												1												1		1									
4	AUSSENLUFTKLAPPEN AUF-ZU																																			
5	AU-Klappe Auf-Zu		1													1						1									1					
6	AU-Klappe RM Offen							1								1								1												
7	FO-Klappe Auf-Zu															1																				
8	FO-Klappe RM Offen							1								1								1												
9	AU-Temperatur											1													1											
10	AU-FILTER																																			
11	AU-Filter								1							1								1											1	
12	ROTATIONS-WRG																																			
13	AB-Temperatur											1													1											
14	WRG-MOTOR				1											1							1													
15	WRG-Freigabe		1													1						1														
16	Betriebsmeldung WRG							1								1								1					1							
17	WRG-Repschalter								1															1												
18	Störung WRG								1															1			1									
19	ZU-FÜHLER NACH WRG																																			
20	ZU-Temp nach WRG											1													1		1									
	Summen		2		1			3	3			3	2			8						2	1	6	5		4		1		1				1	

Ausgabe-Datum	Bearbeiter	Projekt: Vollklimaanlage	MSR-Zeichnung Nr.	Blatt Nr. Teil 1:
6.06.97	Weinen			Von: 1

Gebäudeautomation Informationsliste (EN-1995) Teil 1

1) Hinweis für Binärausgänge (BA), Dauer: z.B. O, I, II = 2 BA, Impuls: z.B. O, I, II = 2 BA
2) Eine gemeinsame Rückmeldung für alle aktiven Schaltstufen
3) Inkl. Gefahr-, Störungs, Wartungs-Meldungen
4) Stellungsmessungen eingeschlossen
5) Zusätzlich zu parametrierende und zu adressierende virtuelle Informationen
6) Siehe unter Nummer auf Beiblatt

		1					2								3		4					5					6									Stand: 12.12.1994
	Info.-Schwerpunkt:	Physikalische Grundfunktionen													Notb-Ebene		Virtuelle Grund-funktionen 5)					Kommunikation mit Leitebene					Verarbeitungsfunktionen									
		Ausgänge					Eingänge																				Überwachen									
	Anlage:	Schalter		Stellen			Melden					Messen		Zähl																						
	VKL_ANL.VDI	BA, Impuls-Schaltstufen 1)	BA, Dauer- Schaltstufen 1)	BA, 3-Punkt	AA, Analog	AA, Pneumatik Analog	BE, Ort/Fern-Meldung	BE, Betriebs Rückmeld. 2)	BE, Sonstigen Meldungen 3)	BE, Impuls-Melder	BE, Power Fail	AE, Passiv 4)	AE, Aktiv 4)	BE, Bis 25 Hz	Schalten/Stellen	Anzeigen	Schalten	Stellen/Sollwert	Melden	Messen	Zählen	Schalten (Auftrag)	Stellen/Sollwert (Auftrag)	Melden (Zustand)	Messen (Wert)	Zählen	Grenzwert fest	Grenzwert gleitend	Betr. Std. Erfassung	Ereigniszählung	Bef. Ausführkontrolle	Log. Meldungs Verknüpfung	Meldungsverzögerung	Meldungsunterdrückung	Meldung an Instandh.	
Nr.	Spalte:	2	3	4	5	5a	6	7	8	8a	8b	9	10	11	12	13	14	15	16	17	18	19	20	21	22	23	25	26	27	28	29	30	31	32	33	Bemerkungen
21	ERHITZER (konst)																																			
22	Erhitzerpumpe		1					1								1						1		1					1							> 4 % EIN; < 2 % AUS
23	Betriebsmeldung EP															1																				
24	Störung EP								1							1								1												
25	Erhitzerventil				1																		1													
26	Frostschutz Luft								1							1								1												
27	VL-Temperatur											1													1		1									
28	RL-Temperatur											1													1		1									
29	KÜHLER (var)																																			
30	Kühlerventil				1																		1													
31	Armatur															1																				
32	VL-Temperatur											1													1		1									
33	RL-Temperatur											1													1		1									
34	AB-VENTILATOR																																			
35	Ventilator 2st		2				1	2								1						2		3					2							
36	Rep.Schalter AB-V								1							1								1												
37	AB-Ström.Überwg							1								1								1												
38	Störung AB-V																																			
39	ZU-VENTILATOR								1							1								1												
40																																				
	Summen		3		2		1	4	4			4				9						3	2	9	4		4		3							

Ausgabe-Datum	Bearbeiter	Projekt: Vollklimaanlage	MSR-Zeichnung Nr.	Blatt Nr. Teil 1:
6.06.97	Weinen			Von: 2

Gebäudeautomation Informationsliste (EN-1995) Teil 1

1) Hinweis für Binärausgänge (BA), Dauer: z.B. O, I, II = 2 BA, Impuls: z.B. O, I, II = 2 BA
2) Eine gemeinsame Rückmeldung für alle aktiven Schaltstufen
3) Inkl. Gefahr-, Störungs, Wartungs-Meldungen
4) Stellungsmessungen eingeschlossen
5) Zusätzlich zu parametrierende und zu adressierende virtuelle Informationen
6) Siehe unter Nummer auf Beiblatt

		1					2								3		4					5					6									Stand: 12.12.1994
	Info.-Schwerpunkt:	Physikalische Grundfunktionen													Notb-Ebene		Virtuelle Grundfunktionen 5)					Kommunikation mit Leitebene					Verarbeitungsfunktionen									
		Ausgänge					Eingänge																				Überwachen									
	Anlage:	Schalter		Stellen			Melden					Messen		Zähl																						
	VKL_ANL.VDI	BA, Impuls-Schaltstufen 1)	BA, Dauer- Schaltstufen 1)	BA, 3-Punkt	AA, Analog	AA, Pneumatik Analog	BE, Ort/Fern-Meldung	BE, Betriebs Rückmeld. 2)	BE, Sonstigen Meldungen 3)	BE, Impuls-Melder	BE, Power Fail	AE, Passiv 4)	AE, Aktiv 4)	BE, Bis 25 Hz	Schalten/Stellen	Anzeigen	Schalten	Stellen/Sollwert	Melden	Messen	Zählen	Schalten (Auftrag)	Stellen/Sollwert (Auftrag)	Melden (Zustand)	Messen (Wert)	Zählen	Grenzwert fest	Grenzwert gleitend	Betr. Std. Erfassung	Ereigniszählung	Bef. Ausführkontrolle	Log. Meldungs Verknüpfung	Meldungsverzögerung	Meldungsunterdrückung	Meldung an Instandh.	
Nr.	Spalte:	2	3	4	5	5a	6	7	8	8a	8b	9	10	11	12	13	14	15	16	17	18	19	20	21	22	23	25	26	27	28	29	30	31	32	33	Bemerkungen
41	Ventilator 2st		2				1	2								1						2		3					2						1	
42	Rep.Schalter ZU-V								1							1								1									1	1		
43	ZU-Ström.Überwg							1								1								1												
44	Störung ZU-V								1							1								1												
45	NACHERHITZER (var)																																			
46	Erhitzerventil				1																		1													
47	VL-Temperatur											1													1											
48	RL-Temperatur											1													1											
49	ADIABAT.BEFEUCHTER																																			
50	Bef-Pumpe stet.				1											1							1													
51	Freigabe BP		1													1						1							1							
52	Rep.Schalter BP								1							1								1												
53	Störung BP								1							1								1												
54																																				
55	ZU-KANALWÄCHTER																																			
56	ZU-Feuchtewächt.								1							1								1												
57	RAUM																																			
58	Raum-Temperatur												1												1											
59	Raum-Feuchte												1												1											
60	**Summen**		3		2		1	3	5			2	2			9						3	2	9	4				3				1	1	1	

Ausgabe-Datum	Bearbeiter	Projekt: Vollklimaanlage	MSR-Zeichnung Nr.	Blatt Nr. Teil 1:
6.06.97	Weinen			Von: 3

Gebäudeautomation
Informationsliste
(EN-1995) Teil 1

1) Hinweis für Binärausgänge (BA), Dauer: z.B. O, I, II = 2 BA, Impuls: z.B. O, I, II = 2 BA
2) Eine gemeinsame Rückmeldung für alle aktiven Schaltstufen
3) Inkl. Gefahr-, Störungs, Wartungs-Meldungen
4) Stellungsmessungen eingeschlossen
5) Zusätzlich zu parametrierende und zu adressierende virtuelle Informationen
6) Siehe unter Nummer auf Beiblatt

	1					2								3		4					5					6									Stand: 12.12.1994
Info.-Schwerpunkt:	Physikalische Grundfunktionen													Notb- Ebene		Virtuelle Grund- funktionen 5)					Kommunikation mit Leitebene					Verarbeitungsfunktionen									
	Ausgänge					Eingänge																				Überwachen									
Anlage:	Schalter		Stellen			Melden					Messen		Zähl																						
VKL_ANL.VDI	BA, Impuls-Schaltstufen 1)	BA, Dauer- Schaltstufen 1)	BA, 3-Punkt	AA, Analog	AA, Pneumatik Analog	BE, Ort/Fern-Meldung	BE, Betriebs Rückmeld. 2)	BE, Sonstigen Meldungen 3)	BE, Impuls-Melder	BE, Power Fail	AE, Passiv 4)	AE, Aktiv 4)	BE, Bis 25 Hz	Schalten/Stellen	Anzeigen	Schalten	Stellen/Sollwert	Melden	Messen	Zählen	Schalten (Auftrag)	Stellen/Sollwert (Auftrag)	Melden (Zustand)	Messen (Wert)	Zählen	Grenzwert fest	Grenzwert gleitend	Betr. Std. Erfassung	Ereigniszählung	Bef. Ausführkontrolle	Log. Meldungs Verknüpfung	Meldungsverzögerung	Meldungsunterdrückung	Meldung an Instandh.	
Spalte:	2	3	4	5	5a	6	7	8	8a	8b	9	10	11	12	13	14	15	16	17	18	19	20	21	22	23	25	26	27	28	29	30	31	32	33	Bemerkungen
Nr. AB-FILTER																																			
61 AB-Filter ,								1							1								1											1	
62 FO-KANALFÜHLER																																			
63 FO-Temperatur											1													1		1									
64 Gesamtanlage																																			
65																																			
66																																			
67																																			
68																																			
69																																			
70																																			
71																																			
72																																			
73																																			
74																																			
75																																			
76																																			
77																																			
78																																			
79																																			
80 **Summen**								1			1				1								1	1		1								1	

Ausgabe-Datum	Bearbeiter	Projekt: Vollklimaanlage	MSR-Zeichnung Nr.	Blatt Nr. Teil 1:
6.06.97	Weinen			Von: 4

Gebäudeautomation
Informationsliste
(EN-1995) Teil 2

1) Algorithmen mit Reglern (Spalten 1...4) Kombinieren; Regler einzeln benennen (je eine Zeile)
2) Eingangswerte siehe Bemerkungen

		7						8											9												10								Stand:12.12.1994
	Info.-Schwerpunkt:	Verarbeitungsfunktionen																																					
	Anlage:	Steuern						Regeln											Rechnen/Optimieren												Statistik / Mensch-System-Komm.								
								Regler							Optionen																								
	VKL_ANL.VDI	Anfahrsteuerung	Motorsteuerung	Umschaltung	Folgesteuerung	Sicherheitssteuerung	Frostschutz	Fester Sollwert	Geführter Sollwert	Sollwertkennlinie	Kaskaden-Regelung	P-Algorithmus 1)	PI-/PID Algorithmus 1)	h,x-geführte Regelstrategie 1)	Parameterumschaltung	Begrenzung	Sequenzen, 2 oder mehr	2 Punkt-Ausgang	Berechnete Werte 2)	Ereignisschalten	Zeitschalten	Gleitendes Schalten	Zyklisches Schalten	Nachtkühlbetrieb	Gebäude Auskühlschutz	Energie Rückgew.	Ersatznetzbetrieb	Netzwiederkehrprogr.	Höchstlastbegrenzung	Tarifabhänges Schalten	Störungsstatistik	Verbrauchsstatistik	Ereig.-Langzeitspeicher	Zykl. Langzeitspeicher	Datenbank-Archivierung	Anlagenbild	Dyn. Einblendung	Zusatztexte	Ansteuerung Rufanlage	
Nr.	**Spalte 1 wie Teil 1**	35	36	37	38	39	40	41	42	43	44	45	46	47	48	49	50	51	54	55	56	57	58	59	60	61	62	63	64	65	66	67	68	69	70	71	72	73	74	Bemerkungen
1	ZU-KANALFÜHLER																																							
2	ZU-Temperatur																																				1			
3	ZU-Feuchte																																				1			
4	AUSSENLUFTKLAPPEN AUF-ZU																																							
5	AU-Klappe Auf-Zu																																				1			
6	AU-Klappe RM Offen																																				1			
7	FO-Klappe Auf-Zu																																							
8	FO-Klappe RM Offen																																				1			
9	AU-Temperatur																																				1			
10	AU-FILTER																																							
11	AU-Filter																																				1			
12	ROTATIONS-WRG																																							
13	AB-Temperatur																																				1			
14	WRG-MOTOR		1						1				1		1											1											1			
15	WRG-Freigabe																																				1			
16	Betriebsmeldung WRG																																				1			
17	WRG-Repschalter																																				1			
18	Störung WRG																																				1			
19	ZU-FÜHLER NACH WRG																																							
20	ZU-Temp nach WRG																																				1			
	Summen		1						1				1		1											1											14	14		

Ausgabe-Datum	**Bearbeiter**	**Projekt:** Vollklimaanlage	**MSR-Zeichnung Nr.**	**Blatt Nr. Teil 2:**
6.06.97	Weinen			1 a

Gebäudeautomation
Informationsliste
(EN-1995) Teil 2

1) Algorithmen mit Reglern (Spalten 1...4) Kombinieren; Regler einzeln benennen (je eine Zeile)
2) Eingangswerte siehe Bemerkungen

Stand:12.12.1994

Info.-Schwerpunkt: Verarbeitungsfunktionen

Anlage: VKL_ANL.VDI

Nr.		7 Steuern						8 Regeln: Regler							Regeln: Optionen			
		Anfahrsteuerung	Motorsteuerung	Umschaltung	Folgesteuerung	Sicherheitssteuerung	Frostschutz	Fester Sollwert	Geführter Sollwert	Sollwertkennlinie	Kaskaden-Regelung	P-Algorithmus 1)	PI-/PID Algorithmus 1)	h,x-geführte Regelstrategie 1)	Parameterumschaltung	Begrenzung	Sequenzen, 2 oder mehr	2 Punkt-Ausgang
Nr.	**Spalte 1 wie Teil 1**	35	36	37	38	39	40	41	42	43	44	45	46	47	48	49	50	51
21	ERHITZER (konst)																	
22	Erhitzerpumpe		1															
23	Betriebsmeldung EP																	
24	Störung EP																	
25	Erhitzerventil																	
26	Frostschutz Luft						1											
27	VL-Temperatur																	
28	RL-Temperatur																	
29	KÜHLER (var)																	
30	Kühlerventil								1									
31	Armatur																	
32	VL-Temperatur																	
33	RL-Temperatur																	
34	AB-VENTILATOR																	
35	Ventilator 2st		1															
36	Rep.Schalter AB-V																	
37	AB-Ströṁ.Überwg																	
38	Störung AB-V																	
39	ZU-VENTILATOR																	
40																		
	Summen		2				1		1									

Nr.		9 Rechnen/Optimieren											
		Berechnete Werte 2)	Ereignisschalten	Zeitschalten	Gleitendes Schalten	Zyklisches Schalten	Nachtkühlbetrieb	Gebäude Auskühlschutz	Energie Rückgew.	Ersatznetzbetrieb	Netzwiederkehrprogr.	Höchstlastbegrenzung	Tarifabhänges Schalten
Nr.	**Spalte 1 wie Teil 1**	54	55	56	57	58	59	60	61	62	63	64	65
21	ERHITZER (konst)												
22	Erhitzerpumpe												
23	Betriebsmeldung EP												
24	Störung EP												
25	Erhitzerventil												
26	Frostschutz Luft												
27	VL-Temperatur												
28	RL-Temperatur												
29	KÜHLER (var)												
30	Kühlerventil												
31	Armatur												
32	VL-Temperatur												
33	RL-Temperatur												
34	AB-VENTILATOR												
35	Ventilator 2st												
36	Rep.Schalter AB-V												
37	AB-Ströṁ.Überwg												
38	Störung AB-V												
39	ZU-VENTILATOR												
40													
	Summen												

Nr.		10 Statistik / Mensch-System-Komm.									
		Störungsstatistik	Verbrauchsstatistik	Ereig.-Langzeitspeicher	Zykl. Langzeitspeicher	Datenbank-Archivierung	Anlagenbild	Dyn. Einblendung	Zusatztexte	Ansteuerung Rufanlage	
Nr.	**Spalte 1 wie Teil 1**	66	67	68	69	70	71	72	73	74	Bemerkungen
21	ERHITZER (konst)										
22	Erhitzerpumpe							2			
23	Betriebsmeldung EP										
24	Störung EP	1						1			
25	Erhitzerventil							1			
26	Frostschutz Luft			1				1			
27	VL-Temperatur							1			
28	RL-Temperatur							1			
29	KÜHLER (var)										
30	Kühlerventil							1			
31	Armatur										
32	VL-Temperatur							1			
33	RL-Temperatur							1			
34	AB-VENTILATOR										
35	Ventilator 2st							5			
36	Rep.Schalter AB-V							1			
37	AB-Ströṁ.Überwg							1			
38	Störung AB-V										
39	ZU-VENTILATOR							1			
40											
	Summen	1		1				18	18		

Ausgabe-Datum	**Bearbeiter**	**Projekt:** Vollklimaanlage	**MSR-Zeichnung Nr.**	**Blatt Nr. Teil 2:**
6.06.97	Weinen			2 a

Gebäudeautomation
Informationsliste
(EN-1995) Teil 2

1) Algorithmen mit Reglern (Spalten 1...4) Kombinieren; Regler einzeln benennen (je eine Zeile)
2) Eingangswerte siehe Bemerkungen

		7						8											9												10									Stand:12.12.1994
	Info.-Schwerpunkt:	Verarbeitungsfunktionen																																						
		Steuern						Regeln											Rechnen/Optimieren												Statistik / Mensch-System-Komm.									
	Anlage:							Regler							Optionen																									
	VKL_ANL.VDI	Anfahrsteuerung	Motorsteuerung	Umschaltung	Folgesteuerung	Sicherheitssteuerung	Frostschutz	Fester Sollwert	Geführter Sollwert	Sollwertkennlinie	Kaskaden-Regelung	P-Algorithmus 1)	PI-/PID Algorithmus 1)	h,x-geführte Regelstrategie 1)	Parameterumschaltung	Begrenzung	Sequenzen, 2 oder mehr	2 Punkt-Ausgang	Berechnete Werte 2)	Ereignisschalten	Zeitschalten	Gleitendes Schalten	Zyklisches Schalten	Nachtkühlbetrieb	Gebäude Auskühlschutz	Energie Rückgew.	Ersatznetzbetrieb	Netzwiederkehrprogr.	Höchstlastbegrenzung	Tarifabhänges Schalten	Störungsstatistik	Verbrauchsstatistik	Ereig.-Langzeitspeicher	Zykl. Langzeitspeicher	Datenbank-Archivierung	Anlagenbild	Dyn. Einblendung	Zusatztexte	Ansteuerung Rufanlage	
Nr.	Spalte 1 wie Teil 1	35	36	37	38	39	40	41	42	43	44	45	46	47	48	49	50	51	54	55	56	57	58	59	60	61	62	63	64	65	66	67	68	69	70	71	72	73	74	Bemerkungen
41	Ventilator 2st		1																																		5			
42	Rep.Schalter ZU-V																																1				1			
43	ZU-Ström.Überwg																																				1			
45	Störung ZU-V																																				1			
46	NACHERHITZER (var)																																							
47	Erhitzerventil																																				1			
48	VL-Temperatur																																				1			
49	RL-Temperatur																																				1			
50	ADIABAT.BEFEUCHTER																																							
51	Bef-Pumpe stet.																																				1			
52	Freigabe BP		1																																		1			
53	Rep.Schalter BP																																1				1			
54	Störung BP																														1						1			
55																																								
56																																								
57																																					1			
58	RAUM																																							
59	Raum-Temperatur									1																											1			
60	Raum-Feuchte													1																							1			
	Summen		2							1				1																	1		2				18	18		

Ausgabe-Datum	Bearbeiter	Projekt: Vollklimaanlage	MSR-Zeichnung Nr.	Blatt Nr. Teil 2:
6.06.97	Weinen			3 a

Gebäudeautomation
Informationsliste
(EN-1995) Teil 2

1) Algorithmen mit Reglern (Spalten 1...4) Kombinieren; Regler einzeln benennen (je eine Zeile)
2) Eingangswerte siehe Bemerkungen

	Info.-Schwerpunkt: Verarbeitungsfunktionen Anlage: VKL_ANL.VDI	7 Steuern						8 Regeln – Regler							8 Regeln – Optionen				9 Rechnen/Optimieren												10 Statistik / Mensch-System-Komm.									Stand:12.12.1994
Nr.	Spalte 1 wie Teil 1	35 Anfahrsteuerung	36 Motorsteuerung	37 Umschaltung	38 Folgesteuerung	39 Sicherheitssteuerung	40 Frostschutz	41 Fester Sollwert	42 Geführter Sollwert	43 Sollwertkennlinie	44 Kaskaden-Regelung	45 P-Algorithmus 1)	46 PI-/PID Algorithmus 1)	47 h,x-geführte Regelstrategie 1)	48 Parameterumschaltung	49 Begrenzung	50 Sequenzen, 2 oder mehr	51 2 Punkt-Ausgang	54 Berechnete Werte 2)	55 Ereignisschalten	56 Zeitschalten	57 Gleitendes Schalten	58 Zyklisches Schalten	59 Nachtkühlbetrieb	60 Gebäude Auskühlschutz	61 Energie Rückgew.	62 Ersatznetzbetrieb	63 Netzwiederkehrprogr.	64 Höchstlastbegrenzung	65 Tarifabhänges Schalten	66 Störungsstatistik	67 Verbrauchsstatistik	68 Ereig.-Langzeitspeicher	69 Zykl. Langzeitspeicher	70 Datenbank-Archivierung	71 Anlagenbild	72 Dyn. Einblendung	73 Zusatztexte	74 Ansteuerung Rufanlage	Bemerkungen
61	AB-FILTER																																							
62	AB-Filter																																			1			
63	FO-KANALFÜHLER																																							
64	FO-Temperatur																																			1			
65	Gesamtanlage								1		1	1	1				1				1								1		1		1			2		1	1	
66																																								
67																																								
68																																								
69																																								
70																																								
71																																								
72																																								
73																																								
74																																								
75																																								
76																																								
77																																								
78																																								
79																																								
80																																								
	Summen								1		1	1	1				1				1								1		1		1			2	2	2	1	

Ausgabe-Datum	Bearbeiter	Projekt:	MSR-Zeichnung Nr.	Blatt Nr. Teil 2:
6.06.97	Weinen	Vollklimaanlage		4 a

Gebäudeautomation
Informationsliste
(EN-1995) Summen Teil 1

1) Hinweis für Binärausgänge (BA), Dauer: z.B. O, I, II = 2 BA, Impuls: z.B. O, I
2) Eine Rückmeldung je aktive Schaltstufe (I, II oder III)
3) Inkl. Gefahr-, Störungs, Wartungs-Meldungen
4) Stellungsmessungen eingeschlossen
5) Zusätzlich zu parametrierende und zu adressierende virtuelle Informationen
6) Siehe unter Nummer auf Beiblatt

	Info.-Schwerpunkt:		Anlage: VKL_ANL.VDI	Spalte:	Summen Teil 1
1	Physikalische Grundfunktionen	Ausgänge – Schalter	BA, Impuls-Schaltstufen 1)	2	
			BA, Dauer- Schaltstufen 1)	3	8
		Ausgänge – Stellen	BA, 3-Punkt	4	
			AA, Analog	5	5
			AA, Pneumatik Analog	5a	
2		Eingänge – Melden	BE, Ort/Fern-Meldung	6	2
			BE, Betriebs Rückmeld. 2)	7	10
			BE, Sonstigen Meldungen 3)	8	13
			BE, Impuls-Melder	8a	
			BE, Power Fail	8b	
		Eingänge – Messen	AE, Passiv 4)	9	10
			AE, Aktiv 4)	10	4
		Eingänge – Zähl	BE, Bis 25 Hz	11	
3	Notb-Ebene		Schalten/Stellen	12	
			Anzeigen	13	27
4	Virtuelle Grund-funktionen 5)		Schalten	14	
			Stellen/Sollwert	15	
			Melden	16	
			Messen	17	
			Zählen	18	
5	Kommunikation mit Leitebene		Schalten (Auftrag)	19	8
			Stellen/Sollwert (Auftrag)	20	5
			Melden (Zustand)	21	25
			Messen (Wert)	22	14
			Zählen	23	
6	Verarbeitungsfunktionen	Überwachen	Grenzwert fest	25	9
			Grenzwert gleitend	26	
			Betr. Std. Erfassung	27	7
			Ereigniszählung	28	
			Bef. Ausführkontrolle	29	1
			Log. Meldungs Verknüpfung	30	
			Meldungsverzögerung	31	1
			Meldungsunterdrückung	32	1
			Meldung an Instandh.	33	3

Ausgabe-Datum	Bearbeiter	Projekt:	MSR-Zeichnung Nr.	Blatt Nr. :
6.06.97	Weinen	Vollklimaanlage		

Gebäudeautomation
Informationsliste
(EN-1995) Summen Teil 2

1) Algorithmen mit Reglern (Spalten 1...4) Kombinieren; Regler einzeln benennen (je eine Zeile)
2) Eingangswerte siehe Bemerkungen

	Info.-Schwerpunkt:		Anlage: VKL_ANL.VDI	Spalte	Summen Teil 2
7	Verarbeitungsfunktionen – Steuern		Anfahrsteuerung	35	
			Motorsteuerung	36	5
			Umschaltung	37	
			Folgesteuerung	38	
			Sicherheitssteuerung	39	
			Frostschutz	40	1
8	Verarbeitungsfunktionen – Regeln	Regler	Fester Sollwert	41	
			Geführter Sollwert	42	3
			Sollwertkennlinie	43	1
			Kaskaden-Regelung	44	1
			P-Algorithmus 1)	45	1
			PI-/PID Algorithmus 1)	46	2
			h,x-geführte Regelstrategie 1)	47	1
		Optionen	Parameterumschaltung	48	1
			Begrenzung	49	
			Sequenzen, 2 oder mehr	50	1
			2 Punkt-Ausgang	51	
9	Verarbeitungsfunktionen – Rechnen/Optimieren		Berechnete Werte 2)	54	
			Ereignisschalten	55	
			Zeitschalten	56	1
			Gleitendes Schalten	57	
			Zyklisches Schalten	58	
			Nachtkühlbetrieb	59	
			Gebäude Auskühlschutz	60	
			Energie Rückgew.	61	1
			Ersatznetzbetrieb	62	
			Netzwiederkehrprogr.	63	
			Höchstlastbegrenzung	64	1
			Tarifabhänges Schalten	65	
10	Verarbeitungsfunktionen – Statistik / Mensch-System-Kom		Störungsstatistik	66	3
			Verbrauchsstatistik	67	
			Ereig.-Langzeitspeicher	68	4
			Zykl. Langzeitspeicher	69	
			Datenbank-Archivierung	70	
			Anlagenbild	71	2
			Dyn. Einblendung	72	52
			Zusatztexte	73	52
			Ansteuerung Rufanlage	74	1

Ausgabe-Datum	Bearbeiter	Projekt:	MSR-Zeichnung Nr.	Blatt Nr.:
6.06.97	Weinen	Vollklimaanlage		

9.7.3 Belegung der DDC-Unterstation

Eine DDC-Unterstation besteht aus einer CPU und verschiedenen I/O (Input/Output) Karten bzw. Modulen. Die Belegung der Beispiel-Lüftungsanlage basiert auf den in der Informationspunktliste aufgeführten Hardware-Datenpunkten. (Spalte 2-11). Je nach Hersteller sind unterschiedlich viele Datenpunkte und Typen auf einer Karte oder einem IO-Modul. Bei der Belegung der Landis & Gyr Unterstation vom Typ BPS (Building Prozess Station) können Module mit digitalen und analogen Ein- und Ausgängen in nahezu beliebiger Reihenfolge gesteckt werden. Durch die Adressierung der Module erfolgt eine Zuweisung nach technischen Adressen.

Die Module beinhalten in der Regel zwei Datenpunkte. Lediglich für digitale Eingänge gibt es auch Module mit vier Eingängen. Die Belegung erfolgt automatisch über ein Software-Tool. Voraussetzung ist die Informationspunktliste.

Die nachfolgende Liste enthält folgende Informationen:

- *Punkt*: Datenpunktbeschreibung, zum Beispiel Zulufttemperatur nach Wärmerückgewinnung,
- *Feldgerät*: Kanaltemperaturfühler, zum Beispiel QAM 21,
- *Einheit*: °C, % etc.,
- *Technische Adresse*: $000,
- *Modul*: für Temperaturfühler NI 1000 => Modultyp 2R1K,
- *MW* = Meßwert,
- *STU* = Stellsignal,
- *ML* = Meldung,
- *SB1* = Schaltbefehl 1-stufig,
- *SBR1* = Schaltbefehl mit Rückmeldung 1-stufig,
- *SBR3* = Schaltbefehl mit Rückmeldung 2- oder 3-stufig.

9.7.4 Punkte der Anlage

Projektname	**Vollklimaanlage MSR**	Nr.	**1**	Datum	**29/04/96**
Prozessgerät	**US Nr. 001**		Adr.	**1**	Geändert
	09/04/96				
Anlagenname	**KLIMA**				

Punkt	**ZU-Temp nach WRG**		**QAM21**	°C	**$000**	**1.1**
Modul	**2R1K**	**MW**				
Punkt	**FO-Temperatur**		**QAM21**	°C	**$001**	**1.2**
Modul	**2R1K**	**MW**				
Punkt	**VL-Temperatur**		**QAE21A**	°C	**$002**	**2.1**
Modul	**2R1K**	**MW**				
Punkt	**RL-Temperatur**		**QAE21A**	°C	**$003**	**2.2**
Modul	**2R1K**	**MW**				
Punkt	**AB-Temperatur**		**QAM21**	°C	**$004**	**3.1**
Modul	**2R1K**	**MW**				

Punkt	**AU-Temperatur**		**QAM21**	**°C**	**$005**	**3.2**
Modul	**2R1K**	**MW**				
Punkt	**ZU-Feuchte**			**% rF**	**$006**	**4.1**
Modul	**2U10**	**MW**				
Punkt	**Raum-Feuchte**			**% rF**	**$007**	**4.2**
Modul	**2U10**	**MW**				
Punkt	**ZU-Temperatur**			**°C**	**$010**	**5.1**
Modul	**2R1K**	**MW**				
Punkt	**Raum-Temperatur**			**°C**	**$011**	**5.2**
Modul	**2R1K**	**MW**				
Punkt	**Tp-Temperatur**		**QAM21**	**°C**	**$012**	**6.1**
Modul	**2R1K**	**MW**				
Punkt	**RL-Temperatur**		**QAE21A**	**°C**	**$013**	**6.2**
Modul	**2R1K**	**MW**				
Punkt	**VL-Temperatur**		**QAE21A**	**°C**	**$014**	**7.1**
Modul	**2R1K**	**MW**				
Punkt	**RL-Temperatur**		**QAE21A**	**°C**	**$015**	**7.2**
Modul	**2R1K**	**MW**				
Punkt	**VL-Temperatur**		**QAE21A**	**°C**	**$016**	**8.1**
Modul	**2R1K**	**MW**				
Punkt	**Rep.Schalter WRG**			**Normal,REPARATR**	**$020**	**9.1**
Modul	**4D20R**	**ML**				
Punkt	**Störung EP**			**Normal,AUSGEL.**	**$021**	**9.2**
Modul	**4D20R**	**ML**				
Punkt	**AB-Filter**		**RBM23.203**	**Normal,WARTUNG**	**$022**	**9.3**
Modul	**4D20R**	**ML**				
Punkt	**Feuchtewächter**			**Normal,AUSGEL.**	**$023**	**9.4**
Modul	**4D20R**	**ML**				
Punkt	**Betriebsmeldung WRG**			**Aus,Ein**	**$024**	**11.1**
Modul	**4D20**	**ML**				
Punkt	**AU-Filter**		**RBM23.203**	**Normal,WARTUNG**	**$030**	**13.1**
Modul	**4D20R**	**ML**				
Punkt	**FO-Klappe RM Offen**		**ASC1.7**	**Zu,Offen**	**$031**	**13.2**
Modul	**4D20R**	**ML**				
Punkt	**AU-Klappe RM Offen**		**ASC1.7**	**Zu,Offen**	**$032**	**13.3**
Modul	**4D20R**	**ML**				
Punkt	**Störung WRG**			**Normal,AUSGEL.**	**$033**	**13.4**
Modul	**4D20R**	**ML**				
Punkt	**Störung ZU-V**			**Normal,AUSGEL.**	**$034**	**15.1**
Modul	**4D20R**	**ML**				
Punkt	**Wassermangel**			**Normal,AUSGEL.**	**$035**	**15.2**
Modul	**4D20R**	**ML**				
Punkt	**Störung BP**			**Normal,AUSGEL.**	**$036**	**15.3**
Modul	**4D20R**	**ML**				
Punkt	**Rep.Schalter BP**			**Normal,REPARATR**	**$037**	**15.4**
Modul	**4D20R**	**ML**				

Punkt	**Frostschutz Luft**	**QAF21.2**	**Normal,FROST**	**$040**	**17.1**
Modul	**4D20R ML**				
Punkt	**ZU-Ström.Überwg**	**RBM23.203**	**Normal,AUSGEL.**	**$041**	**17.2**
Modul	**4D20R ML**				
Punkt	**Rep.Schalter ZU-V**		**Normal,REPARATR**	**$042**	**17.3**
Modul	**4D20R ML**				
Punkt	**Störung AB-V**		**Normal,AUSGEL.**	**$043**	**17.4**
Modul	**4D20R ML**				
Punkt	**AB-Ström.Überwg**	**RBM23.203**	**Normal,AUSGEL.**	**$044**	**19.1**
Modul	**4D20R ML**				
Punkt	**Rep.Schalter AB-V**		**Normal,REPARATR**	**$045**	**19.2**
Modul	**4D20R ML**				
Punkt	**Erhitzerventil**	**S*** **	**%**	**$050**	**21.1**
Modul	**2Y10-SM STU**				
Punkt	**WRG-MOTOR**		**%**	**$051**	**21.2**
Modul	**2Y10-SM STU**				
Punkt	**Bef-Pumpe stet.**		**%**	**$052**	**22.1**
Modul	**2Y10-SM STU**				
Punkt	**Erhitzerventil**	**S*** **	**%**	**$053**	**22.2**
Modul	**2Y10-SM STU**				
Punkt	**Kühlerventil S*** **		**%**	**$054**	**23.1**
Modul	**2Y10-SM STU**				
Punkt	**Erhitzerpumpe**		**Aus,Ein**	**$060**	**25.1**
Modul	**2Q250-M SBR1**				
Punkt	**Erhitzerpumpe**		**FB**	**$060**	**26.1**
Modul	**4D20 SBR1**				
Punkt	**WRG-Freigabe**		**Aus,Ein**	**$070**	**29.1**
Modul	**2Q250-M SB1**				
Punkt	**FO-Klappe Auf-Zu**	**SQR85.1**	**Zu,Offen**	**$071**	**29.2**
Modul	**2Q250-M SB1**				
Punkt	**AU-Klappe Auf-Zu**	**SQR85.1**	**Zu,Offen**	**$072**	**30.1**
Modul	**2Q250-M SB1**				
Punkt	**Freigabe BP Aus,Ein**			**$073**	**30.2**
Modul	**2Q250-M SB1**				
Punkt	**Ventilator 2st**		**Aus,St1,St2**	**$100**	**33.1**
Modul	**3Q-M3 SBR3**				
Punkt	**Ventilator 2st**		**FB1**	**$100**	**34.1**
Modul	**4D20 SBR3**				
Punkt	**Ventilator 2st**		**FB2**	**$100**	**34.2**
Modul	**4D20 SBR3**				
Punkt	**Ventilator 2st**		**FB3**	**$100**	**34.3**
Modul	**4D20 SBR3**				
Punkt	**Ventilator 2st**		**LOC**	**$100**	**34.4**
Modul	**4D20 SBR3**				
Punkt	**Ventilator 2st**		**Aus,St1,St2**	**$101**	**35.1**
Modul	**3Q-M3 SBR3**				
Punkt	**Ventilator 2st**		**FB1**	**$101**	**36.1**

Modul	**4D20**	**SBR3**		
Punkt	**Ventilator 2st**		**FB2**	**$101 36.2**
Modul	**4D20**	**SBR3**		
Punkt	**Ventilator 2st**		**FB3**	**$101 36.3**
Modul	**4D20**	**SBR3**		
Punkt	**Ventilator 2st**		**LOC**	**$101 36.4**
Modul	**4D20**	**SBR3**		

9.7.4.1 Anzahl IO-Module im Projekt

Projektname	**Vollklimaanlage MSR**	Nr.	**1**	Datum	**29/04/96**
Prozessgerät	**US Nr. 008**	Adr.	**8**	Geändert	**29/04/96**

PTM1.2Q250-M	**3**
PTM1.2R1K	**5**
PTM1.2U10	**3**
PTM1.2Y10S-M	**3**
PTM1.3Q-M3	**2**
PTM1.4D20	**3**
PTM1.4D20R	**4**
Total	**23**

9.7.4.2 Anzahl Punkte im Projekt

				Datum	**29/04/96**
Projekt	**Vollklimaanlage MSR**	Nr.	**1**	Geändert	**29/04/96**

ML	**16**
MW	**16**
NoIO	**10**
SB1	**3**
SBR1	**1**
SBR3	**2**
STU	**5**

9.7.4.3 Feldgeräte der Anlage

ASC1.7	**AU-Klappe RM Offen**	**Zu,Offen**
ASC1.7	**FO-Klappe RM Offen**	**Zu,Offen**
HG 80	**ZU-Feuchtewächter**	**Normal,STÖRUNG**
QAE21A	**VL-Temperatur**	**°C**
QAE21A	**RL-Temperatur**	**°C**
QAE21A	**VL-Temperatur**	**°C**
QAE21A	**RL-Temperatur**	**°C**
QAE21A	**VL-Temperatur**	**°C**
QAE21A	**RL-Temperatur**	**°C**
QAF21.2	**Frostschutz Luft**	**Normal,FROST**
QAM21	**AU-Temperatur**	**°C**
QAM21	**AB-Temperatur**	**°C**

QAM21	**FO-Temperatur**	**°C**
QAM21	**ZU-Temp nach WRG**	**°C**
QFA65	**RG Temp+Feuchte**	
QFM64	**ZU-Temp+Feuchte**	
QFM64	**AB-Temp+Feuchte**	
RBM23.203	**AU-Filter**	**Normal,WARTUNG**
RBM23.203	**AB-Ström.Überwg**	**Normal,AUSGEL.**
RBM23.203	**ZU-Ström.Überwg**	**Normal,AUSGEL.**
RBM23.203	**AB-Filter**	**Normal,WARTUNG**
S* **	**Erhitzerventil**	**%**
S* **	**Kühlerventil**	**%**
S* **	**Erhitzerventil**	**%**
SQR85.1	**AU-Klappe Auf-Zu**	**Zu,Offen**
SQR85.1	**FO-Klappe Auf-Zu**	**Zu,Offen**
VV* **	**Armatur**	
VX* **	**Armatur**	
VX* **	**Armatur**	**%**

9.7.5 Funktionsbeschreibung Lüftungsanlage

Funktionsmatrix

Zustand	Aus	Stufe 1	Stufe 2	Frost
Abluft-Fortluftklappen	zu	auf	auf	zu
Außen-Zuluftklappen	zu	auf	auf	zu
WRG-Ventil	0%	0-100%	0-100%	0%
Erhitzerventil	0%	0-100%	0-100%	100%
Kühlerventil	0%	0-100%	0-100%	0%
Erhitzerpumpe	aus	aus/ein	aus/ein	ein
Zuluftventilator	aus	Stufe 1	Stufe 2	aus
Abluftventilator	aus	Stufe 1	Stufe 2	aus
Wäscherpumpe	0%	0-100%	0-100%	0%

Schaltung

Die Anlage wird vom Zeitschaltprogramm der Unterstation oder der GLT über den Anlagenpunkt PLT1 der Unterstation freigegeben. Die Außen-, Zu-, Ab- und Fortluftklappen werden sofort geöffnet, die Ventilatoren werden nach Auf-Meldung der Klappen eingeschaltet. Um ein Ansprechen des Frostschutzes während des Anfahrens zu verhindern, wird bei einer Außentemperatur kleiner 4 °C das Erhitzerventil vollständig geöffnet. Die Erhitzerpumpe wird abhängig von der Ventilstellung (> 4% ein, < 2% aus) oder jeweils montags für 30 Sekunden eingeschaltet, um ein Festsitzen zu vermeiden. Die Nachlaufzeit der Erhitzerpumpe beträgt 10 Minuten. Bei einer Ventilator-Störung wird die Anlage angehalten; sie läuft wieder an, wenn die Störursache beseitigt ist. Bei Keilriemenstörung oder Frost wird die Anlage verriegelt, sie kann dann nur über die Software entriegelt werden. Die Freigabe der Befeuchterpumpe erfolgt abhängig vom Befeuchterregler-Ausgang (> 4% ein, < 2% aus).

Regelung

– Temperatur

Die Regelung der Raumlufttemperatur über eine Raum-Zuluft-Kaskade und der Sollwert für die Raumtemperatur können über die Leitzentrale verändert werden. Die Zulufttemperatur ist auf den eingestellten Bereich begrenzt. Die minimale Zulufttemperatur kann über die Leitzentrale, die maximale Zulufttemperatur und die Differenz Heizen/Kühlen können über die DDC verändert werden. Erhitzer, Kühler und Wärmerückgewinnung (WRG) werden in Sequenz geregelt. Die WRG wird auf Kühlbetrieb umgeschaltet, wenn die Außentemperatur 3K über der Ablufttemperatur liegt.

– Erhitzerrücklauftemperatur

Die Rücklauftemperatur wird auf einen Mindestwert von 10 °C geregelt, um Frostgefahr zu vermeiden.

– Feuchte

Die Regelung des Raumfeuchters erfolgt über eine Raum-Zuluft-Kaskade. Die Be- und Entfeuchtungs-Sollwerte werden als relative Feuchte (min./max.) vorgegeben. Um ein Entkoppeln vom Temperaturregelkreis zu erreichen, wird aus Temperatur- und relativer Feuchte-Sollwert die absolute Feuchte (X) ermittelt und nach dieser geregelt. Um Kondensation im Zuluftkanal oder der Austritt derselben überhaupt zu verhindern, wird die Zuluftfeuchte auf 90% relative Feuchte begrenzt. Entfeuchtet wird mittels Kühler bei Überschreiten der maximalen Feuchte. Befeuchtet wird über die stetig geregelte Befeuchterpumpe.

Anlagenüberwachung

– Filter

Die Filter werden mittels Druckdose überwacht, bei Ansprechen der Druckdose erfolgt eine Wartungsmeldung.

– Ventilatoren

Die Ventilatoren besitzen eine Betriebs- und Störmeldung sowie eine Stellungsanzeige des Reparaturschalters. Zusätzlich wird die Funktion mittels Druckdose (Keilriemenüberwachung) überwacht, bei Ansprechen der Druckdose erfolgt eine Verriegelung der Anlage. Jede Störung wird in der Leitzentrale ausgedruckt.

– Erhitzerpumpe

Die Umwälzpumpe besitzt eine Stör- und Betriebsmeldung, eine Störung wird in der Leitzentrale ausgedruckt.

– Befeuchterpumpe

Die Befeuchterpumpe besitzt eine Stör- und Betriebsmeldung. Eine Störung wird in der Leitzentrale ausgedruckt. Die Pumpe wird über einen stetigen Ausgang stufenlos geregelt

– Frost

Der Erhitzer ist luftseitig durch einen Frostschutzthermostaten und wasserseitig durch einen Temperaturfühler geschützt. Der luftseitige Frostschutzthermostat öffnet vor Erreichen der Frostgefahr stetig das Erhitzerventil. Bei Ansprechen einer Frostschutzstörung wird die Anlage verriegelt und die Störung in der Leitzentrale ausgedruckt. Der Frostluftwächter verriegelt den Zuluftventilator zusätzlich elektrisch und schaltet die Vorerhitzerpumpe zwangsweise ein (parallel zum Schaltbefehl).

Unterstation

Die Anlage befindet sich auf der Unterstation 1 im Bauteil 1, 2. Untergeschoß.

– Schaltschrank

Die Anlage kann über die Handschalter auf den Modulen manuell betrieben werden. Die Automatikfunktion wird für diesen Fall außer Betrieb gesetzt (Ausnahme Frostschutz). Die Bedienung der Module ist auf den jeweiligen Geräteblättern beschrieben. Über den Zentralentriegelungstaster oder die Leitzentrale kann die Anlage entriegelt werden.

Störungen

– Frost

Die richtige Funktionsweise des Erhitzers ist zu überprüfen, insbesondere ist sicherzustellen, daß das Heizmedium ansteht. Eine Störursache kann auch die Sicherung für die 24V-Versorgung des Ventilantriebs darstellen.

– Keilriemen

Neben dem Keilriemen selbst kann auch ein Ausfall der Lastsicherung Störursache sein.

– Ventilatorstörung

Die Ventilatoren sind mit Motorvollschutzgeräten und Kaltleitern ausgerüstet, die im Schaltschrank entriegelt werden müssen.

– Pumpen

Die Umwälzpumpe und die Befeuchter-Pumpe sind jeweils mit einem Motorschutzschalter ausgerüstet, der im Schaltschrank entriegelt werden müssen.

– Bedienung

Die Bedienung der Anlage erfolgt von der GLT aus über sogenannte Benutzeradressen. Da dem Betreiber nicht zugemutet werden kann, eine Anlage nach technischen Adressen zu bedienen, erfogt die Bedienung nach gemeinsam festgelegten Benutzeradressen. Diese Adressen beinhalten beispielsweise Ort, Bauteil, Geschoß, Gewerk, Datenpunkttyp. Die Benutzeradressen bestehen aus Kombination von Buchstaben und Zahlen, wie BT1\U2\L1\407\SW\17. Durch vollgraphische Benutzeroberflächen mit Anlagenschemata wird die Bedienung und Überwachung sehr komfortabel.

10 Bedienen und Beobachten

von Klaus Wöppel

Mensch-System-Kommunikation

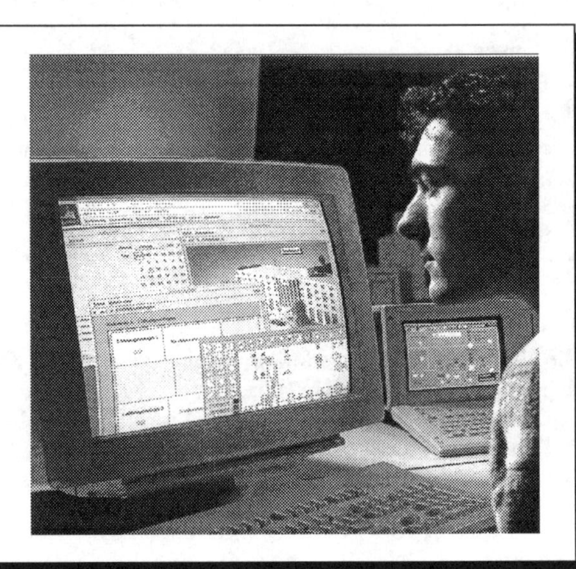

Moderne Bedienoberflächen mit X - WINDOWS

Die ersten „Leitsysteme“ in der Haustechnik wurden Ende der 60er Jahre installiert. Ein großes psychologisches Hindernis für den verbreiteten Einsatz der digitalen Gebäudeautomation (GA) war fast 20 Jahre lang deren wenig benutzerfreundliche Bedienung über „kryptische“ Kommandos, die man erst mühsam erlernen mußte.

Die Benutzeroberfläche war zunächst rein alphanumerisch, die Informationsdarstellung nur textlich. Die ersten Bedien- und Beobachungssysteme (= B + B) mit grafischer Darstellungsmöglichkeit, auch OS (= Operator Station) genannt, erblickten erst Anfang der 80er Jahre das Licht der Welt. Bis zum Erscheinen der ersten PCs in der Gebäudeautomation dauerte es weitere Jahre. Heute ist der PC ein wesentliches Element bei der Kommunikation zwischen dem Menschen und dem GA-System.

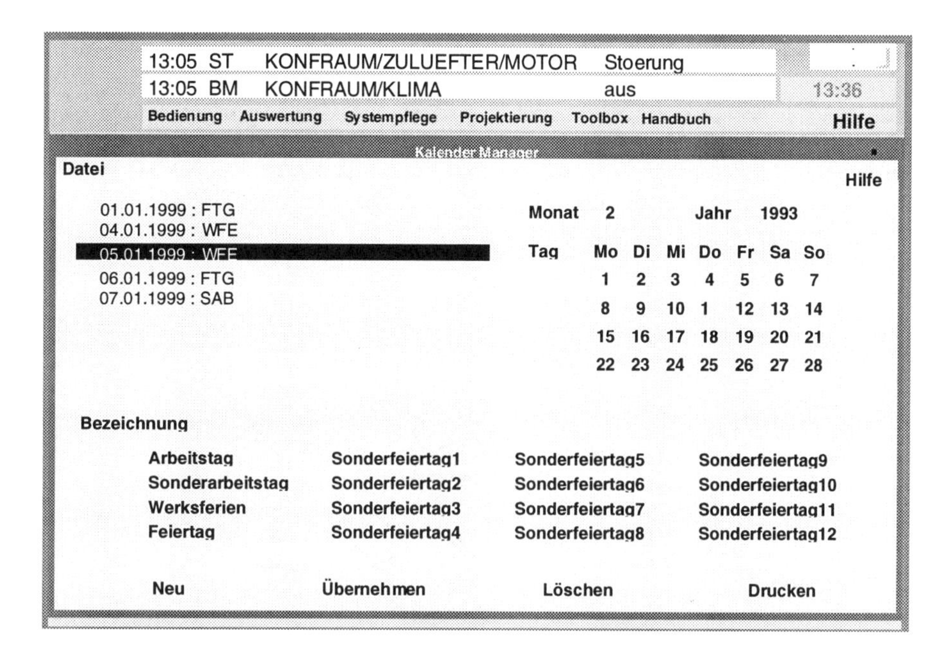

Bild 10-1 Bedienung Zeitschaltplan

Zu erwähnen braucht man heute nur die Zauberworte MS-DOS oder UNIX sowie WINDOWS- bzw. X-WINDOWS-Technik, mit ihren Standard-Bedienoberflächen und einer „interaktiven" Bedienung, z.B. über die Maus oder die Menütechnik mit Pull-Down-Menüs und Buttons (Schaltknöpfen) sowie Scrollbars (Bild 10-1).

Unabhängig von der Ebene:

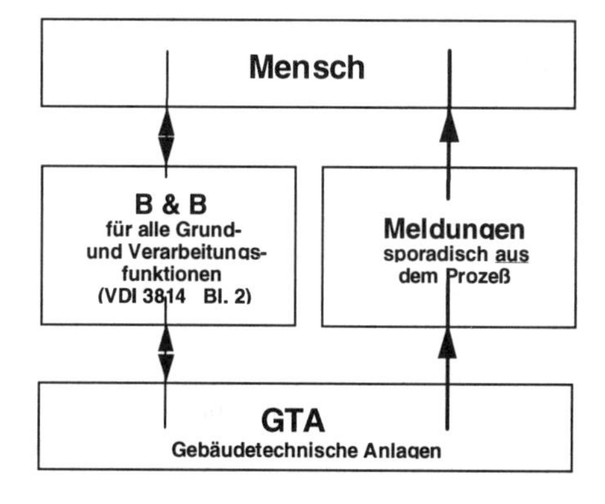

Bild 10.2 Benutzerzugriff

10.1 Aufgaben der Mensch-System-Kommunikation

Über die Bedieneinheiten erhält der Mensch Zugriff auf die gebäudetechnischen Anlagen (Bild 10-2). Er wird informiert über Veränderungen im System. Meldungen mit unterschiedlichen Prioritätsstufen werden automatisch ausgegeben. Er kann alle Funktionen, wie sie in der VDI 3814 Bl. 2 für die GA definiert sind, ansprechen und z.B. Meßwerte abfragen oder Befehle ausgeben. Dies gilt unabhängig von der Ebene, in der er sich befindet (Bild 10-3). „Leiten" im Sinne von Bedienen durch „Eingriff des Menschen" kann dabei in jeder Ebene stattfinden.

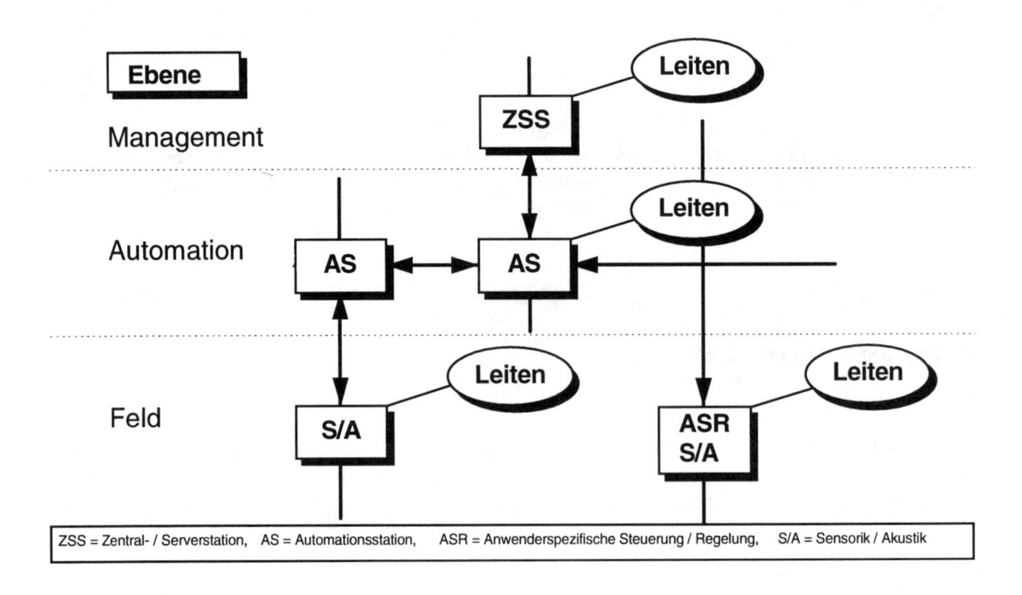

Bild 10-3 Leiten in jeder Ebene

10.2 Bedienen und Beobachten

10.2.1 Lokales Bedienen und Beobachten

Mit dem Einzug der Digitaltechnik in die damals so genannte „Haustechnik" wurde es erstmals möglich, von einer Stelle aus in die damals noch „analoge" MSR-Technik einzugreifen. Heute wird der Begriff „zentrale Leittechnik" (ZLT) zu Recht nicht mehr verwendet. Die heute „digitale" MSR-Technik (DDC-Technik) arbeitet autark die ihr gestellten Aufgaben ab. Der Mensch schaltet sich nur noch sporadisch ein, um den korrekten und möglichst optimalen Betrieb zu kontrollieren und weiter zu optimieren. Manuelle Eingriffe wegen Störungen sind selten geworden.

Bediengeräte

- transportabel (z.B. Lap - Top)
- fest eingebaut in Schaltschrank
- integriert in Automationsstation

Bild 10-4 Arten von Bediengeräten

Für die lokale Bedienung stehen Geräte mit unterschiedlicher Ausprägung zur Verfügung. Sie können auf unterschiedliche Weise in der Anlage installiert sein (Bild 10-4).

Technische Daten (Beispiel):

- achtzeiliges Flüssigkristall-Display (LCD) mit 40 Zeichen / Zeile
- Bedienertastatur und Cursor
- Bedienberechtigung über Schlüsselschalter oder Paßwort

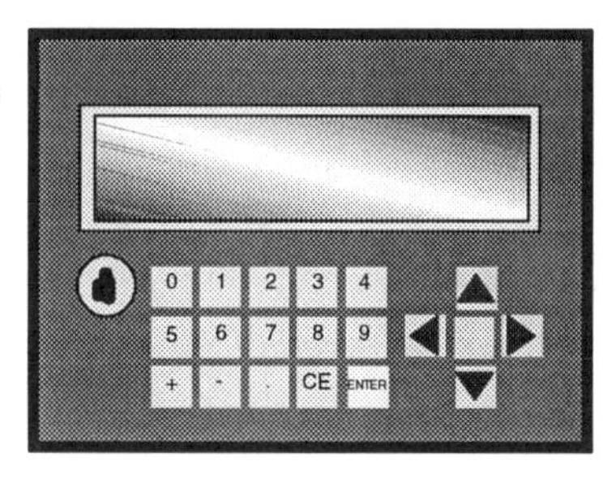

Bild 10-5 Handbediengerät mit LCD-Display

Bild 10-5 zeigt ein Gerät, das durch sein besonders großes Display mit acht Zeilen à 40 Zeichen auffällt. Auf Displays dieser Größe sind sogar einfache Grafiken darstellbar.

Automationsstation mit Bedienung

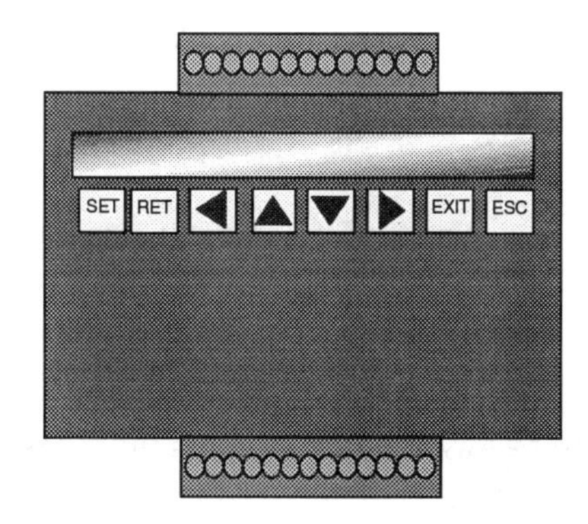

Bild 10-6 Integrierte Bedieneinheit

Heute sind von verschiedenen Herstellern Automationsstationen mit integrierter Bedienung auf dem Markt (Bild 10-6). Eine derartige Station ist völlig autark betreibbar. Oft ist es jedoch wegen der örtlichen Begebenheiten sinnvoller, Bediengerät und Automationsstation voneinander abzukoppeln.

Konfiguration:

- zweizeiliges Flüssigkristall-Display (LCD) mit 40 Zeichen / Zeile
- integrierte Tastatur, passwort-geschützt oder Schlüsselschalter
- stationär oder mobil einsetzbar
- mit taktiler Rückmeldung
- Bedienung von
  - Sollwert
  - Schaltbefehle
  - Betriebsarteinstellung
  - Zeitplan
  - Quittierung
- Anzeige von
  - Betriebszuständen / Alarmen optisch und akustisch

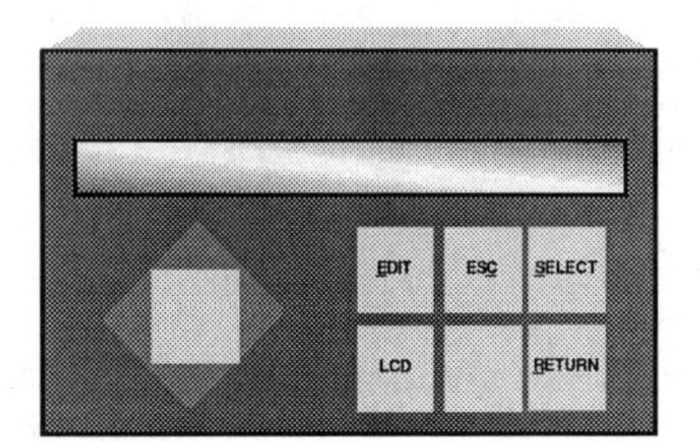

Bild 10-7 Mobiles Handbediengerät

Bild 10-7 zeigt ein Beispiel eines mobilen Gerätes, oft auch Handbediengerät genannt.

 **Service - Bedieneinheit**

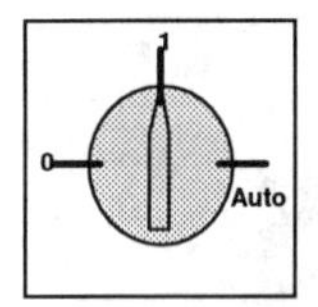

- **Schalten / Stellen**
  ohne Mitwirkung der Automationsstation
  (z.B. Handschalter)
- **Anzeigen**
  von binären oder analogen Informationen
  ohne Mitwirkung der Automationsstation
  (z.B. Meldelampen)

Not - Aus Schalter / Reparaturschalter

Bild 10-8 Service-Bedieneinheit

10.2.2 Notbedieneinheiten

Eine „Notbedienung“, unabhängig von der Automationsstation, muß immer möglich sein. Schalten oder Stellen erfolgt über die Handschalter an einer sogenannten Service-Bedieneinheit (Bild 10-8). Oft ist zusätzlich ein Reparaturschalter, der sich direkt am Gerät befinden muß, vorhanden.

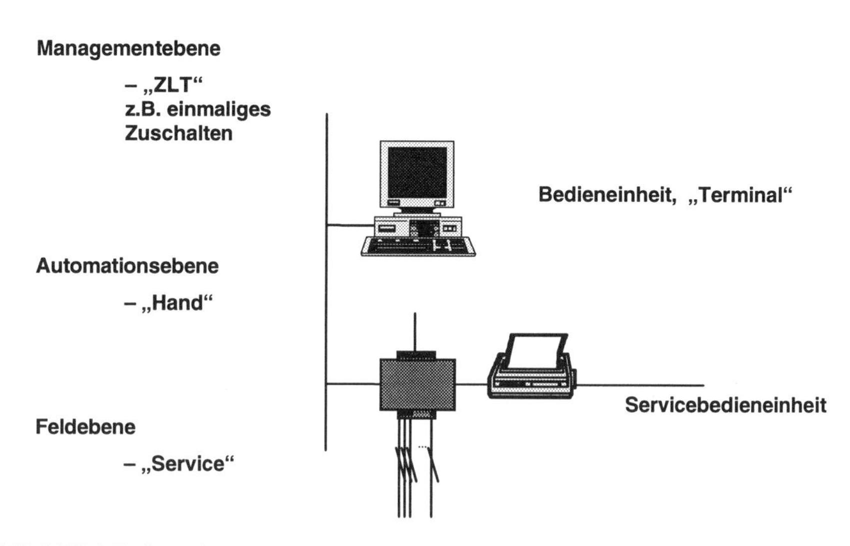

Bild 10-9 PC als Bedienstation

10.2.3 PC als Bedienstation

Personalcomputer (PC) als Bedienstationen sind heute bei jedem Anlagenerrichter im Programm (Bild 10-9). Von seiner Anordnung her kann man oft jedoch nicht mehr erkennen, ob er zur Management- oder zur Automationsebene gehört, ob er also der lokalen Bedienung dient oder ob er vor allem Managementaufgaben erfüllt.

Bedienstation (PC):

- **an jede Automationsstation anschließbar**
- **kompletter Funktionsumfang für gesamtes Netzwerk**
- **Fernbedienung über:**
  - **– öffentliche Netze (Modem)**
  - **– verschiedene Übertragungstechniken**

Bild 10-10 Merkmale der PC-Bedienstation

Über eine PC-Bedienstation kann man in der Regel alle AS im gesamten Netzwerk bedienen und beobachten (Bild 10-10).

Zugriffsschutz für Bedienstation (Beispiel)

- **16 Zugriffsklassen**
- **21 Funktionsrechte (frei gruppierbar)**
- **16 Zeichen je Benutzername**
  bis zu 10 Zeichen je Passwort

Bild 10-11 Zugriffsschutz

Durch eine Einteilung in Zugriffsklassen und Funktionsrechte ist eine differenzierte Behandlung der Zugriffsrechte, entsprechend Aufgabe und Qualifikation, möglich (Bild 10-11).

Abgesetzte Automationsstation über Modem

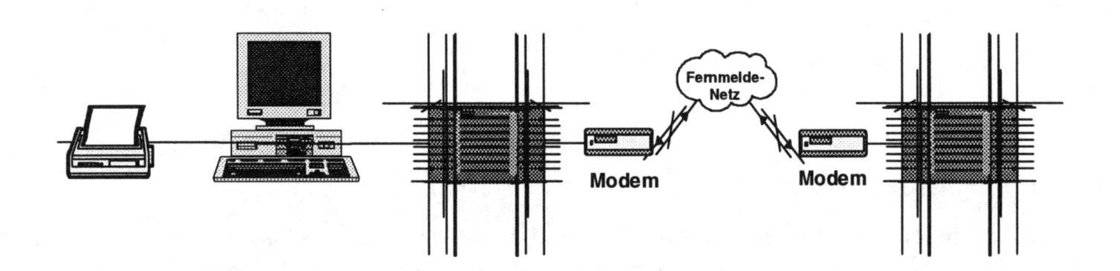

Bild 10-12 PC mit Modemanbindung

Auch der Betrieb über das öffentliche Telefonnetz ist heute Praxis (Bild 10-12).

10.3 Alarmanzeige

Selbst in einer noch so optimal gewarteten Anlage kann es zu Störungen kommen. Wie sie und wo sie zentral oder lokal angezeigt werden, hängt von den jeweiligen betrieblichen Gegebenheiten ab:

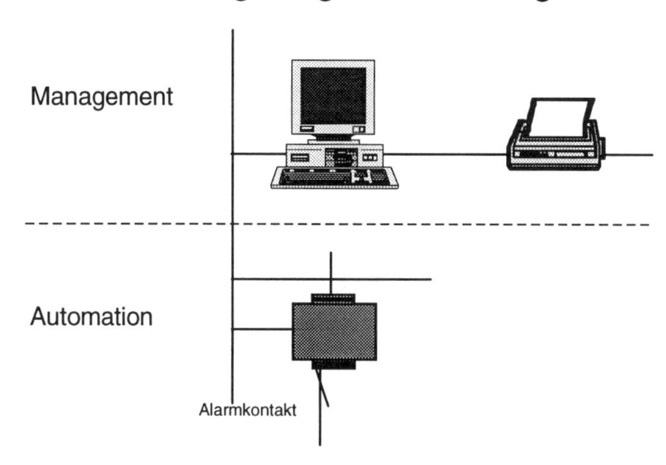

Bild 10-13 Zentrale Meldungsverwaltung

10.3.1 Zentrale Meldungsausgabe und -anzeige

Das zentral angeordnete System zeigt Störungen systemweit, z.B. durch Blinken am Bildschirm und durch die Ausgabe einer entsprechenden Meldung am Drucker an (Bild 10-13).

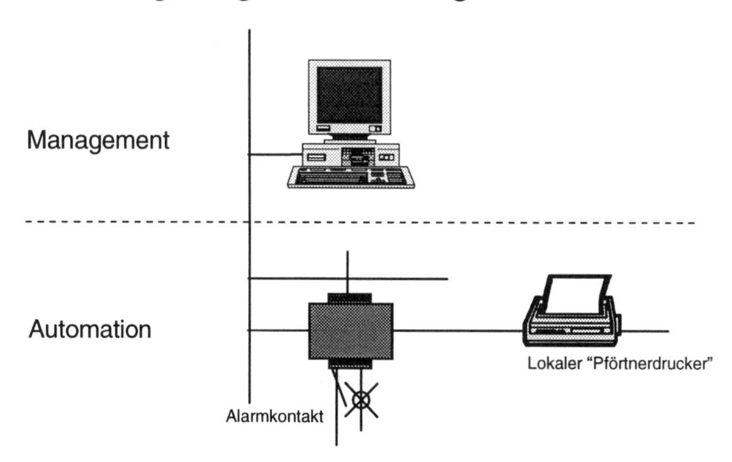

Bild 10-14 Dezentrale Meldungsverwaltung

10.3.2 Lokale Meldungsausgabe und -anzeige

Auch eine noch so kleine und kompakte AS verfügt heute über eine integrierte Druckerschnittstelle. Deshalb können Meldedrucker daran direkt angeschlossen werden (Bild 10-14). Die Meldungen können dann sowohl aus der entsprechenden AS kommen, sie können aber auch einer beliebigen am Systembus angeschlossenen Station entstammen. Ein zentraler Drucker kann dann evtl. entfallen.

Vorteile PC:

- **Zukunftssicher**
- **Erweiterbar**
- **Qualitäts-Hardware**
- **Schnelle Systemreaktion**
- **Preiswert**

Bild 10-15 Die Vorteile des PCs

10.4 Anforderungen an Management- und Bedienstationen

Im Bild 10-15 sind einige Vorteile des PC gegenüber den zur Zeit der Gebäude-Leittechnik (GLT) noch üblichen Prozeßrechnern (DEC, Honeywell Bull, Siemens SICOMP, Sauter EY 2400 etc.) aufgeführt. Besondere Bedeutung beim Einsatz eines PC hat heute der Monitor. Im Bild 10-16 sind einige Qualitätsmerkmale (entsprechend CEN TC 247) aufgeführt

- **Farbe oder Monochrom**
- **Bildschirmdiagonale**
- **Bildwiederholfrequenz**
- **Auflösung**
- **Strahlungsschutz (MPR II)**
- **Reflexionsschutz**
- **Anzahl Bilder**
- **Anzahl Dynamiken**
- **etc.**

Bild 10-16 Qualitätsmerkmale von Bildschirmen

Benutzerfreundlichkeit

- **Erscheinung (look) und Verhalten (feel)**
  der Oberfläche realitätsnah (Modell)
- **Steuerbarkeit**
  “Mensch bleibt immer Herr des Geschehens” (Reihenfolge, Geschwindigkeit der Arbeit)
- **Fehlerrobustheit**
  gewünschtes Ergebnis wird trotz fehlerhafter Eingabe immer erreicht
- **Individualisierbarkeit**
  gleiche Akzeptanz trotz unterschiedlicher, individueller Fertigkeiten
- **Erlernbarkeit**
  in kurzer Zeit, den Anforderungen entsprechend

Bild 10-17 Kriterien der Benutzerfreundlichkeit von Bedienoberflächen

10.5 Benutzerfreundliche Bedienoberflächen

Wann gilt eine Bedienoberfläche als benutzerfreundlich?

Bild 10-17 enthält dazu einige allgemeingültige Kriterien. Moderne Systeme in der GA erfüllen heute diese Kriterien.

10.6 Konfigurationen

Die Bilder 10-18 bis 10-20 zeigen einige der heute üblichen Konfigurationen.

Systembusweite Bedienung

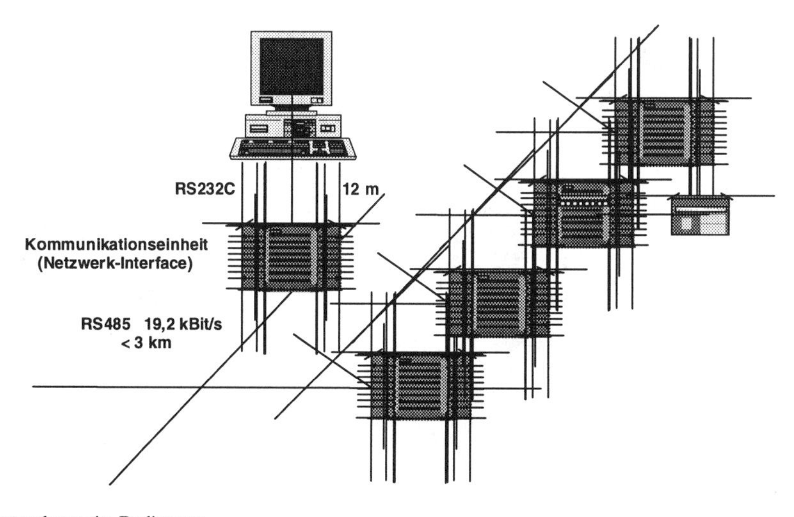

Bild 10-18 Systembusweite Bedienung

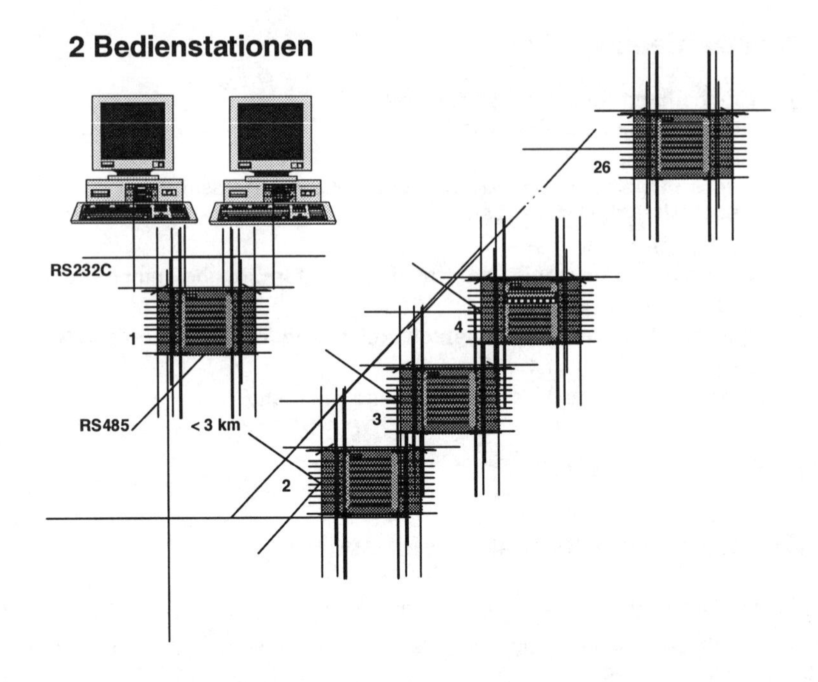

Bild 10-19 Bedienung an 2 Bedienstationen

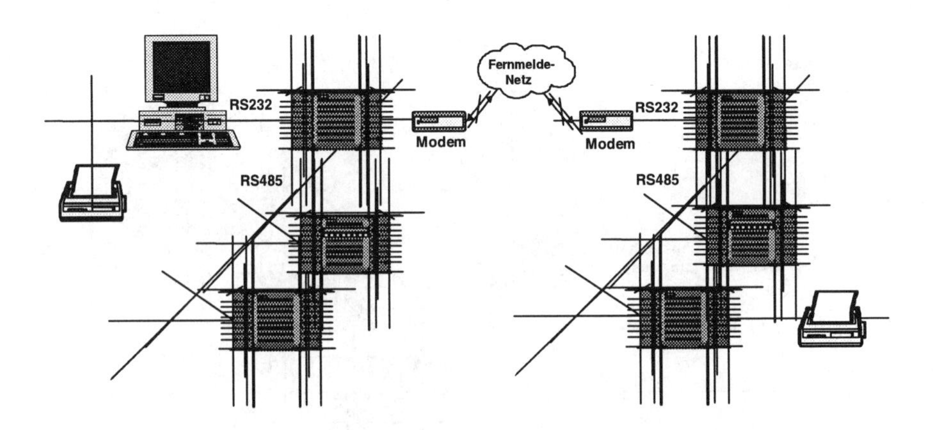

Bild 10-20 Fernbedienung über das Fernmeldenetz

Multimediale Visionen:

○ Bild	z.B. Bild zum Ereignis in Windows-Technik
○ Ton	z.B. Geräusch aus der Anlage in Stereo, störungsbezogen oder Sprachausgabe
○ Video	z.B. Serviceanleitung, Bildsequenz von CD-ROM
○ Animation	z.B. Gestikerkennung „z.B. Halt“

Bild 10-21 Ausblick in die Zukunft

10.7 Ausblick

Bild 10-21 enthält abschließend einen Ausblick auf das, was die Zukunft noch bringen wird. Der Einzug der Multimedia-Technik in die Automation hat bereits begonnen. Multimediale Visionen, wie Bild zum Ereignis in WINDOWS-Technik, störungsbezogene Geräusche aus der Anlage in Stereo und Spracherkennung oder Video und CD-ROM mit Serviceanleitungen werden auf Messen bereits demonstriert. Animation, z.B. mit Gestikerkennung, könnten folgen.

11 Gebäudemanagement

von Hans-Werner Faßbender

Betriebskosteneinsparungen ergeben sich im Bereich der Gebäudeautomation vor allem aufgrund folgender Faktoren:

- Reduzierung des Energieverbrauchs
  aufgrund des Einsatzes spezieller Energiesparprogramme sowie durch Optimierung des Anlagenbetriebs in Bezug auf den tatsächlichen Bedarf
- Reduzierung von Instandsetzungskosten
  aufgrund von rechtzeitiger Anlagenwartung und frühzeitiger Fehlererkennung
- Reduzierung von Produktionsausfallkosten
  aufgrund deutlich erhöhter Anlagensicherheit und frühzeitiger Störungserkennung
- Reduzierung von Personalkosten
  aufgrund optimierten Personaleinsatzes durch Wegfall zeitintensiver Inspektionsgänge, erhöhter Transparenz des Gesamtsystems an einer Leitwarte in Verbindung mit gezielter Arbeitsvorbereitung z.B. bei Wartung und Instandhaltung

Die klassische Aufgabe der Gebäudeleittechnik stellt das Energie-Management dar. Zum einen existieren hierzu eine Vielzahl von Optimierungsprogrammen zur Reduzierung des Energieverbrauchs und zur Ausnutzung natürlicher Energiequellen (z.B. Sonneneinstrahlung und Tageslicht). Als Beispiel werden hierzu Höchstlastprogramme (zur Vermeidung von Spitzen des Leistungsbezugs), Zeitprogramme (Tages- und Jahreskalender, gleitendes und zyklisches Schalten) oder RLT-Optimierungsfunktionen (Enthalpie-, WRG-, Nachtkühl-Programm) genannt.

Zum anderen liefert die Gebäudeautomation als „Abfallprodukt" zur Regelung und Steuerung eine Vielzahl von Prozeßdaten und stellt somit eine umfassende Meßdatenerfassungsanlage dar. Wichtig ist hierbei, daß in der Planung entsprechende Verbrauchszähler und Sensoren für eine Ermittlung Anlagenzustandes und des damit bedingten Energieverbrauchs erfaßt werden. Statistik-, Auswerte- und Grafikprogramme stehen dem Betriebspersonal zur Verfügung und schaffen damit durch die entsprechende Rückkopplung den Anreiz zur Betriebsoptimierung von BTA.

Es ist jedoch nicht möglich allgemeingültige Mittelwerte für erreichbare Kosteneinsparungen durch den Einsatz einer Gebäudeautomation bzw. der verschiedenen Optimierungsprogramme zu geben. Zum einen sind die Einsparmöglichkeiten objektspezifisch stark unterschiedlich. So kann z.B. das Haupteinsparpotential eines Industriebetriebs im Bereich Elektro/Höchstlastoptimierung liegen, während ein Krankenhaus primär auf die Optimierung der RLT-Anlagen Augenmerk richten muß oder eine Schule bzw. ein Hotel hohe Einsparpotentiale durch den Einsatz einer Einzelraumregelung erzielen.

Zum anderen liefert die Gebäudeautomation nur das Handwerkzeug zur Energieeinsparung; die Optimierung muß vom Menschen durchgeführt werden. Die beste Gebäudeautomation führt somit zu keinen Einsparungen, wenn nicht durch gut geschultes und hinsichtlich Energieeinsparung motiviertes Betriebspersonal die Einsparmöglichkeiten durch Anlagenoptimierung ausgeschöpft werden.

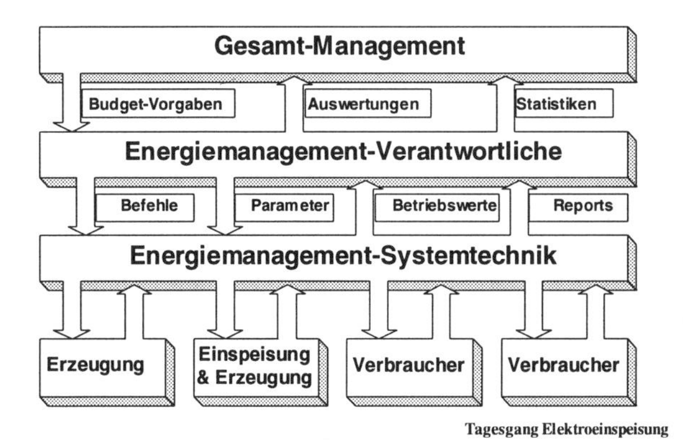

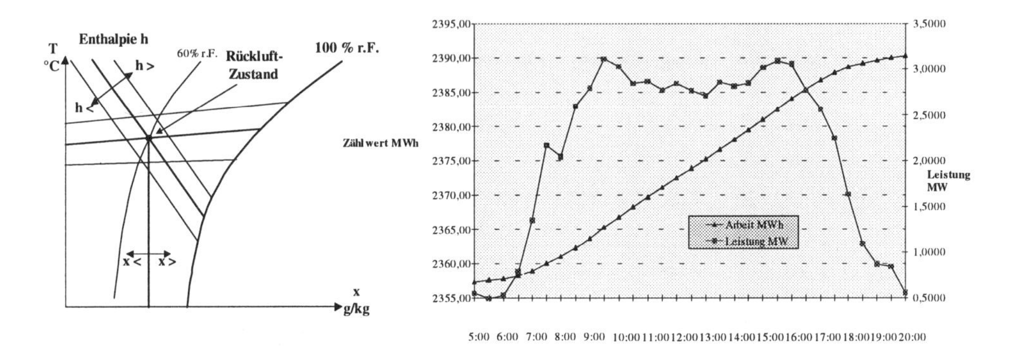

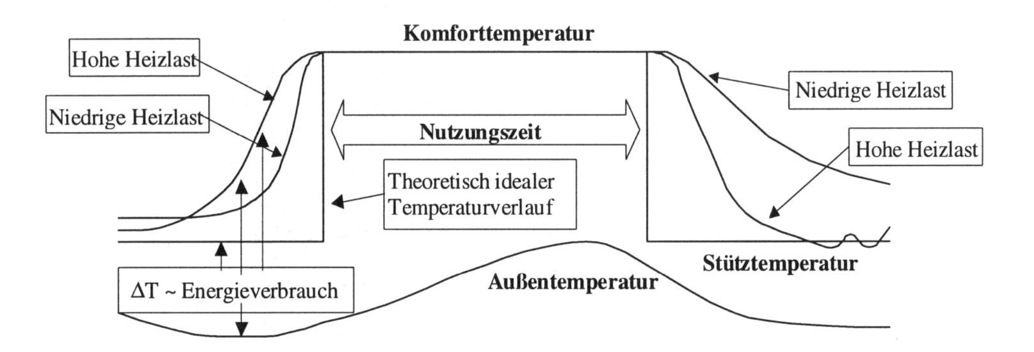

Bild 11-1 Beispiel Energieoptimierungsprogramme der Gebäudeautomation

11.1 Energiemanagement mit System

Das Umfeld:

- **Die Energiekosten stellen in den meisten Gebäuden einen vergleichsweise kleinen Kostenblock dar**
- **Die Produktivität der Menschen und Anlagen hat höhere Priorität als Energie-Einsparung**
- **Relativ schwache betriebswirtschaftliche Anreize für energiesparende Maßnahmen (kurzfristige Betrachtung)**
- **Ethische Erwägungen haben wenig Wirkung**
  - **Energiereserven für kommende Generationen**
  - **Umweltbelastung durch unnötigen Energieverbrauch**

Die Energiekosten für Heizung, Lüftung und Klimatisierung in Gebäuden sind meist relativ gering, wenn man sie mit anderen Kostenblöcken vergleicht. Vor allem die Personalkosten betragen i.a. ein Vielfaches der Energiekosten.

Aus diesem und anderen Gründen hat Energiemanagement keine besonders hohe Priorität, und wenn es zu der Frage kommt, ob man im Interesse der Energieeinsparungen Komforteinbußen akzeptiert, dann ist das Thema oft schnell vom Tisch. Häufig fürchtet das Management auch die Auseinandersetzung mit der Belegschaft bzw. Ihrer Vertretung, die bei derartigen Fragen nicht immer sachlich geführt wird. Man denke nur an die emotionalen Äußerungen wenn es um „Klimaanlagen" geht.

Maßnahmen für Energieeinsparungen erzielen keine dramatische Verbesserung des Betriebsergebnisses und man kann sich damit auch nicht besonders stark profilieren. Da solche Maßnahmen oft relativ lange Amortisationszeiten haben und Investitionsentscheidungen aus relativ kurzfristige Betrachtungsweise getroffen werden, sind die unternehmerischen Anreize nicht sehr stark.

In der westlichen Kultur kann und will man sich einen hohen Energieverbrauch leisten und ist auch nicht bereit, etwa im Interesse des Umweltschutzes und der Energieversorgung kommender Generationen Abstriche zu machen. Das Bewußtsein für die Notwendigkeit, unser Energieverbrauchsverhalten zu ändern, ist zumindest heute noch stark unterentwickelt. Zumindest aber scheut man sich, aus den erkannten Notwendigkeiten die logischen Konsequenze zu ziehen.

Über diese Realitäten muß man sich im klaren sein, wenn man Investitionen bzw. Personaleinsatz für das Energiemanagement durchsetzen will.

Energiemanagement mit System

Voraussetzungen für den Erfolg:

- **Realistische Zielsetzung von der Unternehmensleitung**
- **Turnusmäßige Erfolgskontrolle durch die**
- **Personelle Ausstattung mit angemessenen Befugnissen**
- **Systemtechnische Ausstattung**
- **Die eingesetzten Mittel entsprechen der Größe der gestellten Aufgabe**
- **Die Unternehmensleitung identifiziert sich mit den des Energiemanagements**

Um Energiemanagement dauerhaft erfolgreich zu betreiben, sind einige grundsätzliche Voraussetzungen erforderlich.

Zunächst ist eine realistische Zielsetzung erforderlich, die wirtschaftlichen Anforderungen genügen muß und von der Organisation mitgetragen wird. Bei Neubau-Vorhaben kann diese Zielsetzung z.B. als vorgegebener Energieverbrauch pro m^2 formuliert sein, bei bestehenden Gebäuden als Reduzierung um einen bestimmten Prozentsatz. Die Zielsetzung kann nur auf der Basis einer fundierten Analyse erfolgen, die auch die erforderlichen Investitionen und organisatorischen Voraussetzungen darstellt.

Die Ergebnisse müssen von der Unternehmensleitung als wesentliche betriebswirtschaftliche Meßgrößen betrachtet und als solche auch kontrolliert werden, damit das Energiemanagement konsequent weiterbetrieben wird.

Erfolgreiches Energiemanagement kann auch bei bester Technik nicht ohne personellen Einsatz betrieben werden. Dazu braucht es Fachleute, die die Verfahrenstechnik beherrschen und mit der eingesetzten Systemtechnik gut umgehen können. Bei kleineren Gebäuden steht dazu kein Eigenpersonal zur Verfügung und man ist auf externe Dienstleister angewiesen.

Ganz wesentliche Voraussetzung ist die technische Ausstattung. Das gilt sowohl für die BTA als auch die Systemtechnik. Bei Neubauprojekten wird leider immer wieder die Minimierung der Erstinvestitionskosten betrieben, ohne jede Rücksicht auf die Betriebskosten bzw. die Zufriedenheit der späteren Nutzer. Dieser Trend wird durch die gegenwärtige Mittelknappheit noch gefördert, obwohl man sich dieses Verhalten garnicht leisten kann. Auch hier also sehr kurzfristige Betrachtung, bzw. Abschottung der Betreiber, die für die Betriebskosten verantwortlich sind, von allen Investitionsentscheidungen.

Die eingesetzten Mittel müssen der Zielsetzung adäquat sein und untereinander austariert sein. Eine sehr hochwertige und aufwendige Systemtechnik zum Beispiel verursacht nichts als Kosten, wenn das zu ihrer Nutzung erforderliche Personal nicht quantitativ und qualitativ zur Verfügung steht. Das wird bei Planung und Ausschreibung nicht immer beachtet.

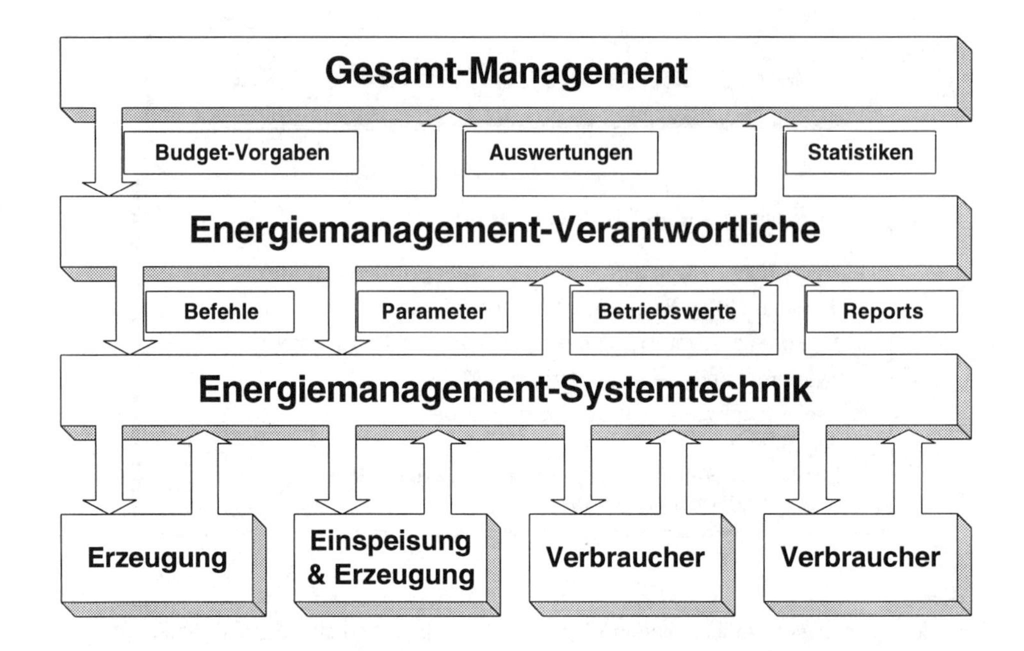

Bild 11-2 Verknüpfungen des Energiemanagements

Bild 11-2 versucht die Modellierung des Energiemanagements als eine Vielzahl von hierarchisch zusammenhängenden Regelkreisen.

Auf der untersten Ebene befinden sich die technischen Regelkreise, in denen die BTA jeweils die Regelstrecke und das GA-System den Regler darstellt. Das GA-System ist als **ein** Block, ohne Auflösung in Leit- und Automatisierungsebene dargestellt. Auf dieser Ebene wird eine sehr große Zahl von Informationen (hier sind es „Informationen" im Sinne von VDI3814) ausgetauscht.

Mittlerer Regelkreis: Die Systemtechnik liefert Daten, die als Istwerte sowie als Information über Störgrößen zu betrachten sind, und erhält ihre „Stellbefehle" in Form von Parametern und Befehlen vom Energiemanagement-Verantwortlichen. Die Systemtechnik reduziert die Informationsmenge auf das notwendige und verkraftbare Maß, so daß der Verantwortliche sich auf das Wesentliche konzentrieren kann. Dazu gehört auch die Aufbereitung der Daten in eine leicht auswertbare Form, z.B. in graphische Darstellungen.

Oberer Regelkreis: Der Energiemanagement-Verantwortliche liefert seine „Istwerte" in Form von Auswertungen und Statistiken an das Management. Dort werden diese Daten bewertet und neue Vorgaben im Rahmen der Budgetplanung gemacht. Dabei sind u.U. veränderte Gegebenheiten zu berücksichtigen. Zweckmäßigerweise beinhalten die vom Energiemanagement-Verantwortlichen gelieferten Auswertungen nicht nur „Istwerte" sondern auch Empfehlungen für die neuen Zielsetzungen, sowie Investitionsanforderungen für weitere energiesparende Maßnahmen.

Energiemanagement mit System

Ansatzpunkte zur Reduzierung der Energiekosten:

- **Anlagenlaufzeiten "hautnah" an die Nutzungszeiten anpassen**
- **Anlagenleistung an die Last anpassen (z.B. VVS)**
- **Durch intelligente MSR-Konzepte den Energiebedarf der HLK-Prozesse bei gegebener "Versorgungsqualität" (Komfortansprüche) minimieren.**
- **Ständige "Pflege" der MSR-Parameter**
- **Ständige Funktionskontrolle der Anlagen, Eingriff bei Verschlechterung des Wirkungsgrades**
- **Reduzieren der Versorgungsqualität**
- **Kostengünstigeres Abnahmeverhalten (z.B. Vermeiden von Spitzen durch Lastabwurf, Kältespeicher),**
- **Eigenerzeugung von Wärme und Strom (BHKW)**

Der Begriff des Energiemanagements umfaßt ein unglaublich breites Spektrum von Tätigkeiten in den Bereichen Planung, Ausführung und Betrieb. Es beginnt beim architektonischen Konzept, umfaßt die BTA sowie die Gebäudeautomation, und geht bis zur Optimierung der Energiebezugskosten (EVU-Abnahmevertrag, Kauf von Öl zum günstigsten Zeitpunkt usw.)

Dieses Kapitel konzentriert sich auf die Nutzung der Gebäudeautomation (einschließlich der MSR-Lösung) zum Zwecke des Energiemanagements.

Es gibt dabei eine Reihe von relativ einfachen und grundlegenden Ansätzen, deren Möglichkeiten man voll nutzen sollte bevor man das hochtrabende Wort „Optimierung" in den Mund nimmt.

Dazu gehört, daß Anlagen nur dann laufen (und somit unweigerlich Energie verbrauchen), wenn das wirklich notwendig ist. Die Gebäudeautomation liefert die Möglichkeit, diese Anpassung zu automatisieren und notwendige Änderungen der Nutzungszeiten recht komfortabel vom Schreibtisch aus vorzunehmen.

Soweit möglich, sollte der Energieverbrauch der tatsächlichen Last angepaßt werden. Bei RLT-Anlagen in VVS-Ausführung wird die Ventilatorleistung entsprechend der abgenommen Luftmenge variiert, die meist von der Kühllast abhängt. Noch wenig ausgeschöpft ist die Möglichkeit, die Außenluftmenge abhängig von der Luftqualität zu regeln. So wird denn auch bei schwacher Belegung des Gebäudes in den meisten Fällen eine fest (zu hoch) eingestellte Mindestluftmenge energieintensiv aufbereitet.

Sinnvolle MSR-Konzepte können den Energieverbrauch bei laufender Anlage ohne Komforteinbuße reduzieren. Diese Ansätze sind überwiegend längst in der Praxis erprobt und bewährt. Ob sie aber sachgemäß eingesetzt und genutzt werden, hängt vor allem von den beteiligten Personen ab. Bei falscher Anwendung oder Parametrierung sind sie leider völlig wirkungslos.

Um so wichtiger ist die laufende Kontrolle und Pflege der MSR-Parameter. Wenn dies versäumt wird, muß man mit einer fortgesetzten allmählichen Verschlechterung der Energie-Wirtschaftlichkeit rechnen.

Ebenso wichtig ist die laufende turnusmäßige Funktionskontrolle der Anlagen. Bei Kältemaschinen u.dgl. ist der Wirkungsgrad bzw.die Leistungszahl zu kontrollieren. Besonderes Mißtrauen ist bei den Handschaltern der Notbedienebene angebracht. Wer nicht gern mit Tastatur und Maus umgeht, benutzt gern den Handschalter um schnell einmal einzugreifen. Damit ist aber all die schöne DDC-Technik und das ausgefeilte MSR-Konzept nutzlos geworden.

Nicht besonders populär aber dafür umso wirkungsvoller ist es, wenn man etwas Komfort opfert und die Sollwerte für Raumtemperatur und -feuchte im Winter absenkt bzw. im Sommer anhebt.

Manchmal kann man Kosten sparen, indem man einen Teil des Energieverbrauchs zeitlich verschiebt. Bei der Höchstlastbegrenzung schaltet man Verbraucher in Spitzenlastzeiten ab und holt den Verbrauch u.U. später nach. Eisspeicher werden zu Schwachlastzeiten, möglichst zu Niedertarif aufgeladen und entladen, wenn die Energie (z.B. zu Spitzenlastzeiten) teuer ist.

Mit relativ teuren Investitionen kann man auch selbst im BHKW Strom und Wärme erzeugen. Das kann sehr wirtschaftlich sein, kann aber auch eine krasse Fehlinvestition sein.

Hier behandelte Bausteine des Energiemanagements:

- **1. Energiecontrolling: Laufende Überwachung, Soll-/Istvergleich**
  - **Gesamtwerte (Energie-Einspeisung, -Verteilung und -**
  - **Gebäudewerte**
  - **Anlagenwerte (Verursacher)**
  - **Jahreswerte**
  - **Monatswerte**
  - **Tageswerte**
- **2. Auf minimalen Energieverbrauch zugeschnittene Regelungs- und Steuerungstechnische Lösungen**
- **3. Laufende Kontrolle der Anlagen und Aktualisieren der Parameter**
- **4. Spezielle automatische Algorithmen (EMS-Funktionen)**

11.2 Energiecontrolling

- **1.1 Definition:**
  - **Mit Hilfe geeigneter Kontrollinstrumente die Energieverbräuche erfassen, auswerten und das Verbrauchsverhalten transparent machen.**
  - **Vergleichsmaßstäbe schaffen und aktualisieren**
    - **"Bestjahr"**
    - **Andere vergleichbare Gebäude oder Anlagen (eigen oder fremd)**
  - **Durch Soll/Ist-Vergleich Schwachstellen bzw. Fehlverhalten sichtbar machen und Einsparpotentiale quantifizieren. Damit Entscheidungsgrundlagen für Verbesserungsmaßnahmen schaffen.**
- **1.2 Personelle Voraussetzungen:**
  - **Verständnis für die energievebrauchenden Prozesse und Zusammenhänge**
  - **Fähigkeit und Neigung zum Arbeiten mit rechnergestützten Analysehilfsmitteln, speziell Tabellenkalkulation und die Reportfunktionen der Gebäudeautomation**

Energiecontrolling schafft sich zunächst geeignete Kontrollinstrumente unter Einsatz der vom GA-System angebotenen Funktionen und marktgängiger PC-Software. Diese Kontrollinstrumente sind vor allem tabellarische und graphische Darstellungen von verbrauchsbezogenen Daten. Diese Darstellungen sind so aufzubauen, daß sie für die besonderen Gegebenheiten des Objekts die wichtigen Informationen aufzeigen.

Diese Darstellungen wird man nur teilweise fertig geliefert bekommen. Man muß sie in einem fortdauernden Lernprozeß aufbauen, verbessern und bei neuen Fragen wieder modifizieren bzw. ganz neue Darstellungen konzipieren. Oft ist es so, daß die Antwort auf eine Frage eine neue Frage aufwirft, und so muß man auch seine Analyseinstrumente immer wieder auf die aktuell gestellten Fragen ausrichten.

Eine besondere Herausforderung ist die Schaffung geeigneter Vergleichsmaßstäbe. Eine erzielte Verbesserung um x% bedeutet ja keinesfalls, daß man damit das Optimum erreicht hat. Dennoch wird man immer die besten je erzielten Ergebnisse als Mindestziel betrachten. Hilfreich ist es, wenn man Daten vergleichbarer Objekte zum Vergleich heranziehen kann.

Die von den „Meßinstrumenten" identifizierten Schwachstellen sind im Einzelfall daraufhin zu untersuchen, ob sie durch menschliche Fehlleistungen oder anlagentechnische Schwächen verursacht sind. Die korrektiven Maßnahmen (Überholung oder Änderung der Anlage, Änderung der Verhaltensweise) erfordern in jedem Fall überzeugende und überzeugend dargestellte Fakten und Vorschläge.

Es ist offensichtlich, daß die hier skizzierte Arbeitsweise ein hohes Maß an Qualifikation, Motivation und Befugnis bzw. Rückhalt im Unternehmen erfordert. Die Qualifikation muß sowohl die Verfahrenstechnik als auch den Umgang mit PC und Software einschließen.

- **1.3 Systemtechnische Voraussetzungen (Gebäudeautomation)**
  - **Die zur Erfassung der Rohdaten erforderlichen physikalischen Meß- und Zählwerte**
  - **Virtuelle Meß- und Zählwerte**
  - **Historisierungsfunktionen wie "zyklische Speicherung"**
  - **Trendkurven-Darstellungen aus aktuellen und historisierten Werten (Standardfunktion der Gebäudeautomation)**
  - **Hard- und Software-Schnittstelle zur Übergabe von historisierten (und aktuellen) Werten an marktübliche Windows-Anwendungen für Tabellenkalkulation**
- **1.4 Systemtechnische Voraussetzungen (Personal Computer)**
  - **Leistungsfähige Hardware (Prozessor, Platte, Graphik)**
  - **Betriebssystem (z.B. DOS/Windows)**
  - **Tabellenkalkulations-Software**

Die Schaffung der systemtechnischen Voraussetzungen erfordert eine gründliche Planung. Besonderes Augenmerk ist dabei auf die physikalischen und virtuellen Datenpunkte zu richten. Dies wird oft oberflächlich gehandhabt. Man findet dann im Leistungsverzeichnis diverse Software-Positionen, für die die erforderlichen Datenpunkte – vor allem die virtuellen – nicht oder nur teilweise berücksichtigt sind.

Das GA-System muß über Historisierungsfunktionen verfügen, mit denen man vor allem Meß- und Zählwerte, aber auch Betriebszustände erfassen kann. Die Werte werden meist zyklisch gespeichert. In manchen Fällen ist allerdings eine änderungsabhängige Speicherung, falls verfügbar, vorzuziehen (speziell, wenn Werte dazu neigen, sich über längere Zeit nicht zu ändern).

Weiterhin muß das GA-System die Darstellung der Werte sowohl in tabellarischer als auch in graphischer Form ermöglichen. Dabei sind vor allem Kurven- und Balkendiagramme von Bedeutung.

Es kommt durchaus vor, daß man eine „verdächtige" Anlage nicht rückwirkend sondern sozusagen live beobachten will. Dazu sind dynamische Kurvendarstellungen aktueller Werte erforderlich. Im Idealfall sind die Darstellungen und ihre Handhabung für historische und aktuelle Daten gleich.

Nicht alle Darstellungen und Auswertungen kann man vorgefertigt vom GA-System erwarten. Daher ist es sinnvoll, daß das GA-System über eine Datenschnittstelle zur Übergabe der historischen Daten an marktgängige Tabellenkalkulationsprogramme beinhaltet.

Um die notwendigen Freiheitsgrade zur Schaffung der notwendigen Instrumente zu gewährleisten, sollte das GA-System mit einem leistungsfähigen PC und entsprechender Software ausgestattet und gekoppelt sein.

Häufig handelt es sich um eine mehr oder weniger lose Kopplung. Der Betreiber muß dann über spezielle Befehle die Datenübergabe und ggfs. Konvertierung steuern. Das heißt, er muß PC-kundig sein und mit Begriffen wie Datei, Verzeichnis usw. vertraut sein. Benutzerfreundlicher wird das ganze, wenn der PC als Auswerteinstrument eng in das System integriert ist und die Systemdialoge dem Bediener das EDV-Chinesisch ersparen.

1.3 Systemtechnische Voraussetzungen (Gebäudeautomation)

- **1.3.1 Physikalische Meß- und Zählwerte**
  - **Fremdbezug auf Gesamtebene (Gebäude oder Liegenschaft): Die hier erfaßten Zählwerte sollten mit den vom EVU abgerechneten Werten identisch sein !**
    - **El. Leistung, evtl. Blindleistung oder cos φ , Arbeit, Intervall-Synchronisation**
    - **Gasverbrauch (m^3)**
    - **Fernwärme: Temperaturen VL/RL, Durchfluß, Wärmemenge**
  - **Wärmeerzeugung (große Kessel) und -verteilung**
    - **Abgaswerte (Temperatur, CO)**
    - **VL/RL-Temperaturen, Wärmemenge**
    - **ggfs. Ölverbrauch, -bestand**
  - **Außenluftwerte Temperatur, rel. Feuchte, evtl. Tageslichtintensität**

Die physikalischen Meß- und Zählwerte werden überwiegend auch selbst für Darstellungen gebraucht. Vor allem aber sind sie die Basis zur Bildung virtueller Datenpunkte bzw. Ermittlung von Kenngrößen.

Ganz wesentlich ist natürlich, daß der Fremdbezug an Energie erfaßt wird. Dabei ist dauf zu achten, daß die gemessenen Werte mit den vom EVU bzw. Lieferanten abgerechneten übereinstimmen.

Auch die besten Meßwandler, ebenso wie die Zähler, sind fehlerbehaftet. Bei Augenblickswerten ist der Fehler kaum relevant; bei Zählern aber wird der absolute Fehler über die Zeit immer größer. Wenn man für die Gebäudeautomation einen separaten Zähler setzt, wird dessen Anzeige immer mehr von der des EVU-Zählers abweichen. Die Daten sind dann einem Kaufmann, der nicht in Rechenschiebergenauigkeit denkt, schwer zu erklären. Daher sollte man möglichst nicht separate Zähler setzen sondern potentialfreie Hilfskontakte von den Übergabezählern fordern.

Bei den meisten Gebäuden ist ein Meßsatz mit Schleppzeiger zur Erfassung der höchsten Intervalleistung installiert, der die Daten für die Berechnung der Bereitstellungskosten liefert. Die Gebäudeautomation braucht in diesem Fall nicht nur den Impuls vom Arbeitszähler sondern auch den Intervall-Synchronisationsimpuls, um die kostenträchtigen Spitzen zu überwachen und evtl. durch Gegenmaßnahmen wie Lastabwurf zu dämpfen.

Wenn das EVU auch den Blindarbeitsbezug in Rechnung stellt, ist sie ebenso zu erfassen wie die Wirkarbeit. Falls man über eine Einrichtung zur Blindstromkompensation verfügt, sollte man auch den Leistungsfaktor erfassen. Entweder als physikalischen Meßwert oder als virtueller Meßwert aus Blindleistung und Wirkleistung.

- **1.3.1 Physikalische Meß- und Zählwerte (Forts.)**
  - **Kälteerzeugung (Großkälte, bei mehreren Maschinen pro Maschine)**
    - **Aufgenommene el. Leistung (einschl. Pumpen und Rückkühlwerk)**
    - **Kaltwasser-VL/RL-Temperaturen und Durchfluß**
    - **Kühlwasser-VL/RL-Temperaturen (und Durchfluß)**
  - **Einzelanlagen HLK**
    Bei Vermietung sind auf dieser Ebene physikalische Zählwerte erforderlich, die von vor Ort ablesbaren Zählern abgegriffen werden. Für interne Verrechnung können virtuelle Zählwerte verwendet werden.
    - **El. Arbeit**
      Alternativ Betriebszustand oder (Stromaufnahme bei VVS) zur Bildung der virtuellen Informationen für Leistung und Arbeit
    - **Wärmemenge Heiz- und Kühlmedium**
    - **Bei großen Luftaufbereitungsanlagen : Temperatur- (und ggfs. Feuchte)-Werte für jeden Teilprozeß**

Große Kältemaschinen oder Kältezentralen im Megawattbereich setzen enorme Energiemengen um. Die Wirkungsgrade oder, wie man hier sagt Leistungszahlen, hängen sehr stark davon ab, in welchem Kennlinienbereich die Maschinen betrieben werden. Mehrere im unteren Teillastbereich parallel laufende Maschinen haben erheblich schlechtere Wirkungsgrade als eine mit Vollast laufende.

Die Leistungszahl wird auch mit steigender Differenz zwischen Kalt- und Kühlwassertemperatur schlechter. Daher ist das Rückkühlwerk für die Energiebilanz ebenfalls kritisch. Eine vollständige Erfassung der für die Effizienz maßgebenden Werte ist daher unverzichtbar.

Die einzelnen HLK-Anlagen müssen vor allem dann meßtechnisch gut erfaßt werden, wenn vermietet wird. Man kann heute kaum noch vorhersagen, wie ein Gebäudebereich in 3 Jahren genutzt wird. Nachrüstung ist extrem teuer und wenn vermietet wird, muß die Energiekostenabrechnung hieb- und stichfest sein.

Wenn man mit Vermietung nicht rechnen muß, kann man den Energieverbrauch für interne Verrechnung mit hinreichender Genauigkeit in Form von virtuellen Zählwerten mit geringem Kostenaufwand darstellen. Bei Vermietung muß man dagegen örtlich ablesbare Energiezähler mit Impulskontakt setzen, um unanfechtbare Energiekostenabrechnung zu ermöglichen.

Eigentlich braucht man die Energieverbrauchswerte nur pro Nutzungsbereich (Kostenstelle oder Mieter). Aber wer weiß heute schon, wo in 2 Jahren die Grenzen eines Bereichs liegen? Daher ist es konsequent und mittelfristig wirtschaftlich, die für die Abrechnung erforderlichen Werte anlagenweise zu erfassen.

1.3 Systemtechnische Voraussetzungen (Gebäudeautomation)

- **1.3.2 Virtuelle Meß- und Zählwerte**
  - **Fremdbezug auf Gesamtebene (Gebäude oder Liegenschaft):**
    - **Intervall-Arbeit und mittlere Leistung, laufendes- und letztes Intervall**
    - **Höchste Intervall-Leistung lfd. Tag und Vortag (lfd. Monat und Vormonat)**
    - **Gasverbrauch (m^3) lfd. Tag, Vortag (lfd. Monat, Vormonat)**
    - **Fernwärme: Wärmemenge lfd. Tag, Vortag (lfd. Monat, Vormonat)**
  - **Wärmeerzeugung (große Kessel) und -verteilung**
    - **Wirkungsgrad**
    - **Erzeugte Wärmemenge lfd. Tag, Vortag (lfd. Monat, Vormonat)**
    - **ggfs. Ölverbrauch lfd. Tag, Vortag (lfd. Monat, Vormonat)**
  - **Heizlastwerte: mittlere Außentemperatur und Gradstunden lfd. Tag und Vortag; Heizgradtage lfd. Monat und Vormonat**

Virtuelle Meß- und Zählwerte werden durch Rechenfunktionen aus physikalischen Informationen gewonnen. Häufig ist die physikalische Information für sich allein wenig aussagekräftig. Ein Energiezählwert, der irgendwann bei Null beginnt und über Jahre hinweg immer weiter aufwärts zählt, liefert zunächst keinerlei brauchbare Information. Hilfreich ist dagegen der Energieverbrauch pro Tag, pro Monat usw. Der Begriff „virtueller Meß- oder Zählwert" impliziert, daß der Wert als virtueller Datenpunkt in der AS gebildet wird.

Von der Leitebene gesehen ist er damit kaum von einem physikalischen Datenpunkt zu unterscheiden. Auch die Unterscheidung zwischen Meß- und Zählwert ist datentechnisch kaum relevant, da beide in der Software als Gleitkommazahlen dargestellt werden (Typischerweise in 4 Byte als IEEE floating point value). Im Verhalten unterscheiden sich beide vor allem dadurch, daß ein Zählwert über die Zeit immer größer wird und immer positiv ist, während ein Meßwert nahezu beliebig nach oben und unten schwanken kann.

Virtuelle Werte könnten auch durch Rechenfunktionen auf der Leitebene gebildet werden, ohne daß der Bediener im **störungsfreien** Betrieb einen Unterschied merken würde. Genau hier liegt aber ein Problem, auf das wir gleich eingehen werden.

Die Werte pro Intervall (Meßintervall, Tag, Monat) sind für die Historisierung sehr wichtig. Theoretisch bräuchte man nur die Werte pro Intervall, d.h. je einen virtuellen Datenpunkt. Der würde aber nur am Ende des jeweiligen Intervalls für ganz kurze Zeit zur Verfügung stehen, weil er mit Beginn des nächsten Intervalls wieder bei Null beginnt. Damit wäre keine Sicherheit gegeben, ihn für die Historisierung sicher zu „erwischen".

Außerdem ist es vielfach notwendig oder hilfreich, den kumulierten Verbrauch innerhab des Intervalls beobachten zu können, z.B. um eine Hochrechnung auf das Intervallende vornehmen zu können. Daher ist es notwendig, für jeden derartigen Wert den Wert des laufenden Intervalls und den des vorhergehenden als virtuellen Datenpunkt bereitzustellen.

Zur annähernden Objektivierung des Wärmeverbrauchs ist die Heizlast als Gradtagezahl erforderlich. Früher mußte man sich die Werte vom Wetterdienst oder EVU am Monatsende geben lassen. Heute können wir sie Online am System erfassen und jederzeit als aktuellen Wert ablesen. Die Regeln für die Ermittlung dieses Wertes sind nicht ganz trivial, lassen sich aber heute durchaus in der AS programmieren.

1.3 Systemtechnische Voraussetzungen (Gebäudeautomation)

1.3.2 Virtuelle Meß- und Zählwerte: Warum die Werte für lfd. Tag und -Monat als virtuelle DP erfassen statt sie auf der Leitebene aus den physikalischen Zählwerten zu errechnen?

- **Weil die Realisierung auf AS-Ebene robuster ist. Erläuterung:**
  - **Die Werte pro Tag und pro Monat sollen exakt sein. Bei zentraler Berechnung erfordert das die Übertragung der Rohwerte exakt am Ende des jeweiligen Tages.**
  - **Die Kommunikation oder die Leitebene kann gestört sein.**
  - **Bei abgesetzten Liegenschaften (Kommunikation über Wählnetz) ist zeitgenaue Kommunikation generell problematisch.**
  - **Zum entscheidenden Zeitpunkt (Mitternacht) ist das System unbesetzt, im schlimmsten Fall ein ganzes Wochenende lang.**
- **Der Ingenieurbearbeitungs-Aufwand ist im wesentlichen gleich**
- **Die virtuellen DP sind für alle System-(Report-) Funktionen verfügbar**

Wie bereits vorher gesagt, könnte man diese Werte auf der LZ oder im Auswerte-PC aus den physikalischen Rohdaten berechnen statt sie in Form von virtuellen Datenpunkten in der AS zu bilden. Das wäre aber keine robuste Lösung. Eine Vielzahl von Fehlerquellen kann bei zentraler Lösung dazu führen, daß man eine ganzen Monat lang Blindflug ohne Instrumente betreibt oder sogar den exakten Jahresendwert verfehlt.

Ingenieure neigen oft dazu, Lösungen zu entwickeln, die nur bei störungsfreiem Systembetrieb funktionieren. Wenn aber durch eine Systemstörung, eine Störung der Stromversorgung oder eine defekte Leitung oder einen versehentlich Offline geschalteten PC das Energiecontrolling keine brauchbaren Werte erhält, ist ein wesentlicher Zweck der Investition in ein GA-System verfehlt.

Gute Ingenieure bauen robuste Lösungen, die auch bei einer Störung noch ihren Zweck erfüllen. Der richtige Ansatz dazu ist nicht der redundante PC sondern eben eine störunempfindliche Lösung.

Wenn man abgesetzte Liegenschaften über Wählleitungen aufschaltet ist die zentrale Lösung ohnehin nicht machbar, da sie permanante Verbindung voraussetzt.

Ein weiterer Vorteil des virtuellen Datenpunkts ist, daß er für alle Anzeige- und Protokollfunktionen zur Verfügung steht und nicht nur in einem speziellen Programm oder Protokoll, daß er wie jeder physikalische Meßwert in der normalen Anlagengraphik aktuell eingeblendet und auf Grenzen überwacht werden kann usw..

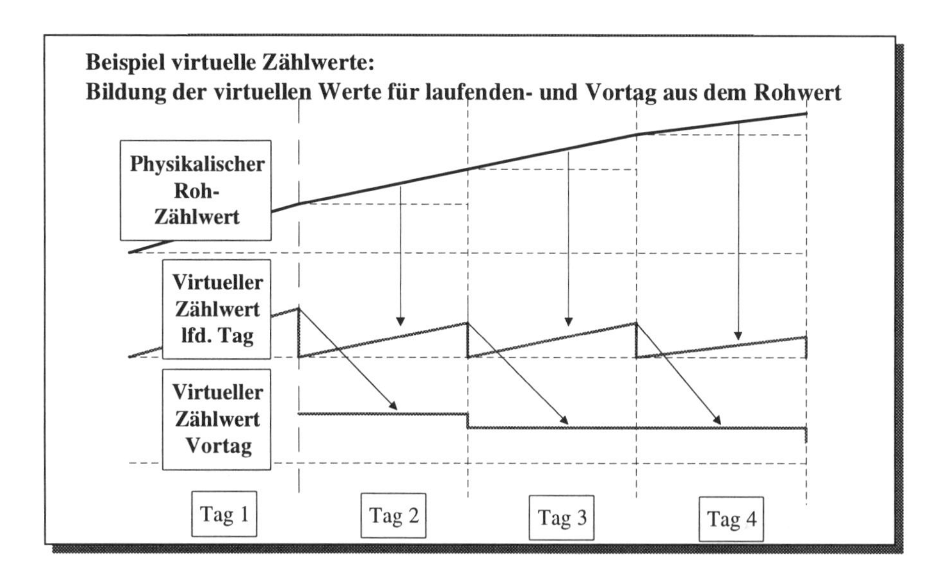

Bild 11-3 Bildung virtueller Zählwerte aus einem Rohzählwert

Das obige Bild 11-3 illustriert die Bildung der beiden virtuellen Informationen aus einer physikalischen. Wie man sieht, steht der Vortagswert den ganzen folgen Tag lang zur Verfügung. Selbst wenn eine Systemstörung auftritt, hat man i.a. noch genug Zeit für das Erfassen und Speichern des betreffenden Tageswerts.

1.3 Systemtechnische Voraussetzungen (Gebäudeautomation)

1.3.2 Virtuelle Meß- und Zählwerte (Forts.)

- **Bei voll dezentralisierter Bildung der virtuellen Tages- und Monatswerte...**
  - **steht der Tageswert 24 Stunden lang, der Monatswert den ganzen folgenden Monat lang in der AS zur Verfügung**
  - **kann eine Störung der Kommunikation oder der Leitebene im schlimmsten Fall den Verlust von einigen Tageswerten bedeuten. Man hat aber immer noch korrekte Monatswerte, aus denen man die verlorenen Tageswerte annähernd rekonstruieren kann.**
  - **kommen auf einen physikalischen Meß- oder Zählwert 4 virtuelle Datenpunkte.**
  - **Dieser Aufwand beschränkt sich jedoch auf die Gesamtwerte für Gebäude bzw. Liegenschaften sowie große zentrale Anlagen wie Kälte, Kessel u.dgl.**

1. 4 Systemtechnische Voraussetzungen (Personal Computer)

- **Leistungsfähige Hardware (Prozessor, Platte, Graphik)**
  - **Prozessor: 486 oder Pentium**
  - **Platte: 600 MB oder mehr**
  - **Graphik: Auflösung wie SVGA oder höher, Beschleunigerhardware**
  - **Archivierungsmedium: Diskette, Streamer oder CD-WORM**
- **Betriebssystem (z.B. Windows, OS/2, UNIX)**
  - **Graphische Oberfläche und Fenstertechnik, Mausunterstützung**
  - **Multitaskingfähigkeit**
- **Tabellenkalkulations-Software**
  - **Graphik- und Datenbankfunktionen**
  - **Anbindung an historisierte Daten der Gebäudeautomation**
  - **Kundenprogrammierbare Makrofunktion**

Für das Energiecontrolling ist ein PC der oberen Leistungsklasse erforderlich. Heute reicht möglicherweise eine Maschine mit 80486 Prozessor aus. Durch das ständige gegenseitige Aufschaukeln von Prozessorleistung einerseits und Leistungsbedarf der Software andererseits ist es bei Neuinstallationen sinnvoller, den Pentium-Prozessor einzusetzen.

Ähnliche Überlegungen gelten für den Hauptspeicher (RAM). Eine mit 8 MB ausgestattete Maschine wird bald nicht mehr den Anforderungen genügen. MS-Excel Version 5 macht erst mit 12 MB Spaß, und man sollte zum mindesten eine Erweiterbarkeit auf 16 MB sicherstellen. Aber machen wir uns nichts vor: Ob das für die Betriebssysteme von 1996 noch reicht, weiß keiner. Windows 95 ist ein echtes Multitasking-Betriebssystem und wir wissen von UNIX, daß 16 MB als untere Grenze für eine sinnvolle Nutzung anzusehen ist.

Bei der Platte sollte eine Kapazität von 1 GB installiert werden, um auch hier zumindest ein bißchen zukunftssicher zu sein. Diese großen Platten sind i.a. auch schnell genug. Wenn man große Datenmengen in Darstellungen verarbeiten will, ist auch ein großer Disk-Cache-Speicher (1 MB) erforderlich, um nicht ständig durch die Platte gebremst zu werden.

Für die Graphik ist ein ausreichend großer Bildschirm (17 Zoll), eine gute Auflösung (mindestens 800 x 600 Pixel) und eine schnelle Graphikkarte erforderlich, um ermüdungsfrei über längere Zeit arbeiten zu können und die Möglichkeiten der Fenstertechnik wirklich nutzen zu können.

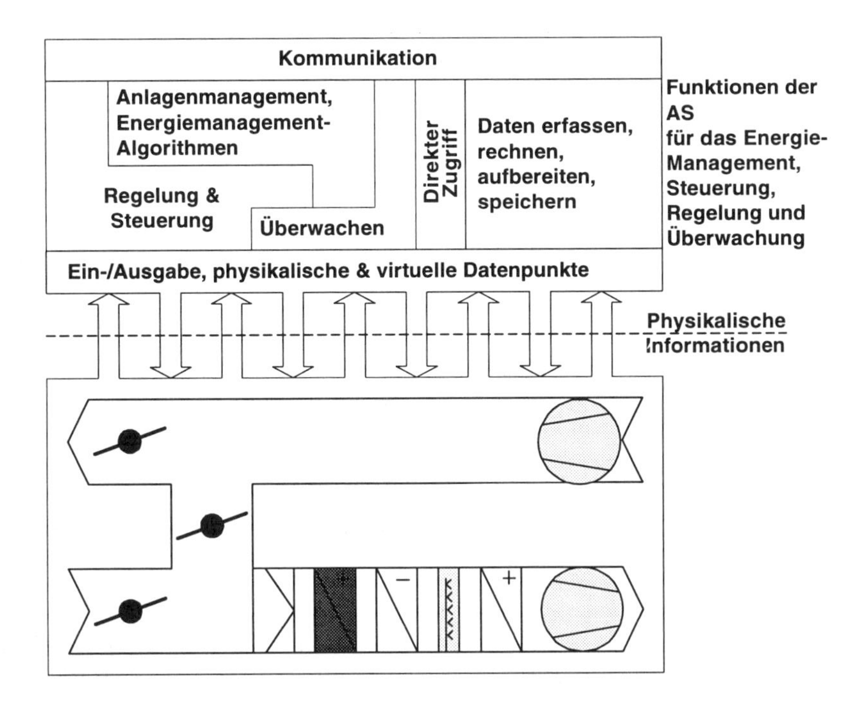

Bild 11-4 Systemtechnische Voraussetzungen für Energiecontrolling

Um den kombinierten Anforderungen von MSR-Funktionen, Energiecontrolling, Überwachungs- und EMS-Funktionen gerecht zu werden, muß die AS über eine umfassende Funktionalität und freie Programmierbarkeit verfügen. Das bedeutet auch hier einen 16- oder 32-Bit Prozessor, einige hundert KB Hauptspeicher, leistungsfähige Peripheriechips, ein leistungsfähiges Betriebssystem und, last-not least, ein flexibles, leistungsfähiges und qualitätsorientiertes Konzept für die Realisierung von Aufgabenstellungen in der Praxis.

Eine leistungsfähige Prozessor-Hardware ist heutzutage nicht besonders teuer. Eine qualitativ hochwertige Systemtechnik aus Hard- und Software erfordert dagegen auch heute noch einen sehr hohen Aufwand in Entwicklung, Support und Produktpflege.

Es ist angesichts dieser Tatsachen erschütternd, auch heute noch zu sehen, daß man die Leistungsfähigkeit und Betriebssicherkeit eines angebotenen Systems durch das Abfragen von weitgehend bedeutungslosen Hardware-Daten zu erfassen meint.

Produkte, die diesen Anforderungen gerecht werden, sind heute am Markt verfügbar. Aber nicht alles, was sich DDC nennt, ist für dieses Aufgabenspektrum geeignet. Auch ist nicht jeder Projektingenieur in der Lage, die projektspezifische anlagentechnische Problematik zu verstehen und aufgrund dieser Kenntnis und der verfügbaren Produkte eine gute MSR-Anlage zu realisieren. Der Bauherr sollte darauf achten, daß das Leistungsverzeichnis nicht nur eine Auflistung von Hardware und Abfrage von Einheitspreisen ist, sondern konkret die Anforderungen der Anwendung beschreibt.

1. 5 Historisierung mit (zyklischer) Speicherung

- **Die für das Energiecontrolling vorgesehenen Datenpunkte werden in sinnvollen Intervallen gespeichert. Die Intervalle werden so bemessen, daß die für graphische Darstellungen notwendige Auflösung erreicht wird. Die Dauer der Online-Speicherung ist nach Bedarf differenziert einzustellen:**
  - **Energieverbräuche (unverdichtete Werte) : 30 oder 60 Min, lfd. Monat und Vormonat**
  - **Energieverbräuche (Tageswerte): 1 Tag, lfd. Jahr und Vorjahr**
  - **Außentemperatur und -Feuchte: 30 Min, lfd.- und Vormonat**
  - **Meßintervallwerte der EVU-Einspeisung: 15 Min, lfd. Monat und Vormonat**
  - **Referenz-Raumtemperaturen: 15 Min, für ca. 30 Tage**

Die Historisierung mit (meist zyklischer) Speicherung der Meß- und Zählwerte ist zunächst nur ein „schlafendes" Software-Paket. Es liefert erst dann historische Daten, wenn Datenpunkte mit Historisierungs-Paramentern eingetragen sind. Die dazu erforderlichern Leistungen werden, wie bei anderen Software-Paketen, in Leistungsverzeichnissen oft vergessen.

Damit die historischen Daten auch brauchbar sind, müssen die Historisierungsparameter sehr überlegt eingestellt werden. Die beiden wichtigsten Parameter sind:

- Speicherintervall
  Dieser Wert ist so einzustellen, daß die zur Auswertung erforderliche Auflösung erreicht wird. Die Zeitkonstanten der Meßwerterfassung und der Meßgröße selbst sind zu beachten. Das Speicherintervall muß ein mehrfaches der Zeitkonstante sein, damit nicht nur die Temperatur des Sensorelements gespeichert wird.
  Bei sehr schnell veränderlichen Meßgrößen wie elektrische Leistung, Strom, Spannung ist es umgekehrt garnicht möglich, alle Änderungen zu erfassen. Die Historisierung ist kein Oszillograph oder Transientenschreiber.

- Hysterese
  Alternativ zum Speicherintervall kann bei manchen Systemen ein Hysteresewert eingetragen werden. Der Meßwert wird dann jedesmal gespeichert, wenn er sich seit der letzten Speicherung um diesen Wert geändert hat. Bei recht langsam veränderlichen Werten ergibt das eine wesentlich rationellere Nutzung der Massenspeicherkapazität.

- Speicherdauer
  Die Daten sollten nur so lange online gehalten werden, wie die Rückverfolgung notwendig ist. Das wird entweder als Anzahl der Speicherintervalle oder als Zeitdauer parametriert. Üblicherweise werden bei Erreichen der eingestellten Grenze die ältesten Werte durch neue überschrieben (Ringspeicher).

Generell wird man verdichtete Werte (Tag oder Monat) wesentlich länger online halten als etwa 15 Minuten Werte.

Wenn wir hier von „Online"-Speicherung sprechen, bedeutet das, daß die Daten auf einem Massenspeicher mit schnellem Zugriff gespeichert sind. In der Praxis ist das heute die (magnetische) Festplatte.

- **Daten, die nicht mehr Online gebraucht werden, können archiviert, d.h. auf einen externen Datenträger (Diskette, Streamer) verlegt werden.**
- **Vor dem Archivieren verdichtete Daten herstellen, die weiter Online gehalten werden können. Diese komprimierten Daten werden für das laufende Jahr und das Vorjahr Online gehalten und danach ebenfalls archiviert. Zum Beispiel:**
  - **Außentemperatur und -Feuchte: Mittelwerte, Maxima und Minima pro Tag**
  - **EVU-Meßintervallwerte: Maxima mit Uhrzeit pro Tag**
- **Regeln differenziert und z.T. projektabhängig festzulegen. Am besten mit Hilfe von Tabellenkalkulations-Software realisieren, mittels Makros automatisiert.**

Oft ist es vorteilhaft, wenn man auch recht alte Daten, die nicht mehr online gespeichert sind, im Bedarfsfall noch einmal reaktivieren kann.

Dazu dient die Funktion der Archivierung. Archivierung nennt man das „Auslagern" der Daten vom Online-Massenspeicher (Festplatte) auf ein Offline-Speichermedium. Letzteres kann eine Diskette, ein Streamerband oder eine optische Platte sein.

In diesem Zusammenhang ist noch zu diskutieren, wie die archivierten Daten reaktiviert und ausgewertet werden können.

Die optimale Lösung ist, daß die Historisierungs-Software über die Archivierung Buch führt. Sie registriert, welche Daten (Adressen, Zeitintervalle) auf welchem Datenträger liegen. Wenn der Bediener archivierte Daten anzeigen will, wird er zum Einlegen des betreffenden Archiv-Datenträgers aufgefordert. In diesem Fall wird mit archivierten Daten genauso wie mit online gespeicherten gearbeitet. Das funktioniert natürlich nur, wenn der Anwender die Archivdatenträger nach Vorgabe des Systems kennzeichnet und fachgerecht aufbewahrt.

Eine andere Lösung ist, die Daten in einem Format zu archivieren, das mit Tabellenkalkulations-Programmen gelesen werden kann (z.B. XLS, WK1, DIF, CSV).

In beiden Fällen ist zubeachten, daß Daten auf magnetischen Datenträgern nicht unbegrenzt haltbar sind. Nach einigen Jahren müssen sie aufgefrischt werden, wenn man sie so lange brauchbar erhalten will.

Für das Energiemanagement ist es bei manchen Daten sinnvoll, vor dem Archivieren und Überschreiben verdichtete Daten zu bilden, die längere Zeit online verfügbar bleiben können. Zum Beispiel bei Temperatur- und Feuchtewerten Mittelwert, Minimum und Maximum pro Tag.

Die Regeln und die Vorgehensweise müssen den Erfordernissen des Projekts entsprechend festgelegt werden. Dabei sind auch die Möglichkeiten des eingesetzten Systems zu berücksichtigen.

1. 5 Historisierung mit zyklischer Speicherung: Die Datenmengen unter Kontrolle halten!

- **Bei ungeschickter Handhabung kann man riesige Datenmengen erzeugen, die dann nicht mehr sinnvoll nutzbar sind. Beispiel:**
  - **100 Meßwerte im1-Minuten-Zyklus ergeben 52.560.000 Werte/Jahr**
  - **Bei nur 10 Byte/Wert sind das 525 MB !**
  - **Derart kurzen Speicherintervalle sollte man immer nur über einen Zeitraum von wenigen Tagen, max. 1 Monat, und nur für wenige Datenpunkte verwenden.**
  - **Grundsätzlich gilt, daß mit zunehmendem "Alter" die Zahl der Werte pro Zeitabschnitt reduziert werden sollte, z.B. durch schrittweise Verdichtung.**

Die bei der Historisierung anfallenden Datenmengen werden oft unterschätzt. So werden bei Ausschreibungen oft Anforderungen an die Zahl der Datenpunkte, Speicherintervalle und Speicherzeitraum gestellt, die Festplatten mit mehreren Gigabyte erfordern würden.

Solche Datenfriedhöfe sind nicht nur wegen der Plattenkapazität problematisch. Sie schaffen auch bei der Auswertung Probleme und machen die Nutzung der historisierten Daten wenig erfreulich.

1.6 Auswertung mit Standardsoftware der Gebäudeautomation

- **Graphische Darstellung aktueller Werte**
  - **z.B. EVU-Meßintervallwerte, Werte der Kälteerzeugung**
  - **Wenn aus aktuellem Anlaß der Verlauf zeitnah verfolgt werden soll, werden diese Diagramme ständig aktualisiert auf dem Bildschirm verfolgt.**
  - **Typische Darstellungen: Linien- und Balkendiagramme**
- **Graphische Darstellung historisierter Werte**
  - **zur Analyse des Verbrauchsverhaltens**
  - **zur Erkennung von Unregelmäßigkeiten**
  - **zur Versachlichung von Beschwerden**
  - **Typische Darstellungen: Linien-und Balkendiagramme**
  - **Auswertung muß möglichst zeitnah erfolgen!**

Für die Auswertung der Meß- und Zählwertdaten können sowohl „Standardfunktionen" der Gebäudeautomation als auch marktgängige PC-Software für Tabellenkalkulation verwendet werden.

Die Gebäudeautomation stellt i.a. ein Repertoire von Darstellungsmöglichkeiten zur Verfügung, die leicht benutzbar sind und keine speziellen PC-Fähigkeiten erfordern. Dabei unterscheiden wir zwischen der Darstellung von aktuellen und der von historischen Werten. Erstere wurde in der Urzeit der Gebäudeautomation durch Mehrfarbenschreiber realisiert. Heute verwenden wir dazu den Farbbildschirm eines graphischen Arbeitsplatzes (PC, X-Terminal oder Workstation), den heute praktisch alle Systeme als primäre Bedieneinrichtung verwenden.

Die graphische Darstellung aktueller Werte („dynamischer Trend", „Echtzeit-Trend") ermöglicht das unmittelbare Beobachten der Werte, z.B. um den Erfolg von Justierungsarbeiten zu kontrollieren oder einem vermuteten Problem auf die Spur zu kommen, indem man aussagekräftige Werte in der Zeit beobachtet, in der das Problem erfahrungsgemäß auftritt. Diese Funktion ist vor allem für Meßwerte und Betriebszustände nützlich. Zählwertverläufe sind, wie wir sehen werden, in graphischer Darstellung wenig hilfreich. Man arbeitet hier u.U. mit relativ kurzen Aktualisierungsintervallen, z.B. 10 Sekunden.

Die graphische Darstellung historisierter Werte („historischer Trend") dient zum nachträglichen Analysieren von Werten, die das Verbrauchsverhalten des Gebäudes bzw. einzelner Anlagen anzeigen oder beeinflussen. Diese Funktion liefert Hinweise auf Probleme und u.U. auch, zu welchen Tageszeiten diese Probleme auftreten. Mit dieser Information kann man dann den dynamischen Trend gezielt einsetzen.

Für beide Funktionen sind in erster Linie Kurven- und Balkendiagramme von Nutzen. Kuchendiagramme eignen sich nur zur Darstellung von Zusammensetzungen oder Anteilen, nicht aber für zeitliche Verläufe.

Im Interesse einer homogenen Benutzeroberfläche sollten die beiden Funktionen so weit wie möglich einheitlich gehandhabt werden oder als Varianten derselben Grundfunktion „graphische Darstellung" realisiert sein.

1.7 Auswertung mit Tabellenkalkulations-Software

- **Vor allem für die Auswertung historisierter Daten verwendet.**
- **In manchen Systemen auch Zugriff auf aktuelle Werte**
- **In manchen Systemen eng in Systemsoftware eingebettet**
- **Primäre Funktionen:**
  - **Aufbereiten der vom GA-System gelieferten "Rohdaten"**
  - **Normalisieren , Verdichten undVergleichen der Daten**
  - **Erstellen von graphischen Darstellungen**
  - **Erstellen von tabellarischen Energiereports**
  - **Errechnung der Heizgradtage in Arbeitsteilung mit**
  - **Online-Ermittlung von Energieeinsparungen**
  - **Interne (evtl. auch externe) Verrechnung der Energiekosten**
  - **Kontrolle der EVU-Abrechnung**

Tabellenkalkulationssoftware wie Excel, Lotus usw. eignet sich gut für die Auswertung der historischen Daten, da sie nicht nur die bedarfsgerechte Strukturierung von tabellarischen und graphischen Darstellungen, sondern auch die rechnerische Verarbeitung und Verknüpfung mit anderen Daten ermöglicht.

Speziell die Windows-Versionen dieser Softwareprodukte verfügen über offene Programmierschnittstellen und Mechanismen für Datenaustausch und funktionale Wechselwirkung, die eine sehr enge Kopplung oder sogar Integration in die Systemsoftware der Gebäudeautomation ermöglichen. Der Vorteil für den Systemhersteller ist, daß ein sehr attraktiver Funktionsumfang realisiert werden kann, ohne diesen selbst programmieren zu müssen. Der Vorteil für den Betreiber ist, daß er für die Datenauswertung sehr leistungsfähige und ausgereifte Software nutzen kann, mit der er oft bereits von anderen PC-Anwendungen her vertraut ist.

Bei dieser engen Kopplung oder Integration kann die Tabellenkalkulations-Software auch Zugriff zu aktuellen Datenpunktwerten haben, der nicht auf das Lesen der Datenpunktwerte beschränkt sein muß. So gibt es Systemlösungen, bei denen die Funktionalität der graphischen Darstellung von historischen und aktuellen Werten komplett durch derartige Software realisiert ist.

1.7 Auswertung mit Tabellenkalkulations-Software

- **Für die Analyse der Energieverbrauchswerte**
- **Bildung vergleichbarer Werte, z.B.**
  - **Wärmeverbrauch pro Gradtag zum Vergleich mit Vorjahreswerten desselben Objekts**
  - **Wärmeverbrauch pro Gradtag und m² zum Vergleich mit Objekten ähnlicher Bauweise und Nutzung**
- **Tagesgang der Leistung aus Tageswerten des Arbeitszählwerts**
- **Leistungszahl von Kältemaschinen in Abhängigkeit von Last, Kaltwassertemperatur, Kühlwassertemperatur zur Korrektur der Herstellerangaben**
- **Graphische Darstellungen der berechneten Datenserien**
- **Anwender kann eigene Darstellungen und Makros aufbauen**

Die Tabellenkalkulationssoftware eignet sich besonders gut für die Gewinnung aussagekräftiger Daten aus den von der Gebäudeautomation gelieferten „Rohdaten". Mit Hilfe der vielen graphischen Darstellungsmöglichkeiten dieser Programme kann man diese Daten dann besonders einleuchtend und überzeugend darstellen.

Das ist besonders für die Kommunikation mit der Unternehmensleitung hilfreich, wo man nicht geneigt ist, sich mühsam und zeitraubend mit vielen nüchternen Detaildaten auseinanderzusetzen. Hier braucht man gute, leicht verständliche und möglichst attraktive Darstellungen, um für seine Sache Gehör zu finden.

Die Aufbereitung und Formatierung der Daten kann der Anwender sehr freizügig nach seinen Bedürfnissen und Vorstellungen gestalten. Um Zeit zu sparen und Fehler zu vermeiden, kann er wiederkehrende Arbeitsschritte mit Hilfe sogenannten Makros automatisieren, indem er ganz einfach diese Arbeitsschritte aufzeichnet und das so generierte Programm mit einem Namen versieht.

Dieser Bericht, der in Bild 11-5 vollständig abgedruckt ist, dient der Kontrolle des täglichen Energieverbrauchs für Heizung, mit Vorjahresvergleich auf Monatsbasis. Aufgrund der täglichen Heizlastwerte können normalisierte Verbrauchswerte errechnet werden. Dies sind die relevanten Werte. Der Bericht kann und soll jederzeit, nicht nur am Monatsende, abgerufen werden. Ein Tagesvergleich mit Vorjahreswerten wird nicht durchgeführt, da er nicht aussagefähig wäre.

Bei 5-Tagewoche muß der Verbrauch am Wochenende grundsätzlich niedriger sein als an Arbeitstagen. Daher wird aus den Wochentagen in Spalte A in Spalte C das Wochende durch den (willkürlichen) Wert 25 gekennzeichnet, der in der graphischen Darstellung hilfreich ist.

In Spalte G wird eine Warnung in Form eines „!" gesetzt, wenn der normalisierte Verbrauch > 11 MWh/Gt ist (siehe 19.01...21.01. in Bild 11-5). Das ist als Aufforderung zu betrachten, sofort die Ursachen zu untersuchen. Wartet man damit bis zum Monatsende, ist die Aufklärung wahrscheinlich viel schwieriger und man verschwendet wahrscheinlich für den Rest des Monats Energie.

Die Vergleichbarkeit des normalisierten Verbrauchs ist nicht unbegrenzt. Das gleitende Schalten kann bei sehr niedrigen Außentemperaturen nicht mehr nennenswert sparen, bei milden Temperaturen umso mehr. Daher wird bei hoher Heizlast auch der normalisierte Verbrauch höher sein als bei milder Witterung.

	Energiebericht			Heizung							
	Monatsbericht			Januar	1994						
	Gebäude:		Verwaltung 1		Bereich:		Gesamt				
Wochentag		25=Wochenend	Verbrauch	Heizlast	Normalis.	Warnung !	Normalis.	Differenz	Differenz		
				Gradtage	Verbrauch		Verbrauch	lfd-	in %		
					lfd. Jahr		Vorjahr	Vorjahr			
	Datum		MWh	Gt	MWh/Gt		MWh/Gt	MWh/Gt	%		
6	1/1/94	25	98,4	15,5	6,35						
7	2/1/94	25	102,3	15,8	6,47						
1	3/1/94	0	178,6	16,5	10,82						
2	4/1/94	0	174,3	17,1	10,19		Vorjahreswerte				
3	5/1/94	0	155,2	15,4	10,08				Heizlast	Normalis.	
4	6/1/94	0	183,6	18,5	9,92			Verbrauch	Gradtage	Verbrauch	
5	7/1/94	0	201,4	19,8	10,17			MWh	Gt	MWh/Gt	
6	8/1/94	25	154,5	20,1	7,69		JAN	5740,8	552	10,4	
7	9/1/94	25	151,9	19,6	7,75		FEB	5589,6	548	10,2	
1	10/1/94	0	202,3	18,4	10,99		MÄR	3895	410	9,5	
2	11/1/94	0	154,7	15,5	9,98		APR	2813,7	339	8,3	
3	12/1/94	0	152,6	15,9	9,60		MAI	1449	210	6,9	
4	13/1/94	0	172,4	16,8	10,26		JUN	180	40	4,5	
5	14/1/94	0	199,8	19,3	10,35		JUL	0	0	0	
6	15/1/94	25	165,6	20,5	8,08		AUG	150,5	35	4,3	
7	16/1/94	25	185,2	22,1	8,38		SEP	936	144	6,5	
1	17/1/94	0	221,9	21,5	10,32		OKT	2788,8	332	8,4	
2	18/1/94	0	220,5	21,1	10,45		NOV	4067	415	9,8	
3	19/1/94	0	217,8	19,3	11,28	!	DEZ	5548,8	544	10,2	
4	20/1/94	0	203,6	17,8	11,44	!					
5	21/1/94	0	215,6	18,7	11,53	!					
6	22/1/94	25	164,3	19,4	8,47						
7	23/1/94	25	156,2	18,3	8,54						
1	24/1/94	0	169,3	17,9	9,46						
2	25/1/94	0	171,1	17,4	9,83						
3	26/1/94	0	161,3	17,6	9,16						
4	27/1/94	0	156,8	16,5	9,50						
5	28/1/94	0	152,2	15,9	9,57						
6	29/1/94	25	123,5	15,4	8,02						
7	30/1/94	25	122,1	15,9	7,68						
1	31/1/94	0	164,6	15,2	10,83						
			5253,6	554,7	9,5		10,4	-0,93	-8,93%		

Bild 11-5 Energiecontrolling am Einzelobjekt mit Vorjahresvergleich

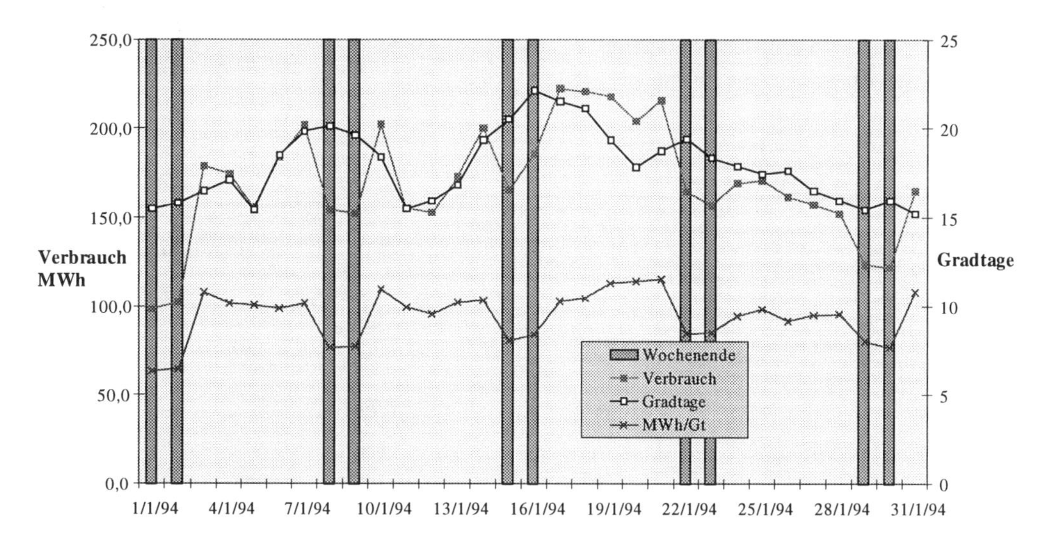

Bild 11-6 Monatsprofil eines Einzelobjektes

Dieses Diagramm in Bild 11-6 stellt die wesentlichen Daten des Berichts graphisch dar. Verbrauch und Gradtage sind als Kurven gegen 2 verschiedene Y-Achsen dargestellt, die Wochenende durch Balkendarstellung des (opportunistisch gewählten) Wertes 25 hervorgehoben. Anm: Der normalisierte Verbrauch ist wie die Heizlast gegen die rechte Y-Achse abgebildet. Die Legende dieser Y-Achse ist insofern unvollständig.

Das Bild zeigt relativ starke Schwankungen der Verbrauchswerte, die tendenziell den Heizlastwerten folgen, während der normalisierte Verbrauch relativ gleichmäßig verläuft und vor allem Wochentags-abhängig ist.

Bei manueller Vorgabe des Nullpunkts der Y-Achsen auf 50 bzw. 5 wäre die Darstellung noch etwas aussagekräftiger geworden.

In Bild 11-7 werden die Verbrauchswerte von 4 Gebäuden miteinander verglichen. Zu diesem Zweck werden die unterschiedlichen Gebäudegrößen durch Umrechnung des normalisierten Verbrauchs in spezifischen Verbrauch (kWh / (Gt * m^2)) neutralisiert.

Ein solcher Vergleich ist sinnvoll, wenn die Gebäude in gleicher Bauart ausgeführt sind. Der Vergleich zwischen Gebäuden eliminiert den Einfluß hoher Heizlast auf den normalisierten Verbrauch. Er zeigt Abweichungen vom normalen Betriebsablauf in einem der Gebäude besonders deutlich auf, weil solche Vorfälle selten in mehreren Gebäuden synchron auftreten werden.

Der Vergleich kann auch für eine Art Wettbewerb zwischen den Gebäuden genutzt werden.

Wenn eins der Gebäude bauart- oder nutzungsbedingt einen höheren Verbrauch hat und man das durch langfristige Beobachtung quantifizieren konnte, dann kann dieses „Handicap" durch einen Korrekturfaktor ausgeglichen werden.

	Energiebericht		Heizung	Gebäudevergleich			
	Monatsbericht		Januar				
		Heizlast	Spezifischer Verbrauch kWh/(Gt*m^2) Pro Gebäude				
Wochentag		Gradtage					
			Verwaltg1	Verwaltg.2	F&E	Ausbildg.	
			12500	6700	4500	3700	Nutzfl.
	Datum	Gt					
6	1/1/94	15,5	0,508	0,624	0,662	0,467	
7	2/1/94	15,8	0,518	0,666	0,706	0,469	
1	3/1/94	16,5	0,866	1,034	1,093	0,779	
2	4/1/94	17,1	0,815	0,973	0,979	0,701	
3	5/1/94	15,4	0,806	0,961	1,057	0,694	
4	6/1/94	18,5	0,794	0,892	0,984	0,648	
5	7/1/94	19,8	0,814	0,975	1,072	0,659	
6	8/1/94	20,1	0,615	0,735	0,749	0,493	
7	9/1/94	19,6	0,620	0,753	0,833	0,523	
1	10/1/94	18,4	0,880	1,033	1,131	0,704	
2	11/1/94	15,5	0,798	0,938	1,020	0,657	
3	12/1/94	15,9	0,768	0,874	0,973	0,619	
4	13/1/94	16,8	0,821	0,955	0,997	0,660	
5	14/1/94	19,3	0,828	0,960	1,025	0,705	
6	15/1/94	20,5	0,646	0,725	0,825	0,560	
7	16/1/94	22,1	0,670	0,803	0,816	0,572	
1	17/1/94	21,5	0,826	0,996	1,067	0,717	
2	18/1/94	21,1	0,836	0,922	1,098	0,690	
3	19/1/94	19,3	0,903	1,048	1,158	0,741	
4	20/1/94	17,8	0,915	1,015	1,142	0,823	
5	21/1/94	18,7	0,922	1,088	1,118	0,831	
6	22/1/94	19,4	0,678	0,822	0,886	0,611	
7	23/1/94	18,3	0,683	0,830	0,893	0,616	
1	24/1/94	17,9	0,757	0,869	0,945	0,648	
2	25/1/94	17,4	0,787	0,953	0,968	0,691	
3	26/1/94	17,6	0,733	0,837	0,941	0,660	
4	27/1/94	16,5	0,760	0,933	0,986	0,647	
5	28/1/94	15,9	0,766	0,942	0,986	0,675	
6	29/1/94	15,4	0,642	0,737	0,860	0,556	
7	30/1/94	15,9	0,614	0,736	0,746	0,518	
1	31/1/94	15,2	0,866	0,983	1,050	0,775	
		554,7	23,455	27,613	29,768	20,110	

Bild 11-7 Energiecontrolling für den Objektvergleich

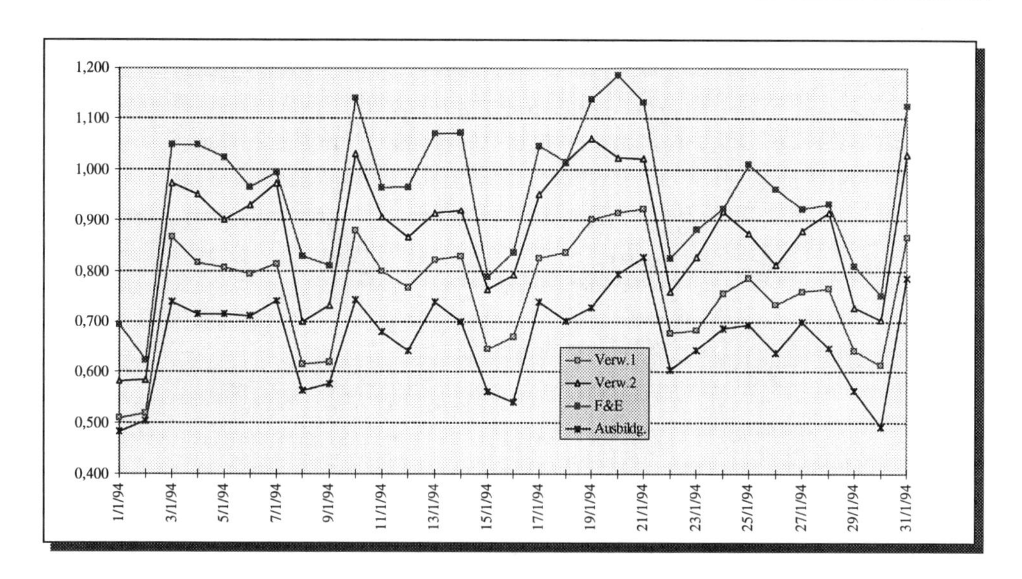

Bild 11-8 Spezifische Tagesverbrauchswerte in MWh / (Gt * m^2) für den Objektvergleich

Bild 11-8 zeigt die spezifischen Tagesverbrauchswerte der 4 Gebäude vom von Bild 11-7. Anfang und Ende der Y-Achse sind manuell eingestellt, um maximale Auflösung zu erreichen.

Die spezifischen Verbrauchswerte sind ziemlich konsistent unterschiedlich. Das kann durch Unterschiede der Bauart bzw. Nutzung, oder aber unterschiedliche Effizienz („Optimierungsgrad") verursacht sein.

Der Energiemanager wird sich sicher dem Gebäude mit den höchsten Werten mit höchster Priorität analytisch widmen, da hier anscheinend das höchste Verbesserungspotential vorliegt.

Als Ergebnis langfristiger Analyse und Beobachtung sollte es möglich sein, für jedes Gebäude eine Zielsetzung vorzunehmen. Das heißt, einen realistischen Wert, den man durch Verbesserungen in den BTA, Einsatz der GA-Funktionen und effiziente Nutzung erreichen kann.

Beispiel:
Gemessen: Arbeit als physikalischer Zählwert
Mittlerer Leistungswert pro 30-Minuten-Intervall aus Zählwert errechnet

	Energiebericht Tagesbericht Einspeisung		Elektro 3/1/94 Gesamt
Zeit HH:MM	Gemessener Zählwert MWh	Berechnete Mittlere Leistung MW	
5:00	2357,35	0,5500	
5:30	2357,58	0,4694	
6:00	2357,84	0,5095	
6:30	2358,23	0,7860	
7:00	2358,91	1,3563	
7:30	2360,02	2,2139	
8:00	2361,07	2,1085	
8:30	2362,42	2,7016	
9:00	2363,84	2,8439	

Bild 11-9 Tagesverlauf des Stromverbrauchs

Bild 11-9 zeigt den Tagesverlauf des Stromverbrauchs. Als „Rohwert" von der Gebäudeautomation wurde der Zählwert des Übergabezählers in Intervallen von 30 Minuten verwendet.

Aus diesem Zählwertverlauf wurde die mittlere Leistung der Intervalle errechnet. Diese Zahlentabelle trägt sehr wenig dazu bei, den Tagesverlauf verständlich zu machen.

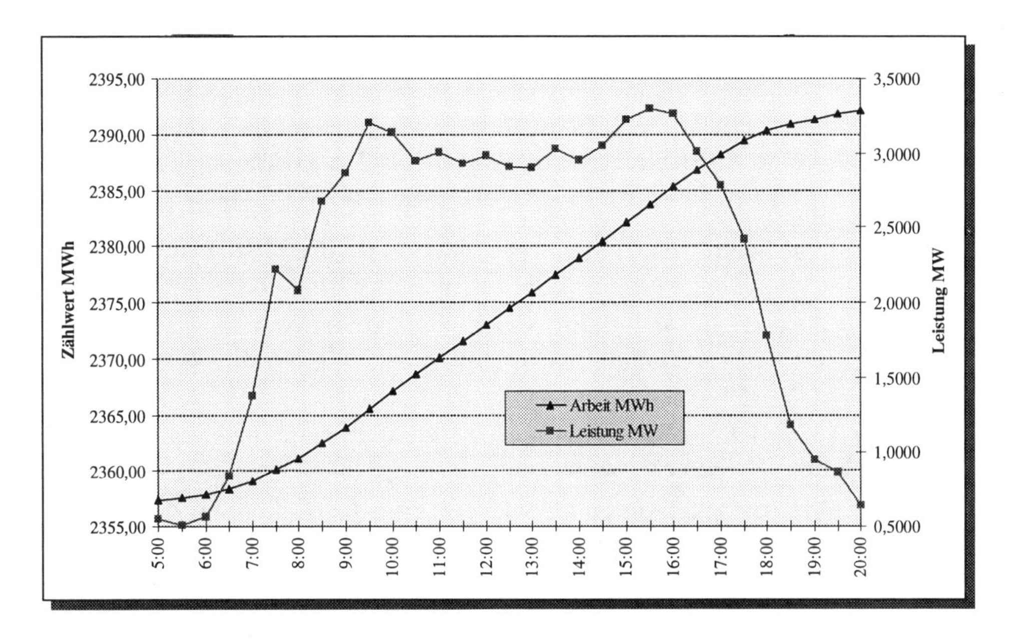

Bild 11-10 Tagesgang des Stromverbrauchs

In Bild 11-10 sind die beiden Werte Arbeit und errechnete Intervalleistung graphisch dargestellt.

Wie das Diagramm zeigt, ist der Verlauf des Zählwerts auch in graphischer Form zur Analyse ungeeignet. Durch die Umrechnung in Intervalleistung bekommt man aber einen durchaus aussagekräftigen Tagesgang der Leistung, der klar zeigt,wann die Spitzen auftreten, wann der Stromverbrauch beginnt und wann er ausläuft.

Das Studium einer solchen Kurve bei guter Kenntnis des Gebäudes und seiner Nutzung kann durchaus Fragen aufwerfen, deren Beantwortung zu Chancen und Ansätzen für Energieeinsparungen führen kann.

11.3 MSR-Lösungen

Die energiebewußte Realisierung und Nutzung ist Voraussetzung für einen energiesparenden Betrieb der Heizungs- und RLT-Anlagen

- **Das ist auf breiter Basis nur erreichbar, wenn die MSR-technische Lösung möglichst wenig vom Ermessen des einzelnen abhängt.**
- **Das heißt u.a., daß möglichst wenig projektspezifisch programmiert und möglichst viel mit vorgefertigten Bausteinen gearbeitet wird.**
- **Soweit möglich, ist Sicherheit gegen falsche Parameter-Einstellung durch den Bediener einzubauen.**
- **Die Zugriffsmöglichkeiten auf MSR-Parameter sollten auf die Qualifikation des Personals und Nutzungsanforderungen zugeschnitten sein.**

Energieoptimierung ist ein gern gebrauchtes Schlagwort, und man meint damit die in Kapitel 11.4 behandelten EMS-Funktionen. Dabei vergißt man leicht, daß ein energiebewußter Umgang mit der MSR-Technik – das heißt: Messen, Steuern, Regeln – die allererste Voraussetzung für einen energie-effizienten Anlagenbetrieb ist.

Die DDC-Technik ist per Definition frei programmierbar. Das erlaubt die Realisierung früher nicht möglicher Aufgabenstellungen, führt aber u.U. dazu, daß Realisierungen sehr stark von den Methoden und Vorstellungen des Einzelnen abhängen. Das mag im Einzelfall zu besonders originellen, vielleicht sogar guten Lösungen führen, kann aber auch eine Menge Probleme verursachen.

Im Interesse der Qualität der Ausführung sollte daher möglichst mit erprobten vorgefertigten Programmbausteinen und nach einer erprobten Systematik gearbeitet werden. Schließlich setzen sich heizungs- und raumlufttechnische Anlagen zu 99 % aus wiederkehrenden Anlagenteilen zusammen und es gibt keinen Grund, für ihre Regelung und Steuerung individuelle Programme zu erstellen.

Auch die besten DDC-Programme können versagen, wenn sie falsch parametriert sind. Das kann man programmtechnisch leider nicht völlig ausschließen. So weit wie möglich sollten aber Prüfungen eingebaut werden, die z.B. gleichzeitiges Heizen und Kühlen verhindern.

Oft wird gefordert, daß der Bediener vollen Zugriff auf alle Parameter hat. Diese Forderung ist einerseits verständlich. Jedoch kann durch unsachgemäße Nutzung sehr viel Schaden angerichtet werden. Es empfiehlt sich daher, nur solche Parameter für die Bedienung freizugeben, deren Wirkung vom Bediener voll verstanden wird und für die es gute Gründe geben kann, sie nach der Einregulierung zu ändern.

11.3.1 Mischluftregelung

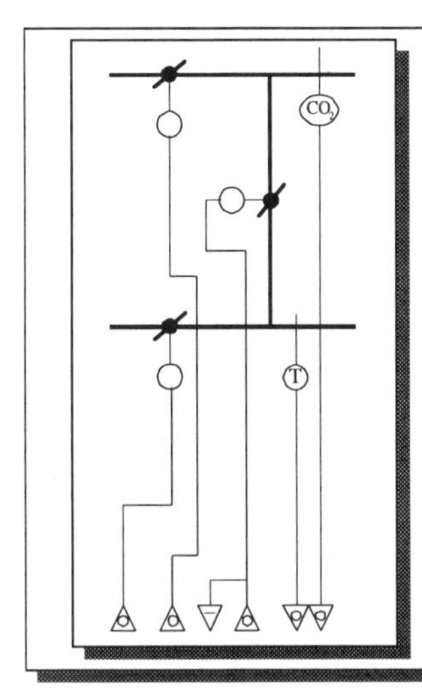

Mischluftregelung

- **Richtig eingestellter Mischluftanteil (Kennlinie nicht linear)**
- **Außenluftanteil nach Luftqualität der Abluft, z.B. CO_2-Konzentration der Abluft**
- **100 % Umluft bei Anfahrbetrieb bei Heiz- oder Kühllast**
- **Economizer-Funktion mit Berücksichtigung der Enthalpie und absoluter Feuchte (Feuchtegehalt)**

Bild 11-11 Anlagenteil einer Klimazentrale für die Mischluftregelung

Bei Mischluftklappen wird viel Energie verschwendet, wenn mehr Außenluft als nötig zugeführt wird. Die Klappenkennlinien sind in keiner Weise linear sondern lassen schon bei kleinem Öffnungswinkel viel Außenluft durch. Die Kennlinien sind auch nicht bei allen Klappen einer Bauart gleich sondern streuen erheblich. Daher kann man die richtige Klappenstellung für den Mindestaußenluftanteil nur meßtechnisch finden.

Der Außenluftanteil wird traditionell fest eingestellt. Dabei ist die Personenzahl oft variabel und der Außenluftanteil ist unter hygienischen Gesichtspunkten höher als nötig. Das bedeutet, daß eine unnötig hohe Außenluftmenge mit hohem Energieaufwand aufbereitet werden muß. Beim Einsatz eines Funktionsbausteins mit Luftqualitätsfunktion und einem Luftqualitätsfühler – z.B. CO_2 – in der Abluft kann man den Mindestaußenluftanteil niedriger einstellen. Nur wenn die CO_2-Konzentration den Sollwert überschreitet, wird dann der Außenluftanteil erhöht.

Selbstverständlich sollte es sein, die RLT-Anlage mit 100% Umluft anzufahren und erst kurz vor Nutzungsbeginn auf normalen Mischluftbetrieb überzugehen.

Die erweiterte Economizer-Funktion soll dafür sorgen, daß im Sommerbetrieb (d.h. Kühlen und/oder Entfeuchten) der Außenluftanteil auf Minimum reduziert wird, wenn der Wärmeinhalt oder der Feuchtegehalt der Außenluft höher ist als derjenige der Abluft.

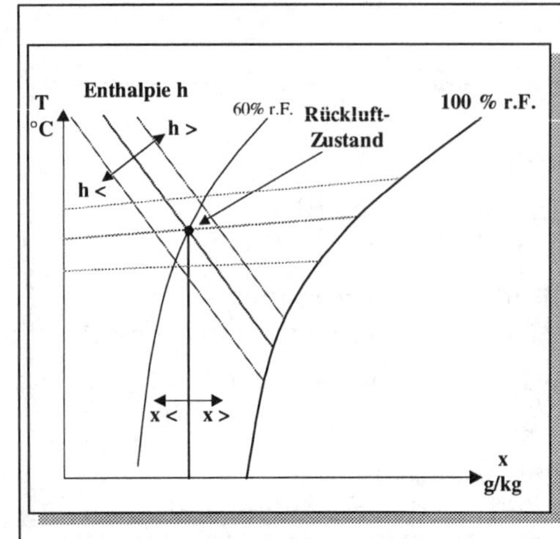

Mischluftregelung, erweiterte Economizer-Funktion (Sommerbetrieb)

- **Wenn die $h_{Außenluft} > h_{Abluft}$ dann wird im Kühlbetrieb auf Mindest-Außenluftanteil reduziert**
- **Wenn $x_{Außenluft} > x_{Abluft}$ dann wird im Entfeuchtungsbetrieb mit Mindest-Außenluftanteil gefahren**

Bild 11-12 h,x-Diagramm für die Mischluftregelung mit Economizer-Funktion

Bild 11-12 soll die erweiterte Economizer-Funktion illustrieren.

Die traditionelle Economizer-Funktion arbeitet nur temperaturabhängig. Bei höheren Außentemperaturen fährt sie den Außenluftanteil, der durch die normale Sequenz zunächst bis auf 100 % steigt, auf den Minimalanteil zurück. Dabei wird üblicherweise ein fest eingestellter Außentemperaturwert benutzt.

Die erweiterte Economizer-Funktion berücksichtigt den gesamten Wärmeinhalt der Luft, die Enthalpie. Außerdem berücksichtigt sie den Feuchtegehalt (absolute Feuchte) mit. Als Kriterium für das Reduzieren des Außenluftanteils dienen nicht fest eingestellte Parameter sondern der Vergleich mit den Abluftwerten.

Die Funktion erfordert Fühler für Temperatur und relative Feuchte in der Abluft für jede Anlage, sowie einmal in der Außenluft. Daraus werden der Gesamtwärmeinhalt, die Enthalpie sowie der Feuchtegehalt (auch absolute Feuchte genannt) berechnet. Sie muß so in die Regelstrategie einbezogen werden, daß sie ihre Funktion ohne Beeinträchtigung anderer Funktionen erfüllt.

11.3.2 Bedarfsabstimmung zwischen Lufterhitzer und Wärmeerzeuger

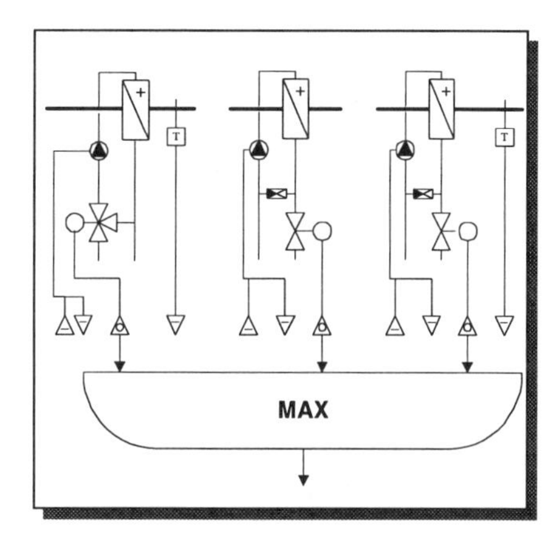

Die Heißwasser-Vorlauftemperatur wird reduziert, wenn keins der Erhitzerventile mehr als z.B. 60 % geöffnet ist.

Die Vorlauftemperatur wird angehoben, wennn mindestens ein Erhitzerventil mehr als z.B. 80 % geöffnet ist.

Dazu muß einglobaler Datenpunkt projektiert werden, der das Maximum aller Ventilstellungen annimmt. Dieser muß von der Kesselstrategie ausgewertet werden.

Bild 11-13 Auswahl der maximalen Leistung für die Kesselsteuerung

Die Bedarfsabstimung zwischen den Wärmeverbrauchern und der Wärmeerzeugung oder -Verteilung soll die Wärmeverluste des Rohrleitungsnetzes, die ja mit der Temperatur des Mediums steigen, auf das unvermeidbare Mindestmaß begrenzen.

Der traditionelle Ansatz sieht vor, daß die Vorlauftemperatur außentemperaturabhängig gefahren wird. Die tatsächliche Heizlast kann aber bei gegebener Außentemperatur stark variieren, da Sonnenstrahlung, Beleuchtung, Personal Computer usw. beträchtliche Wärmemengen einbringen können.

Anders die Funktion „Bedarfsabstimmung": Zur Bedarfsermittlung erfaßt eine busweite Maximalauswahl-Funktion die Stellsignale der Verbraucherkreise in Heizungs- und RLT-Anlagen und bildet aus diesen das „globale" Maximum als Maßstab für den Bedarf (Bild 11-13).

Der Bedarfswert wird vom Strategiebaustein für die Wärmeerzeugung ausgewertet. In Abhängigkeit von diesem Wert senkt er die Vorlauftemperatur des Heißwassernetzes über eine Zeitrampenfunktion ab bzw. hebt sie an. Dadurch wird sichergestellt, daß alle Verbraucherkreise hinreichend versorgt sind ohne daß die Vorlauftemperatur unnötig hoch ist.

11.3.3 Sommerkompensation

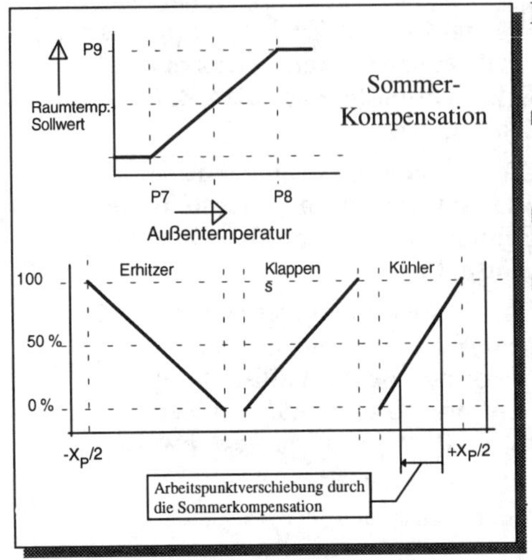

Regelstrategie Raum-/Zuluft-Temperatur mit Sommerkompensation

- **Raumtemperatursollwert wird bei hohen Außentemperaturen angehoben**
- **Ergibt kleineres Gefälle zwischen Außen- und Raumluft-Temperatur**
- **Geringerer Energieverbrauch für Kühlung**
- **Bei behutsamer "Dosierung" als angenehm empfunden (kein "Temperaturschock" beim Betreten und Verlassen des Gebäudes), bei zu hoher Raumtemperatur unangenehm.**

Bild 11-14 Regelstrategie mit Stellsequenz und Sommerkompensation

Die Sommerkompensation der Raumtemperatur ist ein traditioneller Ansatz. Bei hohen Außentemperaturen unter Sommerbedingungen wird der Raumtemperatursollwert angehoben. Wer einmal im Sommer in den USA dem Kälteschock beim Betreten eines Bürogebäudes, Restaurants oder Supermarkts ausgesetzt war, wird bestätigen, daß diese Sommerkompensation nach DIN durchaus dem Wohlbefinden dienlich ist.

Daneben spart sie (natürlich nur in RLT-Anlagen mit Kühlung) auch noch Energie. Denn der höhere Sollwert führt dazu, daß bei gegebener Außentemperatur das Stellsignal zum Kühler kleiner wird als ohne Sommerkompensation.

Im Interesse des Energiemanagements kann man nun die Steigung der Sommerkompensation stärker einstellen als bei einer nur auf Komfort orientierten Einstellung. Irgendwann wird natürlich die Grenze erreicht, wo die Mitarbeiter nur noch an Strandbad und Eiskaffee denken und die Produktivität nachläßt. Andererseits gibt es sehr viele Gebäude ohne jede künstliche Kühlung und das wird ja letzlich auch akzeptiert, obwohl die Feinde der Klimaanlagen im Hochsommer seltsam ruhig sind.

So gilt es denn wie oft im Energiemanagement, sich an die Grenze heranzutasten, wo eine noch höhere Energieeinsparung durch Produktivitätsrückgang unwirtschaftlich wird. Wie seltsam, daß wir an Sommertagen, wo die Sonne uns mit Energie doch geradezu überschütttet, Energie sparen müssen!

11.3.4 Regelstrategie für die relative Feuchte

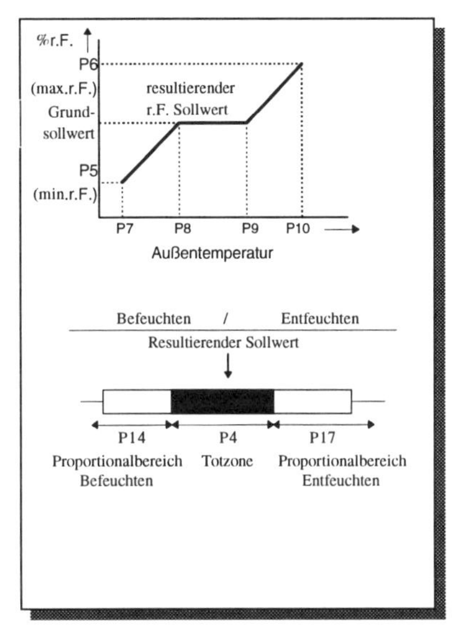

Regelstrategie rel. Feuchte

- **Sommer- und Winterkompensation**
  - **reduziert den Energieaufwand für Entfeuchten im Sommer**
  - **reduziert den Energieaufwand für Befeuchten im Winter**
  - **verhindert Kondensation an Fenstern im Winter**
- **Totzone zwischen Be- und Entfeuchten**
  - **Einstellbarer r.F.-Bereich, in dem weder be- noch entfeuchtet wird reduziert den Energieaufwand für Be- und Entfeuchten zusätzlich**
- **Toleranz für Abweichungen der relativen Feuchte i.a. höher als für Temperatur-Abweichungen**

Bild 11-15 Sollwertführung für die relative Feuchte

Die Regelstrategie für relative Feuchte fordert unter Sommerbedingungen „Kühlenergie" für die Entfeuchtung, im Winterbetrieb Wärmeenergie für die Befeuchtung an.

Bei höherer Temperatur hat die Luft bei gleicher relativer Feuchte einen höheren Feuchtegehalt (gemessen in g Wasser pro g trockene Luft). Das bedeutet, daß die Be- und Entfeuchtung bei tiefen Wintertemperaturen bzw. hohen Sommertemperaturen einen höheren Energieaufwand bedingt als bei gemäßigteren Temperaturen.

In beiden Betriebsfällen läßt sich daher durch Sommer- und Winterkompensation des Feuchtesollwerts Energie sparen. Dazu wird im Sommer der Sollwert mit steigender Außentemperatur angehoben, im Winter mit sinkender Außentemperatur abgesenkt (Bild 11-15). Der Spareffekt läßt sich aus dem h,x-Diagramm leicht nachvollziehen.

Eine zusätzliche Einsparung erreicht man durch die Totzone zwischen Be- und Entfeuchten. Das heißt, daß man nicht versucht, die relative Feuchte exakt auf einem Sollwert zu halten sondern einen Toleranzbereich definiert, in dem man die relative Feuchte driften läßt. Dazu werden für Be- und Entfeuchtung separate PI-Regler (in Form von DDC-Funktionen) mit separat eingestellten Proportionalbereichen eingesetzt.

Vom Komfortstandpunkt sind diese Maßnahmen relativ unkritisch, da der Mensch sich in einem recht breiten Bereich der relativen Feuchte wohl fühlt.

11.4 Einsparungen durch laufende Kontrolle der Anlagen

- **Nutzung der Grundfunktionen für Überwachen, Beobachten und Registrieren (dynamische und historische Trends)**
- **Erkennen von ungünstigen Fahrweisen**
- **Erkennen von Fehlern nach Wartungs-/Reparaturarbeiten, z.B. Schalter nicht zurück auf Automatik**
- **Erkennen von Mißbrauch der Notbedienebene**
- **Planmäßiges Kontrollieren aller wesentlichen Anlagen nach geeigneten Prioritäten**
  - **große Anlagen**
  - **verdächtige Anlagen**
  - **Anlagen mit häufigen Beschwerden**

Die Eigenschaften der Technik in den BTA und menschliche Verhaltensweisen sorgen dafür, daß die nach erfolgreich durchgeführten Sparmaßnahmen erreichte Energiewirtschaftlichkeit nicht auf dem Status Quo verharrt sondern sich, schleichend oder galoppierend, wieder verschlechtert.

Um das zu verhindern, ist die laufende Kontrolle der Anlagen nach einem Fahrplan erforderlich, der besonders die Anlagen mit hohem Verbrauch, chronischen Schwächen oder besonders schwierigen Nutzern berücksichtigt.

Speziell nach Wartungs- und Reparaturarbeiten muß man die Anlagen eine Zeitlang beobachten, um Fehler zu erkennen und zu korrigieren, bevor sie viel Schaden angerichtet haben.

Die speziell in Deutschland häufig ohne Notwendigkeit und Nutzen mit hohem Kostenaufwand installierte „Notbedienebene" ist für manchen Haustechniker, der sich mit Bildschirm und Tastatur nicht anfreunden kann, immer noch das bevorzugte Bedienelement. Adé energiesparende MSR- und EMS-Funktionen! Die Routine-Überwachung muß dafür sorgen, daß dieser Mißbrauch erkannt und, notfalls durch disziplinarische Maßnahmen, abgestellt wird.

11.5 EMS-Funktionen

11.5.1 Gleitendes Schalten (Restwärmeprogr.)

- **Berechnet die spätestmögliche Zeit für den Beginn der Aufheizung**
- **Aufheizung mit voller Kesselleistung**
- **Minimiert das Integral** $\int (T_{außen} - T_{innen})dt$
- **Adaptiv oder mit festen Parametern**
- **Adaptive Version erfordert reproduziebares Verhalten des Gesamtsystems**

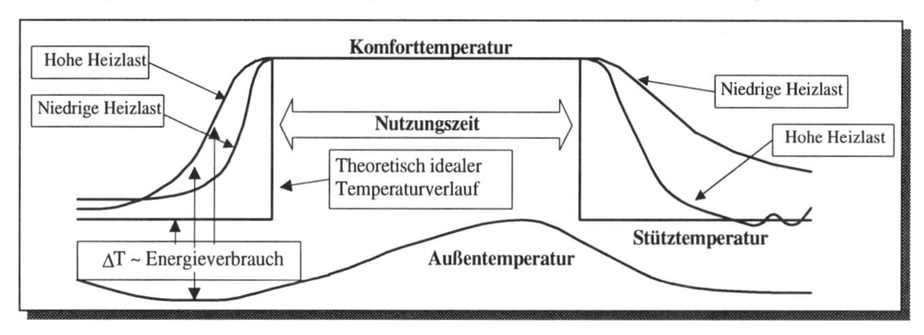

Bild 11-16 Energieoptimierung durch Nachtabschaltung bzw. -absenkung

Das gleitende Schalten stellt eine optimierende Variante des festen Zeitprogramms dar. Beide haben zum Ziel, die Anlagen-Betriebsdauer möglichst „hautnah" auf das notwendige Maß zu reduzieren.

Das feste Schalten erfüllt diese Aufgabe vor allem für solche Anlagen, bei denen der Betrieb stets erst kurz vor Beginn der Nutzungszeit aufgenommen werden muß, wie z.B. die Beleuchtung oder reine Belüftungsanlagen ohne Heiz- oder Kühlfunktion.

Bei Anlagen mit Heiz- oder Kühlfunktion ist der optimale Einschaltzeitpunkt abhängig von der Heiz- oder Kühllast, der Raumtemperatur und dem Aufheiz- bzw. Abkühlverhalten. Letzteres wird vor allem durch die thermische Trägheit des Baukörpers und der Massen innerhalb des Gebäudes bestimmt.

Das gleitende Schalten versucht, vor allem Heizenergie zu sparen, indem es die Raumtemperatur möglichst ohne Wärmezufuhr absinken läßt und erst zum spätestmöglichen Zeitpunkt mit voller Leistung (bei RLT-Anlagen mit 100% Umluft) wieder aufheizt. Die Energieeinsparung ergibt sich daraus, daß der Energieverbrauch direkt von der Differenz zwischen Raum- und Außentemperatur, integriert über die Zeit, abhängt.

Die Stütztemperatur-Funktion verhindert zu tiefes Absinken, das vor allem bei längeren Nutzungspausen (z.B. in den Weihnachtsfeiertagen) oder bei Leichtbauweise auftritt.

Diese Programe sind heute meist in der Lage, das Aufheiz- und Abkühlverhalten des Gebäudes bzw. der Anlage zu lernen. Sie sind adaptiv. Das geht aber nur, wenn dieses Verhalten reproduzierbar ist. Das ist dann gegeben, wenn unabhängig von der Außentemperatur die maximale Vorlauftemperatur zur Verfügung steht (eigene Wärmeerzeugung) oder die Vorlauftemperatur nach einer festen Beziehung an die Außentemperatur gekoppelt ist.

Gleitendes Schalten (Restwärmeprogrogramm)

- **Einsparungen vor allem bei statischer Heizung. Bei RLT-Anlagen ist die Aufheizphase relativ kurz.**
- **Hohes Einsparpotential bei Gebäuden mit...**
  - **Geringe thermische Speicherkapazität**
  - **Relativ schlechte Wärmedämmung**
  - **Keine Nutzung an Wochenenden**
- **Einsparungen vor allem in der Übergangszeit. Bei extrem kalter Witterung (nahe Auslegungstemperatur) keine Einsparung**
- **Raum<u>luft</u>temperatur ist nicht allein maßgebend für das Behaglichkeits-Empfinden**
- **Optimale Schnellaufheizung ist nur bei eigener Kesselanlage möglich. Bei Fernwärme variiert die verfügbare Heizleistung mit der Außentemperatur.**

Bei statischer Heizung ist die Varianz des Einschaltzeitpunkt viel größer als bei RLT-Anlagen. Daher ist hier auch das höhere Sparpotential. Bei RLT-Anlagen ist die Aufheizphase generell relativ kurz. Bei RLT-Anlagen wird neben der Heiz- (bzw. Kühl-) Energie auch Elektroenergie durch verringerte Ventilatorlaufzeit gespart.

Das Einsparpotential ist besonders hoch bei Gebäuden mit geringer Speicherkapazität und/oder schwacher Wärmedämmung. Das Sparpotential konzentriert sich meist auf das Wochenende und andere mehrtägige Nutzungspausen. Bei Gebäuden mit 7-Tage-Woche ist die mögliche Einsparung generell gering.

Die Absenkung der Raumtemperatur ist vor allem in der Übergangszeit gut möglich, wenn die Heizlast gering ist und der größte Teil der Heizleistung zum Aufheizen zur Verfügung steht. Es ist leicht nachvollziehbar, daß bei sehr tiefer Außentemperatur, nahe der Auslegungstemperatur, die volle Leistung zum Halten der Raumtemperatur gebraucht wird. Dann gibt es keine Leistungsreserve zum Aufheizen.

In besonders kalten Wintern sind die Einsparungen durch das gleitende Schalten daher viel geringer als in milden. Wenn Einsparungen garantiert wurden, kann dieser Effekt zu Problemen führen.

Zu beachten ist, daß die Raumlufttemperatur nicht allein für das Wärmeempfinden maßgebend ist. Wenn die Oberflächentemperatur der Wände und der Einrichtung zu niedrig ist, frieren die Menschen im Gebäude. Man muß daher das Programm so einstellen, daß die gewünschte Raumtemperatur schon eine gewisse Zeit vor Nutzungsbeginn erreicht wird. Die Innenwände usw. haben dann genug Zeit, sich auf eine ausreichende Oberflächentemperatur zu erwärmen.

11.5.2 Nachtspülung

Einsatz kühler Außenluft zum Kühlen des Gebäudes in den frühen Morgenstunden, wenn der Energieaufwand des Lufttransport geringer ist als die effektive Kühlleistung aus Luftmenge und ΔT

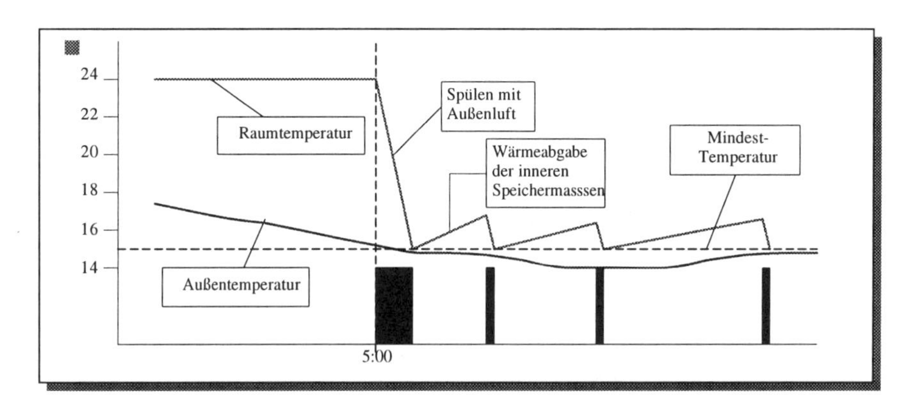

Bild 11-17 Nutzung der nächtlichen Kälte für die Kühlung am Tag

Die Nachtspülung ist bei RLT-Anlagen ohne Kühlung der einzige Weg um in der warmen Jahreszeit zumindest in den Morgenstunden etwas angenehmere (sprich kühlere) Raumlufttemperaturen zu erreichen und die sukzessive Erwärmung des Gebäudes bei längeren Schönwetterperioden zu bremsen.

Bei RLT-Anlagen mit Kühlung ist die Nachtspülung eine Energiesparmaßnahme. Sie greift dann, wenn der Energieaufwand (bzw. die Energiekosten) für den Ventilatorbetrieb geringer ist als der für den gleichen Zweck erforderliche Energieeinsatz in der Kälteanlage.

Die Spülung beginnt (natürlich nur an Arbeitstagen) in den frühen Morgenstunden (z.B. 5:00), wenn die Außentemperatur um einen bestimmten Mindestbetrag unter der Raumtemperatur liegt. Sie wird unterbrochen, wenn die Temperaturdifferenz zwischen Raum- und Außentemperatur zu gering wird (Rentabilitätsgrenze) oder die Raumtemperatur zu tief absinkt. Die inneren Speichermassen geben dann Wärme an die Raumluft ab, so daß deren Temperatur wieder steigt (Bild 11-17).

Der Zyklus wiederholt sich dann einige Male, bis der Effekt ausgeschöpt ist. Das sollte im Idealfall kurz vor Nutzungsbeginn sein.

Die optimalen Temperaturdifferenzwerte für Beginn und Ende der Spülung müssen aufgrund der Kosten für den Lufttransport und der Kosten für das Kühlen mittels der Kälteanlage errechnet werden. Streng genommen müßte berücksichtigt werden, daß letztere am Morgen bei < 20 °C wesentlich geringer sind als bei voller Kühllast. Hier spielt die Differenz zwischen Kalt- und Kühlwassertemperatur eine Rolle (hohe Differenz ergibt niedrige Leistungszahl). Eine andere mögliche Einflußgröße ist der Arbeits- oder Leistungstarif des EVU, falls diese Tarife tageszeitabhängig sind.

11.5.3 Begrenzung der maximalen elektrischen Leistung

Höchstlastbegrenzung (Leistungssteuerung)

- **Spart Bereitstellungskosten, i.a. ohne Energie zu sparen**
- **Hauptsächlich für Elektroenergie ("Elektro-Maximum")**
- **Nicht immer sinnvoll einzusetzen**
- **Kriterien:**
  - **Treten ausgeprägte Spitzen auf (max. 30..60 Min. Dauer) ?**
  - **Gibt es genügend abschaltbare Verbraucherleistung ?**
  - **Können die Verbraucher lange genug abgeschaltet werden ?**
  - **Sind die Bereitstellungskosten variabel oder fest (durch "bestellte Leistung" nach unten begrenzt)**
  - **Wird die Abschaltung der Anlagen von den Nutzern toleriert**
- **Sinnvolle Realisierung durch Kombination von zentralen und Funktionen für Erfassen, Rechnen und Ab-/Zuschalten. Bei abgesetzten Liegenschafen nur dezentral machbar.**

Die Höchstlastbegrenzung versucht, Energiekosten möglichst ohne geringeren Energieverbrauch zu sparen. Traditionell setzt man das Mittel Lastabwurf ein, um Spitzen in der Energieabnahme zu beschneiden.

Die Funktion wird sehr viel häufiger ausgeschrieben und beauftragt (und damit auch bezahlt) als tatsächlich eingesetzt. Ein Problem ist, daß man heute schon sparsam investiert und kaum Anlagen baut, die ohne Probleme abgeschaltet werden können. Das andere Problem ist, daß die Spitzen selten so kurz sind, daß man sie mit einer Abschaltung von wenigen Minuten eliminieren kann.

Das Reduzieren der Höchstleistung nutzt finanziell nur dann, wenn der Leistungspreis proportional ist, d.h. bei geringerer Spitze reduziert wird. Das ist aber längst nicht immer der Fall.

Früher war die Höchstlastbegrenzung immer ein Funktion der Leitzentrale. Heute neigt man dazu, die Funktion sinnvoll in zentrale- und dezentrale Komponenten zu strukturieren.

Zentrale Funktionen müssen durchaus nicht auf der LZ angesiedelt sein. Wesentlich robuster ist immer eine AS, vorrangig diejenige, die auch die Signale Arbeits- und Synchronisationsimpuls aufnimmt. Bei Gebäuden ohne eigene LZ, z.B. mit Modemverbindung zur LZ ist das die einzige sinnvolle Realisierungsmöglichkeit. Bei Installationen mit mehreren Bussen hat die LZ die Kommunikations-Funktion der Vermittlung zwischen den Bussen, falls dazu keine sogenannten Router eingesetzt sind.

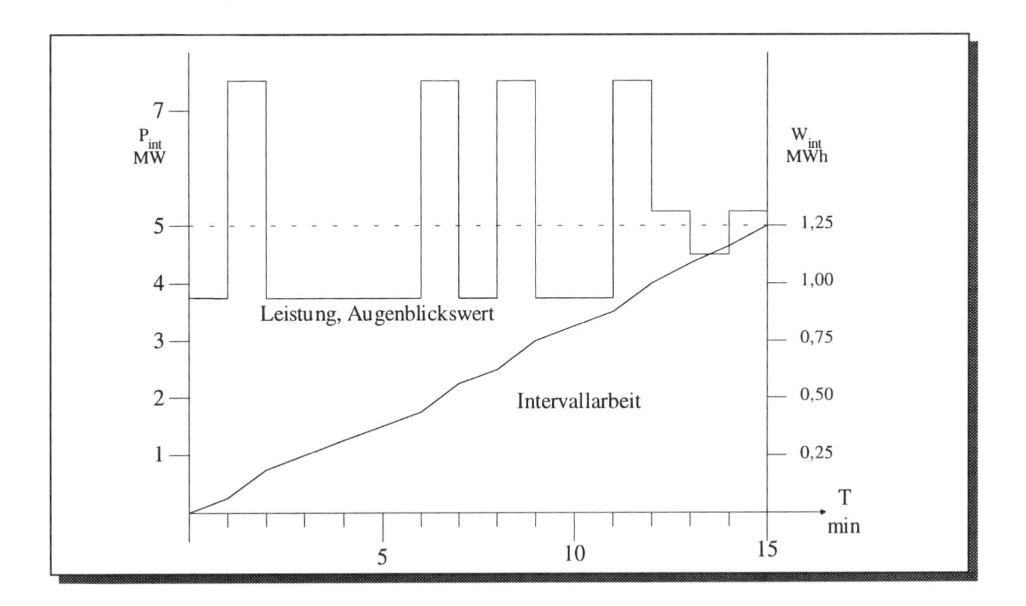

Bild 11-18 Ermittlung der mittleren Leistung durch die Intervallarbeit

Diese Abbildung veranschaulicht die Definitionen. Maßgebend für die abgerechnete Leistung ist nicht irgendein Augenblickswert sondern der Mittelwert pro Meßintervall, das bei Elektroenergie meist 15 Minuten lang ist. Der Mittelwert wird durch Zählen der Intervallarbeit und Division durch die Intervalldauer erfaßt.

Tatsächlich geht es also nicht um die Leistung sondern die Arbeit pro Meßintervall, aus der man die mittlere Intervalleistung als reine Rechengröße ermittelt.

Das Rechenintervall ist der Zeitabstand, in dem das Programm sozusagen den Intervallzähler abliest und seine Berechnungen durchführt, aus denen sich ggfs. die Notwendigkeit zum Lastabwurf oder die Möglichkeit zum Wiedereinschalten ergibt. In diesem Bild ist das Rechenintervall mit 1 Minute angenommen.

Die EVU's verrechnen Leistungspreise in der Größenordnung von DM 200,- pro kW und Jahr. Häufig wird die Wirkung eines einzelnen Sündenfalls dadurch gemildert, daß aus den 3 höchsten Monatswerten ein Mittelwert errechnet und aus diesem der Jahresleistungspreis bestimmt wird.

Der Leistungsverlauf ist im Bild bewußt übertrieben dargestellt, um den geringen Einfluß kurzzeitiger Spitzen auf den Verlauf der Arbeitskurve deutlich zu machen. Weil das so ist, ist die Höchstlastbegrenzung im allgemeinen keine zeitkritische Funktion, erfordert kein Echtzeitbetriebssystem im strengen Sinn des Wortes und es genügt in den meisten Anwendungen der Gebäudeautomation durchaus, wenn das Programmit einem Zyklus von einer Minute ausgeführt wird. Anders ist das u.U. in Industriebetrieben, wenn z.B. durch das Einschalten eines Elektro-Schmelzofens Leistungssprünge im Megawattbereich auftreten können.

Wenn das Programm in der AS installiert ist, ist der Zyklus normalerweise wesentlich kürzer, z.B.10 Sekunden, so daß immer ein sehr gutes Zeitverhalten erwartet werden kann.

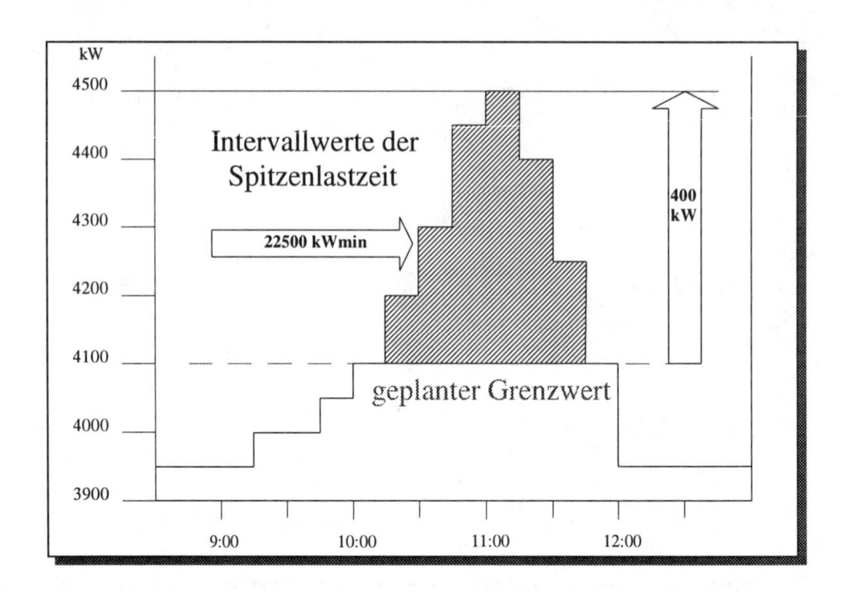

Bild 11-19 Fahrkurve der elektrischen Leistung

Wenn man Leistungsspitzen durch Abschalten von Verbrauchern vermeiden will, ist eine realistische Zielsetzung, die ja auch die erwartete Einsparung bestimmt, nur mit gründlicher Untersuchung des Spitzenverlaufs und der möglichen Abschaltzeiten der vorgesehenen Verbraucher möglich. In diesem Beispiel soll die Spitze um 400 kW reduziert werden. Aufgrund des nicht gerade nadelförmigen Leistungsverlaufs bedeutet das, daß die Abschaltung eine Abeit von insgesamt 22.500 kWmin oder 375 kWh betrifft. In der Zeit der höchsten Spitze sind 400 kW 15 Minuten lang abzuschalten.

Es ist nun erforderlich, alle in Frage kommenden Verbraucher zu erfassen und für jeden die mögliche Ausschaltdauer zu bestimmen. Das ist nur experimentell einigermaßen zuverlässig möglich.

Aus der Praxis hört man immer wieder von Anlagen, wo nach einigen Wochen oder Monaten Nutzerbeschwerden dazu führen, daß nach und nach die meisten Verbraucher nicht mehr abgeschaltet werden und das Programm schließlich überhaupt nicht mehr zum Lastabwurf benutzt wird.

Diese Programme liefern natürlich auch wertvolle Daten über den Leistungsverlauf, auf deren Grundlage der Betreiber vielfach vorbeugende Spitzenvermeidung betreiben kann, sodaß es nicht mehr zur Notwendigkeit des Lastabwurfs kommt. Der traditionelle Lastabwurf ist eine sehr brutale Methode und vielleicht nicht mehr zeitgemäß.

11.5.4 Ganzheitliches MSR-Konzept

Abgestimmte Integration von Steuerung, Regelung und EMS-Funktionen durch ganzheitliches MSR-Konzept

- **Bei isolierter Betrachtung von Steuerung und Regelung einerseits, EMS-Funktionen andererseits, kann es in bestimmten Betriebsfällen zu Problemen durch gegensätzliche oder unsinnige Befehle kommen.**
- **Daher ist es sinnvoll, diese Funktionen möglichst weitgehend in den AS zu realisieren. Bei abgesetzten Liegenschaften gibt es dazu keine Alternative**
- **Die Gesamtheit der Anforderungen an Regelgüte, Komfort, Betriebssicherheit und sparsamen Energieeinsatz erfordert ein in sich geschlossenes Konzept für die Automationsfunktionen der AS**
- **Beim Einsatz modularer Lösungen heißt das: Kombination von Funktions- und Strategiemodulen mit ausgefeilten Mechanismen**

Die verschiedenen Automationsfunktionen, die auf eine BTA einwirken, müssen sinnvoll aufeinander abgestimmt und koordiniert werden. Das geht nicht, indem man die MSR- und EMS-Funktionen als völlig separate Aufgabebereiche betrachtet und möglicherweise sogar von unterschiedlichen Personen realisieren läßt. In der Vergangenheit war das durchaus so üblich, da es einerseits MSR-Spezialisten, andererseits ZLT-Spezialisten gab.

Nur durch ein in sich geschlossenes Automationskonzept erreicht man zufriedenstellende und wirtschaftliche Lösungen und vermeidet, daß die Einzelfunktionen im Widerstreit arbeiten und gelegentlich ganz unsinnige Befehle ausgeführt werden.

Das läßt sich wesentlich leichter verwirklichen, wenn diese Automationsaufgaben auf der AS-Ebene ausgeführt werden.

Ein solches in sich geschlossenes Automationskonzept läßt sich auf zwei Wegen verwirklichen. Die eine Vorgehensweise stellt fertige Automationslösungen für komplette RLT-Anlagen zur Verfügung. Das ist bei einfach aufgebauten Anlagen durchaus brauchbar und sinnvoll. Bei komplexeren RLT-Anlagen aber gibt es in den einzelnen Anlagenteilen soviele gängige Varianten, daß die resultierenden Permutationen eine schier unendliche Anzahl von Standard-Anlagenlösungen ergeben. Eine solche Bibliothek ist jedoch nicht wirtschaftlich zu erstellen und zu pflegen. Außerdem wird es für den Anwender ab einer bestimmten Zahl schwierig, die richtige Lösung aus der Vielfalt zu finden.

Hier bieten modulare Bibliotheken mehr Flexibilität bei guter Übersichtlichkeit. Allerdings ist hier ein ausgefeiltes Systemkonzept von Nöten, das mit Hilfe einer Systematik aus Funktions- und Strategiebausteinen die in sich schlüssige und homogene Lösung sicherstellt.

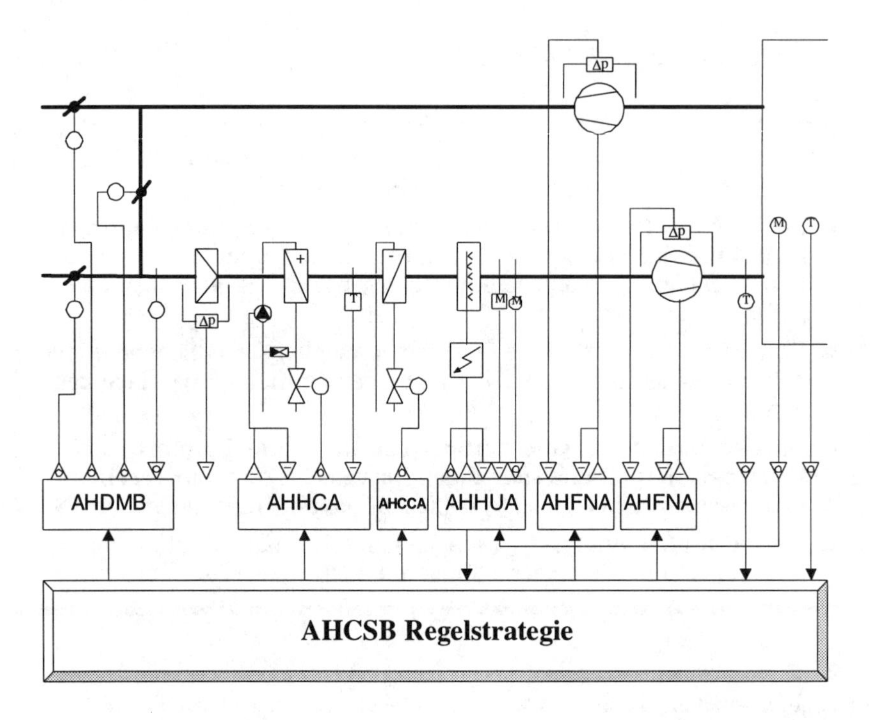

Bild 11-20 Integratives Energiemanagement-System

Bild 11-20 zeigt ein Beispiel für die Struktur einer modularen MSR-Bibliotehek (Honeywell, europäische Modular Application Library). Die „erste Linie" wird durch sogenannte Output Modules gebildet, welche die Anlage abbilden und die verschiedenen Varianten jedes Anlagenteils (Klappen, Erhitzer, Befeuchter...) bedienen.

Diese Module treiben nicht nur die analogen und digitalen Ausgänge entsprechend den Stellinformationen der Regelstrategie. Sie verfügen auch über die logisch zugeordneten Eingänge sowie Steuer- und Regelfunktionen, die Funktionen wie Min-/Max-Begrenzung, vorbeugenden Frostschutz, Anfahrlogik usw. ausführen. Auch energiesparende Funktionen wie luftqualitätsabhängige Minimalbegrenzung des Außenluftanteils sind hier angesiedelt, soweit sie nicht modul-übergreifend wirken müssen.

Der Befeuchtermodul ist gleichzeitig auch Feuchteregler und steuert den Befeuchter direkt an.

Die Regelstrategie (Control Strategy Module) ist eine PI/PI Raum/Zuluft-Kaskade mit Sequenzausgängen für Erhitzer, Wärmerückgewinnung, Klappen, Kühler und Ventilatoren. Hier wird auch entschieden, ob bei Kühlen und/oder Entfeuchten mit Außen- oder Umluft gefahren wird. Dazu wird das Signal eines hier nicht gezeigten Funktionsmoduls für Enthalpie/ Feuchtegehalt-Vergleich verwendet.

In der Vergangenheit verwendete MSR-Module waren häufig den in der Analogtechnik verfügbaren Regel- und Steuerbausteinen nachgebildet. In der neuen Bibliothek wurde dagegen die Modularität wesentlich „grobkörniger" ausgeführt, um den Arbeitsaufwand beim Konfigurieren zu verringern und gleichzeitig Fehlerquellen auszuschalten.

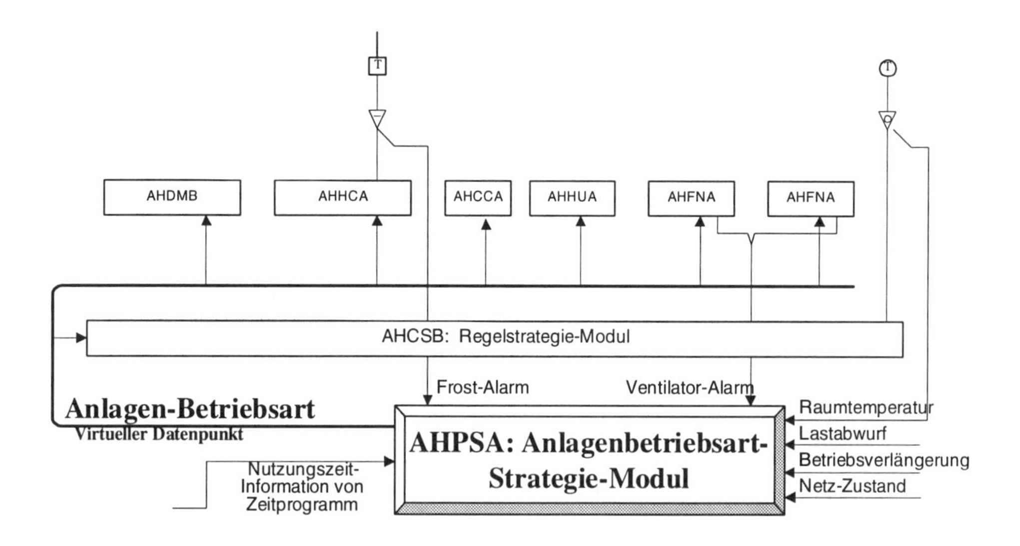

Bild 11-21 Strategie-Modul für die optimale Anlagenbetriebsart

Der Strategiebaustein für die Anlagenbetriebsart (Plant Mode Strategy Module) ist für die übergeordnete Koordination der Steuer- und Regelfunktionen, das Verhalten bei Störfällen sowie die Bereitstellung der EMS-Funktionen verantwortlich.

Der Baustein sorgt unter anderem für ein ordnungsgemäßes Herunterfahren der Anlage bei Störfällen wie Frostschutz, Ventilatorstörung usw. und den korrekten Wiederanlauf nach Störfällen sowie nach Netzausfall. Er sorgt für einen Ventilatornachlauf beim Betriebsende im Befeuchtungsbetrieb, um Kondensation im Kanal zu verhindern.

Er stellt die AS-residenten EMS-Funktionen wie gleitendes Schalten für Sommer- und Winterbetrieb, Nachtspülbetrieb und Aussetzbetrieb sowie einen Lastabwurf-Eingang zur Verfügung

Im Strategiebaustein wird nach einem Prioritätsschema festgelegt, welche der möglichen Betriebsarten Vorrang hat. Die gewählte Betriebsart wird als numerischer Wert über einen virtuellen Datenpunkt („Softwarebus") den anderen Modulen zur Verfügung gestellt, die so programmiert sind, daß sie sich dementsprechend korrekt verhalten. Betriebsarten sind z.B.:

- Anlage Aus
- Optimum Start (Aufheiz- oder Abkühlphase des gleitenden Schaltens)
- Nachtspülung
- Normalbetrieb in der Nutzungszeit
- Stützbetrieb Ein
- Ventilatorstörung

11.6 Zusammenstellung der Abkürzungen

RLT	Raumlufttechnik
WRG	Wärmerückgewinnung
BTA	Betriebstechnische Anlage
GA	Gebäudeautomation
VDI	Verein Deutscher Ingenieure
VVS	Variables Volumenstromsystem
HLK	Heizungs-, Lüftungs- und Klimatechnik
MSR	Messen, Steuern, Regeln
BHKW	Blockheizkraftwerk
EVU	Energieversorgungsunternehmen
DDC	Dezentrale digitale Regelung und Steuerung (direct digital control)
PC	Personal Computer
EDV	Elektronische Datenverarbeitung
VL/RL	Vorlauf/Rücklauf
AS	Automations-Station
IEEE	Institute of Electrical and Electronic Engineers
LZ	Leitzentrale
EMS	Energiemanagement-System
RAM	random access memory
MB	Megabyte
GB	Gigabyte

12 Datenkommunikation

von Hans R. Kranz

12.1 Entwicklung der Datenübertragung

Die Anlagen der Gebäudeausrüstung waren bis weit in die siebziger Jahre hinein mit analog wirkenden Regelgeräten und verdrahtungsprogrammierten Schützsteuerungen ausgerüstet. Zentral anzuordnende Informationen mußten mit mindestens einem Adernpaar je Anzeige oder Meldung verdrahtet werden. Die Folge waren unüberschaubare Kabelbündel und damit auch Brandlasten. Ende der sechziger Jahre ermöglichte die Zentrale Leittechnik (ZLT) erstmals wirtschaftlich, d.h. mit adernsparender Übertragungstechnik, die zentrale Überwachung und übergeordnete Steuerung der betriebstechnischen Anlagen von ausgedehnten Gebäudekomplexen. Auf die adernsparende Datenübertragung für die ZLT war man stolz. Kam man doch schon, je nach Adressierungsumfang, mit 60 bis zu 180 Adernpaaren aus. Das Kabel war das berühmte ***Stammkabel*** des jeweiligen Herstellers (das „Kupferbergwerk" der frühen Jahre). Durch die Art der Matrixschaltung fand im Markt eine Produktdifferenzierung, aber auch ein Schutz vor fremden Unterstationen an der Leitzentrale statt. Als Übertragungsmedium diente meist Fernmelde-Installationskabel **J-Y(St)Y** oder herstellerspezifisches Spezialkabel, z. B. mit integrierten Kupfer-Konstantan-Thermoelement-Meßadern und Sprechleitungen.

12.1.1 Vom Prozeßrechner zur DDC

Der Einsatz von Prozeßrechnern in Leitzentralen ermöglichte schon ab Anfang der siebziger Jahre die ersten Kommunikationssysteme mit serieller Datenübertragung über Koaxialkabel (DELTA 2000 von Honeywell) oder nur zwei bis vier Adernpaare (z.B. LS 300 von Siemens). Die Informationsübertragungsgeräte nannte man ***Unterstationen***. Dies waren Umsetzer von parallelen Signalen an der Klemmleiste in adernsparende Systeme oder serielle Übertragungsmethoden und umgekehrt. Serielle Übertragungsmethoden nannte man zur damaligen Zeit noch nicht Busse, sondern eher Hauptkabel.

Die Innovationsschübe in der Halbleiter- und Software-Entwicklung führten zu einem ständig günstigeren Preis-Leistungsverhältnis der Elektronik. Mit Einführung der Mikroprozessortechnik in die Gebäudeautomation fand ab Ende der siebziger Jahre eine nahezu revolutionäre Entwicklung statt:

Zuerst wurden nur die analogen Regelgeräte abgelöst, zum Teil mit digitalen Reglern ohne Steuerung und ZLT-Anbindung. Die digitale MSR-Technik wurde bekannt unter der Bezeichnung DDC (Direct Digital Control). Kurz darauf wurden mit der DDC-Technik auch SPS-Aufgaben übernommen, was die Schütz-Steuerung ersetzen sollte.

Die VDI 3814-Blatt 1 (1990) bezeichnete daraufhin die altbekannten ZLT-Unterstation in DDC-Unterstation um. Als kurze Zeit später diese Stationen neben Bedien- Beobachtungs- und Trendfunktionen auch die Optimierungsfunktionen beherrschen konnten, wurde ausgehend von der DIN V 32734 (1991) auch in der VDI 3814 Bl.2 (3/93) der Begriff „Automationsstation" eingeführt. Diese Stationen haben selbstverständlich integrierte Kommunikationsschnittstellen für serielle Datenübertragung. Aus der ZLT wurde die dezentrale Gebäudeleittechnik (GLT). Diese entwickelte sich hin zur digitalen Gebäudeautomation (DGA) als Basis für technisches Gebäudemanagement.

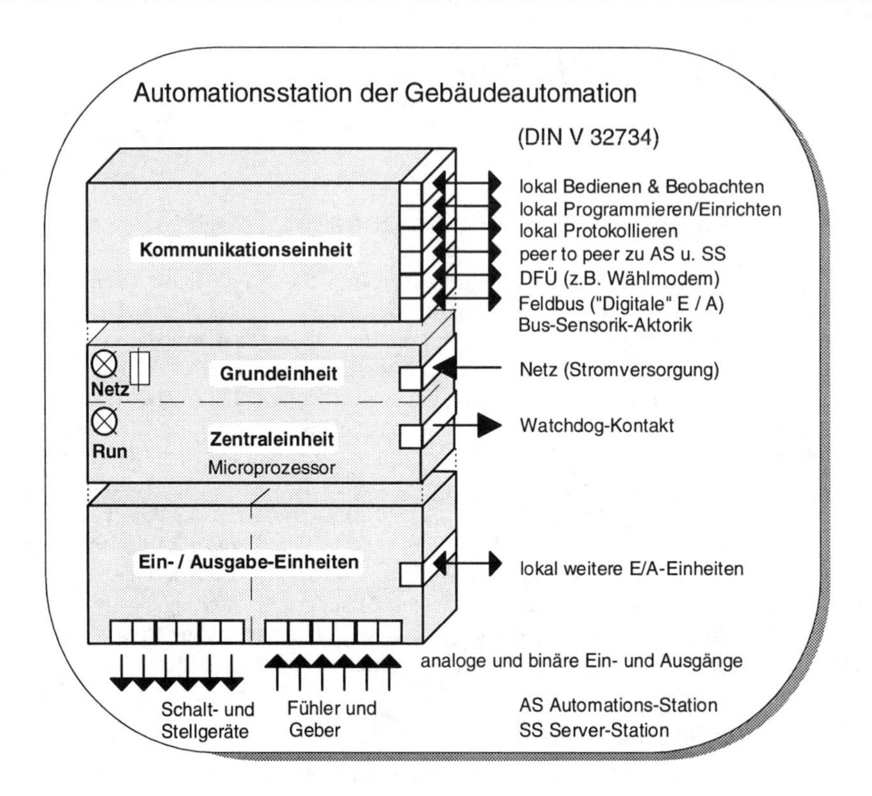

Bild 12-1 Kommunikationsfähige Automationsstation [HAK]

Die weiterentwickelte Prozessor- und Softwaretechnik ließ auch die Optimierung der Betriebstechnischen Anlagen (BTA) – heute Technische Gebäudeausrüstung genannt – mit der DDC-Station realisieren, ohne daß ein zentraler Prozeßrechner hierfür erforderlich war. Die digitale Automationsstation (Bild 12-1) ersetzte nicht nur die analogen Regelgeräte, sowie die Schütz- und Relaissteuerung im Schaltschrank, sie war zusätzlich gleichzeitig die „alte Unterstation" mit der Fabrikatbindung wie beim Stammkabel geworden. Die MSR-Technik ist durch kommunikative Bindungen Strukturbestandteil der Leittechnik geworden.

12.1.2 Trend zur offenen Kommunikation

Lange Jahre war die berühmte „potentialfreie Klemmleiste" nach VDI 3814 Bl.2 als Schnittstelle, vor allem für die Gewährleistungsproblematik zwischen den Unterstationen der Leittechnik und der MSR-Technik im Schaltschrank, eine bewährte Problemlösung. Bei der Automationsstation von heute hat nun diese Klemmleiste nur noch eine Funktion im Innenverhältnis des Errichters der Automationsanlage.

Diese strukturelle Abhängigkeit erzeugte in den achtziger Jahren Spannungen zwischen den Gewerken des Anlagenbaus und der MSR-Technik. Sie führte zum Ruf, vor allem der öffentlichen Hand, nach herstellerneutraler Kommunikation. Einige Anlagenbaufirmen antworteten mit eigener digitaler MSR-Technik (z.B. LTG, ROM, Sulzer, Zander) und verstärkten damit den Druck zur „offenen Kommunikation", da hierbei zusätzlich die Abhängigkeit von der

HLK-Gewerkefirma aufkam. Es folgten einige Schaltschrankbau-Firmen, die sich – oft im Wettbewerb gegen ihre Auftraggeber – an der Errichtung von Anlagen digitaler Automation mit eigenen Produkten beteiligten (Messner, Neuberger, Tessmar etc.).

Bedingt durch den aktuellen Trend, Aggregate der Technischen Gebäudeausrüstung komplett fabrikfertig mit integrierter Automation auszurüsten, entsteht ein neuer, weiterer Druck zu offener Kommunikation mit einem übergeordneten Managementsystem.

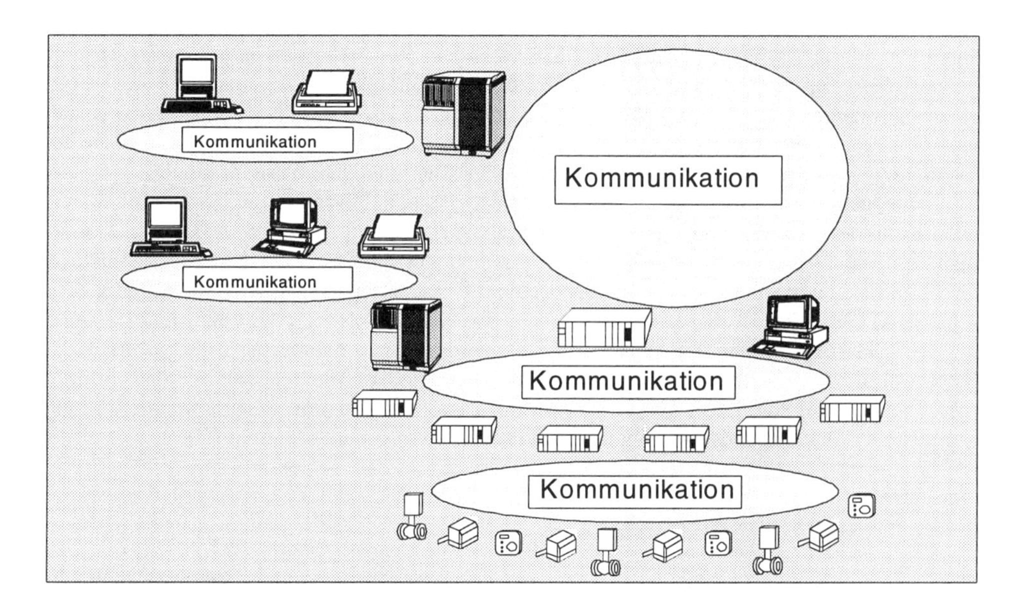

Bild 12-2 Kommunikation auf allen Ebenen [VDMA-HKG]

Gemeint sind Aggregate wie Heizkessel, Kältemaschinen, Kompaktklimageräte, Umluftkühler, Torschleier, Deckenlufterhitzer, drehzahlvariable Umwälzpumpen, Wasseraufbereitungen etc. Diese Aggregate müssen funktional in ein Gesamt-Gebäudemanagement eingebunden werden.

Wie ein Silberstreif am Horizont ist heute bereits zu erkennen, daß durch die Mikroprozessortechnik bereits die Feldebene kommunikativ wird. Durch die Kombination von Kommunikation und Funktion (Programmablauf) auf einem Chip werden diese Feldgeräte bald die Grundfunktionen der Automationsstationen übernehmen. Standardisierte Protokolle für „Offene Kommunikation" der „intelligenten" Feldgeräte mit einem Managementsystem sind bereits vorhanden.

Nach dem IBM-FACN Protokoll (1984) folgten die ersten firmenneutralen Entwicklungen FND und PROFIBUS. Nach 1987 erschien eine wahre Flut an Protokollen, Netz- und Busdefinitionen. Es eskalierte die Anzahl der für die Gebäudeautomation vorgestellten Kommunikations-Protokolle.

Definition Protokoll:

Ein Protokoll ist die Niederschrift aller für eine Kommunikation notwendigen Vereinbarungen, die Festlegung über die technischen, zeitlichen und inhaltlichen Details des Informationsaustausches.

Zum Teil wurden diese Bus- und Netzwerkdefinitionen auf allen denkbaren Ebenen in die nationale und internationale Normung eingebracht. Wenn ein Land kein eigenes Kommunikationsprotokoll fertig vorweisen konnte, versuchte es trotz Stand-Still-Abkommen der europäischen Normungsgremien einen Einstieg über Forschungsprojekte (EUREKA / ESPRIT) oder durch Promotion von japanischen oder US-Protokollen. Weil offensichtlich so viele Gebäude herumstehen, glauben die Vertreter vieler Protokolldefinitionen, daß ihr Bus ideal für die Gebäudeautomation oder Gebäudeleittechnik geeignet sei. Deshalb steht heute eine unüberschaubare Zahl an unterschiedlichen Protokolldefinitionen auf allen Kommunikationsebenen zur Verfügung. Nachdem derzeit nahezu monatlich neue Bus- und Netzwerkdefinitionen entstehen, wäre eine lückenlose Erfassung müßig. Erst mit dem Europa- Normungsprojekt CENELEC TC 105 „Home and Building Electronic Systems (HBES)", das mit der EN 50090 Teil 1-7 in die internationale Normenwelt einzieht, wurde ein von der Mehrheit der Marktteilnehmer im Gebäude-Installationsbereich anerkannter Standard geschaffen. Die Protokolle des französischen BATIBus und des European Installation Bus (EIB) (DIN V VDE 0829) sind konform mit dieser Norm. Ordnung in diesen Wildwuchs wird aber erst die mechanische Normung des CEN mit dem auf der Bauproduktenrichtlinie beruhenden Mandat des TC 247 bringen (Mechanical Building Services-System-Neutral Data Transmission). Dort werden die für Technische Gebäudeausrüstung zugelassenen Protokolle selektiert.

12.2 Systemstrukturen

Die Leitzentrale nach ZLT-Prägung (als Prozeßrechner) ist in der Automation neuer mittelgroßer Gebäude oder Liegenschaften mit den speziellen dazugehörigen grafisch-alphanumerischen Bedienstationen verschwunden. Höchstens ein besonderer Raum zum Aufstellen der peripheren Bedieneinheiten (z.B. PC) und Drucker wird noch als Zentrale bezeichnet (Werkschutz-, Technikzentrale, Pforte). Die Zentraleinheit der als Server genutzten Computer kann in einer Liegenschaft mehrfach und verteilt vorkommen – daher hat der Begriff Zentrale hierfür ausgedient.

In modernen Systemen kann der Benutzer über eine Vielzahl von vernetzten Terminals, egal wo aufgestellt, über Datenkommunikation auf Informationen sämtlicher Automationsstationen zugreifen oder diesen Stationen Aufträge erteilen. In gewährleistungsrelevanten Bereichen spricht man von Automationsinseln (eines Herstellers), die durch entsprechende Protokolldefinitionen kommunikationsfähig sind.

Die Miniaturisierung von Automationsstationen führt zu kompakten, kommunikationsfähigen, aber auch autarken Einheiten („Application-Specific-" oder „Unitary"-Controller) sowie zur integrierten Einzelraumregelung oder gar busfähigen Feldgeräten mit eingebauter Funktionalität. Mit zunehmender Leistungsfähigkeit der Kommunikation sprechen wir von *verteilten* Systemen. Die geforderte Funktion für den Betrieb von Anlagen sowie deren Optimierung wird innerhalb der Automationsebene autark erbracht. Die Stationen sind ggf. ausgerüstet mit lokaler Bedieneinrichtung (Leittechnik nach DIN 19222).

Die Anforderungen an die Datenkommunikation wurden, je nach Einsatzbereich, in der GA anspruchsvoller, so sollen z.B. die Stationen untereinander ohne übergeordneten Master Daten austauschen können (peer-to-peer / gleichberechtigt). Heutige Neuentwicklungen zeigen eine gegenüber den früheren Zentralen Leitsystemen wesentlich veränderte Struktur (Bild 12-3).

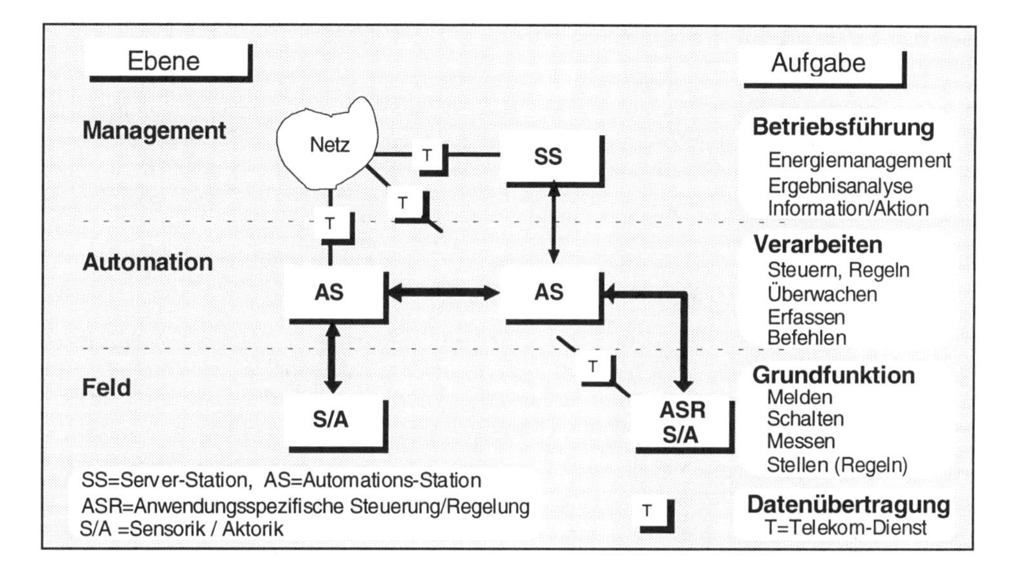

Bild 12-3 Kommunikationsebenen und Aufgaben [HAK]

Die Pfeile und Linien im Bild 12.3 kennzeichnen den Datenaustausch zwischen Feldgeräten (S/A), Automations-Stationen (AS) und Server-Stationen (SS) mit ihren jeweiligen Bedien- und Managementeinrichtungen (Operator-Stationen (OS), Bildschirmterminals und Drucker).

Die für den Betrieb eines Gebäudes benötigten Informationen lassen sich in aufgabenbezogene Hierarchieebenen (Instanzen) einordnen. Diese Ebenen sind unabhängig von der jeweils verwendeten Hardware zu sehen. Es kann sein, daß mehrere Ebenen innerhalb einer Geräte- oder Systemeinheit – oder umgekehrt – realisiert werden, was an der Zuordnung einer Aufgabe zu ihrer Ebene nichts ändert.

Systeme entstehen durch Zusammenschaltung mehrerer gleicher oder unterschiedlicher zusammengehörender Einheiten (Geräte oder Stationen). Ein Heizungsregler (Gerät) oder eine „Stand-Allone-Automationsstation“ für ein Kompakt-Klimagerät alleine ist noch kein Gebäudeautomations-System, kann aber in Zusammenhang mit seinen Fühlern und Stellgliedern als ein MSR-System bezeichnet werden. Eine Automationsstation mit einer getrennten Bedien- und Beobachtungseinrichtung (Tastatur und Display) ist ebenso ein „System“. Wir unterscheiden zwischen homogenen und heterogenen Systemen.

12.2.1 Homogene Systeme

Bei ***homogenen Systemen*** übernimmt eine Errichterfirma (Hersteller oder dessen Vertragspartner) die Gesamtverantwortung (Gewährleistung) für ***Konformität*** (Koexistenz der Einheiten im Kommunikationsverbund), das Zusammenwirken ***(Interoperabilität)*** und die Austauschbarkeit ***(Interchangeability)*** der verwendeten Komponenten. Der Anlagenerrichter übernimmt auch die Gewährleistung für die Gesamtfunktion. Die Kommunikation zwischen den Einheiten erfolgt nach dem Kommunikationsprotokoll, welches der Hersteller hierfür entwikkelt hat.

Hersteller von Gebäudeautomations-Systemen können die Freiheit von Bindungen an normative Standards nutzen, um ihre Systeme dem Stand der Technik entsprechend, weiter zu entwikkeln. Die Nutzung von Standardkomponenten wie Stecker, Kabel und Busklemmen im weniger funktionssensitiven Bereich dient der Wettbewerbsfähigkeit und letztendlich auch einem höheren Kundennutzen.

12.2.2 Heterogene Systeme

Im Gegensatz zu homogenen Systemen handelt es sich um ***heterogene Systeme***, wenn Einheiten unterschiedlicher Hersteller kombiniert werden, um die Funktionalität der geplanten Gesamtanlage im Kommunikationsverbund zu erzielen. Die Kommunikation zwischen den Einheiten kann bilateral geschlossen, halboffen oder offen sein, je nach Art des Protokolls.

Heterogene Systeme entstehen auch, wenn die beteiligten Hersteller sich auf ein Kommunikationsprotokoll verständigen und entsprechende Übersetzer, sogenannte ***Gateways***, zwischen einem neutralen Protokoll und ihrem eigenen Protokoll einsetzen. Manche Hersteller bedienen ein offenes Protokoll auch direkt ohne extern sichtbares Gateway – die Gatewayfunktion ist dabei intern nachgebildet. Einigt man sich auf den Einsatz eines genormten Protokolls, und den Einsatz zertifizierter Produkte, handelt es sich um ***Offene Kommunikation***, da das dann verwendete Protokoll jedem zugänglich ist, was nicht heißt, daß notwendige projekt- und anwendungsbezogene Absprachen offengelegt werden müssen – oder können (Urheberrechte).

12.3 Offene Kommunikation

Im Rahmen der Europanormung haben die Experten für offene Kommunikation folgende Marktanforderungen festgestellt und als Selektionskriterien definiert (Tab 12-1).

I. Obligatorische Anforderungen:

- A. Übereinstimmung mit nationalen Gesetzen
  1. ISO/IEC/EN
  2. Nationale Standards
  3. Bauprodukterichtlinie

- B. Marktanforderungen
  1. Übereinstimmung mit ISO EN 45000

- C. Technische Anforderungen
  1. Elektromagnetische Verträglichkeit
  2. Sicherheit
  3. Interoperabilität zwischen Ebenen

II. Unterstützung öffentlicher Telekommunikationsdienste

- A. Dokumentation
  1. Detaillierte technische Spezifikation

- B. Allgemeines
  1. Protokoll allgemein erhältlich
  2. Gewährleistungsunterstützung für Hardware und Software

III. Die zu gewichtenden Anforderungen unterteilen sich in:

- A. Marktanforderungen (einschl. Endbenutzer):
  1. Keine Projektverzögerung
  2. Minimale Rückwirkungen auf die Produkte
  3. Stabilität des Standards
  4. Bekannte und akzeptierte Kommunikationsmethoden
  5. Homogenität der HLK-Funktionen
  6. Vertragliche Verantwortlichkeiten der Managementebene gesichert
  7. Vertragliche Verantwortlichkeiten der Subsystemebene gesichert
  8. Unterstützung öffentlicher Netzwerke für nicht Echtzeit-Anwendungen
  9. Zertifizierte Konformitätstests verfügbar
  10. Herstellerunabhängigkeit des Managementsystems
  11. Anleitung für Ausschreibungserstellung

- B. Herstelleranforderungen:
  1. Sicherstellung der Kosteneffektivität
  2. Erhaltung der Innovationen und Produktdifferenzierung
  3. Durchführbarkeit der Konformitätstests
  4. Gebräuchliche Inbetriebnahmewerkzeuge für die Kommunikation
  5. Akzeptanz durch den nicht HLK-Markt
  6. Offenheit auf der Managementebene

Tab. 12-1 Kriterien für die Offene Kommunikation nach CEN

Die Protokoll-Kandidaten werden an diesen Kriterien gemessen und in einem Tabellenkalkulations-Bewertungs- und Auswahlverfahren technisch sachlich beurteilt. Welche Protokolle dann letztendlich in einer Europanorm Bestand haben werden, unterliegt desweiteren auch noch anderen – nicht technischen – Kriterien. Eines muß dabei bewußt bleiben: eine Norm ist nur hilfreich, entscheidend ist der Markt – er trifft seine Wahl.

12.3.1 Begriffe der offenen Kommunikation

Offene Kommunikation in der Gebäudeautomation soll die Möglichkeit bieten, heterogene GA-Systeme zu errichten. Das sind solche mit Produkten und/oder Engineeringleistungen von unterschiedlichen Firmen.

Es spielt dabei keine Rolle, ob Produkte nur eines Herstellers verwendet werden. Wenn unterschiedliche Anlagen-Errichterfirmen mit dem selben Produkt, aber mit unterschiedlicher Projektierung bzw. Software arbeiten, sind die Systeme nicht unbedingt kompatibel oder sogar interoperabel!

Definition: Konformität

Rechner in GA-Systemen verfügen über standardisierte Hard- und Software-Schnittstellen. Bei den komplizierten Schnittstellendefinitionen sind Fehler bei der Protokoll-Implementierung nicht auszuschließen. Die Geräte werden deshalb einem Test unterzogen, in dem die Übereinstimmung (Kompatibilität) mit der Norm oder Spezifikation überprüft wird. Der Konformitätstest ist eine Typprüfung mit Testwerkzeugen (Testbed), bei der die protokollkonforme Reaktion der jeweiligen Protokollschicht mit signifikanten Prüfeingaben untersucht wird. Diese Konformitätstests führen autorisierte Institute nach einheitlichen, abgestimmten Prüfbedingungen durch, damit die Anforderungen für alle Produkte gleich sind. Dieser Test bestätigt, daß sich die zusammengeschlossenen Systeme nicht gegenseitig stören – sie müssen deswegen jedoch noch **nicht** zusammenwirken können, also interoperabel sein.

Definition: Interoperabilität

Per Definition reicht für ein Zusammenwirken von Stationen unterschiedlicher Hersteller der Konformitätstest nicht aus. Die Vielfalt der GA-Anwendungen ist heute so groß, daß eine alle Möglichkeiten umfassende Prüfung unter wirtschaftlichen Grundsätzen kaum durchführbar ist. Der Interoperabilitätstest schließt alle beteiligten Fabrikate ein und testet sie unter typischen Einsatzbedingungen. Dieser Test liefert zum Teil auch Aufschluß über das dynamische Verhalten des Prüflings im Gesamtsystem. Man kann sich vorstellen, wie aufwendig eine Interoperabilitätszertifizierung für multifunktionale Stationen unter Beteiligung aller Hersteller und Test der wichtigsten Anwendungsfunktionen, sowie Test des Systemverhaltens bei unterschiedlichen Fehlern und der Diagnosefunktionen sein würde.

Bei einfachen Geräten mit festem Funktionsumfang (beispielsweise EIB-Geräte) ist dieser Aufwand geringer. Als Interoperabilitätsbereich bezeichnet man die maximal nutzbare Untermenge der vollen Funktionalität eines Protokolls.

Definition: Austauschbarkeit (Interchangeability)

Der Einsatz eines genormten und international anerkannten Protokolls für eine spezielle Anwendung gibt noch keine Gewähr dafür, daß ein Gerät des Herstellers X gegen ein Gerät des Herstellers Y ausgetauscht werden kann. Hierfür wären weitere Standardisierungen, die Bauform und die exakte Funktion betreffend, erforderlich.

Im InterOperable Systems Projekt (ISP) für hochwertige Feldgeräte der Prozeßleittechnik wurde eine Parametriersprache (DDL-Device Descripion Language) definiert, die eine Austauschbarkeit von Meßgeräten erleichtert. Jedes Gerät bringt seine relevanten Parametrier-Daten auf einer Diskette mit. Bei dem EIB sind die produktspezifischen Daten ebenfalls auf Disketten hinterlegt, die mittels der offen erhältlichen EIBA-Toolsoftware (ETS) verwendet werden können.

Austauschbarkeit zwischen Geräten verschiedener Hersteller mit genormtem Kommunikationsprotokoll ist auch dann nicht immer gegeben, wenn sie hinsichtlich ihres Kommunikationsverhaltens genau branchenspezifisch, bereichsspezifisch und gerätespezifisch ausgeführt worden sind – es müßten auch noch die mechanischen Anschlüsse und Befestigungen identisch ausgeführt sein.

12.3.2 Protokoll-Klassifizierung

Heterogene Systeme werden bezogen auf die Systemkommunikation (Protokollart) wie folgt klassifiziert:

- **Bilaterale Kommunikation**

Bei bilateral geschlossener heterogener Kommunikation haben sich die Vertragspartner auf ein Protokoll für die auftragsbezogene Anwendung geeinigt und halten dieses als hohen Wert, entsprechend dem Urheberrecht und dem Wettbewerbsgesetz, gemeinsam geheim. Es ist also keine offene Kommunikation.

- **Halboffene Kommunikation**

Bei einigen Kommunikationssystemen ist zwar das Protokoll offen zugänglich, die Nutzung auf einer Seite steht jedoch aus rechtlichen Gründen nur dem Lizenzinhaber zu. (z.B. darf bei IBM FACN die Software der Kommunikationszentrale nur von IBM sein).

Ähnlich verhält es sich mit LonTalk der im Marketing quirligen USA-Firma Echelon. Jedes mittels deren „LonBuilder" (Software-Entwicklungssystem) entwickelte Produkt muß den Neuron-Chip verwenden und der Verwender muß jeweils eine Lizenzgebühr an Echelon entrichten. Die LON-Kommunikation (LonTALK) und die damit entwickelten Anwendungen sind nicht offen im Sinne von OSI, da das Protokoll in der Firmware versteckt ist.

- **Offene Kommunikation**

Bei offener Kommunikation heterogener Systeme ist die Nutzung des jedermann zugänglichen Kommunikationsprotokolls zur Datenübertragung uneingeschränkt freigestellt (wie z.B. auch für Telefax-Geräte und MODEMs). Gebühren an obligatorische Benutzerclubs (USER-Club...) zählen nicht zu den Einschränkungen, sofern Mitgliedschaft nicht beschränkt ist. Das Protokoll muß für jedermann erhältlich sein.

Manche Protokolle sind durch entsprechende Normungsorganisationen bereits standardisiert, um dem Anwender die nötige Sicherheit und Beständigkeit zu geben. Andere Protokolle etablierten sich zu einem ungenormten Industriestandard wie die Centronics-Schnittstelle für Drucker.

Systeme im Anlagenbau werden kundenspezifisch zusammengestellt und mit ihren Aufgaben versehen. Eine Standardisierung der Anwendungen im Anlagenbau (z.B. Gebäudeautomation) ist schwer möglich. Man hat versucht, Teilfunktionen zu definieren. Basis waren die Grundfunktionen der GLT (potentialfreie Klemmleiste nach VDI 3814), welche sich jedoch für die neuen Aufgaben der digitalen Automationstechnik als ungenügend erwiesen haben. Die ZLT-Grundfunktionen mußten in den Protokolldefinitionen als Kommunikationsobjekte um weitere notwendige Informationen erweitert werden.

Bei heterogenen GA-Projekten sind viele projektspezifische Parameter zu vereinbaren. Inwieweit diese wiederum offengelegt werden, ist eine Frage der Vereinbarungen zwischen Bauherrn und Errichterfirmen sowie der Errichterfirmen untereinander.

12.3.3 Standardisierung in Teilbereichen

Damit computerisierte Technische Gebäudeausrüstungen unabhängig von ihrer Herkunft Informationen austauschen können, sind Protokolldefinitionen erforderlich. Dabei ist immer zu bedenken, daß Computer ihre Informationen nur durch „Nullen" und „Einsen" darstellen. Jede Vereinbarung muß eindeutig, exakt und vollständig sein, da Computer weder interpretieren, noch aus Fehlern lernen können.

Die zu standardisierenden Definitionen werden in vier Schlüssel-Teilbereiche gegliedert:

1. Die vereinheitlichte Repräsentation der internen Funktionen eines Systemes zur Automation aus Sicht eines Netzwerkes, ohne die internen Designstrukturen zu beeinträchtigen und ohne Weiterentwicklungen zu behindern.
2. Vereinheitlichung von Kommandos oder Services für die spezielle Anwendung Gebäudeautomation und die Regeln die dafür zu beachten sind – z.B. Durchgriffsprioritäten auf Schaltpunkte von verschiedenen Programmen aus.
3. Services und Nachrichtenarten, mit denen die Systeme ihren Informationsaustausch steuern. Dazu gehören Prioritäten von Nachrichten, das Verhalten bei Fehlern und im Anlaufen sowie die simple aber wichtige Festlegung welche Zeichensätze zugelassen werden (z.B. welche Ausprägung von ASCII oder der erweiterte IBM-Zeichensatz bis hin zum JIS C 6226 des Japan Institute for Standardization).
4. Welche Netzwerk-Technologie soll für den Transport der Informationen von einer Einheit zu einer anderen benutzt werden.

Um funktionierende Systeme errichten zu können, müssen bei der Gebäudeautomation in jedem Falle die Anwendungsprogramme der beteiligten Errichterfirmen aufeinander abgestimmt werden. Dieser Aufwand ist solange nicht durch Standards zu ersetzen, wie individuelle Gebäude mit zugeschnittenen Anlagen gebaut werden.

Viele Ansätze für Spezifikationen sind bisher über die Definition des einfachsten Teilbereiches, der Definition der zu verwendenden Netzwerktechnologie, nicht hinausgekommen. Dabei ist es den Nachrichten eigentlich egal, wie sie transportiert werden – vorausgesetzt sie kommen rechtzeitig und unverfälscht an.

Andere Protokolldefinitionen wurden sehr allgemein für eine Vielzahl von gedachten Anwendungen spezifiziert. Diese stellen einen Rahmen für weitere Definitionen, sogenannte anwendungsspezifische Profile, dar. Sofern diese Basisdefinitionen als Massenprodukt in Form von ASICs in Hard- und Firmware gegossen werden, kann eine Anwendung, wie die Gebäudeautomation daran partizipieren.

Protokolldefinitionen exklusiv für die Gebäudeautomation sind das FACN von IBM, der FND der deutschen Öffentlichen Hand und das BACNet aus USA. Weltweit wurden noch eine Vielzahl an weiteren Protokollen für die GA definiert, die bekanntesten sind das Public Works Canada Protocol, das Hermes-Protokoll aus Schweden und das im entstehen begriffene UBI-DEP aus der Schweiz.

12.3.4 Profile für offene Kommunikation

Profile stellen den Teilumfang an genormten Busfunktionen zur Verfügung, welche oberhalb des OSI-Referenzmodells angesiedelt sind. Sie gelten für bestimmte Anwendungsbereiche und bieten anwendungsnahe Grundmechanismen und „Default-Werte" (Standardparameter) an.

Die Normung von Protokollen stellt in der Anwender-Ebene (*Application Layer*) Standards (Dienste) zur Nutzung für viele Einsatzbereiche zur Verfügung. Die technische Umsetzung der generellen Kommunikations-Norm zu kommunikationsfähigen Produkten läßt vielfältige Ausführungsformen zu, die für bestimmte Einsatz-/Anwendungsbereiche durch ***Profile*** spezifizierbar sind. Für branchenbezogene Anwendungen, beispielsweise Gebäudeautomation, wurden Profile definiert, die nur einen Teil der Dienste, die in der Anwendungsschicht 7 vorgesehen sind, nutzen.

12.4 Datentransport

Der Austausch von Informationen zwischen einer Vielzahl von Stationen und Geräten erfolgt zur Zeit hauptsächlich über eine informationstechnische Verkabelung (Datenleitungen). Dabei fällt unter den Begriff Informationstechnik sowohl die Fernmeldetechnik als auch die Datentechnik. Die Informationstechnik faßt bereits das Telefonnetz und das Computernetz zusammen. Im Jahrbuch der Deutschen Bundespost 1989 wurde der Begriff wie folgt definiert: „**Informationstechnik** umfaßt alle Geräte und Verfahren zur automatischen Darstellung, Speicherung, Verarbeitung und Übermittlung von Informationen. Informationen liegen in Form von Texten, Daten, Bildern und/oder Sprache vor und sind Teil einer Nachricht, die beim Empfänger den Wissensgrad verändert".

Für den Anlagenbau ist es wichtig zu erkennen, daß die Definitionen der Kommunikationstechnik da aufhören, wo die eigentlichen Anwendungen beginnen. Wenn Kommunikationstechniker von Anwendung sprechen, meinen sie Anwendungen bezogen auf die Übermittlung von Informationen – z.B. die Steuerung der Funktionen eines Terminals, Druckers, Modems oder Faxgerätes. Mit der Fernsteuerung oder -alarmierung von Klimaanlagen, der Anforderung, einen Kühlturm auf die dritte Drehzahl zu schalten, hat das noch nichts zu tun.

12.4.1 Daten-Verkabelungsstrategien

Im Bereich lokaler Netze, zur anwendungsneutralen Verkabelung von Liegenschaften und Arbeitsplätzen, dient eine gezielte Verkabelungsstrategie.

Ziel einer informationstechnischen Verkabelung ist es, Einrichtungen im Gebäude selbst und Gebäude untereinander so zu verkabeln, daß die Kabelanlage von vielen für möglichst viele Dienste gemeinsam genutzt werden kann. Diese diensteneutrale Verkabelung muß leistungsfähige und zuverlässige Übertragungswege bereitstellen. Es ist ein Netz, das allen Nachrichtenarten dient. Für alle Beteiligten, vom Planer über den Installateur bis zum Betreiber ergeben sich aus dieser Erkenntnis Vorteile:

1. Nutzung einer Kabelstrecke auf der Etage für Telefon und Computer
2. Einheitliche Kabelverbindungskomponenten
3. Elektrisch homogener Übertragungsweg
4. Einheitliche Verteilerarchitektur
5. Minimum an Vorschriften, Werkzeugen und Verwaltungsaufwand

Bis jetzt haben wir die Verkabelung mit der Begriffswelt für die Einrichtungen der Management-Ebene behandelt, das ist die Informations-Technologie (IT). Wie sieht es nun mit der Verkabelung der Automations- und Feldebene aus?

In der modernen Gebäudeautomation (GA) übernehmen auch Bussysteme oder Netzwerke den Transport von Informationen (Daten). Der Anlagenbau, bringt mit seinen vielfältigen, nicht standardisierbaren Funktionen (Kundenwünsche) besondere Problematiken ein:

- Gewährleistungs-Vereinbarungen,
- Anwendungsabsprachen,
- System- und Stationsparameter.

Dazu kommt die Problematik der anwendungsbezogenen Interpretation der übertragenen Informationen.

12.4.2 Daten-Interpretation in der Gebäudeautomation

Die Interpretation der übertragenen Informationen für die Funktionen der Gebäudeautomation ist Aufgabe der Anwendungssoftware. Da sich die Anwendungen kaum standardisieren lassen, werden branchenorientierte Anwendungsprofile definiert, die ein Minimum an Interoperabilität -Zusammenwirken der Systeme – gewähren sollen. Hier unterscheidet sich die Automation von z.B. der Telekommunikation mit FAX-Geräten: diese jedenfalls brauchen im Gegensatz zu den Automationsstationen den Informationsinhalt der Nachricht für die eigentliche Anwendung nicht zu lesen, zu interpretieren und richtig darauf zu reagieren. Sie müssen nur für ihre eigenen fest definierten (genormten) Funktionen bestimmte Informationen verstehen:

- Anzahl Pixel (Bildpunkte),
- Auflösung,
- Helligkeitsstufe,
- Übertragungsgeschwindigkeit,
- Steuersignale (Handshaking) mit dem Partnergerät.

In der Regel unterhalten sich immer nur zwei Faxgeräte miteinander. Allein solche Abstimmungs-Steuersignale für interne Funktionen wären bei Bussystemen der Automationstechnik mit Broadcast oder Multicast-Fähigkeit (Rundspruch) problematisch.

In Erweiterung der Grundfunktionen wie Melden, Messen, Stellen, Schalten gehen auch die Verarbeitungsfunktionen gegliedert nach Überwachen, Steuern, Regeln und Rechnen (Optimieren) in die Kommunikation ein. Für ausreichende Managementfunktionen und für Bedienen & Beobachten (Leiten) müssen alle erforderlichen Funktionen als Kommunikationsobjekte definiert werden. Die Kunst ist nun, diese Objekte so zu strukturieren und mit Informationen zu versehen, daß eine ausreichende Gesamtfunktionalität entstehen kann. Wichtig ist die Erkenntnis, daß „zweiwertige" Informationen als Hauptinformation eines Kommunikations-Objektes, wie Alarm da/nicht da oder Ein/Aus, nur selten alleine ausreichen. Die meisten „Informationen" in der Gebäudetechnik können mehrere Zustände einnehmen, wie „Aus /Stufe1 /Stufe2 /Gestört" oder „Ein /Aus /Ausgelöst" dazu gehören noch weitere Informationen wie Uhrzeit, Priorität, Sperrkriterium u.s.w..

Definition: Bit, Baud und Byte

Die kleinste Einheit einer zweiwertigen (binären) Information ist das Bit (Binary Digit). Ein digitales Wort als Folge einer festen Anzahl von Bit (meist 8) ist das Byte. Baud ist die Einheit der Schrittgeschwindigkeit. Sie entspricht der Anzahl der Signalelemente pro Sekunde. Ein Signalelement ist der definierte Zustand (Spannung oder Licht), der für die Dauer einer bestimmten Zeit übertragen wird.

Daraus ergibt sich, daß bei Binärsignalen gilt: Bit/s = Baud
Bei mehrstufigen Signalen gilt: Bit/s > Baud
Formel: Bit/s = S x $\log_2 N$
(S = Schrittgeschwindigkeit, N = Anzahl der Signalstufen)

Die Schrittgeschwindigkeit und damit die zu übertragende Frequenz läßt sich durch ein mehrstufiges Signal verringern (Bild 12-4):

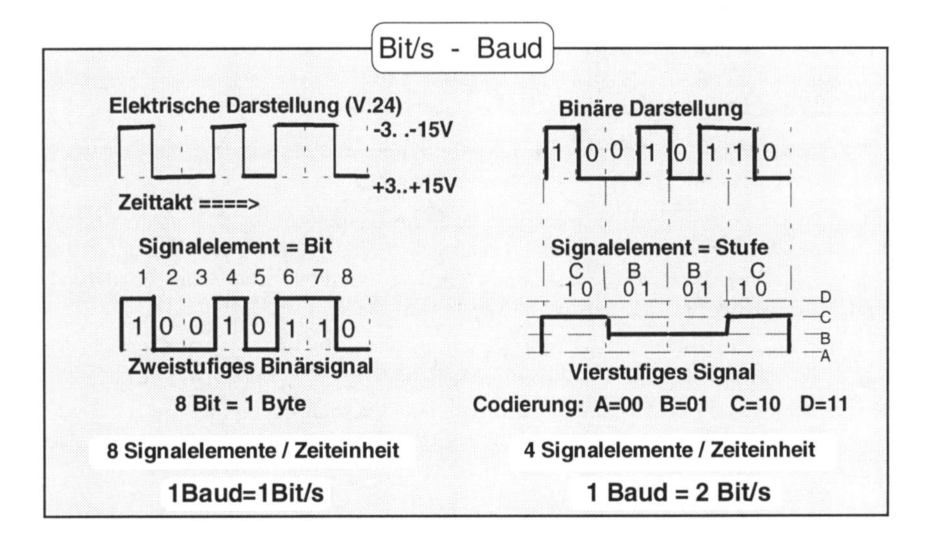

Bild 12-4 Digitale Übertragungstechnik [HAK]

12.4.3 Datenübertragungsnormen

Kommunikationsexperten kommunizieren untereinander in für den außenstehenden seltsamen Buchstaben- und Zahlen- Anhäufungen. Einige davon werden auch in der Gebäudeautomation angewendet. Telekommunikations-Standards werden von vielen Organisationen erstellt. Jede davon bezeichnet ihre „Normen" mit bestimmten Buchstabenfolgen. Die wichtigste ist die in der ITU aufgegangene CCITT (von 1865) als Organisation der Vereinten Nationen mit Sitz in Genf.

ITU = International Telecommunication Union
CCITT = Comité Consultatif International Télégraphique et Téléphonique

Von der CCITT stammen folgende Standards:
Empfehlungen der X.-Serie für Datenübermittlungsdienste (z.B. X.21, X.25)
Empfehlungen der V.-Serie für Datenübermittlung über Fernsprechnetz z.B. V.24, V.28, V.32 bis (als 2. Ausgabe), V.27ter (als 3.Ausgabe)
Empfehlungen der I.,-G.- und Q-Serie für Digitale Netze; ISDN (z.B. I.430)

In der ITU arbeiten die Vertreter von Telefongesellschaften und Postverwaltungen mit, vor allem für den grenzüberschreitenden Nachrichtenverkehr. Die Grenze zwischen der Netzwerkebene und der Transportebene (siehe OSI-Referenzmodell) gilt als „Demarkationslinie".

Zur Verwirrung: V.24 und V.28 entsprechen EIA RS 232C, DIN 66020 und ISO 2110.
EIA = Electronic Industries Association, Recommended Standard.

EIA RS 232C ist durch RS 422, 423 und 449 weitgehend ersetzt (z.B. 9-polige Stecker), hält sich jedoch im allgemeinen Sprachgebrauch sehr zäh.

Die maßgebliche Standardisierungsorganisation der USA ist das ANSI.
ANSI = American National Standards Institute

Interessant ist die Aufteilung der Arbeiten zwischen ANSI und IEEE:
IEEE bearbeitet Datentraten < 40Mbit/s; ANSI Datenraten > 40Mbit/s.
Die bekannteste IEEE-Aktivität ist das Projekt 802 (.1 bis .9).
IEEE= Institute of Electrical and Electronic Engineers.

Die 1906 gegründete IEC befaßt sich in erster Linie mit der elektrischen Sicherheit und generellen Strukturen der informationstechnischen Verkabelung.

Die IEC definierte bereits 1977 mit der IEC 625 eine 16-polige Bus-Schnittstelle unter Verwendung eines 25-poligen Cannon-Steckers. Die selbe Schnittstelle wurde 1975 unter Verwendung eines 24-poligen Amphenol-Steckers als IEEE 488 veröffentlicht. Beide Standards basieren auf der GPIB- Bus-Entwicklung der Firma Hewlett-Packard.

Centronics benutzt für die bekannte und nie genormte Druckerschnittstelle einen 36-poligen Cannon-Typ, während die Kommunikations-Schnittstellen (V., X.) den 25-poligen "D"-Stecker von Amphenol (Nr. 57-30360) benutzten, heute kommt man immer mehr auf 15- oder 9-polige „Sub-D-Stecker" (zur Freude der Hersteller von Kupplungen und „Gender-Changern").

Die Zuordnung der elektrischen Pegel und Polarität zu logischen Signalen wie „HIGH" und „LOW" bzw. „1" und „0" muß mit den Schnittstellen beschrieben werden. Die Centronics Schnittstelle spezifiziert „TTL-Pegel": „logisch 0" = >2,4 Volt und „logisch 1" = <0,8 Volt.

12.4.4 Physikalische Übertragungsmittel

Damit wir die Rolle des Kabelnetzes im Rahmen eines Datenkommunikationssystems besser einordnen können, ist es notwendig, sich über die Funktionen der einzelnen Komponenten, wie Anschlußstecker, Anschlußkabel, Adapterkarten, Verteiler bis hin zum Computer-Betriebssystem klar zu werden. Dabei ist das OSI-Referenzmodell, das wir später noch kennenlernen, hilfreich. Der Datentransport in GA-Systemen erfolgt üblicherweise leitungsgebunden über verdrillte Adernpaare, über Koax-Kabel oder Lichtwellenleiter.

Der Unterschied zwischen Kabel und Leitung ist in der DIN VDE 0289 Teil 1 definiert:

- Kabel sind ausschließlich für feste Verlegung geeignet (z.B. „Erdkabel"),
- Leitungen sind für bewegliche Verbindungen und für feste Verlegung vorgesehen.

Typ	Mehrdrahtleitung	Koaxialkabel	Lichtwellenleiter
Aufbau			

Bild 12-5 Darstellung der Leitungsarten, [HAK]

Die Tabelle 12-2 gibt eine Übersicht über Geräteanschaltung, Installationsaufwand, Störempfindlichkeit und Datenübertragungsraten der gebräuchlichsten Kabelarten.

Tabelle 12-2 Klassifikation der Leitungsarten, (Medien)

Leitung	Zwei-/Vierdraht, Twisted Pair	Koaxkabel	Lichtwellenleiter LWL
Geräteanschaltung	direkt oder mit einfacher Anschaltung „Busklemmen"	Transceiver für Senden und Empfangen „Trunkcable"	LED, Laserdioden oder Fotodioden „Attachment Station", „Hub", „Sternkoppler"
Installationsaufwand und Anschluß	gering z.B. „V24"-Stecker	aufwendig, Wellenwiderstand „einpegeln"; Biegeradien beachten, „Seelenwanderung"	Verlegung einfach, Anschluß noch aufwendig,
Störunempfindlichkeit (EMV-Problematik)	gering, Abschirmung elektromagnetischer Einstreuungen notwendig.	wesentlich höher bei richtiger Abschirmung	sehr hoch keine elektromagnetische Beeinflussung
Datenübertragungsraten	noch niedrig bis 10 Mbit/s	mittel bis 300 Mbit/s	hoch bis 10 Gbit/s

12.4.5 Art der Datenübertragung

Parallele Datenübertragung wird eingesetzt, wenn eine ausreichende Anzahl Adern für die Übertragung zur Verfügung steht und diese Art der Übertragung wirtschaftlich ist. Ein Beispiel für parallele Datenübertragung ist die weit verbreitete parallele Druckerschnittstelle an PC-Geräten. Hier werden üblicherweise mit jedem Arbeitstakt 8 Bit (1 Byte und Steuersignale) gleichzeitig übertragen (Bild 12-6). Auch die berühmte „potentialfreie" Klemmleiste nach VDI 3814 (Blatt 2) zur Einbindung nicht digital automatisierter, d.h. nicht kommunikationsfähiger, Gewerke ist eine „parallele" Schnittstelle.

Bei der ***seriellen Datenübertragung*** werden die einzelnen Bits in Form von Telegrammen in festgelegter Reihenfolge, Bit für Bit, über die Leitung zum Empfänger befördert. Der Sender muß hierzu mit Parallel-Seriell-Umsetzer, der Empfänger mit Seriell-Parallel-Umsetzer ausgerüstet sein (USART-Baustein). In einem Protokoll wird definiert, wie „ein Bit" physikalisch darzustellen ist. Erst eine definierte Folge von Bits ergeben ein Zeichen (Character).

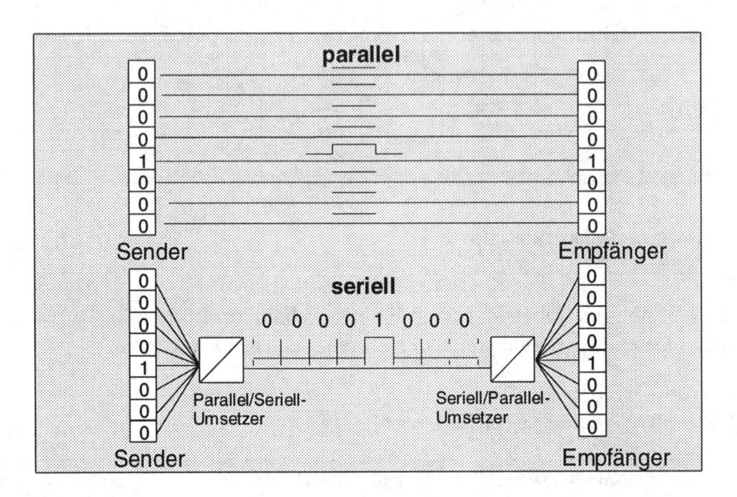

Bild 12-6 Serielle und parallele Datenübertragung, [HAK]

Die Bitfolge, die zusammenhängend in einem Stück gesendet wird, nennt man ein Datenübertragungs-Telegramm (Bild 12-7). Es gibt Protokolldefinitionen die nur sehr kurze Telegramme erlauben (z.B. TEMEX, INTERBUS-S, PROFIBUS-DP), und solche, die relativ lange Zeichenfolgen unterstützen (MAP, TCP/IP). Häufig sind variable Telegrammlängen anzutreffen. Lange Telegramme sind schwieriger im Hinblick auf Übertragungssicherheit zu behandeln. Muß ein großer Datensatz übertragen werden, z.B. eine Datei (File), so wird dieser vor der Übertragung in mehrere Telegramme segmentiert, es ist dann das folgerichtige Zusammensetzen zu beachten.

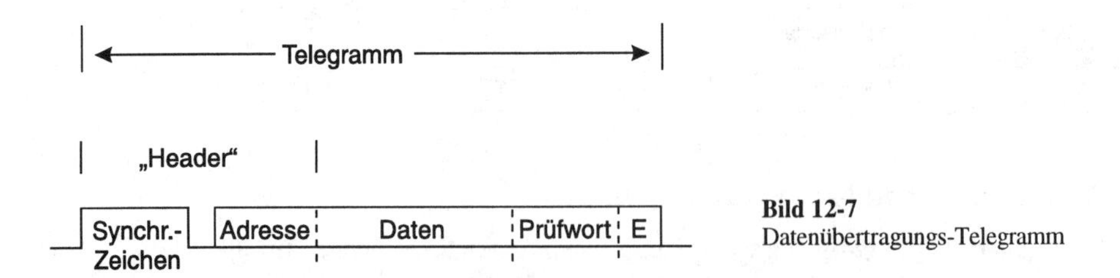

Bild 12-7 Datenübertragungs-Telegramm

Die Übertragungssteuerung auf Sender- und Empfängerseite muß schlupffrei ***synchronisiert*** werden (auch bei asynchroner Telegrammsteuerung), damit die empfangenen Bits richtig als solche erkannt werden können. Die in der GA häufig anzutreffenden seriellen Datenübertragungsverfahren arbeiten mit Start- und Stop-Bits, um eine Zeichensynchronisation daraus abzuleiten. Spezielle Steuerzeichen werden für das Synchronisieren von Telegrammen eingesetzt, damit vom Empfänger Beginn und Ende von Telegrammen erkannt wird.

Eine Informationseinheit kann als Spannungs-, Strom-, Frequenz oder Phasensignal abgebildet werden. Bei der unmodulierten Basisbandübertragung werden vorliegende Signale unverändert in digitaler Form weitergegeben. Die Geschwindigkeit hängt vom Medium und der Strecke ab (z.B. Ethernet).

Bei ***modulierten*** Übertragungen werden Amplituden-, Frequenz- und Phasenmodulation unterschieden, gemeinsame Basis sind immer eine (Carrierband) oder mehrere Trägerfrequenzen (Breitband).

Bei ISDN wurde eine „ternäre" Darstellung definiert (Codierung in drei Zuständen). Die Digitaltechnik beschränkt sich häufig in der Darstellung von Informationen auf binäre Zeichenfolgen, die jeweils nur zwei Zustände kennen. Wenn diese binären Informationen direkt (ohne Modulation) auf das Kabel gegeben werden, spricht man vom Basisbandverfahren. Praktisch alle gebräuchlichen Verfahren nutzen die Basisband-Übertragung. Modulationsverfahren spielen nur bei Übertragung über Öffentliche Netze eine Rolle.

Für die ***Codierung*** der Information gibt es zahlreiche Verfahren. Bei der pulscodierten Übertragung wird eine hohe Übertragungssicherheit geboten. Die wichtigsten LAN (Lokale Netzwerke) arbeiten nach dem Manchester-Code (z.B. IEEE /ISO (LAN) 802.3 Ethernet/10BASE-T, 802.5 Token-Ring (Differential-Manchester). Dabei wird bei einer hohen Bandbreite einfache Erkennung (Flankenauswertung) erreicht (Bild 12-8).

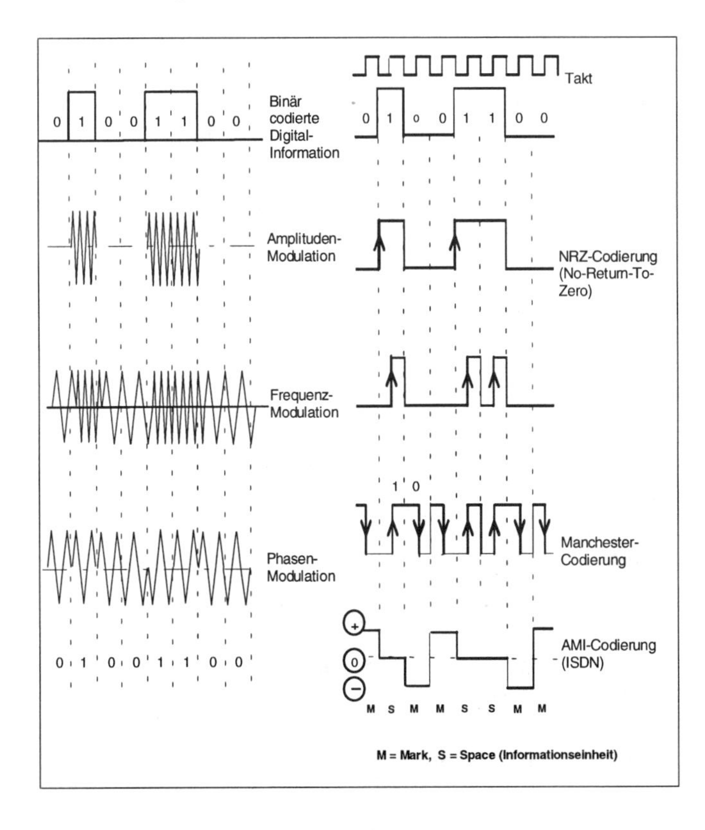

Bild 12-8
Modulierungs- und Codierungs-Arten, [HAK]

Bei dem von CCITT definierten AMI-Code (Alternate Mark Inversion) wird eine „1“ (engl. „Mark“) abwechselnd als positiver oder negativer Puls übertragen. AMI findet Anwendung bei ISDN U_{K0}, S_0(Basisanschluß), S_2 und PCM 30 bzw. S_{2PM} (Primärmultiplexanschluß). Die AMI Codierung benötigt eine geringe Bandbreite als eine binäre Codierung.

12.5 Topologie von Kommunikationsnetzen

Die Topologie beschreibt die Struktur der Verbindungen innerhalb von Systemen. Netze können recht unterschiedlich aufgebaut sein. Unterschieden werden Netze nach ihrem typischen Erscheinungsbild, ihrer Topologie als geometrische Figur – nicht nach der tatsächlichen Verlegung der Leitungen (Bild 12-9 und Tabelle 12-3).

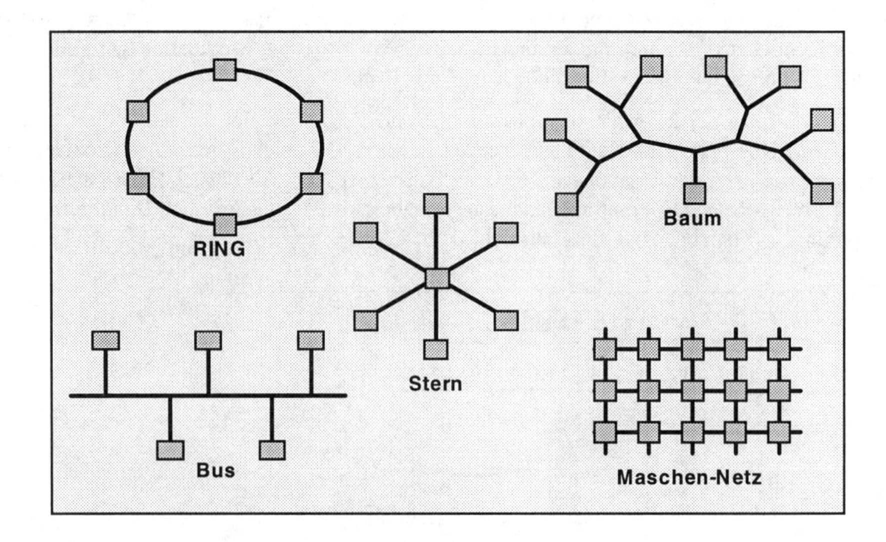

Bild 12-9 Standard-Kommunikations-Topologien, [HAK]

Tabelle 12-3 Beispiele für Netzwerktopologien:

BUS	ISO 8802-3 (CSMA/CD)
BUS	ISO 8802-4 (Token-Bus)
BUS	CCITT I.430 (ISDN Passive Bus)
RING	ISO 8802-5 (Token-Ring – physikalisch)
RING (Dual)	ISO 9314 (FDDI)
STERN	ISO 8802-3 (CSMA/CD mit Sternkoppler)
STERN	ISO 8802-5 (TOKEN-Ring – logisch)
STERN	ISDN I. 430 (Point to Point)
Punkt zu Punkt	CCITT V.- Serie-Verbindungen (z.B. V.24)
Punkt zu Punkt	CCITT I.431 (ISDN PRI)

Der Datentransport zwischen Rechner und seinen lokalen Ein- und Ausgabegeräten (Peripheriegeräte) erfolgt meist über eine ***Punkt zu Punkt-Verbindung***, eine fest durchgeschaltete Leitung zwischen zwei Geräten. Die Datenübertragung erfordert dann keine Netzzugangsprozeduren. Neue Systeme verbinden ihre Ein-/Ausgabegeräte über einen Terminalbus (Managementebenen-Netzwerk) als Standard- Bussystem – oder Netzwerk (Ethernet-Basisband-, Carrierband- oder ein Breitbandnetz)

Bei IBM AS/400- bzw. 3270 / 3290-Systemen und bei dem Universalrechnersystem Serie /1 werden die Terminals mittels eines Twinax- bzw. Koax-Kabels in ***Serienschaltung*** verbunden. Hier muß beim letzten Gerät ein Abschlußwiderstand angeschlossen oder zugeschaltet werden (Bild 12-10). Ein einzelnes defektes Terminal kann hier zum Ausfall des gesamten Systems führen.

Maschennetze (engl. Mesh), bei denen jeder Teilnehmer mit allen anderen Teilnehmern über eine Punkt-zu-Punkt-Verbindung direkt gekoppelt ist, besitzen hohe Verfügbarkeit, da bei Ausfall eines Teilnehmers die übrigen Teilnehmer hiervon ungestört bleiben. Nachteilig sind die relativ hohen Erstellungs- und Wartungskosten.

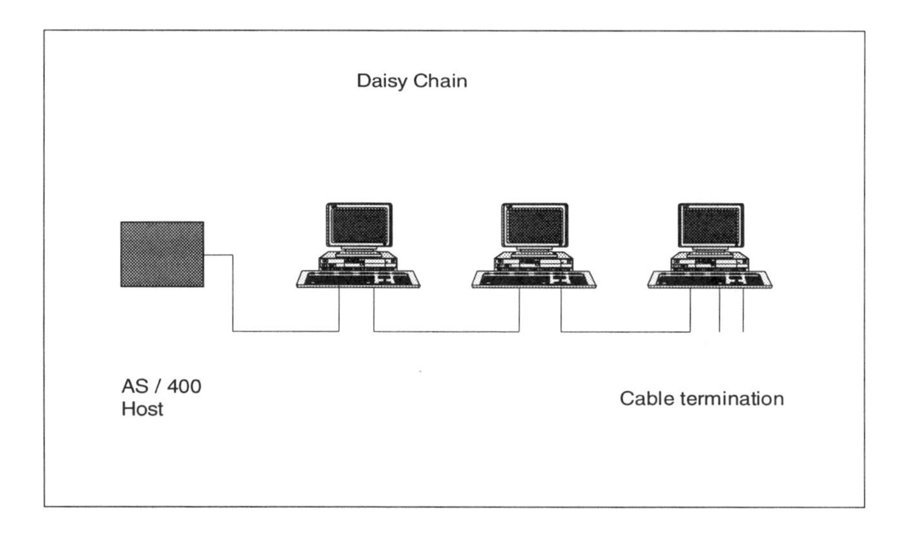

Bild 12-10 Serienförmige Verkabelung
Host = Zentralrechner (Mainframe)
Cable-termination = Netzabschluß-Widerstand

Ringnetze bieten die Möglichkeit, die Datenübertragung fortzusetzen, auch wenn das Netz an einer Stelle unterbrochen wird oder eine Station ausfällt. Die zum Empfänger zu transportierenden Daten durchlaufen alle Stationen, die zwischen den beiden Kommunikationsteilnehmern liegen. Das Telegramm wird „refreshed" und weitergeleitet. Das Aufarbeiten (refreshen) der Daten in jeder Station begrenzt das Zeitverhalten der Übertragung und somit Teilnehmerzahl und Größe des Netzes. Das IBM-Verkabelungssystem (IVS) mit Token-Ring stellt logisch einen Ring dar, wird aber physikalisch aufgebaut wie ein Sternnetz.

Sternnetze, bei denen die Daten über einen Netzknoten vermittelt werden, bieten hohe Verfügbarkeit, da bei Ausfall eines Teilnehmers die übrigen Teilnehmer hier von nicht betroffen werden. Die Vermittlung über den Netzknoten kann sich nachteilig auf das Zeitverhalten der Übertragung auswirken. Das Sternnetz erlaubt begrenzte Übertragungsraten und die Verfügbarkeit des Netzes hängt vom Netzknoten ab (Bild 12-11). Die Verkabelung von Telefonanlagen erfolgt mittels Punkt-zu-Punkt-Verbindungen. Die einzelnen Anschlüsse werden am jeweiligen Verteiler sternförmig aufgelegt.

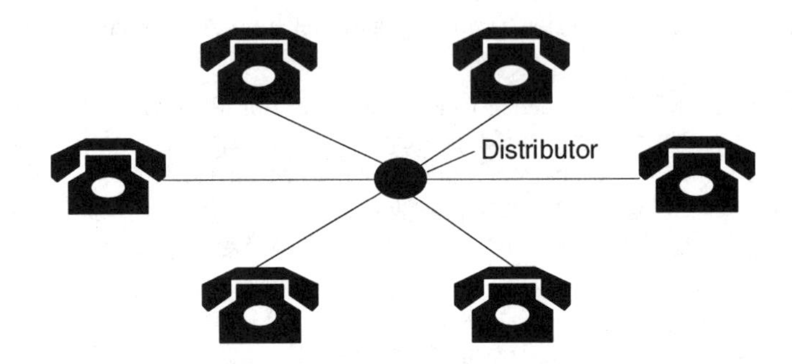

Bild 12-11 Sternförmige Verkabelung
(Analoges Telefon; distributor=Verteiler),

Liniennetze, die zu einer Baumstruktur ausgebaut werden können, sind z.Zt. in der GA am häufigsten anzutreffen. Sie ermöglichen hohe Verfügbarkeit bei begrenzten Übertragungsraten und niedrigen Kosten. Auch bei Ausfall eines Teilnehmers bleibt die Kommunikation mit den anderen Teilnehmern erhalten. Bei „Buskabeln" führt eine Unterbrechung der Übertragungsleitung zum Ausfall der Kommunikation. Ausnahmen sind hier Ringnetze oder redundante Bussysteme.

Netze werden nach Ihren Einsatzbereichen eingeteilt (Tab. 12-4):

Tabelle 12-4 Einteilung der Netzstrukturen

Bis ca. 1 m	**Bis ca. 10 km**	**Bis ca. 100 km**	**über öffentl. Gelände**	**Weltweit**
gerätebezogener „Systembus", ISA, EISA, MCA, PCI, VME, auch V24, GPIP, Centronics, etc.	Lokales Netz anlagenbezogener „Lokalbus" bzw."Systembus"	(DFÜ) begrenztes Datenfernübertragungsnetz	(DFÜ) ab x km, Datenfernübertragungnetz	DFÜ (oft: VANS) Value Added Network Services
SAN Small Area Network,	**LAN** Local Area Network	**MAN** Metropolitian Area Network	**WAN** Wide Area Network	**GAN** Global Area Network

12.6 Verfahren für den Netzzugang

Die Nutzung einer Leitung wird durch ein Netzzugangsverfahren geregeln. Für Teilnehmer, die über ein Netzwerk (Bus) miteinander in Verbindung treten, haben sich die im Folgenden beschriebenen Verfahren international durchgesetzt. Die Netzzugangssteuerung kann dabei zentral oder verteilt organisiert sein.

Polling

Bussysteme mit ***zentraler Steuerung*** (Polling, Master-Slave-Polling) waren vor einiger Zeit noch kostengünstiger zu erstellen als verteilte Netzzugriffsverfahren. Master-Slave-Verfahren haben aber den Nachteil, daß bei Ausfall der Steuerung alle Teilnehmer für eine Kommunikation ausfallen. Kostengünstige Bauteile und Softwareengineering haben die Verbreitung der Peer to Peer-Kommunikation mit verteilt geregelten Zugriffsverfahren für gleichberechtigte Kommunikationspartner vorangetrieben.

Wir unterscheiden bei den verteilten (dezentralen) Buszugriffsverfahren solche mit Kollissions-Erkennung und mit Kollissions-Vermeidung. Folgende Verfahren haben sich im Markt durchgesetzt:

* *CSMA/CD*,	**C**arrier **S**ense **M**ultiple **A**ccess/ with **C**ollision **D**etection auch bekannt unter der Bezeichnung *Ethernet*, z.B.: SINEC H1
* *CSMA/CA*	**C**arrier **S**ense **M**ultiple **A**ccess/ with **C**ollision **A**voidance z.B.: **EIB** – European Installation Bus
* *Token Passing*	die Sendeberechtigung wird entsprechend der Projektierung von Teilnehmer zu Teilnehmer weitergereicht. Bekannt durch MAP z.B.: SINEC L2
* *Token-Ring*	z.B.: IBM-Bürokommunikation (IBM-Cabeling-System)
* *STDMA*	**S**lotted **T**ime **D**ivision, **M**ultiple **A**ccess garantiertes Zeitverhalten, problematische Synchronisation

12.6.1 Ethernet-Bus

Diese Netze haben ihren Ursprung im Funk-Netzwerk der Universität von Hawaii (Äther-Netz), das der Kommunikation über die Inseln hinweg diente.

Das Ethernet-Verfahren beruht auf einem Bussystem das früher ausschließlich Koaxialkabel benutzte:

- „Yellow-Cable“ -10Base-5
- „Cheapernet-Cable“, das dünnere – RG 58 -10Base-2
- „UTP-Kabel“, die Ethernet-Variante 10Base-T (100Base-X gepl.).

Die Übertragungsrate beträgt 10Mbit/s. Der Zugriff auf den gemeinsamen Bus folgt nicht deterministisch. Um kurze Zugriffszeiten zu garantieren, sollte die Netzlast daher nicht zu groß sein.

Beim *CSMA/CD*-Zugriffsverfahren kann jeder Teilnehmer (sendewillige Station) gleichberechtigt die Busleitung benutzen, wann er diese braucht. Der sendende Teilnehmer hört auf dem Bus mit. Kommt es auf der Übertragungsleitung zu einer Kollision, weil ein anderer Teilnehmer zufällig im gleichen Moment sendet, erkennen das die Sender und beide unterbrechen das Senden und wiederholen diesen Vorgang zu unterschiedlichen Zeiten. Nachteilig erweist sich bei diesem Verfahren, wenn beispielsweise infolge einer Zugriffshäufung und der sich daraus ergebenden zahlreichen Kollisionen die Effizienz der Übertragung gemindert wird. Bei Einsatz für Terminal-Busse, bei denen der Dialog Mensch/System dominiert, kommt dieser Nachteil nicht spürbar zum Tragen.

Gezielte Prioritätenvergabe bei der Bus- Projektierung von z.B. SINEC H1 kann jedoch dafür sorgen, daß die technische Eigenschaft des CSMA/CD keine Auswirkung auf die jeweilige Anwendung hat. Man unterscheidet auch Carrierband und Breitbandnetze.

Ein Breitbandnetz ist ein Übertragungssystem, das mehrere Trägerfrequenzen (Übertragungskanäle) zur Verfügung stellt, so daß gleichzeitig mehrere unterschiedliche Anwendungen das gleiche Medium benutzen können (z.B. bei MAP, Manufacuring Automation Protocol).

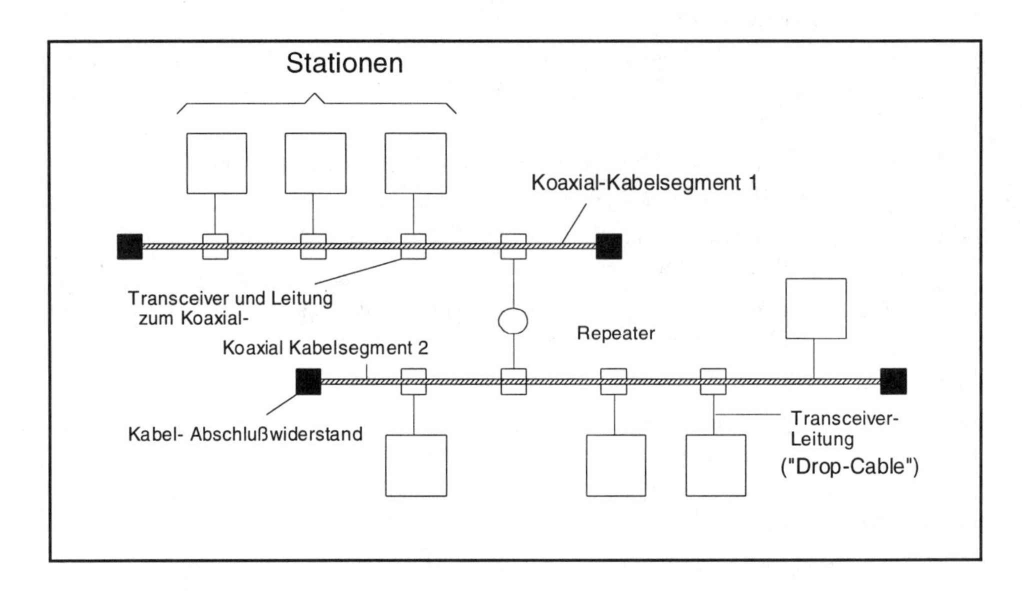

Bild 12-12 Busförmige Verkabelung (Ethernet)

Erklärungen:

Transceiver = Kabelanschlußeinheiten zum Senden und Empfangen
Repeater = Signalregenerator
Cable Termination = Abschlußwiderstand

12.6.2 Kollissions-Vermeidung (avoidance),CSMA/CA

Besonderheit beim EIB (European Installation Bus):

Auch die Teilnehmer am CSMA/CA-Zugriffsverfahren hören beim Senden am Bus mit. Stimmen zum Beispiel beim EIB (European Installation Bus) die gesendeten mit den gehörten Daten nicht überein, stoppt der Teilnehmer mit der höheren Adresse seinen Sendevorgang.

Telegramme mit der niedrigsten Senderadresse bleiben unverändert und setzen sich durch. Da sich auf dem Bus immer eindeutige Signalzustände ergeben, gibt es keine Kollisionen die zu Telegrammzerstörungen führen. Der Informationsdurchsatz auf dem Bus bleibt auch bei hoher Belastung erhalten. Die Topologie ist beim EIB beliebig.

12.6.3 Token Ring

Beim Token Ring-System werden die Daten-End-Einrichtungen (DEE) ringförmig miteinander verbunden (Bild 12-13), Die Datenraten sind 4 Mbit/s bzw. 16 Mbit/s. Der Monitor des Rings sendet ein Token (entspricht einer Sendeberechtigungsmarke).

Die erste folgende sendewillige DEE hängt an dieses Token ihre Nachricht und die Adresse der Empfangsstation. Im Gegensatz zum Ethernet-Verfahren ist also hier der Zugriff auf das Netz garantiert. Nachdem dieser Frame (Rahmen, Datenpaket) den Ring einmal vollständig durchlaufen hat, überprüft die sendende Station die Unverfälschtheit der Nachricht und die vom Empfänger angehängte Quittung. Dann sendet sie ihrerseits ein Token aus. Token-Ring-Netze werden mit STP- und mit UTP-Verkabelung realisiert.

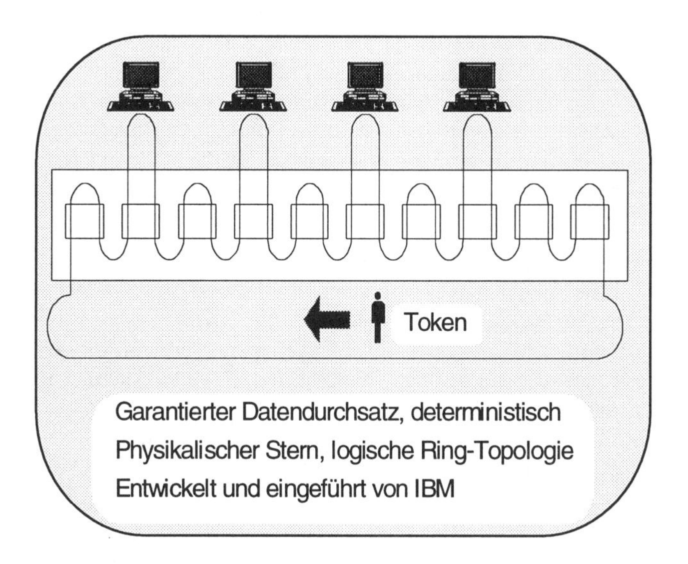

Bild 12-13 Funktionsweise Token Ring,](Dr. A.M.Oehler / HAK]

Aufgrund der ringförmigen Topologie wird der Rahmen bei jeder Station mittels einer PLL-Schaltung (Phase-Locked Loop) neu generiert. Dadurch entsteht ein Impulszeitfehler (engl.: Jitter), welcher die Netzgröße limitieren kann. Dieser Jitter wird durch die PLL-Schaltung beeinflußt, sowie durch die Dämpfung und die Homogenität der Verkabelung. Daher ist auf eine hohe Reflexionsdämpfung und auf einen möglichst konstanten Wellenwiderstand der gesamten Verkabelung zu achten.

Damit bei Ausfall oder Abtrennen einer Station vom Netz der Betrieb weiterhin gewährleistet ist, werden in den Steckern bzw. Verteilern Brücken zwischen Sende- und Empfangsaderpaaren geschaltet sobald das Gerät ausgesteckt wird bzw. der Phantomstrom der Station fehlt.

Beim ***Token-Passing***- und ***Token-Ring-Verfahren*** bekommt jeder Teilnehmer nacheinander eine Sendeberechtigung, den Token, zugeteilt. Nur wer den Token hat, kann senden. Dieses Verfahren hat den Vorteil, daß jeder Teilnehmer nach einer vorbestimmbaren maximalen Zeit wieder das Senderecht erhält. Die Zuteilung des Token kann von einer zentralen Logik oder durch die Teilnehmer selbst erfolgen. Die Busteilnehmer müssen bei Installation konfiguriert werden (Stationsparameter). Bussysteme mit ausgereiftem Kommunikations-Management können sich auch selbst konfigurieren.

Beim Token-Bus erfolgt die Zugriffsteuerung wie vor beschrieben, nur die Topologie jedoch entspricht physikalisch dem Linien-Netz (Bus).

12.6.4 Übertragungssicherheit – „Hamming-Distanz"

Bei der Datenkommunikation zwischen Maschinen ist eine Sicherung gegen ungewollte Verfälschung von Daten schon deshalb wichtig, weil eine Maschine (auch mit excellentem Computerprogramm) noch nicht assoziieren kann, um die Plausibilität der empfangenen Informationen zu prüfen.

Wir müssen also sicherstellen, daß überhaupt Daten ankommen, daß diese nicht falsch sind (z.B. „gekipptes Bit", das dann eine gänzlich andere Information darstellt). Wir kennen Methoden (Algorithmen) und Maßnahmen, die eine Fehlererkennung und sogar Fehlerkorrektur erlauben. Für die Sicherstellung der Übereinstimmung der empfangenen mit den gesendeten Informationen wurden viele Verfahren entwickelt und in den Protokollen festgeschrieben. Ein Maßstab für die Übertragungssicherheit ist die *„Hamming-Distanz"*. Grob betrachtet, beschreibt diese die Anzahl der noch erkenn- bzw. korrigierbaren Fehlinformationen je Datentelegramm.

Die Übertragungssicherheit beginnt schon mit der Wahl des Übertragungsmediums (Cu-Kabel, LWL, Funk, Infrarot etc.) und mit den definierten logischen Signal-Pegeln (Unterscheidung 0 / 1). Die Sicherungsmethoden in den folgenden Stufen (Schichten) der Übertragung sollen aufeinander abgestimmt sein, sie können auch redundant wirken. Als sehr sicher gilt die gleichstromfreie „Manchester-Codierung", während die „AMI"-Codierung für ISDN bei aufeinanderfolgenden logischen „1-sen" problematisch sein kann. Beim „AMI-Code" (auch HDBC – High Density Bipolar Code) werden die logischen „1" abwechselnd mit positiven und negativen Spannungen übertragen. Vier oder mehr aufeinanderfolgende Nullen werden durch „1"-Impulse gleicher Polarität (Verletzungsbit) gekennzeichnet.

Wichtig für die Sicherheit der Übertragung ist die „Sicherungsschicht („Schicht 2") mit Steuerung des Netzzugriffes, der Synchronisation und Fehlerbehandlung. Welche Sicherungsaufgaben die weiteren Schichten übernehmen erfahren wir im Abschnitt „OSI-Referenzmodell".

Die bekannteste Sicherungsmethode für Zeichen ist die Zuordnung eines oder mehrerer „Prüfbits" (Paritätsbit) zu der Bitfolge nach einem Zeichencode (z.B. 7-Bit oder 8-Bit ASCII). Die Anzahl und die Prüfung auf eine gerade (even) oder ungerade (odd) Anzahl von „logischen Einsern" muß zwischen den Kommunikationspartnern vereinbart werden.

Sehr effizient bei längeren Telegrammen ist der „CRC" (Cyclic Redundancy Check) oder nach US-Literatur auch „LRC" (Longitudinal-Redundancy-Check). Hierbei wird von Sender jedem Telegramm eine nach dem definierten Algorithmus berechnete Prüfzahl, z.B. der Rest der Division (Modulo) der Summe aller „logischen Einsen" durch die Gesamtanzahl der im Telegramm übertragen Bits. Der Empfänger berechnet diese Prüfzahl nach der selben Methode und akzeptiert das Telegramm nur bei Übereinstimmung. Natürlich gibt es weitere, komplexere

Prüfalgorithmen und zusätzlich die Prüfung jedes einzelnen 8-Bit-Zeichens. Die max. Anzahl der Sendewiederholungen muß natürlich genauso festgelegt werden, wie die max. Anzahl der Bits (oder Zeichen / Character) je Telegramm.

Oft wird die Plausibilität einer übertragenen Information im Anwendungsprogramm überprüft, denn die beste Übertragungssicherung schützt nicht vor defekten Meßumformern, Gebern oder fehlerhaften Grundfunktionen der erfassenden Station.

Eine hohe Hamming-Distanz ist nicht alleine der Garant für problemlos funktionierende Anlagen der Gebäudeautomation. Wichtiger noch ist das „Abfangen" von Fehlern in der Anwendungssoftware. Auf den Informationsinhalt eines „Datenpunktes" (als Kommunikationsobjekt) kommt es an. Die „Nebeninformation", daß dem korrekt übertragenen Meßwert z.B. ein Kurzschluß oder Aderbruch der Meßleitung zugrunde liegt, daß zwar einen Alarmzustand vorliegt, aber die Alarmierung ausgeblendet bleiben soll, weil die Anlage gerade erst Angefahren wurde sollte neben der Uhrzeit der letzten Änderung (Zeitstempel) auch mit übertragen werden.

12.7 Das ISO-OSI-Referenzmodell

ISO International Organization for Standardization
OSI Open Systems Interconnection

Für eine übersichtliche Darstellung und Einordnung der Dienste und Funktionen, die ein Kommunikationssystem zu erbringen hat, wurde von der ISO das *OSI-Referenzmodell* (ISO IS 7498) erstellt. Dieses Modell ist ein Rahmenwerk für eine offene Systemkommunikation (*OSI*). Es beschreibt die Struktur der Kommunikation zwischen der Anwenderebene und dem Bitstrom auf der Leitung in sieben Schichten (Bild 12-14). Internationales Ziel ist die im Sinn unverfälschte Informationsübermittlung, unabhängig von den verwendeten Sprachen, Geräten und Systemen. (Die Informationsverwendung, z.B. für Automation, ist nicht Bestandteil dieser Normung)

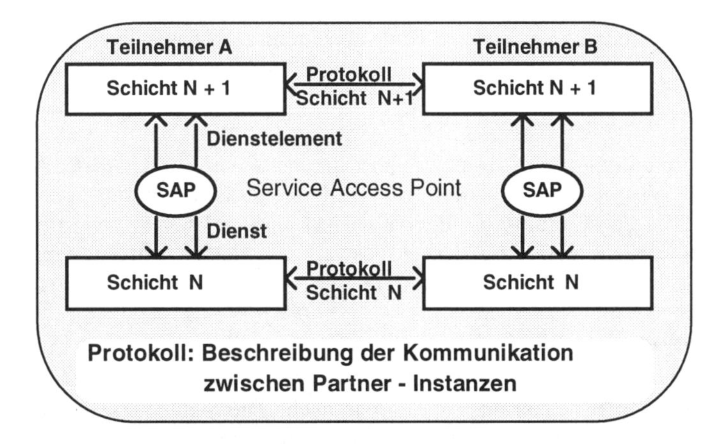

Bild 12-14 Kommunikationsprotokoll-Definition im OSI-Referenzmodell
SAP = Service Access Point (Dienst-Zugangspunkt)

Die Schichten eins bis vier stellen die „Transportschichten“ dar, die Schichten fünf bis sieben sind aus Sicht der Kommunikation die „Anwendungsschichten“. Die jeweils untere Schicht stellt der darüber liegenden die notwendigen Dienste zur Verfügung. Somit ist klar, daß Schicht 7 nicht „die Anwendung“ im Sinne der Gebäudeautomation ist, sondern nur Dienste dafür bereithält. Dies wird in der Praxis oft falsch Verstanden. – Mit Definitionen der OSI-Schicht 7 läßt sich kein Ventilator schalten!

Das Referenzmodell definiert weder die Kommunikationsprotokolle selbst, noch die notwendigen Medien (Kabel oder Leitung) oder die Anwendungen.

Ein „Medium kann sein: Kupferleitung, Glasfaser und Laserlicht, Infrarotlicht, Radiowellen aber auch (Ultra-) Schallwellen.

Ebenfalls nicht im OSI-Schichtenmodell festgelegt sind Funktionen des Netzmanagements. Das Netzmanagement stellt Funktionen und Werkzeuge für Systemintegration, Inbetriebsetzung, Wartung und Diagnose bereit. Es ist daher für die Wirtschaftlichkeit von größter Bedeutung.

12.7.1 Die Schichten des OSI-Referenzmodells:

Schicht 1, (Physical Layer)

Schicht 1, die physikalische Ebene, legt die mechanischen, elektrischen, funktionalen und prozeduralen Parameter fest. Aufgabe der Schicht 1 ist das Aufrechterhalten der physikalischen Verbindung. Hier wird die physikalische Form der logischen Pegel festgelegt und welche Pins wofür benutzt werden. Bekannte Beispiele hierfür sind die Schnittstellen CCITT V.24/V.28 (EIA RS232C), RS422 oder RS485.

Schicht 2, (Data Link Layer)

Schicht 2, die Sicherungsschicht, ist für den Aufbau wie auch für die Unterhaltung einer „logischen“ Verbindung zwischen zwei Kommunikationsteilnehmern zuständig. Ihre Aufgabe ist die Synchronisation von Zeichen, die Fehlererkennung und -behandlung sowie den Netzzugriff zu steuern.

Schicht 3, (Network Layer)

Schicht 3, die Vermittlungsschicht, ist zuständig für das „Routing“, d.h. den kostengünstigsten und schnellsten Weg durch ein Netzwerk zum Verbindungsaufbau zu finden und herzustellen. Ihre Aufgabe ist auch die Flußkontrolle, die eine lückenlose Überwachung des Datenflusses durch das Netz vorsieht, ggf. mit Zwischenspeichern von Nachrichten. Ein typisches Beispiel hierfür ist das X.25-Protokoll benutzt bei DATEX-P.

Schicht 4, (Transport Layer)

Schicht 4, die Transportschicht, grenzt die transport-orientierten Schichten (1-4) gegenüber den anwender-orientierten Schichten (5-7) ab (Siehe auch „Dienstgütemerkmale“). Sie stellt der darüberbefindlichen Schicht 5 einen zuverlässigen Nachrichten-Transport durch Fehlerkontrollen und -korrekturen von Endgerät zu Endgerät sicher. Hierzu müssen ggf. durcheinander geratene Nachrichtenpakete neu geordnet werden.

Schicht 5, (Session Layer)

Schicht 5, die Sitzungsschicht, hat die Aufgabe, sich für einen Datenaustausch bei einem Busteilnehmer anzumelden oder den Datentransport zu überwachen und zu steuern:

- Verbindungsaufbau,
- Synchronisieren des Datenflusses und synchrones Wiederaufsetzen
- (Resynchronisation) nach Fehlerkorrekturen.

Schicht 6, (Presentation Layer)

Schicht 6, die Darstellungsschicht, hat die Aufgabe, die übermittelten Daten so umzuformen, daß sie für die Anwendungsschicht, Schicht 7, verständlich sind. Diese Schicht ist auch für den Schutz von Daten vor dem Zugriff Unberechtigter zuständig. Codierung von Daten in einer gemeinsamen Sprache z.B. einer der ASCII-Codes oder (IBM) EBCDIC-Code.

Schicht 7, (Application Layer)

Schicht 7, die „Anwendungsschicht“ bietet die für die eigentliche Anwendung notwendigen Dienste. Das heißt, sie enthält nur die kommunikationsbezogenen Informationen die zur Unterstützung eines Anwendungsprozesses benötigt werden. Die Interpretation der Informationen ist in zusätzlichen Protokollen (Profilen) zu beschreiben. Bei Geräten oder Anwendungen mit festem Funktionsumfang ist dieses durch die Funktion des Gerätes selbst gegeben (z.B. FAX-Gerät, das die „Anwendung“, z.B. die Bestellung auch nicht eigenständig interpretiert und ausführt). Bei den Geräten des European Installation Bus (EIB) können diesen über die ETS (EIBA Tool Software) vorher festgelegte Funktionen zugewiesen werden. So kann z.B. aus dem Lichtschalter ein Treppenlichtautomat werden.

12.7.2 Telegramm-Interpretation im Referenzmodell.

Die zu übertragenden Daten werden vom Anwendungsprogramm gemäß „Profil“ an die Anwenderschicht übergeben. Dieser Information werden für den weiteren Weg durch die Protokoll-Schichten „nach unten“ Daten (Header und Kontrollzeichen) zugefügt, die für die darunterliegende Darstellungschicht Informationen über die weitere Behandlung der zu sendenden Daten enthält. Diese Prozedur wiederholt sich von Schicht zu Schicht, bis das Leitungsmedium erreicht ist und das Datentelegramm alle Informationen enthält, die das Interpretieren der Information auf der Empfängerseite möglich macht. Beim Interpretieren der Informationen auf der Empfängerseite, durchläuft das Telegramm in umgekehrter Reihenfolge die Protokoll-Schichten (1 bis 7). Dabei verringert sich der Datenumfang von Schicht zu Schicht, bis die reinen Anwenderdaten dem Anwendungsprozeß übergeben werden.

Für die eigentliche Anwendung, z.B. Gebäudeautomation sind erst diese übertragenen Daten brauchbar und müssen richtig interpretiert werden. Da jeder GA-Hersteller die verfügbaren Daten seines Systems unterschiedlich von dem seines Mitbewerbers darstellt und interpretiert, sind für eine interoperable heterogene und „offene Maschine/Maschine-Kommunikation“ neben der Definition der Protokolle für den Datentransport Vereinbarungen über die Funktionen (Anwendung) „oberhalb des Schichtenmodells“ genauso wichtig. Rückwirkungsfreiheit oder determinierbare Wirkungen sind aus Gründen der Funktionsgewährleistung exakt abzugrenzen. In „homogenen“ (herstellergleichen) Systemen sind viele Parameter für die Kommunikation und Interpretation fest vordefiniert („default“-Werte), und fabrikseitig getestet, was erheblichen Inbetriebnahmeaufwand vermeiden hilft.

12.7.3 Automation als „Anwendung" in der Kommunikation

Die Anwendung selbst wird nicht im Rahmen des ISO / OSI Referenzmodells definiert. Das, was bei der Telekommunikation das Datenübertragungsendgerät oder den Endbenutzer darstellt, ist bei der Automation das Programm der kundenspezifischen Anlage. Bei der Automation müssen sich die Anwendungsfunktionen (auch bei unterschiedlichem Engineering/ Projektierung) gegenseitig verstehen.

Die Anwendungen (Programme) der Automation selbst müßten im Sinne der OSI offen standardisiert werden – wie beispielsweise das funktionale Verhalten der Telefaxgeräte. Anlagentechnik heißt kundenspezifische Lösung – oder aber „kundenspezifischer, individueller Standard". Somit erscheint eine einfache Lösung kaum möglich. Beim unserem nun schon beispielhaft bekannten Faxgerät „bedient" der Mensch die Schichten 3, 5 und einen Teil der Schicht 7 – und natürlich auch die „Anwendung" der Information.

Die ***Anwendung (Profile)*** der Informationen (Daten) auf der „Anwendungs-Schicht" für Funktionen der Automation ist in zusätzlichen Protokollen (Profilen) zu beschreiben. (z.B. „Datenpunkte" des FND oder PROFIBUS)

Bei Geräten oder Anwendungen mit festem Funktionsumfang ist dieses durch die definierten Funktion des Gerätes, wie bei EIB-Geräten (Sensor, Aktor) selbst gegeben. Ein FAX-Gerät zum Beispiel, führt die eigentliche „Anwendung", nehmen wir an das ist eine Bestellung, auch nicht eigenständig aus, im Gegensatz jedoch zum Schaltauftrag bei der Automation oder zur Alarmierung bei einer Störmeldung.

Da jeder GA-Hersteller die verfügbaren Daten seines Systems unterschiedlich von dem seines Mitbewerbers darstellt und interpretiert, ist für eine interoperable heterogene und „offene System/System-Kommunikation" die Definition der Kommunikationsobjekte im Protokoll (oder Profil) für die Anwendung oberhalb des Schichtenmodells genauso wichtig, wie die für den Datentransport selbst. Aus Gründen der Funktionsgewährleistung innerhalb eines Systems (einer Automationsinsel) müssen die kommunizierenden Anwendungen zusätzlich exakt definiert und abgegrenzt werden (Rückwirkungsfreiheit oder determinierbare Wirkungen wegen der Gewährleistungsproblematik). In „homogenen" (herstellergleichen) Systemen sind viele Parameter für die Kommunikation, Interpretation und Automation fest vordefiniert („default"-Werte) und fabrikseitig getestet, was erheblichen Inbetriebnahmeaufwand auf der Baustelle vermeiden hilft. Die genannte Gewährleistungsproblematik gibt es dabei nicht.

12.8 Anwendungsbeispiele

12.8.1 FND – das Firmenneutrale Datenübertragungsprotokoll

Das FND, initiiert von der Öffentlichen Hand (Federführend die OFD Stuttgart, eingeführt durch Erlaß des Bundesbauministeriums), ist für die Kopplung von Inselsystemen verschiedener Hersteller an übergeordnete Leitzentralen konzipiert. Es bietet die Möglichkeit einer „Offenen Kommunikation", da das Protokoll jedem zugänglich ist und somit sich jeder Hersteller oder Errichter von GA-Systemen an Projekten mit FND beteiligen kann, sofern seine Systeme den Konformitätstest bei einer autorisierten Stelle bestanden haben.

Das FND-Protokoll hat zur Zeit in Ausschreibungen überall dort eine Chance, wo dies aus Gründen der öffentlichen Vergabeproblematik notwendig ist. Ob damit dann auch eine FND-Anlage zur Ausführung kommt, hängt davon ab, ob eine „fremde" FND-fähige Leitzentrale vorhanden ist, oder ob eine solche trotz hochfunktionaler Inselzentralen noch wirtschaftlich begründet werden kann.

Eine mögliche Anwendung des *FND* ist beispielsweise das Koppeln von Inselzentralen mehrerer Liegenschaften an eine Service-Leitzentrale (SLZ) eines Dienstleisters. Von der SLZ aus sind alle in den Inselzentralen und in der Service-Leitzentrale projektierten Datenpunkte ansprechbar. Sie verfügt somit über Basisinformationen, die mit Hilfe von eventuell vorhandenen Statistik- und Auswertefunktion den Anlagenbetrieb und die Instandhaltung auf Wirtschaftlichkeit kontrollieren und optimieren kann, vorausgesetzt, alle relevanten Informationen liegen vor.

Der Informationsaustausch zwischen übergeordneter Leitzentrale und einer Inselzentrale erfolgt über ein neutrales Netzwerk. Das Kommunikationsnetz als „Infrastukturmaßnahme" muß ausreichend dokumentiert sein. Am Postnetz eingesetzte SSA (Schnittstellenadapter) und NZG (Netzzugangsgeräte) müssen gemäß TKO (Telekommunikationsordnung) BZT-Zulassung (Bundesamt für Zulassungen in der Telekommunikation) besitzen. (Früher: FTZ und ZZF-Zulassungen).

Das herstellerspezifische Kommunikationsprotokoll einer Inselzentrale wird auf das Protokoll des FND vom *Schnittstellenadapter* (SSA) umgesetzt. Dabei werden die von FND benutzten Protokollschichten des ISO-Referenzmodells durchlaufen. Der Anschluß an das Netz erfolgt über *Netzzugangsgeräte* (NZG). Charakteristisch für den Netzzugang ist der paketvermittelte Netzzugang *DATEX-P10* der TELECOM (*CCITT-Empfehlung X.21/X.25*). Die physikalische Schnittstelle ist *X.27* für synchronen bitseriellen Datenverkehr für Vollduplex-Betrieb im Punkt-zu-Punkt-Verkehr. Übertragungsgeschwindigkeit bis zu 64 kBit/s ist möglich, sofern dies die beteiligten GA-Systeme unterstützen. Zur Zeit wird überlegt, ob die normative Bindung an die X.25/X.25 Schnittstelle gelöst werden soll. Es könnte ein preislich günstigeres und performanteres FND-Protokoll entstehen.

Als Übertragungsmedium kann, je nach Anforderung des Projektes, Koax-Leitung, Lichtwellenleiter oder das Datennetz der Post verwendet werden. Somit werden für den Transport der Daten nur die schon genormten Ebenen 1 bis 3 des ISO-Schichtenmodells benötigt. Die Schichten 4 bis 6 bleiben unberücksichtigt oder werden in Anwendungen nachgebildet. In der Anwendungsschicht 7 wurden die Datenpunkttypen und deren Informationsinhalte verwendet.

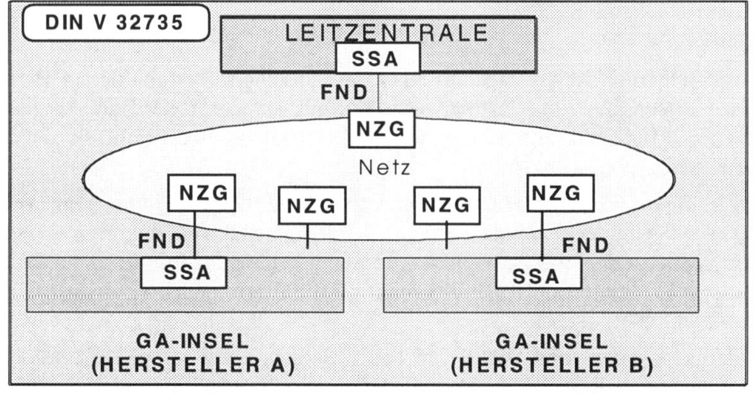

Bild 12-15 FND-Kommunikationsmodell, (AMEV)

Die Datenpunkttypen des FND:

* Meldepunkt
* Schaltpunkt mit Rückmeldung
* Stellpunkt
* Meßpunkt
* Zählpunkt
* Sammeladresspunkt
* Transferpunkt

Erklärung:

Der Sammeladresspunkt dient zur Übertragung mehrerer Punktinformationen innerhalb eines Telegramms. Der Transferpunkt dient der Übertragung von Informationen zwischen Leitzentrale-Inselzentrale wenn beide vom gleichen Hersteller kommen.

Der AMEV hat für Bauherren und Beratende Ingenieure Broschüren erarbeitet, die dabei helfen, FND-Systeme zu Entwickeln, Auszuschreiben und zu Implementieren (AMEV = Arbeitskreis Maschinen- und Elektrotechnik staatlicher und kommunaler Verwaltungen).

„FND 88“:
Teil 1 FND Spezifikation,
*Teil 2 FND Handbuch, *)*
*Teil 3 FND Leistungsprogramm, *)*
Teil 4 FND Prüfverfahren,
Teil 5 FND Konformitätstests, Testhandbuch;

*) Teil 2 und Teil 3 „Planung und Ausführung von firmenneutralen Datenübertragungssystemen in öffentlichen Gebäuden und Liegenschaften (FND)“ wurde im Januar 1993 in zweiter überarbeiteter Fassung herausgegeben. Alle Hefte erhältlich bei Druckerei Bernhard GmbH, PF 1265, D 42929 Wermelskirchen, Tel. 02196/6011.

Die Qualitätssicherung ist durch eindeutige Vorschriften für die Konformitäts-Prüfung und -Zertifizierung geregelt. Die Zertifizierung der Protokollkonformität (DIN-Prüfzeichen) ist durch mehrere zugelassene Zertifizierungsstellen gesichert. In den FND-Unterlagen des AMEV sind diese zu finden.

12.8.2 PROFIBUS

Gemeinschaftsforschung

Der Feldbus PROFIBUS ist das Ergebnis einer Gemeinschaftsarbeit, an der 14 Hersteller und fünf technisch-wissenschaftliche Institute seit 1987 mit Förderung der Bundesregierung gearbeitet haben. Er ist für eine breite Anwendung im Automations- und Feldbereich ausgelegt und bietet Mehrpunktverkehr.

Durch den Zusammenschluß der Verbundprojektpartner ist die PROFIBUS Nutzerorganisation e.V. *(PNO)* entstanden, der heute insgesamt über 140 Firmen angehören. Sie verfolgt das Ziel, den Informationsaustausch und die Weiterentwicklungen für den PROFIBUS zu fördern. Viele der verwendeten Profibusprodukte sind bereits seit 1990 erfolgreich für industrielle Anwendungen im Markt.

Der PROFIBUS ist in der Norm DIN 19245 Teil 1 (Schicht 1 und 2) und Teil 2 (Schicht 7) fest spezifiziert. Sogenannte Branchenprofile, wie das für GA (Gebäudeautomation) erleichtern den Firmen, aufbauend auf der Norm, zusammenwirkende (interoperable) Systeme zu entwickeln. Ein Teil 3 der DIN für schnelle Feldkommunikation (Dezentrale Peripherie) ist in Vorbereitung.

Die IEC befaßt sich seit 1984 mit der Normung eines Feldbusprotokolles. In der internationalen Normung bei IEC TC 65 spielt der PROFIBUS eine wichtige Rolle. Es werden sich in den höheren Schichten zum PROFIBUS inkompatible Protokolle kaum durchsetzen lassen. Der PROFIBUS benötigt bei Einsatz im Feldbereich heute nur die Ebenen 1, 2, und 7 des OSI-Schichtenmodells. Dazu kommen mächtige Management-Funktionen. Für den Medienzugriff (spezielle 2-Draht-Leitung) ist hier der Standard EIA RS 485 ausgewählt, der jedoch nicht für den explosionsgeschützten Bereich geeignet ist. Für die Ebenen 1 und 2 des OSI-Schichtenmodels sind die Festlegungen nach DIN 19245 Teil 1 verbindlich.

Besondere Beachtung verdient die hybride Buszugriffsmethode, die eine angepaßte Leistung für die unterschiedlichen Aufgaben zwischen Feld- und Automationsebene gewährleistet. Für die aktiven Teilnehmer erfolgt der Buszugriff nach dem Prinzip des Token-Passing. Ihnen unterlagert sind die passiven Teilnehmer, die über eine Master-Slave-Beziehung miteinander kommunizieren. Für den PROFIBUS stehen heute im Gegensatz zu anderen Feldbusdefinitionen erprobte Geräte von vielen Herstellern zur Verfügung.

Im PROFIBUS sind umfangreiche Datenübertragungsdienste und Feldbus-Managementdienste festgelegt (OSI Schicht 7 und Teil 2 der Norm). Der PROFIBUS ist für eine breite Anwendung im Feldbereich konzipiert und bietet hierfür entsprechende Merkmale. Diese Merkmale sind im wesentlichen:

PROFIBUS ist die einzige deutsche Feldbusnorm in der industriellen Kommunikation.

- Leistungsfähiges Netzmanagement
- Einfache Zweidraht-Anschlußtechnik
- Deterministische Reaktionszeiten für Echtzeitbedingungen
- Herstellerunabhängigkeit (Offene Kommunikation)
- Standardisierung der Schnittstelle
- Umfassende neutrale Prüfung
- Räumliche Ausdehnung bei Einsatz von Repeatern bis zu drei km
- Entfernung möglich, mit Sternkopplern (LWL) bis zu ca. 24 km
- Wirtschaftlichkeit gegenüber Einzelverdrahtung.

DIN 19245 Teil 1, Schicht 1 und 2

- Topologie: Linie
- Übertragungstechnik nach EIA RS 485, verdrillte Zweidrahtleitung, Potentialtrennung und Schirmung optional
- Weitere Übertragungstechniken wie LWL und EExi in Vorbereitung
- Leitungslänge max. 1200m, durch Repeater erweiterbar auf 4800 m (geschwindigkeitsabhängig)
- Übertragungsgeschwindigkeit 9,6 kbit/s bis 12 Mbit/s in Stufen einstellbar
- Insgesamt max. 127 Teilnehmer (aktive und passive)
- NRZ-Bitcodierung (non-return-to zero)
- Asynchrone Übertragung, Halbduplex, schlupffeste Synchronisierung der UART-Zeichen
- Buszugriff hybrid, dezentral / zentral kombinierbar
- Drei azyklische und ein zyklischer Datenübertragungsdienst

- Multi- und Broadcastnachrichten und Managementdienste
- Telegrammformate nach IEC 870-5-1
- Datensicherung mit Hamming-Distanz HD=4
- Zwei Nachrichtenprioritäten

DIN 19245 Teil 2, Schicht 7

- Objektorientiertes Client-Server-Modell (Dienstanforderer und Diensterbringer)
- Modularer Aufbau mit Lower-Layer-Interface (LLI) und Fieldbus Message Specification (FMS)
- Subset der MMS Funktionen (MAP), feldbusspezifische Optimierung
- Kurze Telegramme durch Zugriff auf Kommunikationsobjekte über Kurzadressen (Indizes), optional Adressierung mit Namen (Benutzeradressen)

Kommunikationsdienste (Services)

- Verbindungsauf-/abbau (Context Management)
- Azykl. und zykl. Lesen und Schreiben von Variablen (Variable Access)
- Laden und Lesen von Speicherbereichen (Domain Management)
- Zusammenstellen, Starten, und Stoppen von Programmen (Program Invocation Management)
- Alarmbehandlung (Event Management)
- Statusabfrage und Identifikation (VFD Virtual Field Device -Support), VFD ist der für die Kommunikation „sichtbare“ Teil eines Feldgerätes oder einer komplexen Funktion
- Verwaltung des Objektverzeichnisses (OV-Management)
- Netzmanagement
- Verbindungsorientierte und Verbindungslose Kommunikation
- Zusätzlich unquittierte Nachrichtenübermittlung über Multi- oder Broadcast- Kommunikationsbeziehungen.

Für den Einsatz des PROFIBUS in der Gebäudeautomation wurde unter der Beteiligung von ABB, GEA-Happel, Honeywell, Landis & Gyr, Samson, Sauter-Cumulus, Siemens und IRT-RWTH-Aachen unter Nutzung der DIN Norm im Jahre 1990 ein Standard, „Profile für die Gebäudeautomation“ geschaffen.

Ergebnis ist das Handbuch *„PROFIBUS Standard für die Gebäudeautomation“ (Implementation Guide, Rev.2 (1993)* hervorgegangen. Dieses Handbuch enthält alle Festlegungen, die für die Ausführung von Grundfunktionen gemäß VDI 3814 (jedoch mit wesentlich mehr Informationsinhalt) erforderlich sind, zuzüglich Definitionen für Übertragen von PID-Regler-Parametern, von Sollwerten und Anzeigetexten- bzw. -werten sowie von Informationen über Zustände (Status) der beteiligten Geräte. Diese Profile beschreiben Bit für Bit die Struktur der Kommunikationsobjekte und Inhalte der Datenpunkte für die „Anwendung“ GA und erleichtern somit die Zusammenschaltung von Automationsprodukten unterschiedlicher Herkunft oder gleicher Herkunft aber mit unterschiedlichem Engineering.

ISO		PROFIBUS		
Profile:	DP; DDL; GA; (MMS-, PCMS *)		ALI	
7 Application	A Anwendungsdienste	A	FMS LLI	FMA 7
6 Presentation	D Darstellung	in "Profiles" definiert oder nicht benutzt		
5 Session	V			
4 Transport	T Transport			
3 Network	N Vermittlung			
2 Link	DL Verbindung	FDL	FLC MAC	FMA 1/2
1 Physical	PH Übertragung	PHY		
Medium: UTP/STP; RS 485, EEX-i, Koax; LWL(FDDI); IR; Radio; PLC; ...				

ALI	Application Layer Interface	IR	Infrarot
DDL	Device Description Language	LLI	Lower Layer Interface
DP	Dezentrale Peripherie	MAC	Manufacturing Message Specification
FDL	Fieldbus Data Link	LWL	Lichtwellenleiter
FLC	Fieldbus Link Control	PCMS	Programmable Controlller Message Specification
FMA	Fieldbus Management		
FMS	Fieldbus Message Specification	PLC	Power Line Carrier
GA	Gebäudeautomation	UTP/STP	Unshielded/schielded Twisted Pair

Bild 12-16 OSI-Referenzmodell, PROFIBUS und Begriffe, (Quelle: PNO)

Der PROFIBUS für die Gebäudeautomation kennt z.Zt. die folgenden Datentypen:

Meldung
Schaltbefehl
Stellbefehl / Sollwert
Meßwert m. Festgrenzen
Meßwert mit Gleitgrenzen
Zählwert
Sollwert
PID-Regler
Anzeigewert
Anzeigetext variabel
Anzeigetext fest
Transportquittung
und Informationen über
logischen Status
physikalischen Status
lokales Detail

Quelle: Implementation-Guide für Gebäudeautomation Rev.2, der PNO

In jedem Kommunikationsobjekt (Datenpunkt) sind eine Vielzahl an Informationen enthalten. (Siehe „Objekt Meldung"). Bei Bedarf können weitere Profile definiert werden. Die Profile (Kommunikationsobjekte) könnten natürlich auch losgelöst vom PROFIBUS betrachtet werden. Sofern die Performance der Übertragungstechnik ausreicht, könnten diese Objekte auch mit anderen Methoden kommuniziert werden. (z.B. mit TCP/IP auf Ethernet).

PROFIBUS ist der deutsche Kandidat für die Automationsebene bei der Normung herstellerneutraler Kommunikation im CEN TC 247 WG4.

12.8.3 InterOperable Systems Project „ISP“

Die konsequente Anlehnung an bestehende internationale Normen sowie die Arbeit der Nutzerorganisation haben dem PROFIBUS eine hohe Akzeptanz bei den Bemühungen um eine internationale Feldbusnorm verschafft. *(IEC / ISA SP 50).*

In der IEC wird eine weltweite Norm für offene Kommunikation entstehen. Die europäische Industrie hat natürlich ein großes Interesse, einmal getätigte Investitionen zu schützen, vor allem wenn sonst noch kein vergleichbarer Standard existiert. Ein internationaler „Feldbus“ ohne PROFIBUS-Elemente ist nicht mehr denkbar. Im ZVEI Fachverband 15 (Zentralverband der Deutschen Elektroindustrie) hat sich für diesen Zweck eine Firmengemeinschaft „ICOM“ (Industrielle Kommunikation) unter Mitwirkung großer und mittelständischer Firmen formiert.

Ein weiterer, wohl vorletzter Ansatz ist das folgende „InterOperable Systems Projekt“, das im Sommer 1994 in die „Fieldbus Foundation“ mündete. (Eine gemeinsame Entwicklung von der ISP-Foundation mit der World FIP of North America).

Mit den ISP wurde auf Basis ISA SP 50 (eigensichere (EEx-i) Schicht 1 – Definition) durch Firmen der „Triade“ (45 Firmen aus Japan, USA und Europa Jan. 93) ein erfolgversprechender Vorstoß gemacht. Die weiteren Schichten und das Busmanagement berücksichtigen DIN 19245 (PROFIBUS) mit aufwärtskompatiblen Erweiterungen. ISP-Feldbus-Produkte (Sensorik-Aktorik) sollen 1994 auf dem Markt sein. Buskoppler werden PROFIBUS-Segmente und ISP-Segmente miteinander verbinden können. Das InterOperable Systems Project sollte zu dem „einen“ Feldbus führen. Mit dem Club FIP und der World FIP wäre dieses Vorhaben beinahe gescheitert – bis zum Zusammenschluß zur Fieldbus Foundation im Sommer 1994. Dafür müssen die Kunden jetzt weitere drei Jahre länger auf busfähige Produkte warten, da FIP und ISP zuerst gemeinsame Protokolle definieren müssen.

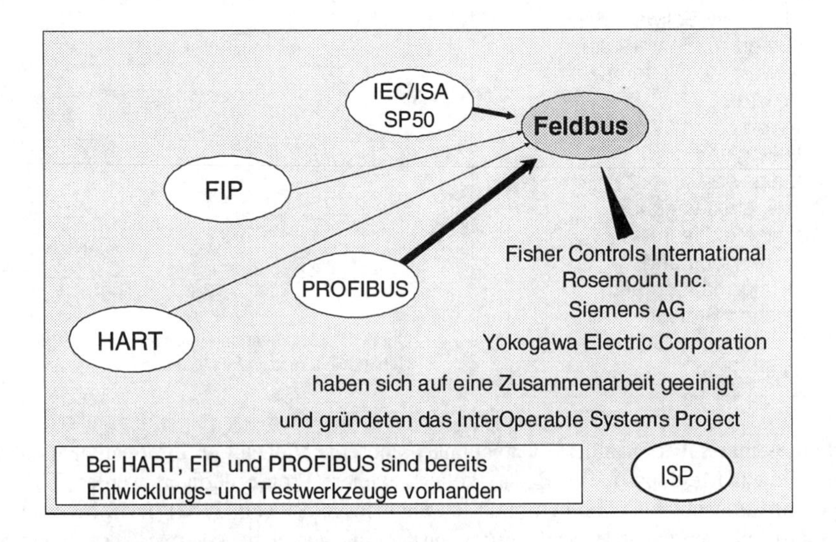

Bild 12-17 Das InterOperable Systems Project, [Siemens]

Das ISPF Konsortium, gegründet im September 1992 hatte im Sommer 1994 folgende Firmen im „Board of Directors“: Fisher-Rosemount, Siemens, Yokogawa, ABB, Fuji Electric und Foxboro.

Die einige Monate später gegründete WorldFIP Organisation hatte die gleiche Mission wie die ISPF. Das Board der WorldFIP NA. bestand im Sommer 1994 aus Honeywell, Square D, Bailey Controls, Allen-Bradley, Cegelec und Masoneilan-Dresser. Mit der Vereinbarung vom 10. Juni 1994 haben die Führungsgremien der ISP Foundation und des WorldFIP, North America den Zusammenschluß vereinbart.

Ziele der daraus entstandenen Fieldbus Foundation sind:

- Feldbus ist eine Basistechnologie, keine Technologie für Wettbewerbsvorteile
- Es soll nicht eine einzelne Firma die Feldbustechnologie dominieren
- Der Feldbus muß interoperabel sein
- Es soll nur einen einzigen Feldbus weltweit geben
- Dieser Feldbus soll sich zu einer eventuellen Norm entwickeln

Die Spezifikationen für einen internationalen Feldbus-Standard sollen auf den Arbeiten der IEC/ISA (Schicht 1), der IEC-DLL (Schicht 2) und ISP (Schicht 7 und den „User-Layer“) basieren. Die Zusammenarbeit zwischen der PROFIBUS-Nutzerorganisation und der ISP-Foundation soll fortgesetzt werden.

12.8.4 European Installation Bus EIB

Die Grundgedanken, ein einheitliches System für die Installationstechnik zu entwickeln geht zurück ins Jahr 1984 (Fa. Merten). 1987 wurde die Entwicklungsgemeinschaft „Instabus“ gegründet. 1990 folgte die Gründung der European Installation Bus Association (EIBA) mit Sitz in Brüssel, als Zusammenschluß führender europäischer Hersteller der Elektrik/Elektronik, die unter dem Warenzeichen EIB die europaweite Verbreitung des Installationsbus-Systems EIB vorantreibt. 1993 wurde in Deutschland, wie auch in anderen Ländern je eine nationale EIBA-Gruppe gegründet, um landesspezifische Gegebenheiten besser berücksichtigen zu können.

Der Installationsbus *EIB* (***E**uropean **I**nstallation **B**us*), ist ein offenes, genormtes Bussystem für die flexible moderne Elektroinstallation. Der EIB profiliert sich als Feldbus für gebäudetechnische Anwendungen. Er ist ausgelegt für eine hohe Anzahl Busteilnehmer (ca.11.500) bei weniger zeitkritischer Anwendung (100 ms-Bereich). Er ist auf die Belange der Elektroinstallateure zugeschnitten und dient der Gebäudesystemtechnik. [6][7] Produkte, die das Warenzeichen EIB tragen garantieren die Interoperabilität.

Die Spezifikation des EIB basiert auf der Europanorm prEN 50090-1, ist in Deutschland in der DIN V VDE 0829 T.100 bis T 522 und in Frankreich in der UTE C 46620- 628 festgeschrieben. Als Norm für „ESHG“ (Elektrische Systemtechnik für Heim und Gebäude) wird EIB bei CENELEC TC 105 und bei ISO/IEC JTC 1/SC25 behandelt.

Hinweise für Planung, Projektierung, Installation und Inbetriebnahme des EIB gibt ein Handbuch „Gebäudesystemtechnik“ vom ZVEI/ZVEH (Zentralverband des Elektrohandwerks: Tel. 069/247747-0).

Die EIBA hat bis Mitte 1995 (für die Dauer der Festigung des Standards) einen exklusiven Liefervertrag für die EIB-Chips vereinbart. Danach ist die Chipproduktion freigegeben. Die

EIBA-Partner bekommen anfangs aus Gründen der EMV-Festigkeit des Gesamtsystemes verwendungsfertig „verpackte“ Buskoppel-Einheiten mit allen notwendigen Beschaltungen wie Stromversorgung, Übertrager, und Speicher. Deshalb hinkt der oft vorgeschobene Preisvergleich mit den Chips anderer Bus-Systeme.

Merkmale des EIB

Die technischen Daten und Eigenschaften

- Leitungsmedium J-Y(St)Y 2x2x0,8mm oder PYCYM (2 Adern benutzt)
- Nur ein Adernpaar für Signal und Versorgungsspannung
- Freie Topologie, z.B. parallel zum Starkstromnetz
- Länge einer Buslinie ca. max. 1000 m, max. 700 m Abstand zwischen zwei Busteilnehmern, min. 350 m Abstand zwischen Spannungsversorgung und Busteilnehmer, min. 200 m Abstand zweier Spannungsversorgungen in einem Liniensegment
- Buszugriff dezentral mit Kollisionsvermeidung (CSMA/CA), 9,6 kbit/s
- Beliebige Adressen- und Gruppenbildung
- Je Teilnehmer bis zu 12 Kommunikationsobjekte
- Je Übertragungslinie bis zu 64 Teilnehmer
- Bei max. 12 Linien ergeben sich max. 700 Teilnehmer je Funktionsbereich
- Bei max. 15 Funktionsbereiche können ca. bis zu 12.334 Teilnehmer miteinander innerhalb eines EIB-Systems kommunizieren. (Ohne GA-Server)
- Keine Verdrahtungsänderung und Uminstallation bei „Umnutzung“ der Räume
- Einsatz programmierbarer Verteiler (PGV) wird möglich (z.B.: GA-Kompakt-Automations-Station)
- Erstmals direkte, uneingeschränkte Kopplung der GA mit der Elektroinstallation zu vertretbaren Kosten
- Busspannung 29 V +/- 1V (SELV) (Sicherheitskleinspannung)
- Zur Unterscheidung:
  FELV = Functional Extra Low Voltage, Funktionskleinspanung
  PELV = Protective Extra Low Voltage, Schutzkleinspannung
  SELV = Safety Extra Low Voltage, Sicherheitskleinspannung

Die für den Installationsbus zugelassenen Leitungen sollen ohne Abstand neben Starkstromleitungen verlegt werden. Die Leitung J-Y(St)Y ist für die EIB-Anwendung keine Fernmeldeleitung nach DIN VDE 0815. Bei Stegleitungen ist ein Abstand von 10mm einzuhalten. Das Busnetz ist gegenüber Fernmeldeanlagen wie eine Starkstromanlage zu behandeln (FTZ 731 TR1).

Da die EIB-Kommunikation bereits von den Elektroinstallateuren bei der Grundinstallation eines Gebäudes eingebracht wird, muß der Berater eines Bauherren schon gut überlegen, ob für ein Gebäude z.B. für die Heizungs- und Lüftungsautomation oder für andere automatisierte Techniken, ein weiteres Bussystem empfehlen soll. Jede weitere Technologie erfordert die Notwendigkeit von extra Schulungsaufwand, firmenspezifischen Ersatzteilen, Projektier- und

Testwerkzeugen und extra Gateways etc. Die installierte, wirklich offene EIB-Kommunikation erfordert keine Abstriche an Funktionalität für die Büro- oder Einzelraum-Automation, denn es existieren bereits über tausend Produkte und unzählige geschulte Handwerker können mit EIB umgehen.

Geringere und einfachere Starkstrominstallation, weniger Kabel und Brandlast. Kleinere und einfachere Verteilungen. Weniger Aufwand bei Aufmaß und Abnahme. Höhere Flexibilität bei Umnutzung. Mehr Funktionalität durch einfache Kombination mit dem technischen Gebäudemanagement, Energie- und Einsatzoptimierung. Freie Auswahl an Produkten und keine zwangsläufige Bindung an den Anlagenerrichter durch genormtes, offenes System.

Für die Gebäudeautomation hat der Instabus Bedeutung, da sich dieser Bus als unterlagerter Sensor/Aktor-Bus im Elektroinstallationsbereich einsetzen läßt. Die Möglichkeiten des EIB sind jedoch damit bei weitem nicht erschöpft. Einfache Kommunikationsobjekte sind bereits definiert. Komplexe Funktionen können und werden folgen, so konnten auf der ISH '93 die überraschten Besucher bei Siemens mit SICLIMAT X einen Heizkessel mit ECOMATIC von Buderus Bedienen und Beobachen – angeschlossenen mittels EIB.

Mit EIB ist es erstmals möglich, ohne immensen Verdrahtungsaufwand die vielen Elemente der Elektroinstallation für ein umfassendes Gebäudemanagement transparent zu machen. Dazu gehören auch die Steuerungen für den Bereich der Fassade und die Tageslichttechnik. Für eine breite Akzeptanz dieser Technik müssen dem Kunden die neuen Möglichkeiten der kombinativen Automation dargelegt und verständlich werden. Ein uraltes Problem der excellenten Techniker ist, daß sie zwar um die neuen Möglichkeiten wissen, diese jedoch nur schwer – in ihrer Sprache – „an den Mann“ bringen können.

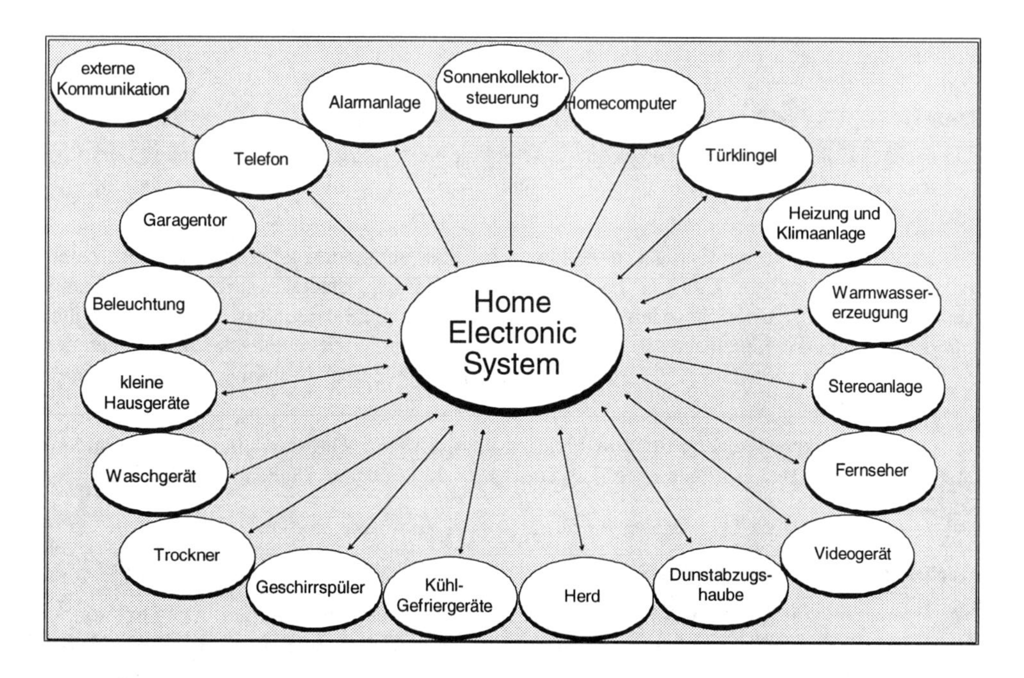

Bild 12-18 EIB im Heim-Bereich, [Siemens]

Es wird nicht lange auf sich warten lassen, bis Produkte aus dem Wohnbereich über den EIB steuer- und überwachbar sind. Bereits 1995 werden die Messen für „Haushalt und Haustechnik" aufzeigen, wo die Reise hingeht. (Home Electronic Systems, HES).

Man denke nur an das Fernsehgerät, das mittels „Pop-up-Window" mitteilt, daß im Keller die Wäsche fertig geworden ist, oder daß es der Tiefkühlschrank zu warm wird. Durch Anschluß an das Telefonnetz könnte der EIB-fähige Heizkessel dem servicebeauftragten Installateur direkt sagen, welches Problem vorliegt – der Phantasie sind jetzt keine Grenzen mehr gesetzt.

Im Zuge der immer „enger" werdenden Gesetzgebung für rationelle Energieverwendung im Sinne des Umweltschutzes werden künftig immer mehr steuerbare „Verbraucher" erforderlich sein. Mit einem Installationsbus-System wird ein Gebäude schon heute für ein fein gegliedertes Lastmanagement, für Abrechnung nach Energienutzung, für Umwidmungen der Nutzflächen ohne Uminstallation und für bisher nicht gekannten Komfort in Funktionalität und Service vorbereitet.

12.8.5 BACNet-Protocol

BACNet, Building Automation and Control Network.

Begriffe:

ASHRAE = American Society of Heating, Refrigerating and Air-Conditioning Engineers, Inc.
SPC = Standard Project Committee
NIST = National Institute of Standards and Technology
ANSI = American National Standards Institute

Seit 1987 ist die ASHRAE mit dem SPC 135P unter Beteiligung des NIST dabei, ein Kommunikationsprotokoll für die Automation von Heizung, Lüftung, Klima und Kälte zu entwikkeln. Angestoßen wurde diese Entwicklung in Atlanta USA durch die Aktivitäten der IBM mit ihrem FACN-Protokoll. (Forumsdiskussion in der Zeitschrift „GAINING CONTROL", 9/87).

Ziel des ASHRAE und des NIST ist, dieses Protokoll beim ANSI und in den Gremien der ISO und IEC normen zu lassen. (Bei IEC TC 65 und ISO JTC 1 wurden 1994 diesbezügliche Anträge abgelehnt).

Am Entwurf waren neben Benutzern, Hochschulen und Verbänden folgende Hersteller beteiligt: Honeywell, Johnson Controls Inc., Landis&Gyr Powers, Staefa Control System, Trane, Andover Controls, American-Auto-Matrix, Siebe-Environmental-Systems, ferner beteiligten sich die US- und die Kanadische Regierung. Die Struktur und viele technische Grundlagen des BACNet stammen von David M. Fisher, Entwicklungsingenieur bei American Auto-Matrix Inc., Pennsylvania.

Im August 1991 wurde der 1. Entwurf veröffentlicht. 507 formelle Einsprüche aus 6 Ländern mußten bis Jan, 1994 bearbeitet werden, seit März 94 steht der „Second Public Draft" zur Verfügung.

Merkmale des BACNet-Protocol

Es soll ein Protokoll für die Automations- und die Managementebene werden. Alle angeschlossenen Teilnehmer sind gleichberechtigt (peer to peer). BACNet unterstützt auf der Seite der Übertragungstechnik die Protokolle:

- ISO 8802.2 Type 1
- ISO 8802.3 Ethernet
- ARCNET (ANSI 878.1)
- EIA RS 485, MS/TP
- EIA RS 232
- CCITT X.25
- Wählnetz (mit 16 bit CRC checksum)

Das Spektrum kann erweitert werden auf Token Ring und Token Bus. Dies zeigt jedoch, daß es unglücklich ist, innerhalb einer solchen Anwendungs-Spezifikation bestimmte Datenübertragungsverfahren festzuschreiben. Die Kommunikationstechnik entwickelt sich zu schnell weiter – was ist z.B. mit Inhouse-ISDN oder ATM? Dieses zeigt, daß der Datentransport von den eigentlichen Kommunikationsobjekten sehr unabhängig ist – was bei den europäischen Protokollen (gewollt?) nicht immer so deutlich dargestellt wurde (X.25 bei FND, RS 485 bei PROFIBUS etc.).

BACNet erlaubt den Herstellern „private" Objekte und Services zu definieren. Es müssen auch nicht alle „Kommunikationsobjekte" und nicht alle zu den Objekten gehörenden Datenstrukturen unterstützt werden. Die tatsächliche Unterstützung des Protokolls wird in BACNet-Konformitätsklassen eingeteilt. Diese „Konformitätsklassen" erlauben es, daß ganz einfache Produkte sich auch an BACNet-konform nennen dürfen.

Bezogen auf die Schichten des OSI-Referenzmodelles wurden nur Schicht 1 (Physical), Schicht 2 (Data Link), Schicht 3 (Network) und Schicht 7 (Application) genutzt (Collapsed Architecture).

Eine bestimmte Netzwerk-Topologie ist nicht vorgegeben, aber durch die verschiedenen Transportsysteme bedingt. Die Beschreibungen der Application Layer Services erfolgten nach den ISO/OSI TR 8509 Konventionen. Die Application Protocol Data Units (APDU's) sind im BACNet- Protokoll in der Sprache ASN.1 beschrieben. Konzeptionell unterstützt BACNet auf der Netzwerk-Schicht verbindungslose Services ohne Bestätigung. (Der „Transport-Layer" ist nicht definiert). Ein Telegramm darf auf der Netzwerkschicht (NPDU) 507 Byte lang sein, damit eine Segmentierung unter Ethernet vermieden wird.

BACNet unterstützt folgende Services:

- Alarm-Ereignis-Services:
  - Alarmbestätigung mit Reset
  - Ereignisserkennung mit Eingangsbestätigung
  - Ereignisserkennung ohne Eingangsbestätigung
  - Alarmübersicht
- Datei-Zugangs-Services
  - Lese Datei
  - Schreibe Datei
- Objekt Services
- System-Management-Services
- Virtual Terminal Services

Standard BACNet-Objekte

- Analog Eingang
- Analog Ausgang
- Analog Wert
- Binär Eingang
- Eingang mit mehreren Zuständen
- Binär Ausgang
- Ausgang mit mehreren Zuständen
- Binär Zustand
- Kalender
- Befehl
- Gerät (extern sichtbare Charakteristika)
- Ereignis-Adressliste (flexibles Alarm- und Ereignishandling)
- Datei
- Gruppe
- Regler (jede Art)
- Programm
- Zeitplan
- Empfänger-Liste

Die Informationen innerhalb der Objekte sind eingeteilt in

- Required (muß)
- Optional (kann)
- Writable (muß veränderbar sein)

Das Objekt „Gerät" muß jeder Teilnehmer unterstützen. Es können projektspezifisch neue BACNet-Objekte definiert werden, was die „Offenheit" des jeweiligen Projektes einschränken wird.

Tabelle 12-6 Vorgegebene Prioritätenliste:

[1]	Service-(Not)-Bedienung	[6]	Minimum Ein/Aus
[2]	Feuer	[7]	Bereitschaft
[3]	Res.	[8]	Handbedienung
[4]	Res.	[9-16]	Res.
[5]	Kritische Steuerung		

12.8.6 EcheLON

1986 wurde die Echelon Corp. von Mike Markkula (Apple-Computer) und Kenneth Oshman (IBM/ROLM – Telefon-Nebenstellenanlagen) mit 60 Mio.$ von Motorola, Apple und 3COM gegründet, Toshiba wurde Partner. Die Firma hat Mitte 1994 ca. 120 Mitarbeiter. Die 1990 vorgestellte LonWorks-Technologie wird mittlerweile weltweit von über 700 Unternehmen für eigene Produkte genutzt. Damit sei LonWORKS lt. Ken Oshman als Standard für verteilte Automation mit integrierter Netzwerktechnik bestätigt. (Andere Technologien trennen die Anwendungen Automation und Kommunikation entweder durch spezialisierte Chips oder integrieren beide Anwendungen per Software auf einem Microcontroller)

Die Fa. Echelon hat ihren Sitz in Palo Alto, Kalifornien und bis ca. 130 Mitarbeiter. LON ist die Abkürzung für „Local Operating Network" und besteht aus folgenden Hauptkomponenten:

LonWORKS-Transceiver	Leitungsankopplungen
Neuron Chips	Anwendungs- und Kommunikations- Prozessor von Motorola und von Toshiba 2 Typen: 3120 / 3150, mit je 3 Prozessoren und Speicher (RAM/EEPROM) on Chip
LonTalk	Betriebssystem und Kommunikationsprotokoll als Firmware (Schicht 1-7) nicht offengelegt
Neuron C	Programmiersprache für Kommunikation und Anwendung (C-ähnlich)
LonBuilder	Entwicklungssystem mit Projektier- und Diagnosewerkzeug (Einstiegspreis: ca. 50.000 DM)
LonManager	Softwarebibliothek zur Erstellung von Netzmanagement-Werkzeugen für DOS-Computer

Die Hauptanwendungsbereiche von LON werden in der technischen Gebäudeausrüstung gesehen, und zwar im Bereich Heizung, Klima, Beleuchtung, Sicherheit, sowie in der Heimautomatisierung. Mit dem Echelon-Angebot haben Hersteller von automatisierbaren Produkten die Möglichkeit, kommunizierende Geräte herzustellen – ohne eigene Aufwendungen für die Entwicklung von Buskomponenten.

Als „Entwicklungshilfen" sind im LonTALK- Protokoll phys. SI- Einheiten als Dimensionslisten „System Network Variablen-Typen" (SNVT) vorgegeben – aber keine Darstellungseinheiten, Umrechnungsfaktoren und Zustandstext-Definitionen. Die Kommunikation erfolgt mit 10 kBit/s bis 1,25MBit/s, je nach Medium und Anwendung.

Nachdem das LonTalk-Protokoll nicht offen und durch Patente und Lizenzen geschützt ist, wird es schwierig sein, es in der Normung zu verankern. Dennoch wollen einige Länder (insbes. Italien, Schweiz und England (25 von 96 Stimmen) LON in die CEN-Normung im TC 247 für die Feldebene einbringen, da einige der die dortigen Firmen zur Zeit die Neuron-Chips als Basis für ihre DDC-Stationen einzusetzen gedenken. Diese Hersteller aus der GA-Branche wollen in LonTalk einen Teil der Objekte aus der BACNet Spezifikation einführen. Es besteht dann die Möglichkeit, daß – wenn gewünscht, Systeme mit „halboffener Kommunikation" gebaut werden können. (Siehe „Offene Kommunikation heterogener Systeme".

Ein Vergleich mit dem Konzept der European Installation Bus Association sei an dieser Stelle erlaubt:

Das Protokoll der LonTalk Kommunikation ist nicht offengelegt. Teile dieses Konzeptes sind patentiert. Offene Systeme aus Produkten unterschiedlicher Hersteller mit LON gibt es nicht, solange die Interna der Entwicklung nicht offenbart werden. EcheLON versucht über die Kommunikationsnormung des CEN („Controls for mechanical building services") sein Produkt im europäischen Markt der Gebäudeautomation zu etablieren. Auf einer anderen (simpleren) Ebene wäre dies vergleichbar mit einer Firma, die für jedes Schraubengewinde „M10" (DIN 13) Lizenzgebühren erzielen wollte.

EIB definiert nur die Kommunikation und die für „Funktionen" notwendigen „Interworking-Standards". Nicht die Basis für die gesamte Automation. Jeder EIBA-Partner kann seine bereits entwickelten Produkte „EIB-fähig" machen. Der EIB-Kommunikation ist es egal, welcher Prozessor die Automationsaufgaben erledigt und mit welchem Entwicklungssystem diese Funktionen programmiert wurden. Die Zuordnung, in welcher Ebene (oder in welchem Gerät) Automationsaufgaben abgearbeitet werden, ist bei EIB nicht vorgegeben.

Im Gegensatz zum EIB der EIBA ist eine Interoperabilität bei LonTalk nur dann gegeben, wenn die Software der kommunizierenden Produkte vom selben Hersteller nach seinem Entwicklungsplan erfolgte. Anwendungsspezifische „Profile für die Anwendung Gebäudeautomation" (Interworking-Standards) sind noch nicht definiert – fraglich, ob die Unternehmen das wirklich wollen – oder ob nur das offene Image (aus der Werbung von LON) als „Streu" für Kundenaugen zu dienen hat? Die bloße Anschlußmöglichkeit eines „fremden" Temperatursensors, ohne Grenzwertdefinition und andere Funktionen wird üblicherweise nicht unbedingt als „offen" verstanden.

Viele Hersteller von Automationsprodukten betrachten ein einmal „erobertes" Terrain beim Kunden als „Goldgräber-Claim" und möchten den Kunden durch technische Zwänge anstatt durch überzeugende Leistungen an das eigene Produkt binden. Daß dieses nicht mit jedem Kunden so zu machen ist, mußte die Branche Gebäudeautomation durch FACN (IBM) und FND (Öffentliche Hand) bzw. mittels PROFIBUS erfahren.

LON stellt in seinem Image-Marketing die „Offenheit" heraus, d.h. jeder kann LON verwenden, um für sich vernetzungsfähige Automationsprodukte zu entwickeln – wie mit vielen anderen Produkten für die Automatisierungstechnik auch. Es wird eine Zeit lang dauern, bis die Endkunden erfahren, wie offen die damit erworbenen Gebäudeautomations-Systeme dann wirklich sind.

Natürlich hängt das Potential der Offenheit (aus Kundensicht) auch von der Akzeptanz des gesamten LON-Konzeptes im relevanten lokalen Gebäudemarkt und globalen Automationsmarkt ab, d.h. wieviel Errichterfirmen von GA-Anlagen bieten wirklich interoperable Systeme an – eine potentielle Möglichkeit nützt dem Kunden bezogen auf „Offenheit" nichts.

Es bleibt zu hoffen, daß die vielen Entwicklungsbemühungen auf LON-Basis Fortschritte in der Zusammenwirkung der unterschiedlichen Gewerke am Bau bewirken – und damit auch einen Beitrag zur Ökologie leisten werden.

13 Planungsablauf

von Werner Jensch

13.1 Planungsgrundlagen

Im Mittelpunkt der planerischen Konzeption müssen die Hauptaufgaben des Gebäudemanagements, wie z.B. ganzheitliche Betriebs- und Kostenoptimierung, Flexibilität der Gebäudenutzung, Steigerung von Betriebssicherheit und Komfort, Ressourcenschonung und Effektivitätssteigerung stehen. Für die dafür notwendige umfassende Anwendung dieser Systeme muß Wert auf eine möglichst hohe Bedienerfreundlichkeit gelegt werden.

13.1.1 Planungsbereiche

Wie Bild 13-1 zeigt, müssen bei der Projektierung von Gebäudeleitsystemen Detailkenntnisse aus den unterschiedlichsten Fachgebieten vorausgesetzt werden. Obwohl von einem GLT-Planer somit ein umfangreiches Fachwissen abverlangt wird, wird die GLT-Technik oft immer noch nicht als eigenständiges Gewerk behandelt, sondern vielfach bei der konventionellen Anlagenplanung mitbearbeitet.

Wenn in der Praxis trotz der hochwertigen zur Verfügung stehenden Technik vielfach ein unbefriedigender Anlagenbetrieb festzustellen ist, liegt die Ursache deshalb oft in einer mangelhaften Qualifikation der Planer begründet. Die komplexe Aufgabenstellung der Gebäudeleittechnik erfordert eigenständig ausgebildete Fachplaner für eine technisch fundierte sowie neutrale, an die jeweiligen Anforderungen angepaßte Projektierung.

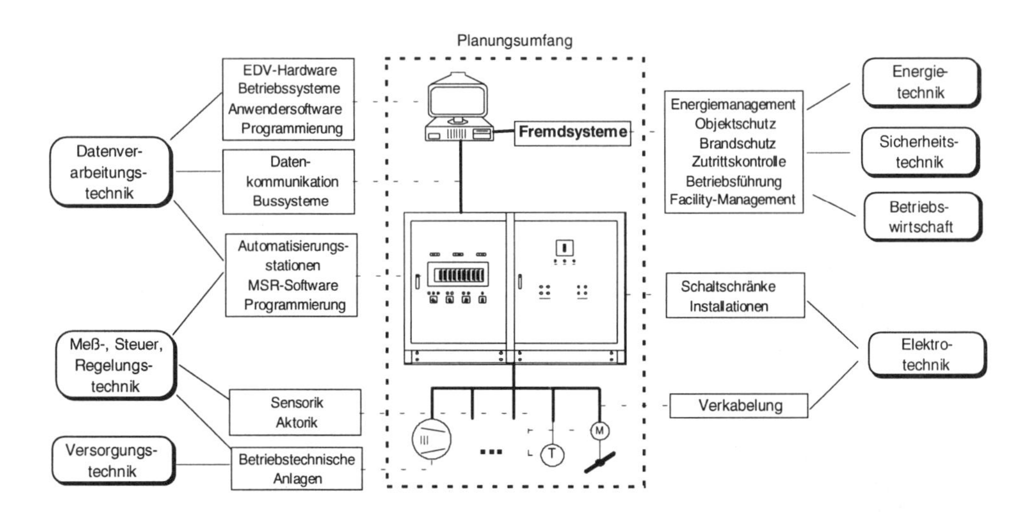

Bild 13-1 Planungsumfang Gebäudeautomation

13.1.2 Planungsstandards

Folgende Grundlagen bzw. Standards existieren als Hilfsmittel für die Planung von Gebäudeautomations-Systemen:

- Normen

  Die seit vielen Jahren vorhandene und bewährte VDI 3814 liefert dem Planer auf folgenden vier Blättern die wesentlichen Grundlagen, Definitionen und Planungsbeispiele:
    - Blatt 1: Strukturen, Begriffe, Funktionen
    - Blatt 2: Schnittstellen in Planung und Ausführung
    - Blatt 3: Hinweise für Betreiber
    - Blatt 4: Ausrüstung der BTA zum Anschluß an die ZLT-G

  In der VDI 3814 ist die Informations- bzw. Datenpunktliste festgeschrieben, die die entscheidende Planungsbasis darstellt. Die Inhalte der VDI 3814 werden derzeit in die internationale Normung (CEN/TC 247) eingebracht.

- Standardtexte

  Das Standardleistungsbuch (GAEB) definiert für alle wesentlichen Bereiche des Bauwesens standardisierte Mustertexte. Nachdem die Texte des StLB für die ZLT-G (067) veraltet ist, wird derzeit der Planungsinhalt für die Bereiche der Gebäudeautomation aktuallisiert.

  Folgende Bücher werden erstellt:
    - StLB 071: Automationsstationen (Hard, Software und Funktionen)
    - StLB 071: Feldgeräte, Schaltschränke, Verkabelung
    - *StLB 073*: Management-Ebene (Hard- und Software) – *geplant*

- Kostengruppenzuordnung

  Die Baukostennorm DIN 276 erkennt in der neusten Fassung erstmalig die Gebäudeautomation als eigenständigen Bereich und legt für die Zuordnung von Baukosten den Bereich 480 mit folgender Unterteilung fest:
    - 481: Automationssysteme

      Automationsstationen, Bedien- und Beobachtungseinrichtungen, Programmiereinrichtungen, Sensoren und Aktoren, Software der Automationsstationen
    - 482: Leistungsteile

      Schaltschränke mit Leistungs-, Steuerungs- und Sicherungsbaugruppen
    - 483: Zentrale Einrichtungen

      Leitstationen mit Peripherie-Einrichtungen, Einrichtungen für Systemkommunikation zu den Automationsstationen
    - 489: sonstiges

- Ausführungsrichtlinien

  Derzeit werden in der VOB/C ATV (VOB – Verdingungsordnung für Bauleistungen; ATV – Allgemeine Technische Vertragsbedingungen für Bauleistungen) für den Bereich der Gebäudeautomation die wesentlichen Grundlagen der Ausführung definiert und festgeschrieben. Durch dieses Werk wird eine eindeutige Basis für die Planung und Realisierung von Gebäudeautomationssystemen geschaffen.

13.1.3 Funktionsorientierte Planung

Da speziell im Bereich der Gebäudeautomation in den nächsten Jahren erhebliche Weiterentwicklungen zu erwarten sind, kann einerseits ein Planungsstandard nur durch eine ständige und umfassende Information über die vielfältigen Produkte und eine fortlaufende Aktualisierung der Bearbeitungsabläufe gehalten werden. Um andererseits bei einer Planung den jeweiligen Anforderungen von unterschiedlichsten Bauvorhaben gerecht werden und unter Einbeziehung der Produktentwicklung der Systemhersteller einen optimalen Lösungsansatz liefern zu können, ist eine neutrale, funktionsorientierte Planung bzw. Leistungsbeschreibung unabdingbare Voraussetzung.

Bei den Gesamtkosten eines Gebäudeautomationssystems nehmen Software- bzw. Dienstleistungsaufwendungen einen immer größeren Anteil ein. In früheren Jahren wurden diese Leistungen dadurch verdeutlicht, daß lediglich Informationslisten, Anlagenschemata oder Funktionsbeschreibungen beigelegt und die dazu passende Software „stückweise" ausgeschrieben wurde. Änderungen in der Ausführung konnten damit zwangsläufig nicht mehr nachverfolgt werden.

Eine eindeutige Beschreibung von Software und Dienstleistungen muß folgenden Kriterien genügen:

- Die Beschreibung muß aufmaß- bzw. abrechnungsfähig sein.
- Die Beschreibung muß eindeutig und vom Umfang abzugrenzen sein.
- Es müssen die Einzelleistungen erfaßt und mit Stückzahlen belegt werden, die einen hohen Aufwand bedeuten und damit kostenrelevant sind.

Es ist dabei offensichtlich, wie schwierig es ist, die Güte von Software oder einer Dienstleistung eindeutig festzulegen bzw. prüfbar zu machen. Andererseits hängt die Leistungsfähigkeit ausgeführter Gebäudeautomationssysteme in erster Linie von Funktionen ab.

Jedoch ist auch die Beschreibung der Hardwarekomponenten (DDC-Stationen, Feldgeräte, Schaltschrank, Verkabelung etc.) im Vergleich zur Analogtechnik ungleich aufwendiger geworden. So ist beispielsweise das Kernstück eines Systems – die Automationsstation – herstellerbedingt stark unterschiedlich, vor allem hinsichtlich

- Aufbau (Modular-/Kompaktstationen),
- Größe (Datenpunktkapazität),
- Anordnung (zentral/dezentral),
- Leistungsumfang (freiprogrammierbar/Standard-Regler).

Die Beschreibung der Automationsstation muß also einem Anbieter die Möglichkeit offenlassen, diese Parameter zu variieren, was wiederum Rückwirkungen auf die Konfiguration der Schaltschränke, Feldgeräte und Verkabelung haben kann. Auch hier zeigt sich, daß die Beschreibung der Gebäudeautomationstechnik somit nicht mehr von einem festen Einzelprodukt ausgehen kann, sondern funktional die Aufgabenstellung erläutern muß.

Die Anforderungen an die Gebäudeautomation werden in der VDI-Richtlinie 3814 festgelegt. Die abzuarbeitenden Funktionen sind dabei in einer Informationsliste einzutragen. Dabei wird nach Grund- und Verarbeitungsfunktionen unterschieden.

Die Grundfunktionen legen den Umfang mit den Ein- und Ausgängen – auch als Datenpunkte oder Informationspunkte bezeichnet – fest. Sie werden unterteilt nach

- physikalischen Grundfunktionen,
  die zur Erfassung bzw. Ausgabe, Aufbereitung und Speicherung physikalischer Informationen dienen,
- virtuellen Grundfunktionen,
  die aus Verarbeitungsfunktionen oder daraus abgeleiteten Informationen gebildet werden und
- Kommunikationsfunktionen mit der Leitebene,
  die den Informationsaustausch zwischen den Automationsstationen und der Leitebene bzw. das Prozeßabbild in der Leitebene festlegen.

Die Verarbeitungsfunktionen sind unterschiedlich komplexe Programmteile, die zur Weiterverarbeitung der Grundfunktionen im Sinne der gestellten Automationsaufgabe dienen. Dabei wird unterschieden nach den Verarbeitungsfunktionen

- Überwachen,
  die die Grundfunktionen hinsichtlich gesetzter Toleranzen überprüfen,
- Steuern,
  die für zeit- und prozeßabhängige Ablaufsteuerungen verwendet werden,
- Regeln,
  die zur Ausgabe analoger Stellsignale in Abhängigkeit der vorgegebenen Regelgröße eingesetzt werden,
- Rechnen/Optimieren,
  mit deren Hilfe abgeleitete Größen für Managementaufgaben berechnet werden und
- Statistik/Mensch-Maschine-Kommunikation,
  die zur Darstellung und Auswertung von Informationen dienen.

Für ein Gesamtanlagenprogramm werden die Grund und Verarbeitungsfunktionen miteinander verknüpft. Die Festlegungen in der Informationsliste stellen also für einen Anlagenersteller ein eindeutiges Lastenheft hinsichtlich der vorgegebenen Automationsaufgabe dar.

Bild 13-2 zeigt die beiden Teile der Informationsliste.

Gebäudeautomation
Informationsliste Teil 1
(VDI 3814)

Informations-Schwerpunkt	Physikalische Grundfunktionen															Notb.-Ebene		Virtuelle Grundfunktionen 5)					Kommunikation mit Leitebene						Verarbeitungsfunktionen										
	Ausgänge							Eingänge																					Überwachen										
Gewerk:	Schalten 1)					Stellen		Melden				Messen		Zählen																									
Anlage:	Impuls		Dauer																																				
	0, I	0, I, II	0, I	0, I, II		3-Punkt	Analog	Ort/Fern-Meldung	Betr.-/Rückmeld. 2)	Sonst.Meldungen 3)		passiv 4)	aktiv 4)	bis 5 Hz		Schalten/Stellen	Anzeigen	Schalten	Steller/Sollwert	Melden	Messen	Zählen	Schalten	Steller/Sollwert	Melden	Messen	Zählen		Grenzwert fest	Grenzwert gleitend	Betr. Std. Erfassung	Ereigniszählung	Bef. Ausführkontrolle	Log.Meld.Verknüpfung	Meldungsverzögerung	Meldungsunterdrück.	Meldung an Instandh.		
1	2	3	4	5	6	7	8	9	10	11	12	13	14	15	16	17	18	19	20	21	22	23	24	25	26	27	28	29	30	31	32	33	34	35	36	37	38	39	Bemerkungen
Summen																																							phys. Datenpkte. ges. S.1-16
Gruppensummen																																							

1) Hinweis für Binärausgänge (BA) Dauer: z.B. 0, I, II = 2 BA Impuls: z.B. 0, I, II = 3 BA
2) Je aktive Schaltstufe (I, II oder III, bzw. bei Elektroschaltanlagen auch 0) eine Rückmeldung
3) z.B. Gefahr-, Störungs-, Wartungs-Meldungen
4) Stellungsmessungen eingeschlossen
5) zusätzlich zu parametrierende und zu adressierende virtuelle Informationen

Ausgabe - Datum: 25.10.1993	Bearbeiter:	Projekt:	MSR-Zeichnung Nr.	Teil 1, Blatt Nr.:
Datei: C:\RETEX\BERICHT\BILDER\IPLISTE.XLS				von

Gebäudeautomation
Informationsliste Teil 2
(VDI 3814)

Informations-Schwerpunkt	Verarbeitungsfunktionen																																													
	Steuern								Regeln														Rechnen/Optimieren													Statisik/Mensch-Masch.-Komm.										
Gewerk:																																														
Anlage:	Anfahrsteuerung	Motorsteuerung	Umschaltung	Folgesteuerung	Sicherheitssteuerung	Frostschutz			Fester Sollwert	Geführter Sollwert	Sollwertkennlinie	Kaskaden-Regelung	hx-geführte Regelung	Parameterumschaltg.	Begrenzung	2er Sequenz	3er Sequenz	2-Pkt.-Regler	P-Algorithmus	PI-Algorithmus			Berechnete Werte	Ereignisschalten	Zeitschalten	Gleitendes Schalten	Zykl. Schalten	Nachtkühlbetrieb	Enthalpiesteuerung	Wärme-/Kälterückgew.	Ersatznetzbetrieb	Netzwiederkehrprog.	Höchstlastbegrenzung			Störungsstatistik	Verbrauchsstatistik	Ereig.-Langzeitspeich.	Zykl.-Langzeitspeicher.	Datenbank-Archivier.	Anlagenbild	Dyn. Einblendung	Zusatztexte	Ansteuer. Rufanlage		
1	40	41	42	43	44	45	46	47	48	49	50	51	52	53	54	55	56	57	58	59	60	61	62	63	64	65	66	67	68	69	70	71	72	73	74	75	76	77	78	79	80	81	82	83	84	85
Summen																																														
Gruppensummen																																														

Ausgabe - Datum: 25.10.1993	Bearbeiter:	Projekt:	MSR-Zeichnung Nr.	Teil 2, Blatt Nr.:
Datei: C:\RETEX\BERICHT\BILDER\IPLISTE.XLS				von

Bild 13-2 Informationslisten gemäß VDI 3814, Teil 2

13.1.4 Planungsrelevante Baugruppen

In Bild 13-3 sind die relevanten Baugruppen dargestellt, die in einem Leistungsverzeichnis für Gebäudeautomations-Systeme zu beschreiben sind. Diese Baugruppen müssen herstellerneutral und entsprechend den Vorgaben des vorangegangenen Kapitels funktional aufgebaut sein. Desweiteren muß die Untergliederung in Kostengruppen nach DIN 276 gewährleistet sein.

Da in der Vergangenheit kaum Vorgaben für eine textliche Beschreibung dieser Baugruppen vorlag, war einerseits Pionierarbeit bei der Texterstellung von Ingenieurbüros gefragt und auf der anderen Seite war der Aufwand bei der Kalkulation durch die Ausführenden hoch, da jeweils ein umfangreicher Beschreibungsumfang gesichtet und bewertet werden mußte.

Das neue Standardleistungsbuch (StLB 071/071/073) wird diese Lücke schließen und eine allgemeingültige standardisierte Beschreibung vorgeben. Dadurch wird die Transparenz auf der Planer- und Ausführungsseite deutlich erhöht und Aufwand reduziert werden.

Auf der folgenden Seite ist ein Beispiel für die Hauptgruppen eines Leistungsverzeichnisses von Gebäudeautomationssystemen gegeben.

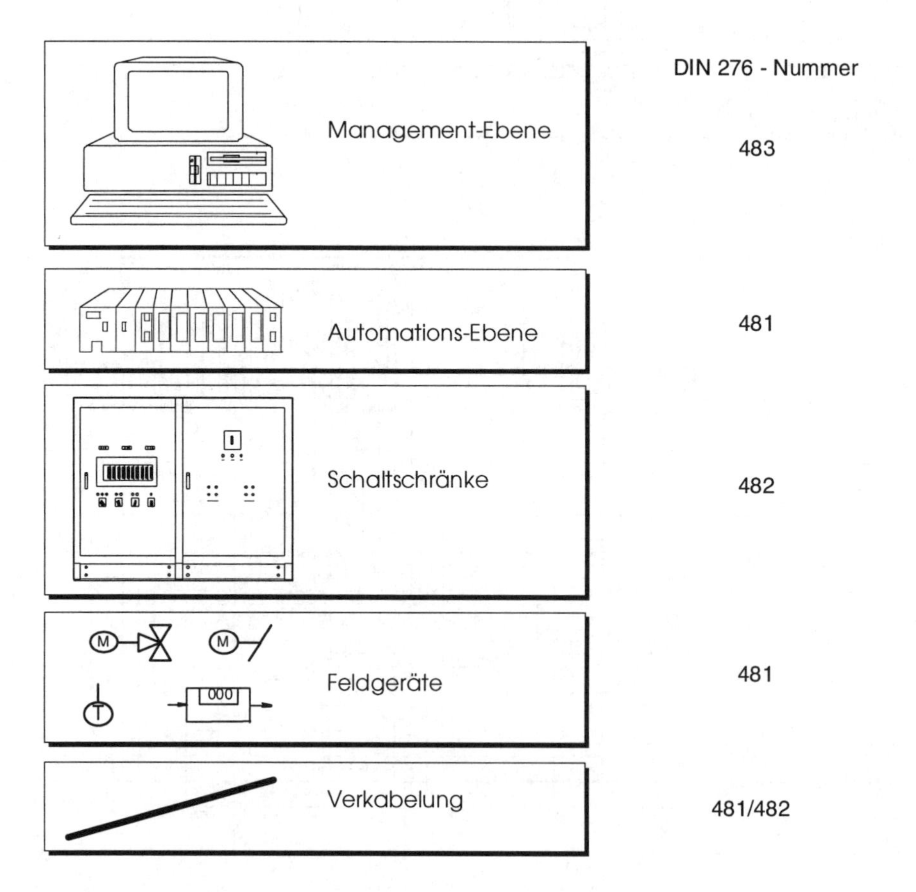

Bild 13-3 Aufbau eines MSR-Leistungsverzeichnisses

Beispiel: Aufbau eines Leistungsverzeichnisses für Gebäudeautomation:

- Vorbemerkungen
  Beschreibung der Baumaßnahme
  Technische Rahmenbedingungen
  Systemaufbau des Gebäudeautomationssystems
  Funktionsumfang der betriebstechnischen Anlagen
- Management-Ebene
  Zentral-/Server-Station
  Bedien- und Beobachtungs-Einheiten
  Datenfernübertragungseinrichtungen
  Sonstige Geräte
  Grundfunktionen der Management-Ebene
  Systemkopplungen
- Automations-Ebene
  Automationsstationen
  Sekundär-/Einzelraumregler
  Physikalische Ein-/Ausgänge
  Betriebssoftware
  Funktionen der Automationsstationen
  Funktionen der Sekundär-/Einzelraumregler
- Schaltschränke
  Gehäuse
  Einspeisungen
  Leistungsbaugruppen/Leistungsabgänge
  Hand-/Notbedienebene
  Steuerungen
  Einbau von Beistellungen
- Feldgeräte (Aktoren/Sensoren)
  Binärsignalgeber
  Fühler/Meßwertgeber
  Meßumformer
  Stellgeräte
- Elektrische und pneumatische Verbindungen
  Netzwerkkabel
  Kabel für Feldgeräte
  Leistungskabel
  Verlegesysteme
  Pneumatische Verbindungen, Drucklufterzeugung, Zubehör
- Besondere Leistungen
  Koordination mit anderen Gewerken
  Probebetrieb, Abnahme
  Einweisung, Schulung
  Dokumentation, Änderungsdienst
  Prüfen fremder Leistungen
  Wartung und Instandhaltung

13.2 Planung von Management-Systemen

13.2.1 Planung von offenen Systemen

Eine herstellerunabhängige Planung von Systemen beginnt in der neutralen Beschreibung von Baugruppen, wie in den vorangegangenen Kapiteln erläutert. Die darüberhinausgehende Planung neutraler, firmenoffener Schnittstellen ist ein weitaus komplexerer Vorgang, da speziell hier alle Leistungen, die zwischen zwei Systemen verrichtet werden, müssen exakt definiert und funktional beschrieben und abrechnungsfähig ausgewiesen werden müssen. Als einer der wenigen Planungsstandards gilt hier die AMEV-Richtline „Planung und Ausführung von firmenneutralen Datenübertragungssystemen in öffentlichen Gebäuden und Liegenschaften (FND)“/Blatt2 und 3 (AMEV – Arbeitskreis Maschinen- und Elektrotechnik staatlicher und kommunaler Verwaltungen). Folgende Leistungen sind, wie in Bild 13-4 aufgezeigt, planerisch festzulegen:

- Hardware
  wie z.B. Kommunikationsprozessoren, Gateways, Modems, Standardschnittstellenadapter
- Zertifikate
  wie z.B alle Test- und Prüfzeugnisse dazu berechtigter Institutionen, die ein fehlerfreies Zusammenwirken (Konformität) und eine betriebsgerechte Funktion (Interoperabilität) gewährleisten
- Fehlerdiagnosesysteme
  wie z.B. ein Busmonitor, der das Kommunikationsgeschehen beobachtet, auftretende Fehler dokumentiert und Hilfsmittel für ein Fehlerbehebung gibt
- Dienstleistung
  wie z.B. die Beschreibung aller Funktionen (Grund- und Verarbeitungsfunktionen nach VDI 3814), die zwischen den Systemen fließen, sowie alle Aufwendungen der Firmen zur eindeutigen Abklärung der Schnittstelle.

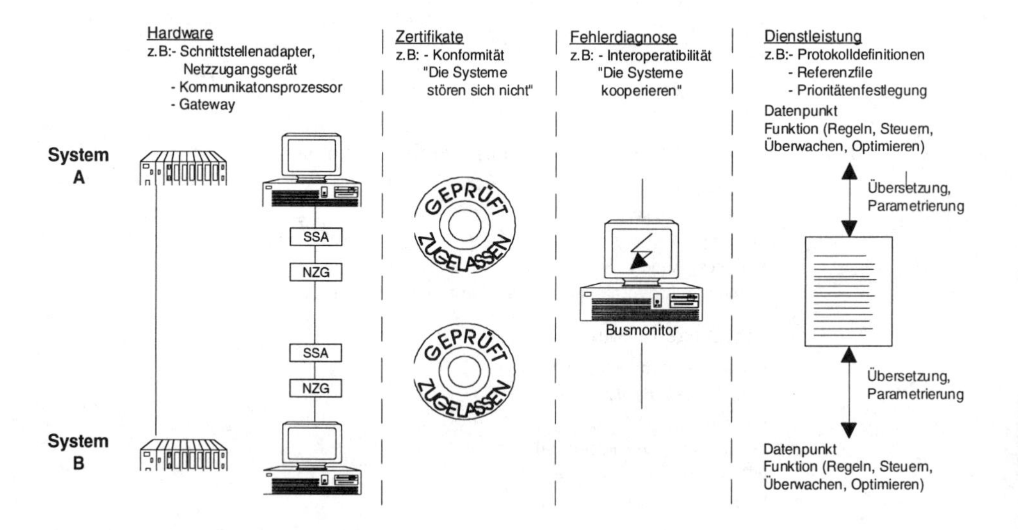

Bild 13-4 Baugruppen für die Beschreibung offener Schnittstellen

13.2.2 Planung von Management-Systemen

Die konventionelle Planung von Gebäudeautomations-Systemen endet nach den Leistungsphasen der HOAI bei der mängelfreien Übergabe der Anlagen an den Bauherrn. Die Optimierung während des Betriebs ist derzeit nicht Bestandteil der Planung. Durch das verstärkte Bestreben, Betriebsführungsinstrumente zu realisieren, wird sich das Leistungsbild der Planung in der Zukunft verändern und mit der Realisierung von Management-Systemen die Anforderungen an die Planung deutlich ansteigen. In Bild 13-5 ist aufgezeigt, welche Abhängigkeiten die Durchführung von Betriebsoptimierung durch Energie-/Facility-/Öko-Management für den Planungsprozeß mit sich bringen.

- Zum einen ist es notwendig, die – *statischen* – Daten, Informationen und Vorgaben zu erfassen und fortzuschreiben. Dazu ist eine intensive interdisziplinäre Kommunikation zwischen Bauherr, Architekt, Planer und ausführenden Firmen über den genannten Lebenszyklus des Gebäudes Voraussetzung.
- Zum anderen müssen – von der ersten Planungsphase an – die Weichen gestellt werden, damit die Informationssysteme im Gebäude vorhanden sind, die eine Erfassung der – *dynamischen* – Betriebsdaten eines Gebäudes ermöglichen.
- Die Zusammenfassung und ganzheitliche Nutzung aller Informationen muß innerhalb einer objektorientierten Datenbank erfolgen. Standardisierte Produktmodelle müssen dabei eine kontinuierliche Fortschreibung und Änderung von Informationen ermöglichen.

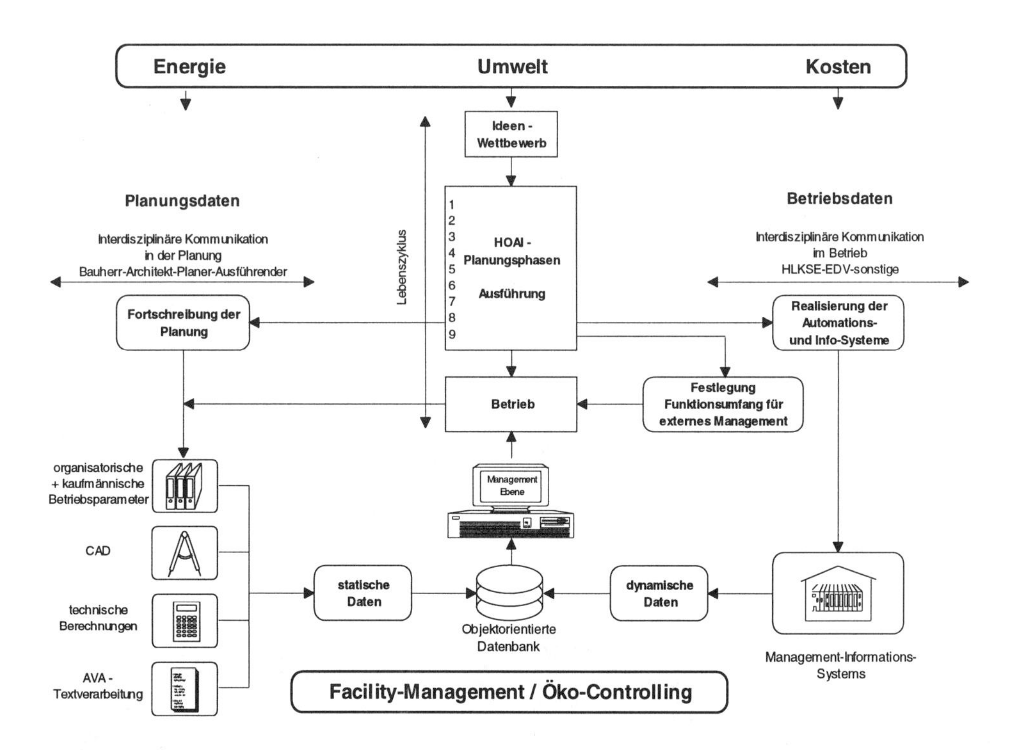

Bild 13-5 Daten- und Informationsaustausch bei Facility-Management

13.3 EDV-gestützte Planung

Eine exakte funktionale Beschreibung sämtlicher Leistungen, die im Rahmen der Gebäudeautomation auszuführen sind, bedeutet einen hohen Planungsaufwand, da u.a. jeder einzelne Datenpunkt, Regelkreis oder Parameter für Anwenderprogramme genau zu beschreiben ist. Um rationell arbeiten und Änderungswünschen von Bauherrn flexibel Rechnung tragen zu können, ist ein Einsatz von EDV für Berechnungen, Ausschreibungen und Datenbankbearbeitung sowie für CAD-gestützte Zeichnungsbearbeitung unerläßlich.

In Bild 13-6 sind die wesentlichen Aufgaben eines EDV-Werkzeuges im Bereich der MSR-Planung dargestellt, wie sie sich aus der theoretischen Betrachtung des Planungsprozesses und der täglichen Praxis ergeben:

- die Unterstützung der CAD-Bearbeitung mittels Arbeitsroutinen und Symbolbibliotheken,
- der Austausch von Daten (als CAD-Daten und in Datenbanken) mit anderen Partnern und
- die Weiterverarbeitung der entsprechenden Planungsdaten bis hin zu den Ausschreibungsunterlagen (Massen-/Kostenermittlungen, technische Beschreibungen etc.).

Da derzeit nur ansatzweise handelsübliche Software existiert, die diese Funktionen im Bereich der Gebäudeautomation abdeckt, ist entsprechende Grundlagenarbeit und Programmieraufwand auf der Planerseite gefragt. Wesentliche Elemente der EDV-gestützten Bearbeitung sollen im folgenden dargestellt werden.

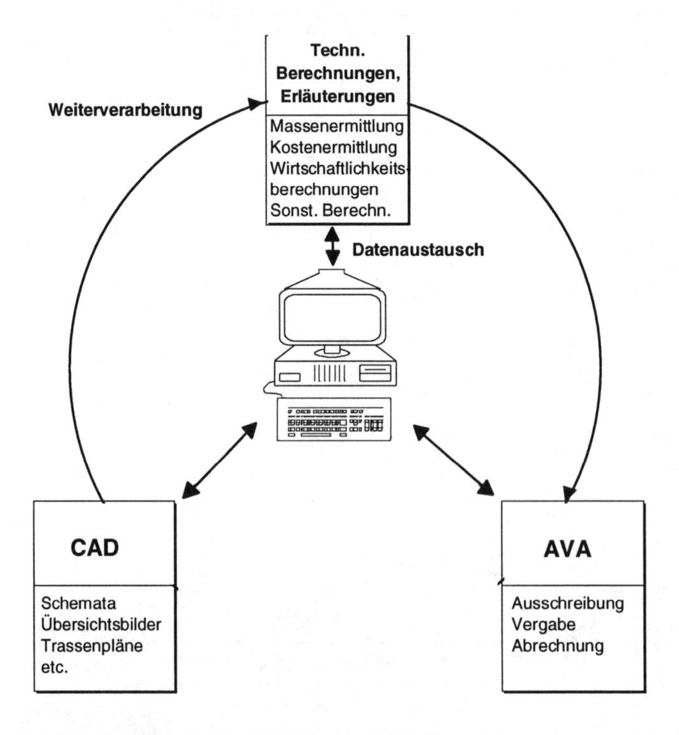

Bild 13-6 Grundsätzliche Aufgaben für eine EDV-gestützte MSR-Planung

13.3.1 CAE-Programm

Die Basis der EDV-gestützten Planung muß dabei ein CAE-Programm darstellen, das über die Erstellung eines Anlagenschemas die Verknüpfung zu den Informationslisten nach VDI 3814 Blatt 1 und 2 realisiert. Nur so kann eine effiziente Bearbeitung der ca. 80 Spalten der Informationsliste je BTA ermöglicht werden.

Bild 13-7 zeigt dazu als Beispiel das CAE-Programm EBCAD, das von der Firma Ebert-Ingenieure Im Rahmen des Forschungsvorhabens RETEX (Rechnergestütztes Entwerfen Technischer Gebäudeausrüstung) entwickelt wurde. Über eine Symbolbibliothek, die die wesentlichen BTA-Symbole enthält, werden die Einträge der Informationsliste aus einer Datenbank abgefragt und im Schema und der Informationsliste aktualisiert.

Neben einer effizienten Bearbeitung wird dadurch die Fehlerwahrscheinlichkeit bei der Listenerstellung deutlich reduziert und eine Bearbeitung im Sinne des Qualitäts-Managements ermöglicht.

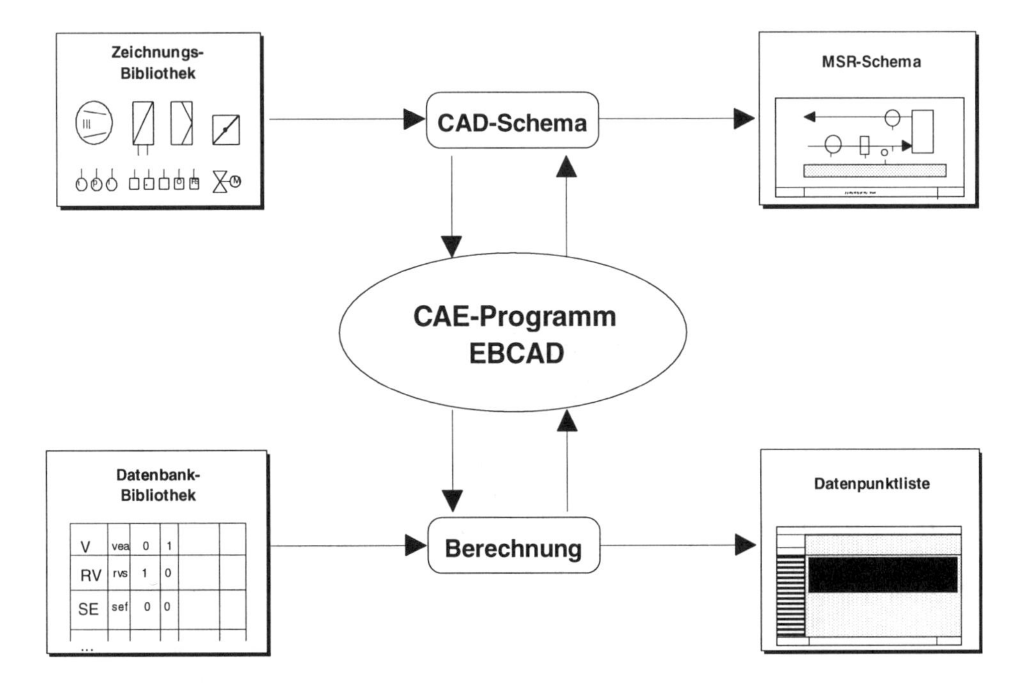

Bild 13-7 EBCAD – Programmschema

In Bild 13-8 ist ein Beispiel einer Vernüpfung von Anlagenschema und Informationsliste dargestellt.

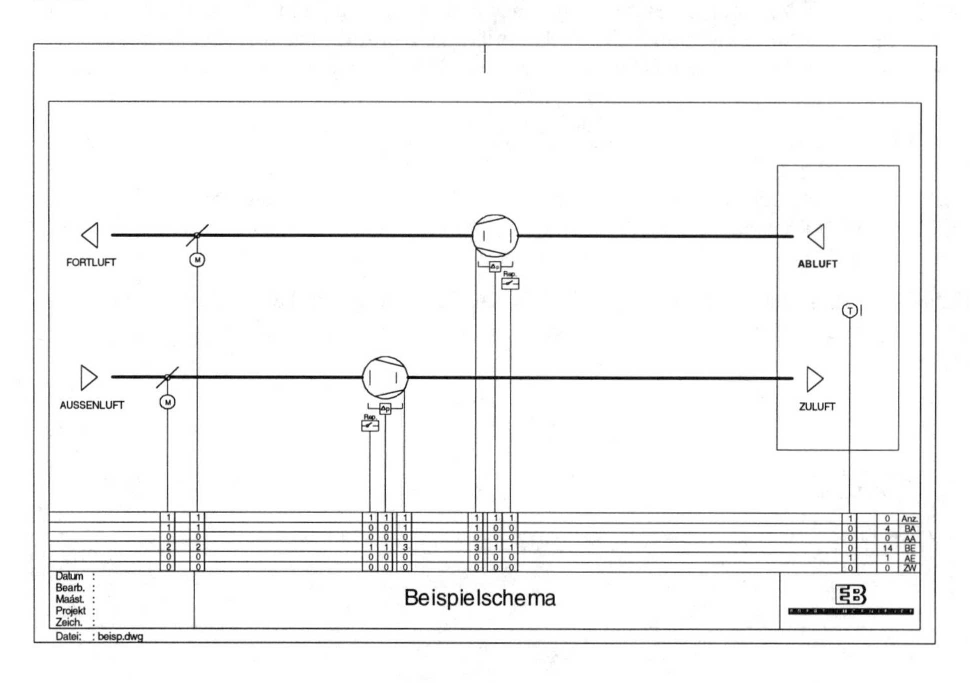

Gebäudeautomation
Informationsliste Teil 1
(VDI 3814)

Informations-Schwerpunkt:	Physikalische Grundfunktionen															Notb.-Ebene		Virtuelle Grundfunktionen 5)					Kommunikation mit Leitebene						Verarbeitungsfunktionen – Überwachen										1) Hinweis für Binärausgänge (BA) Dauer: z.B. 0, I, II = 2 BA Impuls: z.B. 0, I, II = 3 BA 2) Je aktive Schaltstufe (I,II oder III, bzw. bei Elektroschaltanlagen auch 0) eine Rückmeldung 3) z.B. Gefahr-, Störungs-, Wartungs- Meldungen 4) Stellungsmessungen eingeschlossen 5) zusätzlich zu parametrierende und zu adressierende virtuelle Informationen
Gewerk:	Ausgänge: Schalten 1)					Stellen		Eingänge: Melden				Messen		Zählen																									
Beispielanlage	Impuls 0, I	Impuls 0, I, II	Dauer 0, I	Dauer 0, I, II		3-Punkt	Analog	Ort/Fern-Meldung	Betr.-/Rückmeld. 2)	Sonst.Meldungen 3)		passiv 4)	aktiv 4)	bis 5 Hz		Schalten/Stellen	Anzeigen	Schalten	Stellen/Sollwert	Melden	Messen	Zählen	Schalten	Stellen/Sollwert	Melden	Messen	Zählen		Grenzwert fest	Grenzwert gleitend	Betr. Std. Erfassung	Ereigniszählung	Bef. Ausführkontrolle	Log.Meld.Verknüpfung	Meldungsverzögerung	Meldungsunterdrück.	Meldung an Instandh.		
1	2	3	4	5	6	7	8	9	10	11	12	13	14	15	16	17	18	19	20	21	22	23	24	25	26	27	28	29	30	31	32	33	34	35	36	37	38	39	Bemerkungen
Luftklappe, elektrisch Auf/Zu			1					1	1							1							1		2														
Luftklappe, elektrisch Auf/Zu			1					1	1							1							1		2														
Radialventilator, Zuluft, 1-stufig			1					1	1	1						1							1		2						1	1	1				1		
Differenzdruckwächter, Gerät										1															1														
Reparaturschalter										1															1														
Radialventilator, Abluft, 1-stufig			1					1	1	1						1							1		2						1	1	1				1		
Differenzdruckwächter, Gerät										1															1														
Reparaturschalter										1															1														
Raumfühler, Temperatur												1														1													
Summen			4					4	4	6		1				4							4		12	1					2	2	2				2		phys. Datenpkte. ges. S.1-16
Gruppensummen	4							14				1				4							17						8										19

Ausgabe-Datum: 12.10.1993	Bearbeiter:	Projekt: **Beispielschema**	MSR-Zeichnung Nr.	Teil 1, Blatt Nr.: 1
Datei: K:\SCHEMA\TEST\BEISP.XLS				von 1

Bild 13-8 CAD – Schema erstellt mit EBCAD

13.3.2 Hierarchische Symbolbibliothek

Ein Ziel muß es sein ein Schema, das z.B. vom Planer der RLT-Anlagen erstellt wurde, auch für die MSR-Planung übernommen werden kann. Deshalb muß die Symbol-Bibliothek für die einzelnen technischen Komponenten

- gewerke- und
- planungsphasenübergreifend

ergänzt und die Datenbankstrukturen um die entsprechenden technischen Spezifikationen erweitert werden können.

Die Bilder 13-9 und 13-10 zeigen die grundlegende Struktur der Symbol- und der zugehörigen Standardbibliotheken, wobei exemplarisch für Regelventile der hierarchische Aufbau angedeutet ist, der es ermöglicht, ein in einer frühen Planungsphase nur grob festgelegtes Anlagenteil im Laufe der weiteren Bearbeitung stufenweise näher zu spezifizieren.

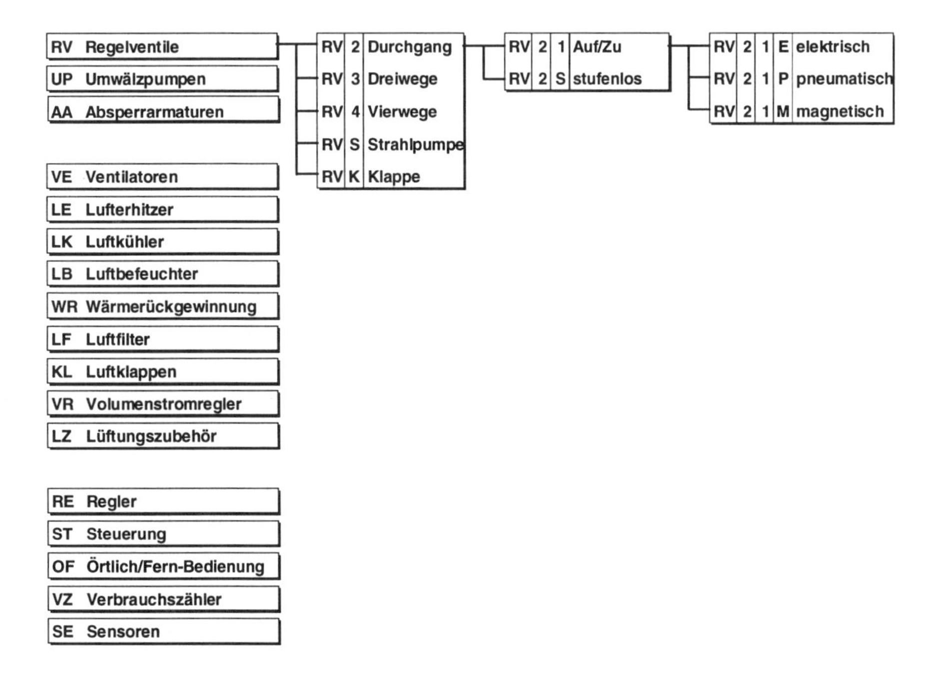

Bild 13-9 Struktur der gewerkeübergreifenden Symbolbibliothek

Wie im vorangegangenen Kapitel aufgezeigt, wurde die Informationsliste um Verarbeitungsfunktionen Überwachen, Steuern, Regeln, Optimieren erweitert. Neben einer rein „stückmäßigen" Beschreibung von MSR-Funktionen ist eine zusätzliche graphische Darstellung im Anlagenschema anzustreben. Da für diese Bereiche nur wenig genormten Symbole vorhanden sind, müssen hier in der Zukunft eindeutige Standards erarbeitet werden. In Bild 13-11 ist ein Beispiel für Verarbeitungsfunktionen dargestellt.

Regelventile - RV*

RV2 Durchgang	RV2 Durchgang	RV3 Dreiwege	RV3 Dreiwege	RV4 Vierwege

Regelventile, Durchgang - RV2*

RV2E elektrisch	RV2E elektrisch			
M	M			

Regelventile, Dreiwege - RV3*

RV3E elektrisch	RV3E elektrisch			
M	M			

Regelventile, Durchgang, elektrisch - RV2E*

RV2E1 einstufig	RV2E1 einstufig	RV2ES stufenlos	RV2ES stufenlos	
M 0/I	0/I M	M ≠	≠ M	

Regelventile, Dreiwege, elektrisch - RV3E*

RV3E1 einstufig	RV3E1 einstufig	RV3ES stufenlos	RV3ES stufenlos	
M 0/I	0/I M	M ≠	≠ M	

Bild 13-10 Ausschnitt aus der Symbolbibliothek Regelventile

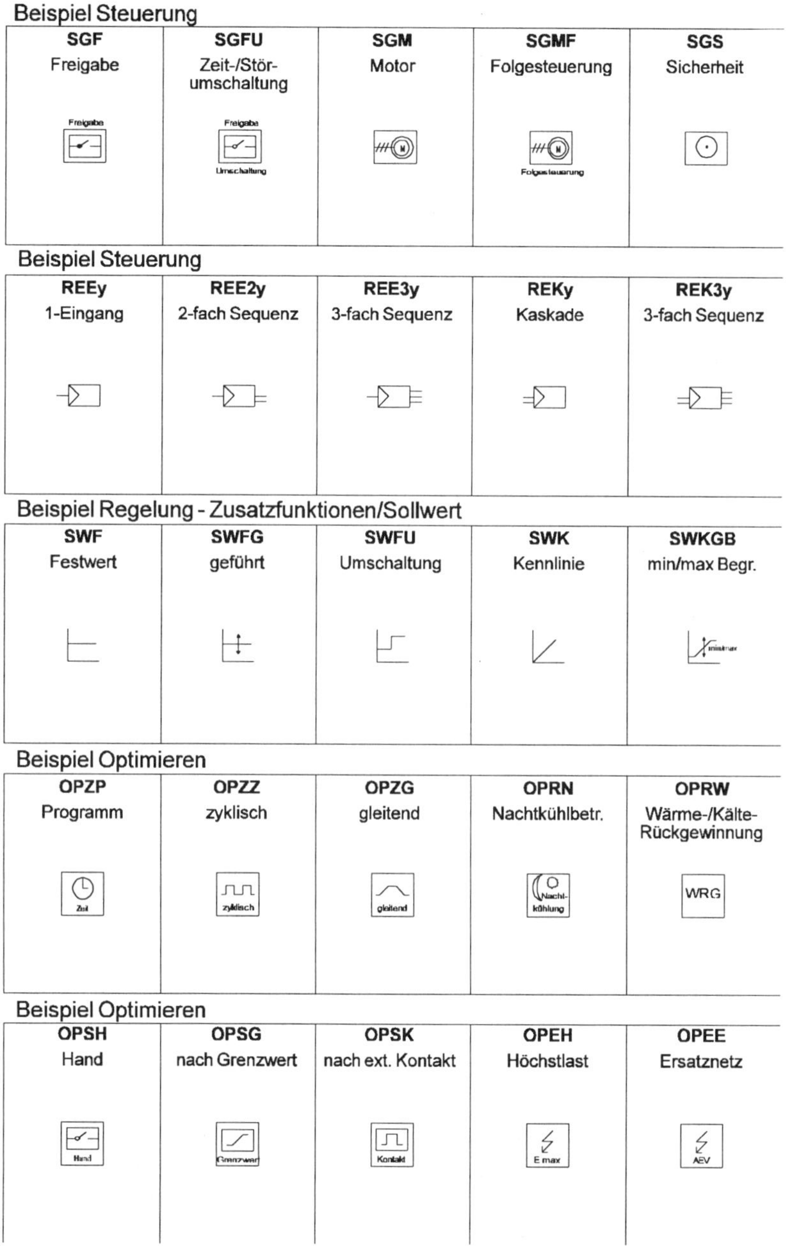

Beispiel Steuerung

SGF	SGFU	SGM	SGMF	SGS
Freigabe	Zeit-/Stör-umschaltung	Motor	Folgesteuerung	Sicherheit
Freigabe	Freigabe Umschaltung	M	M Folgesteuerung	

Beispiel Steuerung

REEy	REE2y	REE3y	REKy	REK3y
1-Eingang	2-fach Sequenz	3-fach Sequenz	Kaskade	3-fach Sequenz

Beispiel Regelung - Zusatzfunktionen/Sollwert

SWF	SWFG	SWFU	SWK	SWKGB
Festwert	geführt	Umschaltung	Kennlinie	min/max Begr.
				min/max

Beispiel Optimieren

OPZP	OPZZ	OPZG	OPRN	OPRW
Programm	zyklisch	gleitend	Nachtkühlbetr.	Wärme-/Kälte-Rückgewinnung
Zeit	zyklisch	gleitend	Nacht-kühlung	WRG

Beispiel Optimieren

OPSH	OPSG	OPSK	OPEH	OPEE
Hand	nach Grenzwert	nach ext. Kontakt	Höchstlast	Ersatznetz
Hand	Grenzwert	Kontakt	E max	AEV

Bild 13-11 Auszug aus der Symbolbibliothek Verarbeitungsfunktionen

13.3.3 Planungsdaten

Analog der Symboldefinition ist eine eindeutige Festlegung hinsichtlich der Layerbelegung in CAD-Grundrißzeichnungen notwendig, um durch entsprechendes Ein- bzw. Ausblenden verschiedener Gruppen eine (Weiter-) Verwendung in anderen Gewerken zu ermöglichen und die Weiterverarbeitung der nichtgrafischen Zeichnungsinformationen zu vereinfachen. Über diese Definition können Planungsdaten im Bild gewerkespezifisch definiert, angezeigt und an weitere Berechnungsprogramme übergeben werden.

–		alle Gewerke
H		Heizung
L		Lüftung
S		Sanitär
E		Elektro
Z		MSR-/DDC-/GLT-Technik

	BT	Bauteile (Symbole BTA)
	TX	Text (Beschriftung, Bezeichnung)
	DN	Technische Daten (Dimensionierung)
	TD	Technische Daten (Datenaustausch)
	FU	Funktionsweise

Layername	Inhalt	Heizung/Lüftung	Elektro	MSR/DDC/GLT
TX	Bezeichnung	Titel	–	–
H/L/E/Z TD	Leistungs-daten	Heiz-/Kühlleistung, Volumenstrom, Nennweite, Filterklasse	elektrische Leistung	Datenpunkte
H/L/E/Z DN	Auslegungs-parameter	Druckstufe, Förderhöhe, Dampfdruck, Temperaturen	Anschlußart	KVs-Wert
H/L/E/Z TX	Betriebs-kriterien	Heiz-/Kühlmedium	Notstrom	Art der Regelung

Bild 13-12 Layerstruktur für Anlagenschemata

Ein wesentlicher Punkt für die Erstellung der Ausführungsplanung ist die Ermittlung der technischen Daten wie Dimensionen, Leistungsgrößen und sonstiger Spezifikationen, die schlußendlich im Leistungsverzeichnis festgeschrieben und von der ausführenden Firma anzubieten sind.

Dazu sind alle während einer Planung auftretenden, physikalisch bestimmten Daten bauteilbezogen zu sammeln und EDV-gerecht zu strukturieren, und fortzuschreiben. Als Grundlage müssen dazu objektorientierte Datenbanken zur Verfügung stehen die es bei jeder Planungsstufe die Datenanpassung ermöglichen. Da die Anzahl an Daten, die während Planung, Ausführung und Betrieb relevant sind, ungeheuer vielfältig sind, wie am Beispiel von Regelventilen in Bild 13-13 dargestellt, sind auch hier eindeutige Datenstandards festzulegen.

Hardware							
Material LV,5		Anschlußart LV,5			Bauart LV,5		
Innen	Gehäuse				Ventile		
		Gewinde	Flansch	Einschweiß	Ein-/Doppels.		

Fortsetz. Hardware							
Forts. Bauart							
Spindelabdichtung LV,5			Einbaulage LV,5	Ventilspindel LV,5		Kegel LV,5,R5	
Stopfbuchse	Profilring	Faltenbelag		einfach	doppelt	entlastet	n. entlastet

Technische Daten							
Ventilöffnung LV,R35,35		Volumen-strom LV,235,R5,S235	Medium LV,235,	PN LV,235,	NW LV,235,	Temp. des Medium LV,235,	notwendiger Druckverlust LV,5,R5
linear	gleichproz.						

Forts. techn. Daten			Sonstiges				
KVs LV,5,R5,S35,	KVso LV,5,R5,	max. Druck-diff. b. 0 Hub LV,5,R5,	speziell Strahlpumpe LV,R35,5,			Be-merkung	
			Treib-vol. strom	Mischungs-verhältnis	Druck-verhältnis		

Regelung				Regel-strategie LV,R35,35,			
Ventilregelung LV, R35,35			Stellungs-rückmeldung LV,R5,5,				
Auf/Zu	Stufenlos	n-stufig					

Antrieb							
Antriebsart LV, R35,35,							
mechanisch			pneumatisch	elektrisch			
			Steuerdruck	Spannung		Schutzart	
				Wechsel	Dreh		
Handrad	Kettenrad u. Getriebe	Schlüssel					

Forts. Antrieb							
Forts. Antriebsart			Leistungs-aufnahme LV,35,R35	Stellzeit LV,5,R5	mech. Stel-lungsanz. LV,5,R5	Notstell-funktion LV,5,R5	
magnetisch							
Spannung		Schutzart					
Wechsel	Dreh						
						offen	zu

[1] R = Regelung, E = Elektro, X = Sanitär
2 = Vorentwurf, 3 = Entwurf, 5 = Ausführungsplanung
S = Schema, LV = Leistungsverzeichnis

Bild 13-13 EDV-gerechte Aufbereitung technischer Spezifikationen von Regelventilen[1]

13.4 Zusammenfassung

Es zeigt sich, daß mittlerweile der Stand der Technik soweit fortgeschritten ist, daß mit integrierten Gebäudeautomations-Systemen

- alle Gebäudefunktionen interdisziplinär zu verknüpfen und
- alle dynamischen Gebäudeinformationen ganzheitlich zu nutzen sind.

Damit ist somit der technische Grundstein für eine umfassende Betriebsführung und -optimierung bzw. für den Einsatz von Facility-Management gelegt. Für einen letztendlichen Einsatz dieser Techniken muß die Planung die Basis schaffen. Da die Planungsvorgänge komplex und aufwendig sind, müssen für eine effektive und leistungsgerechte Planung

- EDV-gestützte Hilfsmittel,
- eindeutige Planungsstandards (Texte, Symbole, Datenstrukturen, etc.) und
- eine für diese Belange angepaßte Honorierung

zur Verfügung stehen.

14 Montage, Inbetriebnahme und Wartung

von Kersten Stöbe

Eine funktionierende MSR-Anlage setzt nicht nur eine gute Planung und Fertigung im Werk, sondern auch sorgfältige Montagen und Inbetriebnahmen auf der Baustelle voraus. Diese werden in enger Zusammenarbeit mit den Lieferanten und Herstellerfirmen der betriebstechnischen Anlagen, z.B. Lüftung, Heizung, ausgeführt, da nur exakt aufeinander abgestimmte BTA- und MSR-Komponenten energiesparende und zuverlässig funktionierende Anlagen gewährleisten.

Es ist jedoch langfristig nicht ausreichend, die MSR-Anlage lediglich zu erstellen und in Betrieb zu nehmen. Die Anlagen müssen in regelmäßigen Abständen im Rahmen von Wartungsarbeiten – wie alle technischen Geräte – auf ihre Funktion überprüft werden, da sie teilweise rauhen Umgebungsbedingungen ausgesetzt sind und Störungen durch Hitze, Kälte, Feuchtigkeit oder Staub auftreten können.

Die folgenden Kapiteln beschreiben die wichtigsten Arbeitsgänge während der Montage, Inbetriebnahme und Wartung und es wird auf Punkte hingewiesen, bei denen häufig in der Praxis Fehler oder Mißverständnisse in der Abstimmung auftreten.

14.1 Montage

Zur Montage zählen im wesentlichen das Montieren der Feldgeräte und Schaltschränke und die Elektroinstallationen zwischen dem Schaltschrank und den elektrischen Betriebsmitteln in der Anlage.

- Die Feldgeräte in Räumen und in Lüftungsanlagen, z.B. Feuchtefühler, Klappenstellantriebe, werden von der MSR-Firma installiert.
- Wasserseitig einzubauende Feldgeräte, z.B. Sicherheitstemperaturbegrenzer, Drosselklappen, werden von der Heizungs- oder Kältefirma eingebaut.
- Die Montage der Schaltschränke und die Elektroinstallation, z.B. Kabeltrassen, Kabelverlegung, Anschlußarbeiten, werden vom Schaltschrankhersteller ausgeführt.

14.1.1 Feldgeräte

Bei der Montage müssen prinzipiell immer die Herstellervorschriften für den Einbau und für die Umgebungsbedingungen, z.B. Einbaulage, Schutzart, berücksichtigt werden. Der Einbauort und die Gerätebezeichnung, z.B. Anlage 2 – Druckfühler Zuluft – PIC 1, werden gemäß den Montageplänen festgelegt. Bei den im Freien montierten Feldgeräten, z.B. Außentemperaturfühler, Sonnenfühler, muß beachtet werden, daß ausreichende Schutzmaßnahmen gegen Blitzeinschlag, z.B. Überspannungsableiter, vorhanden sind.

Kanaltemperaturfühler

Die Fühlerlänge muß so bemessen sein, daß sich die Spitze des Fühlers mit dem Meßelement in der Kanalmitte befindet. Bei großen Kanalquerschnitten sollte man Fühler mit Mittelwertsmessungen, deren Kapillarlänge zwischen 2 m und 6 m beträgt, einsetzen. Die Kanaltemperaturfühler sollten nicht direkt hinter Heiz- oder Kühlregistern, sondern nach einer Verwirbelungsstrecke von mindestens 5 m montiert werden.

Raumtemperaturfühler

Die Raumtemperaturfühler dürfen nicht an folgenden Stellen montiert werden:

- über wärmeerzeugenden Geräten, z.B. Kopierer, Kaffeemaschine
- an Wänden, die direkter Sonnenbestrahlung ausgesetzt sind
- hinter Vorhängen und Gardinen
- unter Ausblasöffnungen der Lüftung
- direkt auf "kalte" Betonwände
- zu weit oben in hohen Räumen

In großen Räumen sollte man mehrere Raumtemperaturfühler setzen, aus denen für die Temperaturregelung ein Mittelwert gebildet wird.

Außentemperaturfühler

Die Außentemperaturfühler müssen an Stellen montiert werden, die vor Sonneneinstrahlung geschützt sind. Ist dies nicht möglich, so muß ein Sonnendach installiert werden, damit der Fühler immer im Schatten liegt.

In großen Gebäuden mit separaten Heizkreisen für jede Gebäudeseite sollte an jeder Hauswand ein Außentemperaturfühler gesetzt werden, damit die einzelnen Heizkreise für die Gebäudeseiten je nach Sonneneinstrahlung individuell geregelt werden können.

Tauchtemperaturfühler

Die Länge der Tauchtemperaturfühler muß so bemessen sein, daß sich die Spitze in der Mitte der Rohrleitung befindet. Beim Einstecken des Fühlers muß beachtet werden, daß die Fühlerlänge mit der Hülsenlänge identisch ist. Bei dünnen Rohrleitungen wird die Tauchhülse schräg zur Strömungsrichtung oder in einen Rohrleitungsbogen entgegen der Strömungsrichtung eingeschweißt.

Anlegetemperaturfühler

Die Anlegetemperaturfühler müssen immer mit der gesamten Kontaktfläche glatt aufliegen. Zwischen der zu messenden Oberfläche und dem Fühlerelement sollte ausreichend Wärmeleitpaste aufgestrichen werden.

Feuchtefühler

Es gelten generell die Einbauvorschriften der Temperaturfühler in analoger Weise. Die *Kanalfeuchtefühler* müssen in einem Abstand von mindestens 5 m hinter den Befeuchtern eingebaut werden. Die *Außenfeuchtefühler* sollten vor Tropfwasser und Regen geschützt sein.

Druckfühler

Die Druckfühler werden in das Lüftungskanal- oder in das Rohrleitungsnetz eingebaut. Sie müssen in Abstimmung mit der Anlagenfirma an der Stelle montiert werden, an der voraussichtlich im laufenden Betrieb der niedrigste Druck zu erwarten ist.

Sonnenfühler, Windfühler, Wetterstation

Die Fühler müssen an Stellen montiert werden, die von Gebäudeteilen oder anderen Gebäuden nicht beeinflußt werden, z.B. durch Schattenbildung.

Wasserzähler, Wärme-, Kältemengenzähler, Durchflußmesser

Es muß beachtet werden, daß die Geräte für entsprechenden horizontalen oder vertikalen Einbau und für die Strömungsrichtung nach oben oder nach unten geeignet sind. Bei den Wärme- und Kältemengenzählern müssen die Kabel zum Vorlauf- und Rücklauftemperaturfühler gleich lang sein, damit keine Temperatur-Meßwertverfälschungen durch unterschiedliche Kabelwiderstände entstehen. Werden die Zähler für Abrechnungen verwendet, so müssen bei eventuell erforderlichen Kabelverlängerungen verplombbare Abzweigdosen installiert werden.

Kanal-Volumenmeßfühler

Die Kanal-Volumenmeßfühler benötigen eine Beruhigungsstrecke vor und hinter der Meßstelle, die jeweils eine Mindestlänge des 5-fachen Kanalquerschnitts betragen soll.

Sicherheitstemperaturbegrenzer, Sicherheitsdruckbegrenzer

Diese Geräte sollten in unmittelbarer Nähe der Wärmeerzeuger, z.B. Kessel, Wärmetauscher, eingeschweißt werden.

Endschalter

Die Endschalter, z.B. an Feuerschutzklappen, Toren, müssen so montiert sein, daß die Funktion mechanisch nicht beeinträchtigt werden kann und daß die Anschlußklemmen leicht zugänglich sind.

Thermostate, Hygrostate, Pressostate

Es gelten generell die Einbauvorschriften der Fühler in analoger Weise.

Frostschutzthermostat

Die Kapillare müssen so verspannt werden, daß sie die gesamte Fläche des Heizregisters abdecken.

Klappenstellantriebe

Bei Klappenstellantrieben muß darauf geachtet werden, daß die Achse der Klappe nicht durchrutscht, und der Antrieb nicht verkantet montiert wird. Es würde sonst durch die Schwergängigkeit der Klappe zu hohen mechanischen Beanspruchungen und Abnützungen kommen. Dies gilt besonders, wenn 2 oder 3 Klappen von einem Stellmotor betätigt werden oder wenn aufgrund von örtlichen Gegebenheiten eine Montage auf die Klappenachse nicht möglich ist und eine Achsverlängerung oder Gestänge mit Gelenkhebel eingesetzt werden müssen.

Ventile

Beim Einschweißen der Ventile müssen folgende Punkte berücksichtigt werden:

- Durchflußrichtung
- ausreichend Platz für den Stellantrieb
- Einbaulage gemäß Herstellervorschriften, z.B. waagerecht, senkrecht stehend
- freie Zugänglichkeit der Hand-Notbedienelemente am Stellantrieb;
  die Isolierung der Rohrleitung muß so weit ausgeschnitten sein, daß die Bewegung des Stellantriebes nicht beeinträchtigt wird

14.1.2 Schaltschrank

Der Aufstellungsort und die räumlichen Umgebungsbedingungen müssen bereits in der Planungsphase festgelegt werden (siehe auch Kap. 5.5.14). Bei der Montage der Schaltschränke auf der Baustelle ist vor allem auf folgendes zu achten:

- Schaltschranksockel fest mit dem Boden verschrauben
- Zwischenstege im Kabelsockel entfernen, falls Kabeleinführung von unten vorgesehen ist
- Unebenheiten ausgleichen, damit die einzelnen Felder gerade stehen und die Schaltschranktüren dicht schließen
- Schaltschrankfelder mit dem Sockel verschrauben
- Zwischen den einzelnen Feldern eine umlaufende Gummidichtung anbringen und die Felder mit Verbindungsschrauben zusammenziehen
- Schaltschrank mit Montagewinkeln gegen Kippen an der Wand befestigen, falls eine Verschraubung mit dem Fußboden nicht möglich ist
- Löcher der Kranösen mit Dichtungsstopfen verschließen
- Feldverbindungen für Steuerleitungen und Kupferschienen für die Leistungsschienensysteme zwischen den Schaltschrankfeldern installieren

14.1.3 Leitsystem

Der Rechner des Leitsystems muß in einem staubfreien, trockenen Raum mit normalen Büroraumbedingungen, z.B. Temperatur zwischen 15 °C und 30 °C, aufgestellt werden. Sollte dies nicht möglich sein, so muß man einen Rechner in Industrie-Ausführung verwenden.

Bei der Aufstellung müssen folgende Bedingungen berücksichtigt werden:

- PC-gerechte, spiegelfreie Deckenbeleuchtung
- Fenster mit Jalousien verdunkelbar, falls Sonne direkt auf den Monitor scheinen kann
- computergerechte Möbel, z.B. Computertisch, Druckertisch für ergonomische Bedienung des Leitrechners
- laute Drucker im Nebenraum installieren oder mit einer Schallschutzhaube versehen
- vorhandene TAE-Telefonsteckdose, falls eine Fernwartung und Datenübertragung über Modem vorgesehen ist.

14.1.4 Elektroinstallation

Die Elektroinstallation wird nach den gültigen DIN/VDE-Vorschriften 0100 ausgeführt. Dabei muß je nach Funktion der betriebstechnischen Anlage auf zusätzliche Anforderungen und Spezifikationen geachtet werden, z.B. Sonderkabel, spezielle Installationsarten, die teilweise ebenfalls in DIN/VDE-Vorschriften festgelegt sind.

Flexible Kabel

Beim Übergang von fester Installation, z.B. von Wänden, Klimageräten, zu schwingenden Geräten, z.B. Ventilator, muß ein flexibles Kabel verwendet werden. Es bietet sich an, den Reparaturschalter fest zu installieren und die Restverlegung zwischen Reparaturschalter und Motor flexibel auszuführen.

Hitzebeständige Kabel

Die Geräte in unmittelbarer Nähe von Wärmeerzeugern, z.B. Schnellschlußventile bei Dampfumformern, müssen mit hitzebeständigen Leitungen mit Silikonmantel verkabelt werden.

Erdkabel

Erdkabel verwendet man bei Verlegungen im Erdreich. Sie bieten erhöhten Schutz gegen mechanische Beanspruchungen und Feuchtigkeit. Einige Kunden verlangen Erdkabel auch bei einer Verlegung in geschlossenen Räumen.

Geschirmte Kabel

Alle Leitungen für analoge Signale, wie z.B. Meßsignale, Stellsignale, Datenübertragung, Busleitung, sollten unbedingt geschirmt sein, um Störeinflüsse, die zu Signalverfälschungen führen, zu verhindern.

Leitungen, die zu drehzahlgeregelten Antrieben führen, müssen ebenfalls geschirmt sein, damit die von den Frequenzumformern erzeugten Oberwellen keine Geräte im Gebäude stören können.

Es sollten die Meß-/Steuerkabel und die Leistungskabel immer auf getrennte Pritschen verlegt werden. Ist dies nicht möglich, so muß wenigstens auf der Kabelpritsche eine metallische, geerdete Schottung zwischen diesen Kabelarten vorhanden sein.

Brandfeste Kabel

Im Brandfall müssen sicherheitstechnische Anlagen in Funktion bleiben. Für Anlagen, die zur Signalisierung eines Brandes und zur Räumung eines Gebäudes benötigt werden, sind Kabel gefordert, die einen Funktionserhalt von mindestens 30 Minuten garantieren, z.B. Brandmeldeanlagen, Sicherheitsbeleuchtung, Personenaufzüge mit Evakuierungsschaltung.

Für Anlagen, die zur Feuerbekämpfung notwendig sind, werden Kabel gefordert, die einen Funktionserhalt von mindestens 90 Minuten garantieren, z.B. Wasserdruckerhöhungsanlagen zur Löschwasserversorgung, Entrauchungsanlagen, Rauch- und Wärmeabzugsanlagen.

Es muß beachtet werden, daß nicht nur die Kabeltypen, sondern auch die Verlegesysteme, z.B. Kabeltrassen, einschließlich den Befestigungen, dem geforderten Funktionserhalt entsprechen.

Funktionserhaltende Kabel müssen immer auf separate Kabeltrassen gelegt werden und dürfen mit anderen Kabel nicht gemischt werden.

Potentialausgleich

Zwischen leitenden Geräteteilen, die durch ein isolierendes Material verbunden sind, z.B. Segeltuchstutzen an Lüftungsgeräten, muß eine Leitungsbrücke für den Potentialausgleich installiert werden.

Spannungsabfall

Durch den ohmschen Widerstand bei langen Leitungen entsteht ein Spannungsabfall zwischen Kabelanfang und -ende. Dieser muß von der ausführenden Installationsfirma auf der Baustelle überprüft werden, da in der Planungsphase die tatsächlichen Kabellängen nicht immer bekannt sind. Gegebenenfalls muß ein Kabel mit größerem Aderquerschnitt verlegt werden oder es muß bei 24V-Steuerleitungen auf eine Spannung von 230V gewechselt werden. Bei Datenübertragungs- und Busleitungen werden zusätzliche, pegelverstärkende Repeater eingebaut.

Abzweigdosen

An einigen Feldgeräten sind vorkonfektionierte Kabelstücke eingegossen. Damit die Kabel zum Schaltschrank verlängert werden können, müssen Abzweigdosen gesetzt werden. In der übrigen Elektroinstallation sollte man weitere Abzweigdosen vermeiden, da jede zusätzliche Klemmstelle eine Störquelle darstellt.

Brandabschottungen

Führen die Kabel durch zwei oder mehrere Brandabschnitte, so müssen die Wanddurchführungen mit einer brandfesten Verschottung verschlossen werden.

Installationsrohre

Die Restinstallation zwischen Kabeltrassen und den elektrischen Betriebsmitteln wird in der Regel in Installationsrohren geführt. Diese bestehen normalerweise aus Kunststoff, bei besonderen Umgebungsbedingungen oder bei Kundensonderwünschen bestehen sie aus Stahlpanzerrohr.

Isolationsmessung

Nach fertiggestellter Installation und vor dem Anklemmen der einzelnen Kabel wird eine Isolationsmessung durchgeführt, bei der der elektrische Widerstand zwischen den einzelnen Adern und zwischen Einzelader und Schutzleiter gemessen und protokolliert wird.

Anschluß

Die Anschlußarbeiten werden gemäß Stromlaufplan / Klemmenplan ausgeführt. Der Schirm der Kabel wird dabei einseitig im Schaltschrank auf geerderte Klemmen aufgelegt. Dann wird geprüft, ob die PG-Verschraubungen am Schaltschrank und an den Feldgeräten festgezogen und dicht sind und zugentlastend für die Kabel wirken.

Messung des Schleifenwiderstandes

Nach dem Anschluß wird die Schleifenwiderstandsmessung durchgeführt und protokolliert. Dabei wird der maximal auftretende Kurzschlußstrom ermittelt. Daraufhin muß die Auslegung der Sicherungen im Schaltschrank kontrolliert und gegebenenfalls den aktuellen Verhältnissen angepaßt werden.

14.2 Inbetriebnahme

Es ist Voraussetzung für die Inbetriebnahme der MSR-Anlage, daß alle Montage- und Installationsarbeiten abgeschlossen sind.

Zuerst wird eine Sichtprüfung auf Vollständigkeit und auf fachgerechte Montage und Installation durchgeführt. Desweiteren müssen die Herstellerfirmen der betriebstechnischen Anlagen ihre Arbeiten einschließlich der zugehörigen Prüfungen, z.B. Druckprüfung im Rohrleitungsnetz, Öffnen aller Feuerschutzklappen, Beseitigung von Montagematerial aus den Lüftungsgeräten, beendet haben.

Anschließend wird die Funktionsinbetriebnahme zusammen mit der Anlagenfirma begonnen. Auftretende Fehler können somit sofort gemeinsam geklärt und behoben werden. Weiterhin ist es empfehlenswert, weit auseinanderliegende Komponenten, z.B. Feuerschutzklappen-Schaltschrank, zu zweit mit Hilfe von Funkgeräten zu testen. Folgende Reihenfolge für die Funktionsinbetriebnahme sollte eingehalten werden:

- alle Sicherung auftrennen
- Prüfung der Einspeisung
- Prüfung der Meldungen und Steuerungsfunktionen
- Prüfung der Leistungsteile
- Prüfung der Messungen und Stellsignale
- Prüfung der Regelungsfunktionen
- Prüfung der Bussysteme
- Prüfung der übergeordneten Gebäudeleittechnik

14.2.1 Feldgeräte

Es ist Voraussetzung, daß bereits in der Planungs- und Projektierungsphase von der ausführenden MSR-Firma die Feldgeräte z.B. Fühler, Ventile, richtig dimensioniert und mit dem Lieferanten der betriebstechnischen Anlage abgestimmt worden sind.

Die Feldgeräte werden vor Ort auf folgende Punkte geprüft:

- Vollständigkeit
- Gerätetyp und Bezeichnung gemäß Feldgeräteliste
- Einbauort gemäß Montageplan und Regelschema

Bei allen Feldgeräten wird bei der Funktionsinbetriebnahme immer die gesamte Strecke zwischen DDC-System und Feldgerät einschließlich aller dazwischenliegenden Betriebsmittel wie z.B. Hilfsrelais, Klemmenstellen, getestet.

Binäre Geber

Die Funktion der binären Geber wird bis zur Klemme im Schaltschrank oder – soweit möglich – bis zum digitalen Eingang des DDC-Systems einschließlich der Meldelampe geprüft. Dabei werden an den Feldgeräten die Schaltpunkte eingestellt und dokumentiert, z.B.

- Frostschutzwächter: + 5 °C
- Filterüberwachung: 200 Pa
- Endlagen der Klappenstellantriebe: 10%, 90% vom Gesamtdrehwinkel

Analoge Geber

Die analogen Geber werden überprüft, in dem die mit einem unabhängigen Meßgerät ermittelten Werte mit den angezeigten Meßwerten im DDC-System verglichen werden. Bei Unstimmigkeiten muß der Fühler an eine bessere Stelle versetzt werden. Falls dies aus bauseitigen Gründen nicht möglich ist oder falls eine konstante Abweichung durch die Länge der Fühlerleitung entsteht, wird der Meßfehler mit einem Offset per Software korrigiert.

Binäre Stellglieder

Mit einer Simulation per Software im DDC-System oder mit einer Kabelbrücke am digitalen Ausgang oder am Hilfsrelais wird die Funktion der binären Stellglieder, z.B. Klappenstellantriebe, geprüft. Dabei wird kontrolliert, ob die Endlagen exakt erreicht werden und ob die Funktionsrichtungen korrekt sind.

Analoge Stellglieder

Mit einer Simulation per Software im DDC-System oder mit dem Potentiometer der Not-Handebene wird die Funktion der analogen Stellglieder, z.B. Stellantriebe für Ventile, geprüft. Dabei werden die Endstellungen, z.B. bei 0V und 10V, und mehrere Zwischenstellungen kontrolliert.

14.2.2 Kopplung zu autarken Fremdsystemen

Zuerst wird die Spannungsversorgung der autarken Fremdsysteme, z.B. Brenner, Hebeanlage, Kältemaschine, CO-Warnanlage, überprüft. Die Inbetriebnahme dieser Komponenten erfolgt durch den jeweiligen Hersteller und Lieferanten. Der Datenaustausch vom/zum DDC-System/ Gebäudeleitsystem wird anschließend in Betrieb genommen. Handelt es sich um wenige Signale, z.B. Betriebs- und Sammelstörmeldung, so werden diese über eine konventionelle Schnittstelle gemäß VDI 3814 übertragen, d.h. Betriebsmeldung als Schließerkontakt und Störmeldung als Öffnerkontakt. Bei den Meßwerten müssen die Meßbereiche im DDC-System parametriert und die Strom- oder Spannungssignale abgeglichen werden. Liegen die Meßwerte nicht galvanisch getrennt vor, so muß auf das gemeinsame Massebezugspotential geachtet werden. Sollte es trotzdem Störungen bei der Meßwertübertragung geben, müssen galvanisch trennende Meßumformer eingebaut werden.

Große Datenmengen, z.B. Einzelmeldungen, Meßwerte, werden über genormte serielle Schnittstellen, z.B. PROFIBUS, RS 232, RS 485, übertragen. Bei der Inbetriebnahme wird die Interpretation der angepaßten Übertragungsprotokolle geprüft.

14.2.3 Schaltschrank

Zuerst wird eine Sichtprüfung auf Vollständigkeit der Schaltschrankkomponenten, auf fertige Anschlußarbeiten aller externen Kabel und auf vollständige Berührungsschutzabdeckungen nach VGB 4 vorgenommen. Dann werden die Schrankverbindungen des Schienensystems nachgezogen und die übrigen Schraubverbindungen, z.B. Klemmstellen, stichpunktartig geprüft. Im nächsten Schritt wird der Hauptschalter ausgeschaltet und es werden alle Sicherungen herausgenommen. Anschließend wird in der Niederspannungshauptverteilung NSHV die Einspeisespannung zugeschaltet.

Im Schaltschrank wird geprüft, ob ein Rechtsdrehfeld vorliegt. Dann werden die primär- und sekundärseitigen Spannungen an den Steuertransformatoren 24 V AC und 230 V AC und am Netzgerät 24 V DC geprüft.

Die Antriebe, z.B. Ventilatoren, Pumpen, werden jetzt einzeln eingesichert und zugeschaltet. Es wird je Antrieb die Drehrichtung überprüft, die Stromaufnahme des Motors gemessen und der Motorschutz, z.B. Bimetall, eingestellt. Dabei werden die Angaben im Stromlaufplan, das Typenschild am Motor und die tatsächlich gemessenen Werte auf Plausibilität verglichen und kontrolliert.

Im nächsten Schritt erfolgt die Funktionsprüfung der Steuerungen, der Meldungen und der Verriegelungen.

Beispiele:

- Umschaltung beim Stern-Dreieck-Anlauf
- Hochschaltzeiten bei mehrstufigen Antrieben

- Verriegelungsketten für z.B. Frostschutzschaltung, Keilriemenüberwachung, Sicherheitstemperaturbegrenzer
- Not-Aus-Funktionen
- Bypass-Schaltung bei drehzahlgeregelten Antrieben
- Wiederanlauf nach Spannungsabfall, z.B. gestaffeltes Einschalten der Anlagen, Anwischschaltung.
- Not-Handebene und Meldungsanzeigen

Die Einstellungen an den Betriebsmitteln, z.B. Zeiten, werden im Stromlaufplan dokumentiert.

Die Betriebsmittel der Einspeisung werden jetzt ebenfalls eingestellt, z.B. Phasenwächter, Erdschlußüberwachung. Nach Messung der Stromaufnahme wird die Einstellung der Motorschutzschalter an den Steuertransformatoren und Netzgeräten an die tatsächliche Stromaufnahme angepaßt. In den Schaltschrankfeldern mit wärmeerzeugenden Betriebsmitteln und entsprechenden Lüftungen bzw. Kühlungen werden die Schaltschrankinnentemperaturen gemessen.

Wenn alle Hardware-Funktionen des Schaltschrankes geprüft sind, werden die Ansteuerungen und Verriegelungen mit den autarken Fremdsystemen kontrolliert, z.B.:

- Einschaltung der Garagenbe- und -entlüftung, wenn die in der CO-Warnanlage eingestellten Grenzwerte überschritten sind
- Einschaltung der Entrauchungsventilatoren vom zentralen Feuerwehrtableau
- Abschaltung der Umluftanlagen, wenn die Brandmelder der Brandmeldezentrale angesprochen haben
- Freigabe der Kältemaschine, wenn die Temperaturregelung der Lüftungsanlage Kaltwasser anfordert.

Abschließend wird kontrolliert, ob alle nicht verwendeten PG-Verschraubungen zur Kabeleinführung dicht verschlossen sind.

14.2.4 Software und Steuerungs- und Regelungsfunktionen

Es ist Voraussetzung für die Software- und Funktionsinbetriebnahme, daß alle Hardware-Funktionen, vor allem die Not-Handebene und die Sicherheitsverriegelungen, fehlerfrei funktionieren.

Nach dem Einspielen des Programms werden die Funktionen gemäß Funktionbeschreibung und Regeldiagramm getestet. Es werden alle digitalen und analogen Ein- und Ausgänge und deren Weiterverarbeitung im Programm einzeln geprüft:

- Meldungen, z.B. Feuerschutzklappe, Betriebsmeldung, Schalterstellungsrückmeldung der Handschalter
- Schaltbefehle, z.B. Ansteuerung einer Pumpen
- Meßwerterfassung, z.B. Temperatur, Feuchte
- Stellsignalausgaben, z.B. Drehzahlregelung, Ventile
- Impulsabhängigkeit und -wertigkeit bei Zählerimpulsen
- Anlaufverhalten, z.B. Anlauf im Umluftbetrieb, dann Umschaltung auf Außenluftbetrieb

- Auslösung der Sammelstörmeldung
- Funktion des Watchdogs im Zentralmodul
- Lampenprüfung aller Einzelmeldungen
- Regelfunktionen, z.B. Temperaturregelung, Feuchteregelung, wobei zuerst die Regelkreise einzeln geprüft werden und anschließend ineinandergreifende Regelkreise getestet werden, z.B. Stellsignal an das Kühlerventil vom Temperatur- und vom Entfeuchtungsregelkreis.

Bei der Inbetriebnahme der Regelungen wird jeweils das Einschwingverhalten getestet, indem Sollwertsprünge vorgegeben werden.

Der Einschwingvorgang wird aufgezeichnet und es erfolgt eine entsprechende Anpassung der Regelparameter Verstärkungsfaktor und Integralanteil. Sollten die geforderten Sollwerte nicht erreicht werden, so muß man prüfen, ob alle betriebstechnischen Anlagen richtig funktionieren:

- Temperaturen der Primärwasserversorgungen für Heiz- und Kühlregister gemäß Grundlagenberechnung vorhanden
- Heizregister, Kühlregister und Befeuchter ausreichend dimensioniert
- Ventilgrößen richtig ausgelegt
- Luftmenge nach Berechnung vorhanden.

Wenn keine Fehler festgestellt werden können, muß man kontrollieren, ob sich eventuell die Rahmenbedingungen, z.B. erhöhte Wärmelasten im Raum, geändert haben.

Desweiteren werden zusammenhängende Funktionen mehrerer Gewerke in Betrieb genommen.

Beispiele:

- Lüftungsregelung fordert Heiz- oder Kühlmedium von der Heizungs- oder Kälteanlage an Folgeschaltungen, d.h. Zu- und Abschaltungen mehrerer Brenner oder Kältemaschinen
- Funktion von Folgeanlagen, z.B. Zentrale Außenluftaufbereitung, Lüftungsanlage, Einzelraumregelung mit variablem Volumenstrom.

Weiter werden die programmierten Ein-, Aus- und Umschaltungen geprüft, z.B.:

- Zeitprogramm, z.B. Ein-, Ausschaltzeiten der Lüftungsanlagen
- Grundlastwechsel, z.B. bei Doppelpumpen, mehrerer Kältemaschinen
- Störumschaltung, z.B. auf zweiten Brenner

Abschließend wird vom fertig getesteten Programm eine Sicherungsdiskette erstellt.

14.2.5 Einzelraumregelungen

Vor der Inbetriebnahme der Einzelraumregelungen sollten die Primäranlagen Lüftung, Heizung und Kälte fehlerfrei funktionieren, damit die Medien Luft und Wasser mit richtiger Menge und Temperatur zur Verfügung stehen. Für die Funktionsprüfung gelten die bereits genannten Punkte zu den Feldgeräten und zur Hardware- und Softwareinbetriebnahme. Besonders ist auf folgende Punkte zu achten:

- Montageort der Temperaturfühler und Bediengeräte für Temperaturanzeige und Sollwertverstellung

- Schutz vor Vandalismus in öffentlichen Bereichen, z.B. Montage an unerreichbaren Stellen, zusätzlicher Metallschutz
- Heizkörperventile und variable Volumenstromsysteme auf Gängigkeit und Auslegung prüfen
- Zeitprogramme und Energiesparfunktionen testen
- Steuerung und Verriegelung mit externen Geräten, z.B. Fensterkontakt, Freigabe vonStrom-, Lichtkreisen, prüfen

14.2.6 Gebäudeleittechnik

Zuerst wird der Leitrechner mit den zugehörigen Peripheriegeräten wie Monitor, Tastatur, Maus, Drucker, Modem und unterbrechungsfreie Stromversorgung USV geprüft. Nach dem Einspielen der Programme wird die Kommunikation von/zu jeder DDC-Unterstation getestet. Anschließend werden alle parametrierten Datenpunkte einzeln geprüft, z.B. dynamische Einblendungen im Anlagenbild, Auslösung von Meldetexten. Dies erfolgt, indem die Datenpunkte in der DDC-Unterstation simuliert werden oder indem in der betriebstechnischen Anlage die Geber ausgelöst werden, für Meßwerte eine Vergleichmessung vorgenommen wird und die Schalt- und Stellbefehle auf Funktion in der Anlage kontrolliert werden.

Anschließend werden die übergeordneten Leittechnikfunktionen in Betrieb genommen, wobei auf folgende Punkte besonders geachtet werden soll:

- Wertigkeit und physikalische Einheit bei Impulszählern
- Anlagenbilder auf letztgültigen Stand bringen
- Funktionstasten der Anlagenbilder prüfen
- Eintragungen im digitalen und analogen Datenarchiv testen
- Paßwortebenen nach Betreiberwunsch konfigurien
- Schaltuhr- und Regelparameter der DDC-Unterstation übernehmen
- Grunddaten in das Wartungsprogramm eintragen
- E-Max-Abschaltungen mit simulierten Werten testen
- Schnittstellen zu Datenverarbeitungsprogrammen, z.B. EXCEL prüfen
- Grundparameter im Heiztagebuch oder ATV-Protokoll eintragen
- Druckertexte, Meldungpuffer prüfen
- übergeordnete Leitfunktionen testen, z.B. Ersatznetzbetrieb, Wiedereinschaltung nach Netzausfall
- Fernkommunikation, z.B. Cityruf bei Alarmmeldungen, testen
- Funktion der Fernwartung mit Stammhaus prüfen
- Zeitsynchronisierung über Funkuhrempfänger kontrollieren

Abschließend wird von den getesteten Programmen eine Sicherungsdiskette erstellt.

14.2.7 Einweisung, Schulung, Abnahme, Übergabe, Dokumentation

Nachdem alle Hardware-, Software- und Funktionsinbetriebnahmen beendet sind, wird die MSR-Anlage abgenommen und an den Bauherrn übergeben. Folgende Schritte sind dabei üblich:

Einweisung

Es erfolgt mit dem Betreiber der MSR-technischen Anlagen vor Ort eine Einweisung, unter anderem mit folgenden Funktionen:

- Inbetriebnahme, Außerbetriebnahme der Anlage
- Steuerung und Regelung der Anlage
- Automatikfunktionen
- Not-Handebene und Anzeigen
- Handhabung des integrierten Bediengerätes für z.B. Sollwertverstellung, Meßwertabfragen, Schaltzeitänderungen, Verstellung der Regelparameter

Schulung

Wenn der Betreiber die in Betrieb genommenen Anlagen zukünftig selbst den sich ändernden Anforderungen anpassen will, z.B. Umprogrammierung von Steuerungen und Regelungen, Nachrüstung von Anlagen, Änderungen von Ablauffunktionen, so benötigt er umfassende Kenntnisse über die Programmierung und Parametrierung der DDC- und GLT-Systeme. In Schulungen, die vor Ort oder im Stammhaus des MSR-Herstellers durchgeführt werden, sollen im wesentlichen folgende Punkte besprochen werden:

- DDC-Konfiguration
- DDC-Hardware-Module, Aufbaurichtlinien
- Programmierung in Anweisungsliste für DDC-Unterstationen
- Grafische Projektierung der Regelungsfunktionen für DDC-Unterstationen
- Projektierung und Parametrierung der Steuerungen und Regelungen in Einzelraumreglern
- Bildgenerierung, Konfiguration, Bedienung des Gebäudeleitsystems
- Kommunikation über Bussysteme.

Abnahme, Übergabe

Die Abnahme erfolgt gemeinsam mit dem Hersteller der betriebstechnischen Anlage, dem Kunden, dem Betreiber, dem Nutzer und dem Planer der MSR-Anlage. Bei der Abnahme werden alle Steuerungen und Regelungen geprüft und die Ausführung mit der Spezifikation des Leistungsverzeichnisses verglichen. Über die Abnahme wird ein Protokoll mit eventuellen Mängeln erstellt; mit dem Abnahmetermin beginnt die vertraglich vereinbarte Gewährleistungszeit. Anschließend geht die MSR-Anlage in den Veranwortungsbereich des Bauherrn über.

Dokumentation

Nach der Abnahme wird die gesamte revidierte Enddokumentation – in der Regel 3-fach – an den Bauherrn übergeben. Diese Dokumentation besteht aus den im Kapitel 5.6 beschriebenen Schaltschrankunterlagen und zusätzlich aus folgenden Einzeldokumenten:

- Regelschema
- Funktionsbeschreibung
- Regeldiagramm
- Anlagenliste
- DDC-/GLT-Liste

- Buskonfiguration
- Feldgeräteliste
- Ventillisten
- DDC-Belegungslisten
- Leuchtschaltbild
- Softwaredokumentation über DDC-Unterstation und über GLT-Leitsystem
- Handbücher
- Technische Gerätebeschreibungen

14.3 Wartung

Damit die Funktion der MSR-technischen Anlagen langfristig gewährleistet ist, müssen sie in regelmäßigen Abständen gewartet werden. Dazu werden Wartungsverträge abgeschlossen, in denen der Auftragnehmer verpflichtet wird, die Anlagen und Funktionen zu prüfen und instandzusetzen. Es muß jedoch darauf hingewiesen werden, daß auch der Betreiber und Nutzer die Anlagen sorgfältig pflegt und Störungen oder Unregelmäßigkeiten dem Auftragnehmer unverzüglich meldet. Bei unbefugten Eingriffen des Betreibers in die Anlage erlischt die Gewährleistungspflicht des Auftragnehmers.

In den Wartungsverträgen werden der Umfang der auszuführenden Arbeiten und die zu wartenden Anlagen beschrieben. Man unterscheidet zwischen Vollwartungsverträgen, bei denen alle Material- und Lohnleistungen mit dem Pauschalpreis abgegolten sind, und Teilwartungsverträgen, die nur Lohnleistungen und Kleinmaterial umfassen. Im Wartungspreis sind in der Regel kleinere Instandsetzungsarbeiten und alle Nebenkosten, z.B. Anfahrtpauschale, Auslöse, Werkzeuge, Hilfsmittel enthalten. Da Wartungsverträge immer über mehrere Jahre abgeschlossen werden, enthalten sie Formeln zur Berechnung der Lohn- und Materialkostensteigerung. Die Wartungsarbeiten werden ein- oder zweimal jährlich durchgeführt. Auf Kundenwunsch kann eine Rufbereitschaft vereinbart werden, d.h. Störungen müssen innerhalb einer festgelegten Zeit, z.B. 6 oder 12 Stunden, behoben sein. Die Wartungsverträge sind frei vereinbar oder es wird ein Vertragsmuster nach Vorschlag des Arbeitskreises Maschinen- und Elektrotechnik staatlicher und kommunaler Verwaltungen (AMEV) verwendet.

Die auszuführenden Wartungsarbeiten werden entweder frei definiert oder sie werden nach einem Vorschlag des Verbandes Deutscher Maschinen- und Anlagenbau (VDMA), Richtlinie 24186 Teil 4 durchgeführt. Die Wartungsarbeiten dieser Richtlinie umfassen:

- Versorgungseinrichtungen
- Schaltschränke, Bedientableaus, Steuerungen
- Meßwertgeber, Sicherheits- und Behälterüberwachungseinrichtungen
- Regler, Zusatzmodule, Optimierungsgeräte
- Elektrische, elektronische, pneumatische und mechanische Stellgeräte
- Datenübertragungseinrichtungen, Peripheriegeräte
- Gebäudeleitsysteme
- Software

Diese Arbeiten sind im einzelnen in den nachfolgenden Listen ausführlich beschrieben. Dabei sollte besonders auf die Prüfung von sicherheitstechnischen Steuerungen Wert gelegt werden, z.B. Entrauchung, Brandmeldung, Frostschutz.

Zum Abschluß der Wartungsarbeiten wird – falls erforderlich – die Dokumentation auf den neuesten Stand revidiert und an den Kunden übergeben und von der geänderten Software in den DDC-Unterstationen und im Leitsystem eine Sicherungskopie erstellt.

14.4 Schlußbemerkung

Die Abstimmung, Koordination und Kommunikation, die während der Planungs- und Realisierungsphase stattgefunden hat, sollte bei den Montagen und Inbetriebnahmen auf der Baustelle unbedingt fortgesetzt werden. Das eingesetzte Personal soll eine qualifizierte Ausbildung und langjährige Erfahrung besitzen. Alle Arbeiten müssen gemäß den gesetzlichen Vorschriften und äußerst sorgfältig ausgeführt werden. Nur unter diesen Voraussetzungen ist gewährleistet, daß die betriebstechnischen Anlagen die geplanten Anforderungen erfüllen unter Berücksichtigung der größtmöglichen Energieeinsparung und daß im laufenden Betrieb durch die Sicherheitseinrichtungen Menschenleben geschützt wird und hoher Materialschaden vermieden wird.

15 Facility-Management

von Werner Jensch

Die Errichtung von Gebäuden beginnt mit Entscheidungen, die für die spätere Nutzung und Rentabilität richtungsweisend sind. In die Bilanz eines 50-jährigen Gebäudelebens gehen die Kosten für Erwerb oder Neubau nur mit ca. 10% ein. Rund 90% der Gesamtkosten einer gewerblichen Immobilie verschlingen in dieser Zeit Betriebs- und Unterhaltskosten. Die Minimierung von jährlichen Betriebs- und Unterhaltskosten ist daher ein wichtiger Beitrag zur Rentabilität eines Gebäudes.

Facility-Management stellt das Betriebsführungsinstrument dar, um während der Lebensdauer eines Gebäudes alle Kosten- und Ressourcenströme optimieren zu können. Eine konsequente Anwendung und Nutzung ist somit von erhöhtem betriebswirtschaftlichen Interesse. In Bild 15-1 sind die dabei erfaßten Betriebsbereiche dargestellt.

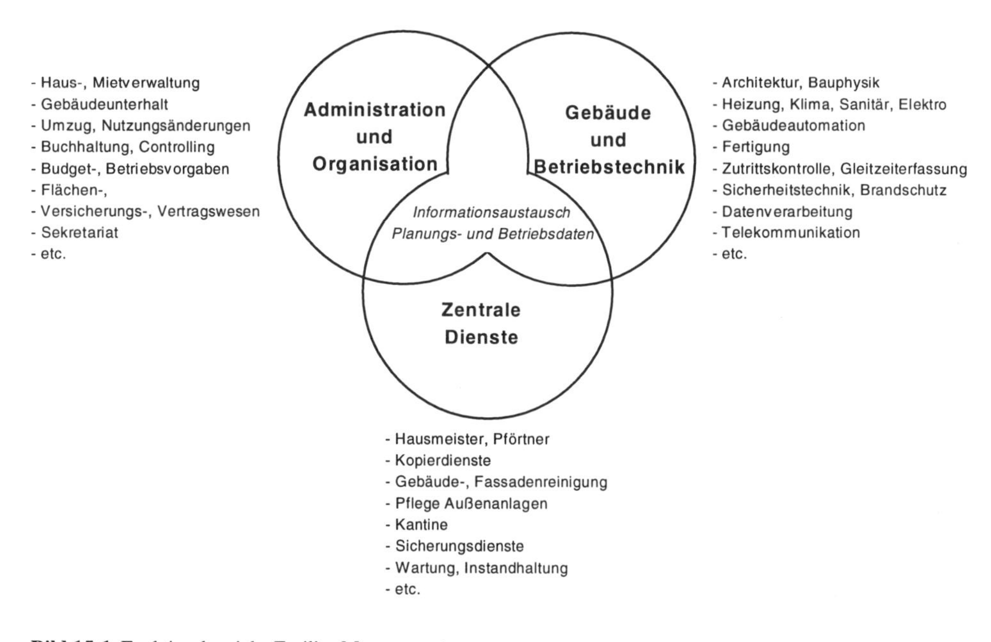

Bild 15-1 Funktionsbereiche Facility-Management

Wie in Bild 15-2 aufgetragen, sind im Bereich der Gebäudeautomation- und -information die technischen Einrichtungen beinhaltet, um alle (dynamischen) Betriebsdaten eines Gebäudes zu erfassen. Ziel der FM-Planung ist es, diese intelligenten Einzelsysteme der Buskommunikation aufeinander abzustimmen und in ein System zu integrieren. Zum heutigen Stand der Technik ist ein Gesamtsystem noch eine Vision. Wesentliche Teilbereiche sind jedoch bereits heute verknüfbar, wobei jeweils das Kosten/Nutzen-Verhältnis durchleuchtet werden muß. Entscheidend ist dabei der Bezug auf klar festgelegte Funktionsebenen. Durch eine fest definierte Abgrenzung der geforderten bzw. notwendigen Kommunikation zwischen den einzelnen Geräten wird der Dienstleistungsaufwand verringert und eine eindeutige Abgrenzung des Gewährleistungsumfangs geschaffen.

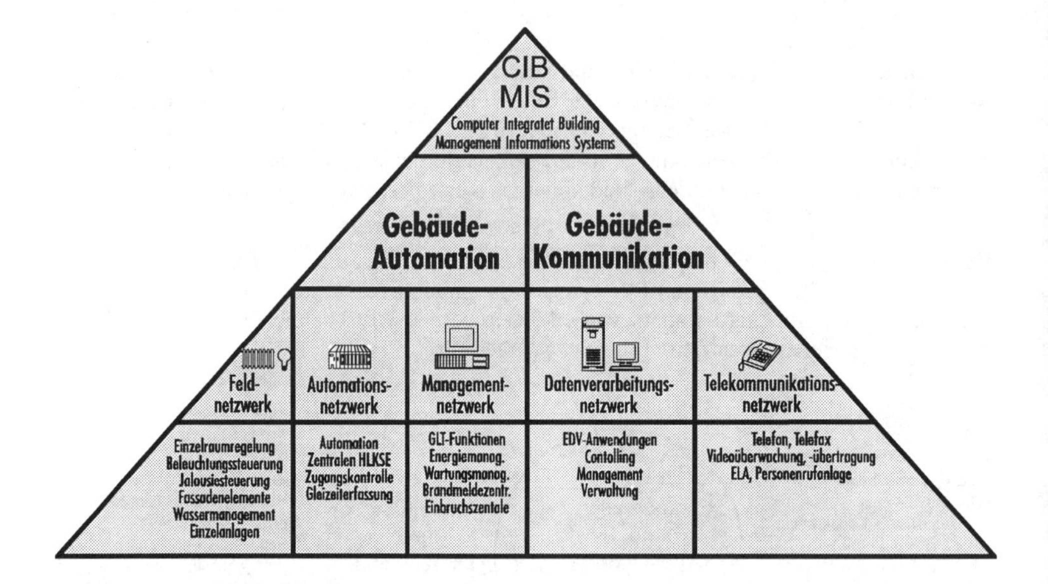

Bild 15-2 Aufbau von Gebäude-Management-Systemen

Eine umfassende Anwendung von Facility-Management setzt jedoch eine Integration der statischen Informationen und Betriebsvorgaben aus dem Bereich Planung und Administration voraus. Dies erfordert zum einen leistungsfähige Datenbanken im Client-Server-Betrieb und zum anderen eine EDV-gestützte Aufbereitung der Planungsdaten.

Durch die Vorgaben der EG-Öko-Audit-Verordnung werden zukünftig zunehmend im Rahmen der Betriebsführung neben monetären Parameteren zusätzlich ökologische Einflüsse berücksichtigt werden. Die Verbindung von einem betriebswirtschaftlich orientierten Gebäudebewirtschaften und Öko-Controlling kann als „Öko-Facility-Management" bezeichnet werden. Dabei sind folgende Bereiche zu erfassen und zu optimieren:

- Energie- und Medienverbrauch
- Betriebsmittel
- eingesetzte Materialien (z.B. Baustoffe, Einrichtung, Geräte, Betriebsstoffe)
- Abfall, Entsorgung, Recycling
- etc.

Analog einem Facility-Management sind auch hier statische Planungsdaten sowie dynamische Betriebsdaten (z.B. Verbrauchzähler, Emissionsmessung, etc.) notwendig, d.h. diese beiden Bereiche müssen gemeinsam betrachtet werden.

Literaturverzeichnis

VDI-Richtlinie 3814, Blatt 1 (Stand: Juni 1990)
VDI-Richtlinie 3814, Blatt 2 (Stand: März 1993)
Unterlagen der Firma Landis & Gyr, Frankfurt

Ebert-Ingenieure
Entwicklung von Design-Tools zur Integration von Solarkomponenten in den Entwurf von solaroptimierten Gebäuden
Rechnergestütztes Entwerfen Technischer Gebäudeausrüstung (RETEx)
Forschungsvorhaben gefördert durch das Bundesministerium für Forschung und Technologie
1995

Sachwortverzeichnis

T

U

V